稠油降黏开采技术原理与应用

郭继香　杨矞琦　编著

科学出版社

北　京

内 容 简 介

本书在稠油基本性质与分类的基础上，对稠油的热力采油技术、冷采采油技术、超深稠油井筒降黏模拟技术、超深稠油井筒降黏技术、井筒沥青质堵塞解堵技术、稠油采出液处理技术进行了较系统的讨论和介绍，其中包含作者的部分研究成果。

本书可供从事石油开采工作的技术人员阅读，也可为科研人员、院校研究人员和有关专业师生学习提供参考。

图书在版编目(CIP)数据

稠油降黏开采技术原理与应用 / 郭继香，杨矞琦编著. —北京：科学出版社，2020.7

ISBN 978-7-03-060808-6

Ⅰ. ①稠… Ⅱ. ①郭… ②杨… Ⅲ. ①稠油开采 Ⅳ. ①TE345

中国版本图书馆CIP数据核字(2019)第043846号

责任编辑：吴凡洁 陈姣姣 / 责任校对：王萌萌
责任印制：师艳茹 / 封面设计：蓝正设计

科 学 出 版 社 出版
北京东黄城根北街 16 号
邮政编码：100717
http://www.sciencep.com
北京画中画印刷有限公司 印刷
科学出版社发行 各地新华书店经销
*
2020 年 7 月第 一 版 开本：720 × 1000 1/16
2020 年 7 月第一次印刷 印张：21 1/2
字数：418 000
定价：198.00 元
（如有印装质量问题，我社负责调换）

前言

稠油通常是指沥青质和胶质含量较高、密度和黏度较大的原油。由于稠油在油层或井筒中黏度高，流动阻力大，甚至难以流动，采用常规的采油方法难以对其有效开采。随着国民经济的快速增长，中国对石油、天然气等能源的需求也在日益增加，而常规原油资源日益减少。由于常规能源的短缺，促进了非常规油气资源如致密油和稠油等的开采。本书就稠油开采所涉及的基本理论、实验规律及在实际生产方面的实践做比较系统的介绍。

石油是一种复杂的多组分混合物，在不同地点、不同地质层位及开发历史的不同阶段采出的石油在组成、性能上差别很大。由于稠油的胶质和沥青质含量高，其性质在很多方面与常规原油不同，适用于常规原油的开采手段对稠油往往并不适用，加大了稠油开采的难度。近年来国内外学者针对稠油的性质与开发，做了大量研究工作，但缺乏对这些工作的系统总结。本书汇集了前人的研究成果和作者多年在稠油开采领域的科研经验并结合油田现场实践，精心编撰而成，旨在帮助有关人员丰富稠油开采的理论知识、提高实际工作能力，是一本以技术应用为主要目的、油田化学与石油工程相结合的稠油开采技术专著。

本书共 7 章，介绍了目前国内外关于稠油开采原理和应用技术的相关内容。其中，第 1 章从稠油概述出发，对稠油分类和开采方式加以简述；第 2 章和第 3 章分别针对稠油的热力采油技术和冷采采油技术，从原理出发，介绍了目前正在研究的和已被稠油油田广泛应用的各项技术，分析了各项采油技术的优缺点和应用前景；第 4 章和第 5 章针对超深稠油开采难题，从理论模拟和实际应用方面出发，研究了超深稠油井筒举升流动规律、提出了超深井超稠油井筒降黏措施，为稠油开采及工艺优化提供技术指导；第 6 章针对沥青质沉积造成的井筒堵塞难题，分析了沥青质沉积的影响因素，对现有解堵技术进行分析与论述，提出了化学解堵剂有效技术措施；第 7 章介绍了稠油采出液处理技术，主要包括稠油脱水技术、采出水处理技术以及输送技术。针对超深稠油开采过程中遇到的问题，结合作者及同行最新研究成果和理论知识，本书分别从稠油降黏技术、井筒沥青质堵塞解堵技术、超深稠油井筒降黏模拟技术以及稠油采出液处理技术等方面进行讨论，欢迎相关学者、研究人员和工程技术人员商榷、研讨。

在多年的研究中，作者得到了国家高技术研究发展计划(863 计划)、国家自然科学基金、中国石油化工股份有限公司、中国石油天然气股份有限公司的资助；得到了中国石化西北油田分公司、胜利油田、中国石油塔里木油田各位同仁的支持和帮助，在此，作者表示诚挚的感谢！同时，对参加相关试验研究的员工、学生表示深切的谢意！

本书第 1、2、3、4、6 章由郭继香、杨矞琦撰写，第 5 章由郭继香、杨矞琦、杨祖国撰写，第 7 章由杨祖国撰写。本书得到刘中云、胡广杰、王世洁、胡文革、梁尚斌、林涛、赵海洋、程晓军、赵普春、任文博、刘玉国、李子甲、董斌、吴文明、孙同成、任波、李亮、何龙、杨春林、成福田、陈立新、杨文明、高春海、王宏、甄建伟、杨小辉、王贺谊、何晓庆、李婷婷、郭娜、陈朝刚、丁保东、马清杰、程仲富、邢钰、刘磊、张园、邹乐乐、蔡廷铸、周诗杰、李庆、安娜、朱鹏、张江伟、晁凯、范胜、于欣、韩瞳、郭瑞雪、李丹、谷峪、张世岭、熊瑞颖、王婉清、易晨曦、赵丽莎、曹静静、高晨豪等的大力支持和帮助，作者表示诚挚的感谢！书中存在的疏漏之处，敬请读者斧正。

郭继香　杨矞琦

2019 年 12 月于北京

目录

第1章 绪　　论

随着国民经济的快速增长，中国对石油、天然气等能源的需求也在日益增加，2018 年我国石油的消费量相较于 2017 年的进口量进一步上升。常规原油资源日益减少，难动用的稠油储量开发日益受到重视。当前我国原油对外依存度已达到68%，显然，中国原油产量早已不能满足现在国民经济发展的需求，制约了经济快速健康的发展。由于常规能源的短缺，促进了非常规油资源如稠油、超稠油和沥青等的开采，非常规油资源的开采在原油开采中有着举足轻重的地位。

稠油油藏开采技术主要包括物理降黏、化学降黏、复合降黏等。在各类开采技术中，浅层稠油与深层稠油的开采工艺区别较大，浅层稠油多存在地层降黏和井筒降黏双重难题，深层、超深层稠油由于地层温度较高，稠油在地层条件下可以流动，开采过程中主要面临的是井筒举升问题。

本章从稠油分类、分布及稠油致黏关键组分出发，总结国内外稠油开采技术现状，对稠油开采的新技术进行介绍和展望，对稠油的开采技术进行论述。

1.1 稠 油 概 述

稠油(heavy oil)是一种比较黏稠的石油，通常指沥青质和胶质含量较高、密度和黏度较大的原油。在石油勘探与开发领域中，因其黏度高，密度大，国外一般都称之为重质原油，我国习惯称之为稠油。世界各国和各组织对重质原油和沥青所下的定义差别很大。由于稠油在油层中黏度高、流动阻力大，甚至难以流动，采用常规的采油方法难以对其有效开采。但随着常规油藏资源的日益减少，非常规油气资源(稠油、沥青等)因其丰富的储量而受到人们的重视。

1.1.1 稠油的分类标准

对于稠油的分类标准[1]，各个国家和地区不同。在几大稠油生产国中，委内瑞拉把 API 在 22°以下的原油定义为稠油；美国把 API 在 25°以下的原油定义为稠油；苏联把地下黏度为 20～30 mPa·s 的原油定义为稠油。目前，国际上通用的是联合国训练研究所(United Nations Institute for Training and Research，UNITAR)提出的按黏度和密度分类的分类标准，其标准强调了三个方面：①黏度是第一指标，相对密度是第二指标；②统一用油藏温度下的脱气油黏度作为原油黏度；③黏度下限是 100 mPa·s，上限是 10000 mPa·s，高于 10000 mPa·s 称作沥青。

1)联合国训练研究所分类

联合国训练研究所考虑到缺乏一致的定义引起的混乱，于 1981 年组织专家对重质原油及沥青进行了统一定义[1]，具体见表 1.1。

表 1.1 联合国训练研究所推荐的重质原油及沥青分类标准

分类	第一指标	第二指标	
	黏度①/(mPa·s)	密度/(60°F kg/m^3)	°API②60°F
重质原油	100～10000	934～1000	20～10
沥青	>10000	>1000	<10

①指在油藏温度下的脱气油黏度，用油样测定或计算出。
②°API 即 API 度，是美国石油学会(规定的)重度。

2)我国稠油分类标准

20 世纪 70 年代以来，国内对稠油开发日益重视，目前倾向于借鉴联合国开发计划署(United Nations Development Programme，UNDP)以黏度和密度为依据的分类方法，依据中华人民共和国石油天然气行业标准《油藏分类》(SY/T 6169—1995)，将原油按照油层条件下的黏度进行划分，作为试行标准(表 1.2)。在此分类标准中，黏度为第一指标，如果黏度超过分类界限而密度未达到分类界限，仍按黏度分类，此分类标准有较好的适用性[2,3]。

表 1.2 我国稠油分类标准

分类	黏度(50 ℃)/(mPa·s)	密度/(g/cm^3)
普通稠油	100～10000	0.92
特稠油	10000～50000	0.95
超稠油	>50000	>0.98

普通稠油指地层条件下黏度大于 50 mPa·s，或在油层温度下脱气油黏度为 100～10000 mPa·s 的高黏度重质原油；特稠油油藏温度下脱气油黏度为 10000～50000 mPa·s；超稠油(天然沥青)油藏温度下脱气油黏度一般大于 50000 mPa·s。稠油除黏度高外，密度也高。稠油含轻质馏分少，胶质与沥青含量高。随温度降低，稠油黏度增大。

3)按照埋深分类

根据油藏埋深可将稠油分为浅层稠油、深层稠油、超深层稠油。在 300～3000 m 的称为浅层，主要分布在东部油田；大于 3000 m 的称为深层，主要分布在吐哈油田；在 5000～7000 m 的称为超深层，主要分别在塔河油田和塔里木油田。我国的稠油油藏埋深 300～7000 m，其中 300～5000 m 的稠油约占稠油储量的 50%，5000～7000 m 超深层的稠油约占稠油储量的 50%。

1.1.2 稠油的资源分布

世界上稠油资源极为丰富[4,5]，其地质储量远远超过常规石油的储量。据统计，世界上已证实的常规原油地质储量约为 4200 亿 t，而稠油(包括沥青)油藏地质储量高达 15500 亿 t。据美国能源部估计，全世界稠油(包括沥青)的潜在储量可能是已探明的常规原油储量的 6 倍左右。世界上稠油资源丰富的国家有加拿大、委内瑞拉、美国和中国等。加拿大重油油砂最为丰富。世界稠油及沥青资源分布见表 1.3。

表 1.3 世界稠油及沥青资源分布 （单位：亿 m^3）

地区	稠油		沥青	
	探明储量	远景资源量	探明储量	远景资源量
北美	55.5	22.7	2716.6	1375.0
中美	0.013	0.0	—	—
南美	227.7	273.8	0.2	0.0
欧洲	7.9	36.6	208.2	0.0
非洲	4.2	0.0	1.7	0.05
中东	92.7	0.35	0.02	0.0
亚洲	23.0	112.4	1055.5	0.0
东南亚	3.9	5.7	0.02	0.001
大洋洲	0.0	0.0	—	—
全世界统计	414.913	451.55	3982.24	1375.051

注：表中稠油指°API 重度小于 20、黏度低于 10000mPa·s 的原油，包括°API 重度小于 10 的特重油；沥青指油藏条件下黏度大于 10000mPa·s 的原油。

我国的稠油资源相当丰富，目前已在松辽盆地、渤海湾盆地、准噶尔盆地、南襄盆地、二连盆地等 15 个大中型含油盆地和地区发现了数量众多的稠油油藏，预测全国稠油(包括沥青)储量在 80 亿 t 以上，占总石油资源的 25%～30%。其中在渤海湾盆地各拗陷的低凸起、边缘斜坡地带等处，稠油储量可达 40 亿 t 以上；此外，我国南方的珠江口盆地、百色盆地也有一定规模的稠油资源。从 1982 年以来，我国已相继建立了辽河、胜利、新疆和河南四大稠油基地。中国石油和化学工业联合会统计数据显示，2010 年我国原油产量首次突破 2 亿 t，同比增长 5%以上；全年石油表观消费量为 4.55 亿 t，同比增长 11.4%。原油表观消费量首次突破 4 亿 t，达到 4.39 亿 t，增速高达 13.1%；石油对外依存度继续提高，全年石油净进口量 2.53 亿 t，增长 15.6%，石油对外依存度升至 55%。成品油需求继续较快增长，汽油继续供大于求，柴油供需持续偏紧。据国家统计局预测，2020 年原油产量 2.0 亿 t，缺口占总需求的 53%。在常规油田的开采不能满足对石油消费需求的情况下，丰富的稠油储量必将成为油气开发的重要阵地。

稠油油藏在储集方面一般有以下分布特征：

(1) 油藏埋深深浅不一，一般小于 1800 m(个别油藏在 5000 m 以上)，有些埋深较浅的油藏离地表几十米，甚至露出地表，压力和温度较低。

(2) 油藏胶结疏松，油井易出砂。稠油的油藏储集层大多是粗碎屑岩，储层胶结疏松，油井在生产过程中易出砂。

(3) 油藏储集层具有高的孔隙度和低渗透率。

(4) 气油比低，饱和压力低。

1.1.3 稠油的特性

稠油与普通原油(轻质原油)相比，既具有石油共性，又具有自己的特性，石油是一种复杂的多组分混合物，由烷烃、芳烃、胶质和沥青质组成。烷烃和芳烃是石油中分子量较小、相对密度较低的组分，胶质和沥青质为高分子量组分，并含有金属和非金属如硫、氮、氧等杂原子，沥青质是原油中结构最复杂、相对分子质量最大、相对密度最大的组分。因为稠油的胶质和沥青质含量高，稠油的性质在很多方面与常规原油不同，主要特征如下[6]：

(1) 稠油中胶质和沥青质含量高，轻质馏分少，胶质和沥青质含量可高达稠油的一半左右[7](表 1.4)。沥青质是由多种稠环芳烃、环烷烃、链烷烃以及金属、非金属组成的复杂混合物，其杂原子含量较高、氢碳原子比低。根据提取所用溶剂的不同，相应的称为正戊烷沥青质、正己烷沥青质或正庚烷沥青质。通常以正庚烷为溶剂来提取沥青质。一般来说，胶质和沥青质在稠油中的比重与稠油的黏度有着较大的关系，沥青质分子之间通过多种作用力相互缔合在一起，其缔合状态与自身性质和所处环境有很大关系，稠油中的沥青质是对稠油黏度贡献最大的因素。从表 1.4 可以看出，塔河稠油组分中沥青质含量较高，为 28.28%～62.72%，而胶质含量较低；与塔河稠油相比，胜利稠油和辽河稠油的沥青质含量较低，胶质含量较高。稠油中沥青质含量增加，黏度增大，沥青质对稠油黏度有重要影响。

表 1.4　不同稠油四组分　　(单位：%)

油样	饱和分	芳香分	胶质	沥青质
胜利单 56	18.88	34.37	36.98	6.45
胜利孤岛	45.88	22.45	14.84	14.43
辽河 L1	11.77	30.29	37.52	20.42
塔河 T1	11.70	41.86	18.16	28.28
塔河 T2	17.69	27.92	10.45	43.94
塔河 T3	13.13	28.12	8.93	49.82
塔河 T4	9.89	19.42	7.98	62.72

(2) 稠油中的石蜡含量一般较低，但也有少数沥青质和石蜡含量均较高的原油，表现为高黏度、高凝点。

(3) 稠油的物理性质(如黏度、表面性质等)与常规原油差别较大[8]。高黏度和高密度是稠油的最主要特征，也是稠油区别于普通轻质原油的主要指标。稠油相对密度越大，其黏度越高，两者之间有密切的关系。主要原因为：稠油组成中胶质及沥青质含量高；稠油黏度对温度敏感，随着温度的增加，黏度急剧下降。有些稠油虽然在油层温度下黏度高达几万毫帕秒甚至几十万毫帕秒，很难流动，但是在注蒸汽加热到 200～300℃时，黏度急剧下降到几十毫帕秒，变得容易流动。这也是用常规方法难以开采稠油，但用热力采油方法却能顺利开采的依据。

(4) 稠油相对分子质量高(低挥发性)，硫、氮、氧等杂原子及镍和钒等金属含量高，氢碳原子比低。如加拿大阿尔伯塔(Alberta)重油中杂原子占 21%～29%[9]。美国、加拿大及委内瑞拉的稠油中含硫量高达 3%～5%，而我国稠油中一般含硫量在 3%以下。

(5) 注蒸汽或其他热力采油条件下，稠油、水和岩石相互作用并使其热化学和热力学性质发生变化。我国东部稠油的特点是胶质含量高，一般可达 20%～40%，沥青质含量相对较低，一般为 5%～10%，我国东部稠油黏度高而相对密度较低，含硫量较低，轻馏分(＜300℃)约为 10%，金属钒、镍含量较低；而我国西部油田如塔河油田稠油沥青质含量较高，沥青质含量可达 15%～62%，含硫量较高。

对国内部分稠油油田的油藏情况进行调研[7]，结果见表 1.5。

表 1.5 部分稠油油田的油藏参数统计

参数	胜利油田	辽河油田	塔河油田
埋深/m	900～2000	800～2700	5400～7000
地层温度/℃	48～83	49～117	125～140
地层压力/MPa	10～20	7.35～35	均值 61.8
地面脱气黏度(50℃)/(mPa·s)	5×10^4～10×10^4	0.2×10^4～10×10^4	10×10^4～200×10^4
地层原油黏度/(mPa·s)	23134	97800	235
储层孔隙度/%	33	17～35	0.01～8.5
渗透率/μm^2	3～4	0.5～5.5	0.001×10^{-3}～5052×10^{-3}
油藏储量/t	1.5×10^8	4×10^8	6.24×10^8

从表 1.5 可以看出，塔河油田埋深深(5400～7000 m)，属于超深井超稠油，地层温度高(125～140℃)、稠油在地层条件下流动性较好，但在井筒举升过程中由于温度降低，稠油举升至 3000 m 后逐渐失去流动性，因此深层/超深层稠油开采需要解决的是井筒流动性的问题，需要采取井筒降黏措施开采此类稠油。而胜

利油田和辽河油田埋深相对较浅，属于浅层稠油，浅层稠油开采需要解决的是稠油地层流动性问题。胜利油田与辽河油田的稠油开采已经接近中后期，而塔河油田是我国近年来的新兴稠油油田，稠油的地质储量高，未来勘测与开采的潜力巨大。上述稠油的共性是稠油的黏度大，流动性差，稠油开采的问题是解决稠油流动性，而明确稠油的致黏机理是解决问题的关键。根据不同类型稠油及稠油特性，因地制宜地采取相应稠油开采技术。

1.1.4 稠油黏度

将稠油进行脱水处理(不含水)，测定稠油样品的黏温曲线，并进行 Arrhenius(阿伦尼乌斯)方程回归拟合[7](图 1.1 和表 1.6)：

$$\eta = A\mathrm{e}^{\frac{\Delta E}{RT}} \tag{1.1}$$

式中，η 为表观黏度，Pa·s；A 为常数；R 为气体常数；T 为热力学温度，K；ΔE 为活化能，J/mol；$B=\Delta E/R$，为常数，$\Delta E/R$ 值可以表示活化能的相对大小。

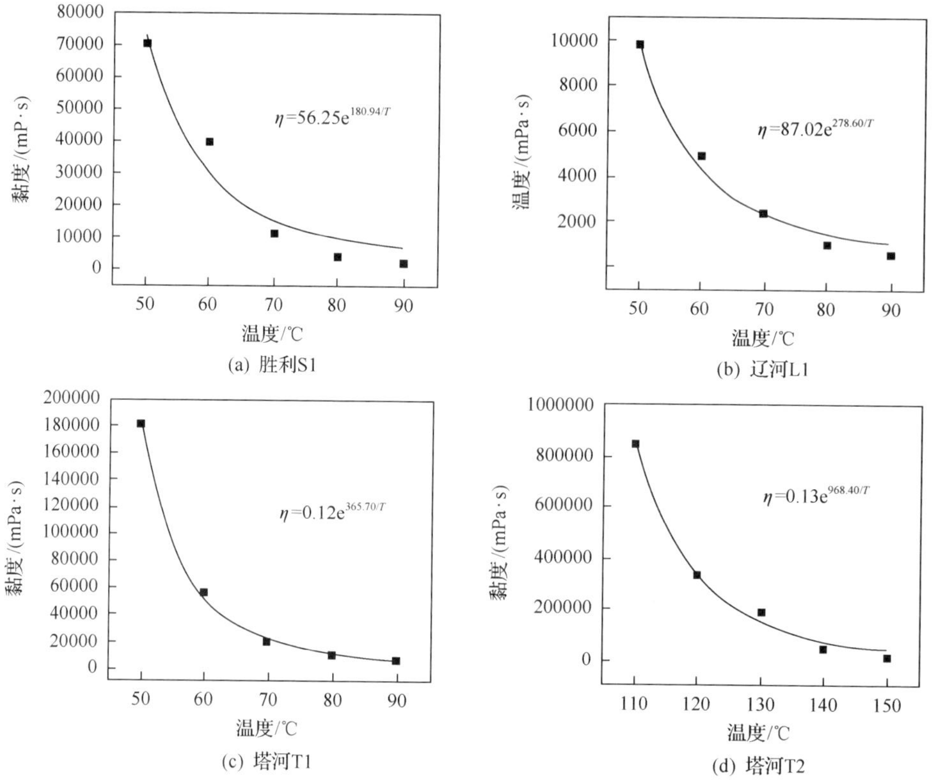

(a) 胜利S1 (b) 辽河L1 (c) 塔河T1 (d) 塔河T2

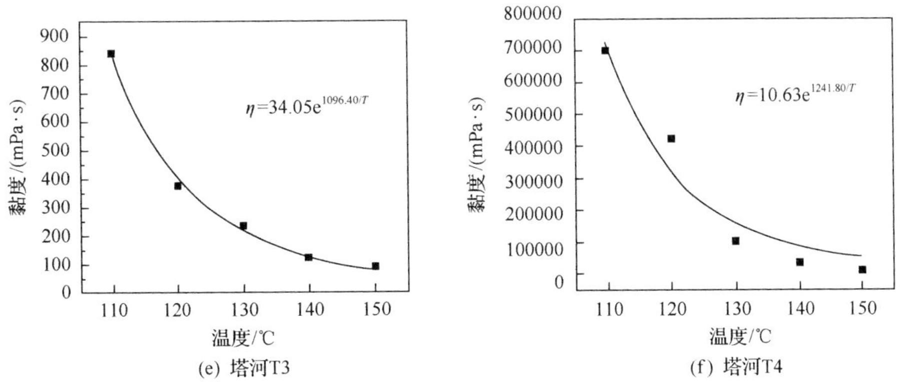

图 1.1 稠油拟合曲线

表 1.6 稠油拟合曲线的回归方程

油样	回归方程	$\Delta E/R$	黏度/(mPa·s)
胜利 S1	$\eta=56.25e^{180.94/T}$	180.94	1970(90℃)
辽河 L1	$\eta=87.02e^{278.60/T}$	278.60	5700(90℃)
塔河 T1	$\eta=0.12e^{365.70/T}$	365.70	7067(90℃)
塔河 T2	$\eta=0.13e^{968.40/T}$	968.40	840.1(110℃)
塔河 T3	$\eta=34.05e^{1096.40/T}$	1096.40	70×10^4(110℃)
塔河 T4	$\eta=10.63e^{1241.80/T}$	1241.80	84.8×10^4(110℃)

从图 1.1 可以看出，随着温度降低，稠油黏度急剧升高。因为温度影响分子间无规则热运动的程度，稠油具有温敏性，温度不同，稠油内部分子的摩擦、扩散程度，分子链纠结程度不同。当温度下降时，分子的无规则热运动程度减弱，分子间的纠结程度加剧，导致分子的体积变大，间距变小，摩擦力变大，稠油内部的分子间发生了缔合现象，产生了大分子的三维网状结构，表现出黏度的增大。

从表 1.6 可以看出，不同稠油的回归方程中，$\Delta E/R$ 不同，随着 $\Delta E/R$ 的增大，稠油的黏度增大。ΔE 指的是流体分子在开始流动前在分子周围形成足够大的空穴以供该分子移动所必须克服的能垒。流体分子的极性、分子量大小、分子的构型、分子之间的相互作用力的大小影响 ΔE，说明稠油的黏度受这几种因素共同作用的影响。

1.1.5 稠油致黏关键组分

一般而言，在稠油四组分中，对稠油黏度贡献较大的是胶质、沥青质两个组分。胶质是由稠环、脂环、侧链构成的凝聚环状体系，并含有氮、硫、氧等杂原子，能溶解在石蜡烃的液体中，胶质中的杂环原子可以促进络合物的产生。沥青质是由多种稠环芳烃、环烷烃、链烷烃以及金属、非金属组成的复杂混合物，其杂原子含量较高、氢碳原子比较低。

1. 稠油四组分对黏度的影响

利用四组分分离法进行烃类分离，研究稠油中引起黏度增加的关键组分。参照中华人民共和国石油天然气行业标准《岩石中可溶有机物及原油族组分分析》(SY/T 5119—2016)和《石油沥青四组分测定法》(NB/SH/T0509—2010)进行塔河稠油四组分分离(图 1.2)。

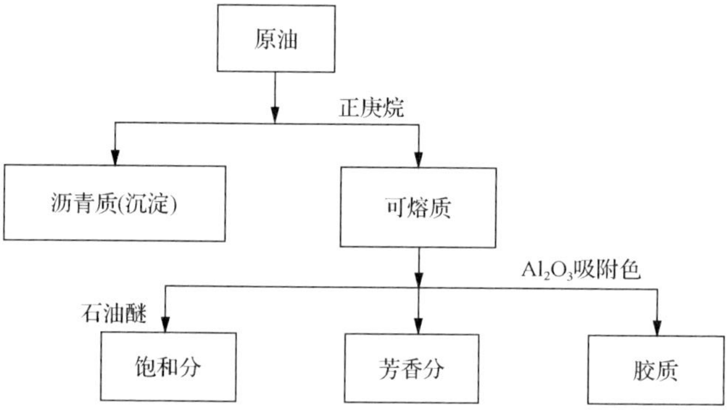

图 1.2　稠油四组分分离流程图

以稠油各组分作溶质，以甲苯作溶剂配制质量分数为 5%的稠油各组分溶液，考察分离组分对黏度的影响(图 1.3，图 1.4)，找出影响稠油黏度的关键组分。

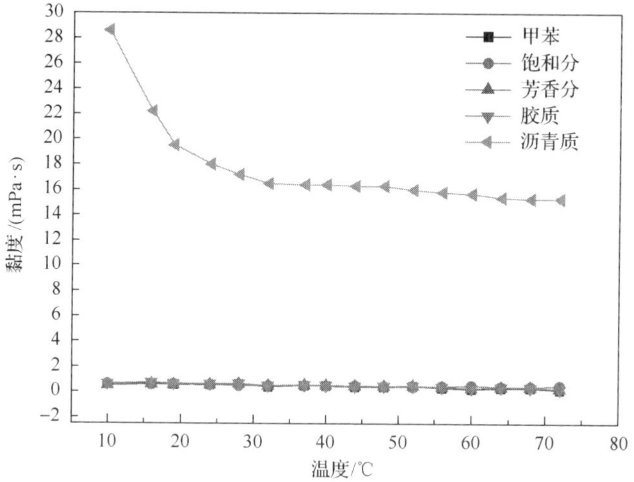

图 1.3　塔河 T1 各组分对黏度的影响

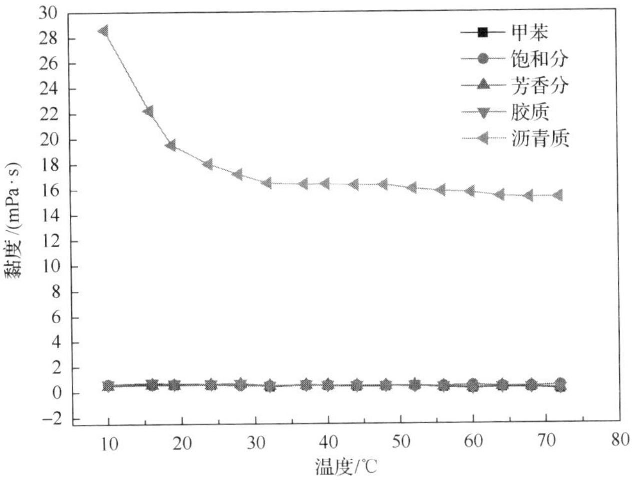

图 1.4 塔河 T2 各组分对黏度的影响

从图 1.3 和图 1.4 可以看出，沥青质溶液黏度随温度的升高而降低，其余三组分溶液黏度相差不大；沥青质溶液黏度远大于其余各组分溶液黏度，沥青质对黏度的影响最大。Argillier、汪双清、程亮等[10-12]认为稠油中的沥青质是对稠油黏度贡献最大的因素，应该重点考察沥青质的结构性质对稠油黏度的影响。

2. 脱沥青质前后稠油黏度的变化

脱沥青质前后稠油外观性状对比见图 1.5，测定各油样脱沥青质前后的黏温性质见表 1.7。

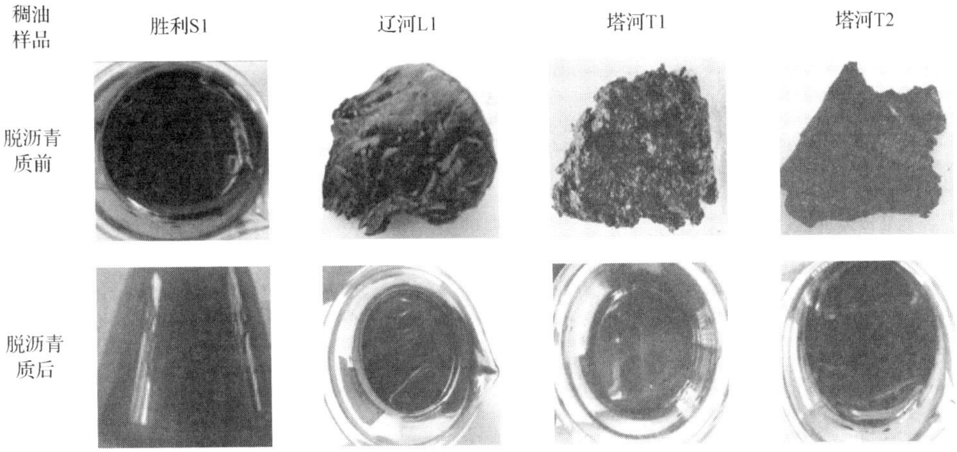

图 1.5 稠油脱沥青质前后性状对比

表 1.7　脱沥青质前后稠油黏度　　(单位：mPa·s)

油样	胜利 S1	辽河 L1	塔河 T1	塔河 T2
脱沥青质前黏度(50℃)	70667	44400	373.3	32.9×10^4
脱沥青质后黏度(50℃)	4333	1197	331	334.5

由图 1.5 可以看出，各油样在常温下不流动，呈块状固体，脱沥青质后稠油具有较好的流动性。由表 1.7 可以看出，脱沥青质后稠油黏度急剧下降，脱沥青后稠油具有很好的流动性，说明沥青质是稠油致黏的关键因素。

3. 不同性质沥青质分离组分对黏度的影响

用甲苯溶液配制 5%的稠油沥青质溶液，测定 45 ℃下不同性质沥青质的溶液黏度，进行对比见图 1.6。

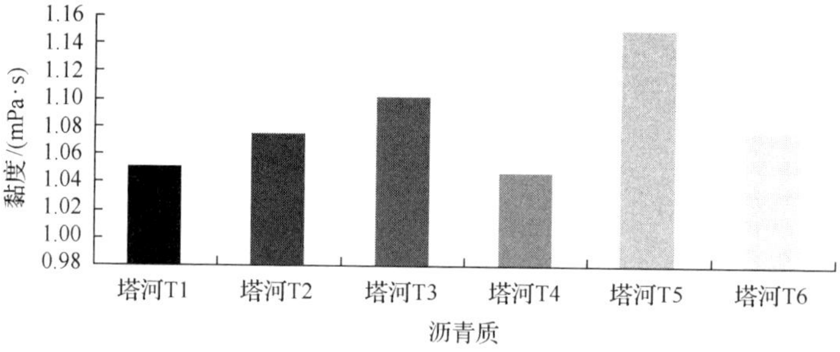

图 1.6　不同性质沥青质组分黏度对比

由图 1.6 可以看出，相同浓度和测定条件下，沥青质含量相同，但沥青质甲苯溶液黏度相差较大，说明原油黏度与沥青质的结构有关。而沥青质结构与金属含量、非金属含量、分子间作用力大小、相对分子质量等因素有关。

1.2　稠油开采技术的发展

稠油早期开发采取常规冷采，但其采油速度低，因此在出现蒸汽吞吐采油技术后，稠油常规开采规模迅速减小。蒸汽吞吐是目前世界上普遍采用的稠油开发方式。随着蒸汽吞吐采油技术进入中后期，陆续出现了常规水驱、注气驱、蒸汽驱、混相驱、非混相驱、化学驱等提高采收率技术。

国内早在 20 世纪 30 年代末，对特殊油藏实施注气开发，主要注入空气、天然气、凝析气、CO_2、烟道气及水蒸气，但碍于天然气资源的本身价值和 CO_2 及烟道气的来源限制而直接注空气又不安全的实际问题，这项技术发展较缓慢，没有形成生产规模和生产力。

到20世纪80年代末注气工艺有了新的发展，发展了从空气中提取氮气技术。国内从90年代开始开展这方面的研究工作，进行室内注氮气机理研究[13,14]，胜利油田从美国引进一套制氮-注氮设备和高温发泡剂，应用于单家寺单20块2个井组蒸汽驱调剖试验，取得了一定的效果。辽河油田1996年开始在锦90块开展了非混相驱提高采收率试验，试验取得了初步效果[15]。

20世纪60年代CO_2驱在国内受到重视并进行了室内研究和先导性试验。1985年开始在中原、大庆、吉林、华北等油田开展气体混相驱试验[16]。近年国内油田开展了CO_2吞吐提高采收率技术试验，胜利油田1998年开始在30多口稀油井实施该技术，有效率达到90%以上[17]，而稠油井国内实施较少。辽河油田于2000年在稠油井实施CO_2吞吐单井试验，取得了明显增油效果，但只限于单井试验阶段。近几年化学驱提高采收率技术[18]也开始在稠油开发中试验，但并未收到预期的效果[19]。

普通稠油开发后期提高采收率技术目前尚未成熟，水驱仍是主要的研究方向[20,21]。虽然发展了周期注水、屏障注水等多种注水技术，然而稠油常规水驱由于储层的非均质性和水油流度比大，仅在初期见到阶段性效果，之后很快出现注入水在油水井间窜通的现象，使得稠油水驱试验失败[22-25]。虽然化学调剖技术发展较快，但是多应用于稀油开发，加上水质不合格，损害油层，以及外来流体也会损害储层和影响储层岩石润湿性，注水系统亦存在待解决的问题[26-32]，所以稠油水驱技术发展缓慢。

浅层稠油开采主要采用热力采油技术。热力采油技术主要包括蒸汽吞吐、蒸汽驱和火烧油藏等方法，目前世界上有80%以上的热力采油产量是通过注蒸汽采油法获得。热力采油技术是浅层稠油开采的有效技术手段，是目前浅层稠油油田开发使用的主要技术；但随着对浅层稠油资源的开发，热力采油技术存在一些问题，这些问题会影响油藏的进一步开发，具体问题如下：

1) 热力采油采收率偏低

在稠油热力采油过程中，原油的热降黏、热膨胀、蒸汽的闪蒸与抽提都对增加稠油油井产量有贡献；但是蒸汽吞吐加热油层范围有限，因而蒸汽吞吐的最终采收率低，一般在10%左右；蒸汽驱中最大的问题是蒸汽超覆和提前突破。蒸汽与原油的密度差、垂向渗透率非均质性以及平面非均质性导致蒸汽沿油层上部窜进和沿高渗透带提前在生产井中突破，导致波及体积低，降低了蒸汽驱稠油采收率。因此，在蒸汽驱中流度控制技术已变得越来越重要。尽管人们已采用了蒸汽泡沫技术，但效果并不是很好。此外，稠油的热力采油还存在热损失大、能耗高、成本高等问题，使得稠油的热力采油技术受到一定的限制。

2) 急需攻关吞吐后期稠油提高采收率的接替技术

蒸汽吞吐在稠油油藏开发中占有重要的地位，蒸汽吞吐在初期投入相对较小的情况下就能获得较高的原油采收率，但是随吞吐轮次的增加水平段动用不均问题越来越严重，影响油藏原油产量与油汽比。因此急需针对吞吐后期出现的问题开展接替技术的开发。

1.3 稠油开采方式的筛选

由于常规石油资源有限，各石油生产国一方面在积极寻找新接替的储量，另一方面也在积极研究和探讨稠油的开发方式。研究稠油的开采方式，确定不同稠油油藏最佳的开采方法，以及研究已开发稠油油藏方式转换、产量接替是开发稠油油田首先要进行的。稠油开采方式的筛选既是稠油油藏动用和再动用的必要条件，也是油藏开发部署和规划的前提。Taber 等[33,34]给出了 EOR(强化采油)开采方式筛选的标准，Shindy 等[35]开发了应用专家系统方法对 EOR 开采方式进行筛选的方法，孙燕军、陈月明等[36-38]对稠油开采方式的选择进行过研究。到目前为止，可分为四类方法[39,40]，其中包括：①“二进制式”筛选标准，该标准给出了影响 EOR 方法“成功”的某些变量的可行值，但不能考虑各种变量之间的组合影响，不能进行经济敏感性分析；②经验公式法，该方法来自统计分析[41]，以油藏参数为基础，建立经验公式，但对具体油藏的特殊性及其他特殊因素往往考虑不到，且多数经验公式法计算的结果不能进行经济分析；③解析方法，该方法虽然使用范围加大，但为了便于求解，往往要做出较多的假设，这样造成理论与实际有一定的差异；④数值模拟方法，该方法一般可以较全面地考虑较多影响 EOR 过程机理的因素[42-44]，它预测结果的准确度往往取决于用来刻画油藏特征及注入状况数据的准确性和合理性，但该方法不适合对 EOR 筛选和经济风险的分析，因为它需要花费大量精力和时间来搜集数据。

目前国内外稠油油田的开发主要采用蒸汽吞吐、蒸汽驱、冷采(出砂冷采和水平井冷采)、火烧油层等技术。蒸汽吞吐的机理主要是注入蒸汽加热近井地带稠油，使之黏度降低，当生产压力下降时，为地层束缚水和蒸汽的闪蒸提供气体驱动力，主要应用在加拿大的 Cold Lake 和 Peace Rivet 的浅层稠油油藏。火烧油层技术是将某种形式的氧化剂(空气或氧气)注入油层，使其内部的油自燃或点燃，随后注入的氧化剂便会使燃烧带在油藏中扩展，燃烧带产生大量热量，加热油层和油层中的流体，降低原油黏度。水平井冷采是在委内瑞拉应用最为普遍的稠油开采方法。稠油出砂冷采技术主要应用在加拿大的重油带 Peace River 和 Wabasca。上述这些稠油开采技术主要应用于浅层稠油的开采，不适合深井、超深井的稠油开采。

对于超深井超稠油的开采主要采用井筒降黏方法[45]，较为成熟的技术为井筒掺稀降黏工艺，其操作工艺是将稀油经环空注入与稠油混合后，降低稠油黏度，将稠油采出地面。掺稀油方法虽然成熟，但目前稀油资源日益匮乏，已满足不了超深层稠油开发的需要，同时，增加了稀油的二次处理、运输等成本，造成了稀油资源的浪费。以塔河油田为例：依靠掺稀降黏工艺生产稠油年均在 300 万 t 以上，但是随着超稠油区块的不断开发，年均稠油增量在 50 万 t 左右，对稀油的需求量越来越大，年均需求量在 400 万 t 以上。随着稀油区块产量的不断递减和稠油区块的不断上产，预计“十三五”末期稀油缺口量约 150 万 t，影响稠油产量约 75 万 t，急需形成高效节约稀油技术，缓解稀油资源紧缺和油田快速上产的矛盾。

超深、超稠油开采除了成熟的掺稀降黏技术外，近年来国内发展了水溶、油溶、复合等一系列井筒化学降黏工艺技术。目前水溶性降黏技术适用范围窄(仅适用于稠油黏度小于 6.0×10^5 mPa·s、混合液含水高于 30%，以及清水或低矿化度水配制溶液)，且水溶性降黏技术使用后带来的破乳困难的问题，严重制约了现有水溶性降黏剂的发展和应用。油溶性降黏剂降黏效果差、降黏剂对油品性质普适性差，同时仅适用于低含水(小于 10%)的稠油降黏问题。复合降黏技术兼具水溶性和油溶性降黏技术的优点，能够有效分散稠油中沥青质聚集体，乳化超稠油，在含水率为 30%时能够形成黏度极低的水包油(O/W)型乳状液，目前复合降黏技术已在塔河油田实现超过 1×10^6 mPa·s 超稠油的降黏，具有广阔的应用前景[46-48]。因此，研究出降黏效率高、应用范围广的井筒降黏技术，将是有效解决超深、超稠油开发难题的发展方向，同时，也可极大地促进行业技术的进步。

参考文献

[1] 刘文章. 联合国训练研究署对重质原油及沥青砂油定义的建议. 国际重质原油开采会议论文选集(上册)[M]. 北京: 石油工业出版社, 1985.

[2] 李秀娟. 国内外稠油资源的分类评价方法[J].内蒙古石油化工, 2008, 34(21): 61-62.

[3] 刘文章. 稠油注蒸汽热采工[M]. 北京: 石油工业出版社, 1997.

[4] 付喜庆. 稠油开采国内外现状及开发技术[J]. 内蒙古石油化工, 2014, (1): 109-110.

[5] 张锐, 薄启亮, 刘尚奇, 等. 稠油开采技术现状与展望[C]. 第十五届世界石油大会各专业科技综述(第十五届世界石油大会组委会秘书局), 1998: 60-106.

[6] 侯珍珍. 特超稠油的胶体化学性质研究[D]. 青岛: 中国石油大学(华东), 2010.

[7] 赵丽莎. 稠油致黏机理研究[D]. 北京: 中国石油大学(北京), 2014.

[8] Hepler L G, Chu H. AOSTRA 油砂、沥青、重质油技术手册[M]. 北京: 石油大学出版社, 1992.

[9] Chen Z, Jiang C, Liu X. Quick evaluation of source rock kerogen kinetics using hydrocarbon pyrograms from regular rock-eval analysis[J]. Energy and Fuels, 2017, 31(2): 1832-1841.

[10] Argillier J F, Barre L, Brucy F, et al. Influence of asphahene content and dilution on heavy oil rheology[C]. SPE International Thermal Operations and Heavy Oil Symposium Proceedings, Porlamar, Margarita Island, 2001.

[11] 汪双清, 沈斌, 林壬子. 稠油黏度与化学组成的关系[J]. 石油学报(石油加工), 2010, (5): 795-799.

[12] 程亮, 邹长军, 杨林, 等. 稠油化学组成对其黏度影响的灰熵分析[J]. 石油化工高等学校学报, 2006, 19(3): 6-10.

[13] 李华斌, 刘露, 程柯扬, 等. 空气泡沫驱提高稠油油藏采收率技术研究[M]. 北京: 科学出版社, 2014.

[14] 刘加林, 张艳娟. 锦 90 块泡沫复合驱提高稠油采收率研究[J]. 精细石油化工进展, 2007, 8(7): 1-3.

[15] 张士民, 刘贵满, 岳玉权, 等. 锦 90 块非混相驱扩大试验效果初步评价[C]. 辽河油田开发技术座谈会文集, 2002: 253-268.

[16] 李涤淑, 宋先保, 刘秀珍, 等. CO_2 单井吞吐矿场试验[J]. 国外油田工程, 2004, (3): 40-41.

[17] 张娟, 张晓辉, 张亮, 等.水平井 CO_2 吞吐增油机理及影响因素[J]. 油田化学, 2017, 34(3): 475-481.

[18] 曹晓春, 李艳钰, 柯坤. 表面活性剂在石油工程中的应用研究进展[J]. 当代化工, 2017, 46(6): 1222-1224.

[19] 徐涵, 姜丽娟. 化学驱油过程中表面活性剂吸附损失的研究[J]. 化学工程师, 2018, (6): 49-51.

[20] 罗义科, 张俊廷, 张彩旗, 等. 渤海稠油注水开发油田提高采收率技术研究[J]. 长江大学学报(自然科学版), 2016, 13(29): 59-63.

[21] 张继春, 柏松章, 张亚娟, 等. 周期注水实验及增油机理研究[J]. 石油学报, 2003, 24(2): 76-80.

[22] 秦积舜, 彭苏萍. 注入水中固相颗粒损害地层机理分析[J]. 石油勘探与开发, 2001, (1): 87-88.

[23] 李海涛, 马启睿, 李东昊. 低矿化度注水提高砂岩储集层采收率的微观机理[J]. 石油钻采工艺, 2017, 39(2): 151-157.

[24] 张永萍, 张奇, 卢玉江, 等. 古城油田 B123 断块稠油注水开发动态调整研究[J]. 石油天然气学报:江汉石油学院学报, 2006,(3): 393-395.

[25] 田平, 许爱云, 张旭, 等. 任丘油田开发后期不稳定注水开发效果评价[J]. 石油学报, 1999, 20(1): 38-42.

[26] 游靖, 王志坤, 余吉良, 等. 华北油田地层水与注入水结垢趋势预测及影响因素[J]. 岩性油气藏, 2017, 29(4): 162-168.

[27] Moradi-Araghi A, Beardmore D H, Stahl G A. The Application of Gels in Enhanced Oil Recovery: Theory, Polymers and Crosslinker Systems[M]. Berlin: Springer, 1988.

[28] Khan H J, Mirabolghasemi M S, Yang H, et al. Study of formation damage caused by retention of bi-dispersed particles using combined pore-scale simulations and particle flooding experiments[J]. Journal of Petroleum Science and Engineering, 2017, 158:293-308.

[29] Hamid S, De Jesús O, Jacinto C, et al. A practical method of predicting calcium carbonate scale formation in well completions[J]. SPE Production and Operations, 2016, 25(25): 19-24.

[30] Stiff H A, Davis L E. A method for predicting the tendency of oil field waters to deposit calcium sulfate [J]. Journal of Petroleum Technology, 1952, 4: 25.

[31] Isaacs E E, Green M K, Jossy W E, et al. Conformance improvement by using high temperature foams and gels[C]. SPE Latin America Petroleum Engineering Conference. Society of Petroleum Engineers, 2013.

[32] 张煜培, 鲁健. 油田注水系统效率的影响因素及对策[J]. 石化技术, 2017, 24(10): 109.

[33] Taber J J. Technical screening guides for the enhanced recovery of oil[Z]. SPE-12069-MS, 1983.

[34] Taber J J, Martin F D, Seright R S. EOR screening criteria revisited-part 1: Introduction to screening criteria and enhanced recovery field projects[J]. SPE Reservoir Engineering, 1997, 12(3): 189-198.

[35] Shindy A M, 袁里, 李明军, 等. 为 EOR 方法选择而开发的一种专家系统[J]. 国外油田工程, 1999, (8): 37-39.

[36] 孙燕军, 王帅, 向逐骢. 神经网络专家系统在稠油开采方式上的应用[J]. 钻采工艺, 2002, 25(1): 46-49.

[37] 陈月明, 孙燕军. 智能决策支持系统在稠油开采方式筛选中的应用[J]. 特种油气藏, 1999, 6(3): 19-24.

[38] 孙燕军, 陈月明, 石崇兵. 稠油油藏开采方式智能决策支持系统中知识的分类[J]. 特种油气藏, 2000, 7(3): 18-20.

[39] 侯健. 提高采收率潜力分析的基础研究[J]. 岩石力学与工程学报, 2005, (17): 3202.

[40] 李斌, 毕永斌, 袁立新, 等. 确定 EOR 技术综合评价计算方法[J]. 石油科技论坛, 2015,(4): 57-64.

[41] Bottia-Ramirez H, Aguillon-Macea M, Lizcano-Rubio H, et al. Numerical modeling on in-situ combustion process in the Chichimene field: Ignition stage[J]. Journal of Petroleum Science and Engineering, 2017, 154: 462-468.

[42] Abrams D B, Roadcap G S, Mannix D. Developing potentiometric surfaces and flow fields with a head-specified MODFLOW Model[J]. Ground Water, 2017, 56(3):8-17.

[43] Bagheri S R. Experimental and simulation study of the steam-foam process[J]. Energy and Fuels, 2016, 31(1): 299-310.

[44] 牛丽伟, 卢祥国, 曹豹, 等. 稠油油藏提高采收率技术数值模拟研究[J]. 数学的实践与认识, 2016,(23): 109-117.

[45] 郭继香, 张江伟. 稠油掺稀降黏技术研究进展[J]. 科学技术与工程, 2014,(36): 124-132.

[46] Guo J, Yang Y, Zhang D, et al. A general model for predicting apparent viscosity of crude oil or emulsion in laminar pipeline at high pressures [J]. Journal of Petroleum Science and Engineering. 2017, 160: 12-23.

[47] 郭继香, 杨矞琦, 张江伟, 等. 超稠油复合降黏剂 SDG-3 的研究和应用[J]. 精细化工, 2017, 34(3): 341-348.

[48] Yang Y, Guo J, Yang Z, et al. New composite viscosity reducer with both asphaltene dispersion and emulsifying capability for heavy and ultraheavy crude oils[J]. Energy Fuels, 2017, 31: 1159-1173.

第 2 章　热力采油技术

热力采油工艺是通过加热油藏，降低地下原油的黏度、溶解和熔化油层的堵塞、改善地层的渗流特性，从而提高原油在地层的渗流能力，达到提高原油产量、采收率和开采效益的目的。按照加热油藏的不同方式，常用的热力采油方法可分为热水驱、单井循环注蒸汽(又称蒸汽吞吐)、蒸汽驱、火驱或火烧油层、电磁加热、热化学法等。在热力采油中，注蒸汽开采的产量约占 97%，其次为火烧油层，产量约占热力采油的 2.2%，其他的热力采油方法还处在小规模的试验研究阶段[1-4]。我国目前稠油开发主要包括蒸汽吞吐(约占 78%)、蒸汽驱(约占 10%)和常规水驱(12%)等[5]。热力采油(简称热采)是开采稠油，尤其是特、超稠油，最为有效且技术成熟的方法。目前世界上有 80%以上的热采产量是通过注蒸汽采油法获得的[6,7]。

油价的持续稳步提高以及油田开发工艺的进步，促进了热力采油技术的应用与发展。20 世纪 70 年代末，世界石油的产量几乎达到了顶峰；到 80 年代后期，世界新的油气资源增长越来越少，石油工业发展的重点逐步转向开发技术难度和投资风险均较大的油气资源，相应的各种石油开采的综合或交叉技术也获得了新生，如水平井技术、物理法采油技术等。进入 90 年代，这些综合或交叉技术逐渐发展成具有一定工业应用价值的稠油开采技术，并形成配套技术系列，成为改善油田开发效果和保持原油产量稳定增长的重要因素。

2.1　基 本 原 理

稠油的属性与常规稀油不同，稠油黏度及比重随沥青胶质含量的增加而增加：稠油中轻质馏分很少，多小于 10%，一般仅有 5%左右。稠油最大的特性是它对温度变化非常敏感，总的规律是随着温度升高，黏温曲线急剧降低。加热降黏是最简单、最常规的一种技术。加热降黏一般是针对高黏原油，它是根据稠油对温度的敏感性而降黏的一种方法。当稠油的温度升高到某个点后，其黏度将随着温度的下降而急剧上升，把这个温度值称为稠油的转折点温度。不同地区的稠油，性质不同，其转折点温度不同，在转折点处的黏度也不同。加热降黏利用了高黏原油黏度对温度更敏感的特性：随着温度的升高，原油黏度急剧下降。在通常的油藏加热温度范围内，温度升高 10 ℃，稠油的黏度可下降 50%[8]。根据几个特定的高黏原油，黏度和温度的关系可以表示为

$$\ln \mu = (18 \sim 21) - (3 \sim 3.5)\ln T \tag{2.1}$$

式中，μ 为原油黏度，mPa·s；T 为原油温度，℃。

随着温度的升高，原油黏度呈明显下降趋势，说明加热可以达到降黏效果。加热降黏属于传统的方法，目前是国内外原油主要集输方法之一，但其能耗高，经济损失大，停输再启动困难，同时存在着最低输量的限制。因此，世界各国原油集输研究工作致力于用其他非加热输送方式，逐渐减少或取代加热输送方式。但蒸汽吞吐开采的稠油，从井口出来的油温高达 130℃，应结合热力采油进行热输。加热法降黏按供热方式可分为注热流体降黏和火烧油层降黏。

注蒸汽是当前世界上开采稠油油藏的最主要方法，通过蒸汽将热力学能提供给油层岩石和流体，一方面使油层原油的黏度大大降低，增加原油的流度；另一方面原油受热后发生体积膨胀，可减少残余油饱和度[9]。

火烧油层要连续将空气从一口井注入地层，而从另外一口井中采出原油。空气维持流体连续驱动原油的压力，加快了原油的流动。地层燃烧时的温度可分为两个带：油层燃烧带和蒸汽带。

当火烧油层在高温氧化状态下进行时，发生如下化学反应：

热裂解(热解作用)：

$$\text{重质残油} \longrightarrow \text{轻质油}+\text{焦炭}$$

焦炭的氧化作用：

$$\text{焦炭}+\text{氧气} \longrightarrow CO+CO_2+H_2O$$

重质残油的氧化作用：

$$\text{重质残油}+\text{氧气} \longrightarrow CO+CO_2+H_2O$$

地层燃烧为复合型驱动类型，多相渗流中伴随着传热、传质以及燃烧边缘处的燃烧热力学现象。火烧油层起到加热生产井近井地带、降低原油黏度及解除射孔孔眼或堵塞储层孔隙的作用，使生产井的产率大幅度提高。火烧油层采油方法在技术上是可行的，但是在油层中很难实现连续性燃烧，现场实施后的经济效益很差。

2.2 常规热力采油对比

常规热力采油方法包括蒸汽法和火烧油层。蒸汽法主要有蒸汽吞吐和蒸汽驱两种。

蒸汽是一种热能，注入地层后，能大大提高油层温度。随着油层温度升高，可以产生以下效应：

(1)原油黏度大大降低，增加原油的流动系数。

(2) 油层岩石和流体体积膨胀，增加弹性能量。

(3) 在蒸汽驱过程中，产生蒸汽蒸馏和溶剂抽提作用，在蒸汽带前缘出现轻质馏分的富集带，起到油相的混相驱替作用。

(4) 油相相对渗透率增加，水相相对渗透率降低，残余油饱和度下降。

蒸汽是一种物质，注入地层后，可以产生的效应包括：①提高地层压力，增加驱油能量。②清除井壁污染，降低井底附近的渗流阻力，蒸汽吞吐开采方式有利于出油，蒸汽驱开采方式可以减少注气井的流动阻力[10]。

表 2.1 给出的并不是绝对严格的数据，因为得出这些标准所依据的是单独采用蒸汽或空气时的资料。然而随着注蒸汽燃气混合物等新工艺的发展，利用热力采油的范围会大大扩展，此时热力采油方法能够采出埋藏在任何深度的稠油。

表 2.1 国外矿场试验结果确定的热力采油方法使用范围

参数	注蒸汽	火烧油层
地层原油黏度/(mPa·s)	＞30	＞10
原油密度/(g/cm^3)	1.000	0.802～1.000
孔隙率/%	＞20	＞20
平均残余油饱和度/%	＞40	＞40
油层压力/MPa	＜10.0	＜15.0
油层有效厚度/m	5～25	315
导流系数/[μm^2/(cm·Pa·s)]	3.0	0.6
渗透率/μm^2	＞0.10	＞0.10

注蒸汽（包括蒸汽吞吐和蒸汽驱）和火烧油层是组成热力采油方法的两大工艺，都是工业化的采油方法。

注蒸汽和火烧油层并不是可以相互替代的，对它们作些分析比较是必要的。

(1) 能量利用效率。火烧油层能量利用效率明显比连续注蒸汽（即蒸汽驱）好，这是由于燃烧释放的热能直接流向邻近的驱油区，限制了热量向上下盖层的损失；连续注蒸汽不仅有向上下盖层的导热损失，而且在进入油层之前，还有一定数量的热能损耗在地面和井筒的输气过程中。因此，价格低廉的燃烧设备是增加火烧油层竞争能力的发展方向之一。

(2) 现场实施方面。注蒸汽比火烧油层更有灵活性。人们已经很好地掌握了工业性注蒸汽技术，少数没有解决好的问题，如湿蒸汽流量和干度的测量与分配问题、井筒隔热和热封隔器的可靠性等问题正在逐步得到解决。火烧油层的现场实施比较困难，其中点火、燃烧面推进的控制、腐蚀和乳化等问题，推迟了它的发展速度。一定数目现场试验的失败，表明火烧油层工艺风险性较大。虽然这项技术与注蒸汽同在 20 世纪 60 年代起步，但至今还只在有限的油田内应用。

(3) 经济性分析。技术费用和附加采收率的高低可以衡量哪一种热力采油工艺更可取。技术费用包括一般性开支和特殊性开支。一般性开支主要是钻井和完井、注采设备、地面装置、施工和维修费。特殊性开支是指与所用工艺方法有关的费用，主要包括蒸汽发生器、泵和压缩机等设备所耗的能源及其投资。详尽的计算表明，蒸汽驱的技术费用指数和附加采收率分别为 50～85 和 25%～45%，而火烧油层的技术费用指数和附加采收率分别为 70～125 和 28%～39%。如果对公认可接受的效率指数而言，蒸汽驱为采出油量与注入汽量比，即 OSR＞0.15 m^3/t；火烧油层为注入空气量与采出油量比，即 AOR＜3500 N m^3/m^3，两者的技术费用相当[11]。

由于注蒸汽和火烧油层各自具有不能替代的优缺点，因此，注蒸汽与火烧油层的组合使用也成为一种热力采油工艺。例如，在美国加利福尼亚州中途日落 (Midway Sunset) 油田一个已被注蒸汽开采枯竭的驱块，用干式火烧取得了成功。在加拿大 Alberta 的冷湖 (Cold Lake) 沥青油田，采用了先注蒸汽后火烧的组合工艺。

一般情况下，蒸汽驱和蒸汽吞吐所存在的问题基本相同，概括为如下几点[12]：

(1) 生成蒸汽成本高，尤其是在水资源短缺和水价特别昂贵的地区，水处理费用高，与蒸汽吞吐相比，蒸汽驱需要经过一段较长的时间才能见到效果，费用回收期较长。水敏地层不能进行蒸汽驱。

(2) 油井受热套管膨胀，有可能造成套管的损坏。

(3) 热损失严重，影响驱油效果和提高成本，因此，输送蒸汽时还有管道保温和隔热的问题。

(4) 出砂严重，造成井筒堵塞，影响产量；影响井下泵正常工作而减产；设备磨损严重修井作业费高。用高温热力采油时任一口井的作业和修井都要求至少冷却井筒附近地带。

(5) 一般而言，用蒸汽法驱油的最大缺点是成本高、适用范围有限制。如生产井与注入井的井距比常规井距小，一般为 100～150 m。尤其我国油藏地质条件复杂，多数稠油油藏深度超过 1000 m。由于深度大，引起了一系列工艺技术上的难点，如由于井深，井筒隔热技术要求高。

2.3　蒸 汽 吞 吐

蒸汽吞吐是指向一口生产井短期内连续注入一定数量的蒸汽，然后关井 (焖井) 数天，使得热量得以扩散，之后再开井生产。当瞬时采油量降低到一定水平后，进行下一轮注汽、焖井、开采，如此周期循环，直至油井增产油量无经济效益或转变为其他开采方式为止[13]。

蒸汽吞吐工艺施工简单，一次投资少，增产快，收效快，可以直接在生产井实施，边生产边试验，因而受到人们的普遍欢迎，是一种相对成熟和广泛应用的热力采油技术。尤其在某些油藏条件下，如油层厚，油层埋深浅，井距小，特别是重力排油能力达到经济产量时，蒸汽吞吐可以获得较高的采收率[5]。蒸汽吞吐是单井作业，对各种类型稠油油藏地质条件的适用范围较蒸汽驱广，经济上的风险比蒸汽驱开采小得多，因此蒸汽吞吐通常作为油田规模蒸汽驱开发之前的先导开发方式，以减少生产的阻力和增加注入能力。此外，对于井间连通性差、原油黏度过高以及含沥青砂，不适合蒸汽驱的油藏，仍将蒸汽吞吐作为一种独立的开发方式，因而它在稠油开发中将继续占有重要的地位，但是蒸汽吞吐也存在一定的问题[14-16]。

蒸汽吞吐目前在委内瑞拉、美国和加拿大广为应用。委内瑞拉采用蒸汽吞吐开采方法年产油约 1.8×10^7 t，加拿大冷湖油田的主要生产方式也为蒸汽吞吐，年产油约 4.0×10^6 m^3。最近几年，蒸汽吞吐技术的发展主要在于应用各种助剂改善吞吐效果。委内瑞拉在 20 世纪 80 年代发展了往注入蒸汽中加入表面活性剂(即高温泡沫剂)、天然气及溶剂等组分的新的蒸汽吞吐方法。这些措施均可增加蒸汽吞吐周期产量及油汽比。这些新方法于 90 年代已在油田中得到较大规模应用，使蒸汽吞吐油井的动用程度提高，吞吐开采生产周期延长，吞吐采收率由 15%提高到 20%以上，周期产量及油汽比可提高 1.5 倍以上。我国自 80 年代以来，先后在辽河、新疆和河南等稠油油田推广应用了蒸汽吞吐开采技术，取得了显著的经济效益和社会效益[17]。现在国内正在研究的是 CO_2 吞吐技术，CO_2 的各项性能非常适合蒸汽吞吐，它具有很好的降黏、增液和改善蒸汽吞吐效果的作用，而且适用于大多数的稠油油藏和强水敏油藏，但是这一技术必须要有气源，否则不可行。

2.3.1 基本原理

蒸汽吞吐增加稠油采收率的原理有以下几点：

(1) 原油加热降黏作用。在向油层注入蒸汽过程中，由于热交换作用，蒸汽携带的热量逐渐扩散到油层中，使蒸汽及蒸汽冷凝水附近的油层温度升高。随着油层温度增加，原油黏度大幅度下降。原油黏度降低，黏滞阻力减小，油相流动能力增强，从而提高原油采收率，因此，原油加热降黏是蒸汽驱开采稠油的重要机理。

(2) 蒸汽膨胀的驱替作用。注入油层的蒸汽回采时就有一定的驱动作用。分布在蒸汽加热带的蒸汽，在回采降低井底压力过程中，蒸汽将大大膨胀，部分高压凝结热水则由于突然降压闪蒸为蒸汽。这些都具有一定的驱动作用。

(3) 预热作用。在多周期吞吐中，前一次回采结束时留在油层中加热带的余热对下一个周期吞吐将起到预热作用，有利于下一个周期的增产。

(4) 蒸汽吞吐过程中的油层解堵作用。注入蒸汽加热油层及原油大幅度降黏后，在开井回采时改变了液流的方向，油、蒸汽及凝结水在放大生产压差条件下高速流入井筒，将近井眼地带的堵塞物排出，大大改善了油井渗流条件。

(5)温度改善原油相对渗透率作用。温度升高，残余油饱和度下降，向有利于改善油相渗透率的方向变化。油相渗透率提高，流动能力加强，驱油效果相应有所改善。

(6)放大压差的作用。蒸汽吞吐增产机理发挥效力的必要条件是放大压差采油。要尽力在开井回采初期放大生产压差，即将井底流动压力或流动液面降到油层位置，即抽空状态。获取初期阶段的峰值产油量及排水率，对增加周期总产量至关重要。

2.3.2 适用范围

为了选择适合蒸汽吞吐开采的油藏，评价稠油油藏能否进行蒸汽开采及其开采效果，需要对一个油藏进行初步评价，评价标准如表 2.2 所示。然后再按油气田开发程序进行可行性研究及先导试验方案设计，进行深入的开发设计研究。

表 2.2 蒸汽吞吐油藏筛选标准

油藏参数	筛选标准
原油黏度(油层)/(mPa·s)	50～10000
原油密度/(g/cm^3)	>0.9200
油层深度/m	150～1600
油层厚度/m	>10
净纯总厚度比	>0.4
孔隙度/%	≥20
原始含油饱和度 S_{oi}%	≥50
$\Phi \times S_{oi}$	≥0.1
渗透率/mD	≥200

注：S_{oi}-含油饱和度是油层有效孔隙中含油体积和岩石有效孔隙体积之比，以百分数表示；Φ-有效孔隙度。

选择适合于蒸汽吞吐开采的油层深度、厚度及原油黏度极限值：

(1)当油层深度小于 500 m 时(即浅油藏)，油层厚度必须大于 5 m，油层温度下脱气原油黏度小于 100000 mPa·s。

(2)当油层深度为 500～10000 m 时(即中深油藏)，油层厚度必须大于 10 m，油层温度下脱气原油黏度小于 50000 mPa·s。

(3)当油层深度为 1000～1600 m 时，油层温度下脱气原油黏度必须小于 10000 mPa·s，油层厚度必须大于 10 m，如果用特殊辅助作业技术(水平井、水平裂缝方法)，另行研究。

(4)纯厚总厚度比对蒸汽吞吐开采原油蒸汽比存在影响。油层深度为 1000 m，纯油层厚度为 10 m，原油黏度为 10000 mPa·s。当纯厚总厚度比小于 0.4 时，累积油汽比明显减少。因此，选择纯厚总厚度比大于 0.4。

(5)孔隙度必须大于或等于 0.2。

(6)初用含油饱和度必须大于或等于 0.5。

(7)油层深度越大，井筒热损失越大，井底注汽干度越低，蒸汽吞吐效果越差。

2.3.3 开采过程

蒸汽吞吐又叫周期性注汽或循环注蒸汽采油方法，就是对稠油油井注进高温高压饱和蒸汽，将油层中一定范围内的原油加热降黏后，回采出来，即“吞”进蒸汽，“吐”出原油，从注蒸汽开始到油井不能正常生产为止，称为一个吞吐周期。

1)注汽阶段

注汽阶段是油层吞入蒸汽的过程。根据设计要求的施工参数(注入压力、注汽速度、注汽干度、周期注气量)，把高温高压饱和蒸汽注入油层。注入蒸汽优先进入高渗透带，而且由于蒸汽与油藏流体的密度差，蒸汽占据油层的上部。油层内的温度分布并不均匀，靠近井眼处的地层及油层的上部温度相对较高，随着注汽过程的进行，被蒸汽加热的区域越来越大，如图 2.1 所示。当注入蒸汽量达到设计的周期蒸汽注入量时，油层平均温度达到最高。

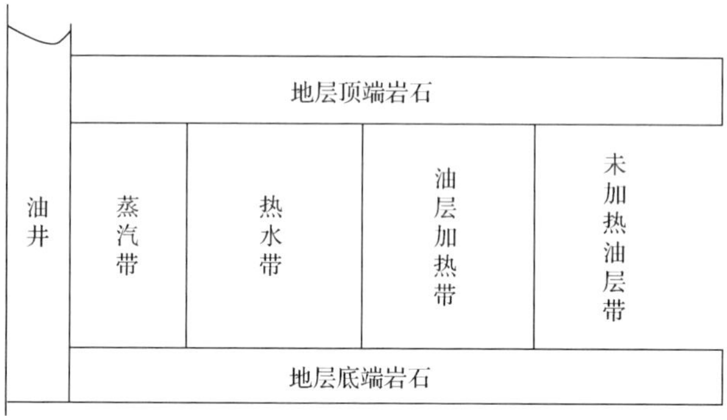

图 2.1　加热油层示意图

2)关井(焖井)阶段

注完所设计的蒸汽量后，停止注汽，关井，也叫焖井，焖井的时间一般为 2～7 天。焖井的目的在于：①使注入近井地带的蒸汽尽可能地扩散到油层深部，加热那里的原油；②腾出时间准备回采条件，如下泵等。

在焖井阶段，蒸汽的热损失(上下盖层油层深部)导致蒸汽扩散区域的蒸汽冷凝，变成热水带，该热水带温度较高(有一定的压力)仍然可以加热地层和原油。

3)回采阶段

油井注完蒸汽关井达到设计的焖井时间后，开井生产进入回采阶段，在回采阶段，由于油层压力较高，一般油井能够自喷生产(尤其是首轮蒸汽吞吐)，装上较大的油嘴以防止油层出砂，开井生产最初几天，通常含水率很高，有的甚至全是热水，但很快出现产油峰值，气产量为常规产量的几十倍。当油井不能自喷时，立即下泵生产。随着回采时间延长，由于注入地层的热量损失及产出液带出大量的热量，被加热的油层逐渐降温，流向井筒的原油黏度逐渐升高，原油产量逐渐下降。当产量降至某一极限产量时，结束该周期的生产，重新进行下一周期的周期吞吐，如此多周期地吞吐作业，最后转入蒸汽驱开采。在多周期吞吐中，前一周期回采结束时留在油层中的余热对下一周期的吞吐将起到预热作用，有利于下一周期的增产。

通常，注入蒸汽的数量按水当量计算，每米油层注入 70～120 t 蒸汽，注入 10～20 天；注汽干度要高，井底注汽干度要求达到 50%以上；注入压力(温度)及速度以不超过油层破裂压力为上限。关井焖井时间只有几天，焖井后油层如图 2.2 所示，然后开井采油。对于中国多数新的稠油油藏，不论 200～300 m 或 1000～1600 m 的井深，在第一次蒸汽吞吐时，由于油层压力保持在原始压力水平，开井回采时都能自喷生产一段时间，因而峰值产量较高。当不能自喷时，立即下泵转抽[17]。

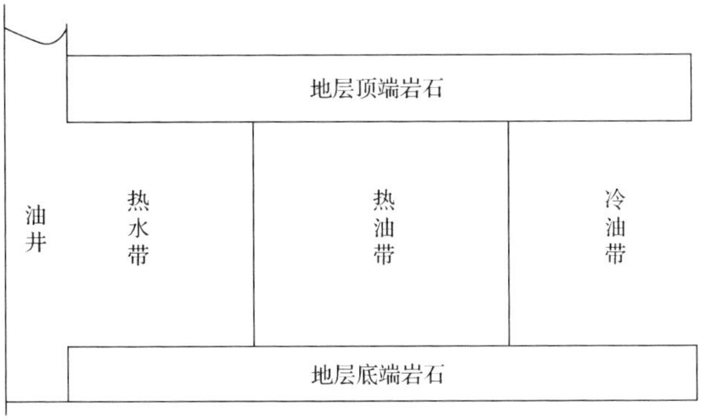

图 2.2　焖井后油层示意图

2.3.4　主要工作参数

蒸汽吞吐工艺的主要工作参数有注入蒸汽的热力参数(压力或温度和干度)、注入速率(t/h)、总注汽量(t/循环)和焖井时间(天)。

1) 蒸汽热力参数

它们往往受蒸汽发生器和井深等条件限制。在上述条件许可下，尽可能注以高干度的饱和蒸汽，因为干度提高 0.1 相当于温度提高 30～40 ℃的热量。在蒸汽发生器无法提高干度的场合下，可在地面采用汽水分离器。

2) 注汽速率

它时常受限于蒸汽发生器容量和油层吸汽能力。尽可能大的注汽速率不仅减少地面和井筒热损失，还缩短油井非生产时间，油层高度上热量分布也更均匀些。

3) 总注汽量

对不太厚的油藏，它应当与油层厚度成正比。成功的蒸汽吞吐油井，每米油层注汽量为 40～100 t/m。油层有效厚度大，取较低值，反之则取较高值，以使总注汽时间不超过 1 个月，以 2～3 周为宜。

4) 焖井时间

焖井的作用是使注入蒸汽的热量在油层内充分扩散。焖井时间较短，开井后油井可能有几天自喷，这不一定是好的生产方式，因为这意味着大量蒸汽带走热量。但焖井时间过长，不能利用蒸汽注入使压力提高的驱动能量，特别对能量不足的油藏，焖井时间应适当短些(2～3 天)，最长不超过 7 天[18]。

采用注采合一管柱将对整个采油阶段总采出量产生有利影响。一则可以控制自喷，二则避免更换管柱洗井压井作业中的热量损耗，这样将延长采油周期，增产更多的原油。

通常以第一周期的效果最好，这是因为油井附近得到清洗，油层渗透率得到改善。随着蒸汽吞吐周期的逐次增加，驱油半径相应增大，周期高峰产量和周期采油量也相应减少。

蒸汽吞吐过程中的传热包含物理、化学、热动力学的各种现象，是一个十分复杂的综合作用过程，同时也是一个具有不同流动梯度的非稳定渗流过程。影响稠油蒸汽吞吐效果的因素包括油藏地质参数及原油流体性质，这些参数又相互影响，给筛选适合蒸汽吞吐的油藏带来了许多困难。在这些影响因素中，影响最大的是原油黏度、油层深度及油层厚度，这 3 个参数决定了一个稠油油藏能否进行蒸汽吞吐开采及其开采效果如何。

2.3.5 开采效果的技术评价指标

蒸汽吞吐开采效果的技术评价指标主要包括以下方面：

(1) 周期产油量及吞吐阶段累积采油量。

(2) 周期原油蒸汽比及吞吐阶段累积油汽比。

(3) 采油速度年采油量占开发区动用地质储量百分数。

(4) 周期回采水率及吞吐阶段回采水率。回采水率定义为采出水量占注入蒸汽的水当量百分数。

(5) 原油生产成本。

(6) 吞吐阶段原油采收率，即阶段累积产量占动用区块地质储量的百分数。

(7)油井生产效率及油井利用率(按开发区计算)。

(8)阶段油层压力下降程度。

2.3.6　蒸汽吞吐助剂

蒸汽吞吐技术应用各种助剂改善吞吐效果，注入的助剂主要有以下几种：

(1)注入蒸汽中加入天然气。注入天然气的增产机理是扩大蒸汽加热带体积增加油层能量，回采时发挥气驱助排作用。

(2)注蒸汽时注入溶剂。对于黏度较高的稠油，在注入蒸汽前注入轻质油等溶剂，能够增加周期产量及油汽比。

(3)注入蒸汽中加入高温泡沫剂(表面活性剂)。注入泡沫剂可以调整吸汽剖面，增加周期产量及油汽比。研究表明，加入 0.5%～1.0%的表面活性剂能够扩大吸汽剖面 1/3～1/2。

(4)注蒸汽前注入聚合物。注蒸汽前注入高浓度的聚合物溶液，聚合物在很长一段时间作用于高渗透带，而不影响低渗透性层带，进而提高波及系数。

(5) N_2 辅助蒸汽吞吐和 N_2 驱替 CO_2 段塞。辽河油区针对稠油开采现状，利用膜分离制氮注氮装置先后开发了氮气隔热助排、氮气隔热采油一次管柱泵、氮气泡沫调剖工艺技术和蒸汽-氮气混合驱等技术[19]。

2.4　蒸　汽　驱

蒸汽驱是通过适当的注采井网，从注入井连续注入蒸汽，加热并驱替原油的采油法。

在理想的条件下，随着蒸汽从注入井向生产井的逐步推进，蒸汽驱形成三个带：蒸汽带、热水带和油水带。蒸汽带是在注入井周围形成的，它随着蒸汽的不断注入而膨胀，其温度接近蒸汽温度。在蒸汽带，轻烃的蒸发驱动原油，并冷凝成可溶油的液体，同时蒸汽还提供一定的气驱能量。当蒸汽向前推进到油层温度较低处时，蒸汽变成了热水，形成热水带。在热水带，通过原油的受热膨胀、降黏和热水驱来驱动原油于生产井采出[20]。蒸汽相不仅由水蒸气组成，同时也含烃蒸汽，含烃蒸汽与蒸汽一起凝结，驱替并稀释前缘原油，从而留下较少的但较重的残余油。

蒸汽驱是目前大规模工业化应用的热力采油技术。蒸汽驱是普通稠油油藏的重要开采方式。目前，普通稠油油藏大多先进行若干周期的蒸汽吞吐开采，之后转为蒸汽驱，以进一步提高原油采收率，蒸汽驱已成为蒸汽吞吐后提高采收率的有效方法，并取得了良好的效果。一般来说，蒸汽驱开采可获得 50%～60%的最终采收率。蒸汽驱的研究及先导试验始于 20 世纪 60 年代末，它是国内外用来提高稠油油藏采收率最有效的方法之一，但与此同时也是比蒸汽吞吐更为复杂的生产方法。自 60 年代这种提高采收率工艺方法投入应用以来，主要局限于高黏油藏和相对低密度油藏的开发应用。另外，由于所需的工艺技术和开发经验有限，蒸汽驱提高采收率的主要目标是针对浅层，且具有较高剩余油饱和度的地质结构不复杂的油藏。

我国在蒸汽驱研究及应用方面较国外晚，在“八五”至“九五”期间曾开展了 11 个蒸汽驱先导试验，除个别试验外，大多数试验效果不甚理想。从当时的蒸汽驱状况看，试验失败的原因主要在于对蒸汽驱的认识程度不够，没有充分掌握蒸汽驱技术。近几年，蒸汽驱的几个关键技术，如深井注汽井井筒隔热技术、提高蒸汽波及程度技术、氮气泡沫调整吸汽剖面技术、节能技术等已有新进展，为扩大蒸汽驱开采规模创造了有利条件。不同类型油藏蒸汽驱先导试验已取得很大进展，如克拉玛依九区蒸汽驱调整动态、曙 175 块汽驱控制边水推进、乐安油田注氮气泡沫控制汽窜和辽河油田齐 40 块蒸汽驱等。目前辽河和胜利等油田大多数蒸汽吞吐开采油藏或区块是采用五点法井网，并已加密井距，为汽驱井网创造了条件。预计我国有 50%以上的已注蒸汽开发油藏或区块有可能转入蒸汽驱开采。

2.4.1 基本原理

在蒸汽驱过程中，当注入的蒸汽从注汽井向生产井流动时，主要形成蒸汽带、热凝析液带、冷凝析液带和油藏流体带[12]。从注汽井的蒸汽温度到生产井的油藏温度，是一个渐变的过程。

从驱油方式看，蒸汽驱全过程由 3 种不同驱油方式组成。油层先经过冷水驱，然后经过热水驱，最后经过蒸汽驱。经威尔曼等实验研究，证明热水驱的采收率高于普通冷水驱的采收率，蒸汽驱采收率高于同温度的热水驱的采收率，高压蒸汽驱的采收率高于低压蒸汽驱采收率[20]。

蒸汽驱过程中，有多种机理在不同程度地起作用，包括加热降黏作用、热膨胀作用、蒸汽的蒸馏作用、溶解气驱作用、油的混相驱作用、脱气作用和乳化驱作用等[14]。其中起主导作用的是加热降黏作用、蒸汽的蒸馏作用、热膨胀作用和油的混相驱作用。

(1) 加热降黏作用。温度升高使原油黏度大幅度降低，这是蒸汽驱开采稠油的最重要机理。随着蒸汽的连续注入，油藏温度升高，油和水的黏度都要降低，但水黏度的降低程度与油相比则小得多，其结果是改善了水油流度比；在原油的黏度降低时，驱替效果和波及效率都得到改善，这也是热水驱、蒸汽驱提高采收率的原因所在。

(2) 热膨胀作用。随着蒸汽的注入，地层温度升高，原油发生膨胀、饱和度增加，变得更具流动性。

(3)蒸汽的蒸馏作用。高温高压蒸汽降低了油藏液体的沸点温度，当温度等于或超过系统的沸点温度时，混合物将沸腾，导致油被剥蚀，使油从死孔隙向连通孔隙转移，增加了驱油的机会。

(4)溶解气驱作用。随着蒸汽前缘温度升高，溶解气从原油中逸出，溶解气发生膨胀形成驱油动力，增加了原油产量。

(5)油的混相驱作用。水蒸气蒸馏出的馏分，通过蒸汽带和热水带被带入较冷的区域凝析下来，凝析的热水与油一块流动，形成热水驱。凝析的轻质馏分与地层中的原始油混合并将其稀释，降低了油的密度和黏度，随着蒸汽前沿的推进，凝析的轻质馏分也不断向前推进，其结果形成了油的混相驱。

其中加热降黏、热膨胀、溶解汽驱和蒸馏是蒸汽驱的主要作用机理。在注汽井和生产井之间的不同区带，这些机理作用程度各不相同，主要取决于原油及油层的性质。不同类型油层的主导驱油机理不同。稠油及特稠油油藏，加热降黏及蒸汽蒸馏作用是最主要的采油机理；相对轻质的原油油藏，热膨胀、蒸汽驱动、蒸汽蒸馏及脱气作用是主要的采油机理[21,22]。

采用蒸汽驱开采，注入井连续注入高干度水蒸气、提高较大范围油层温度，驱动更大范围内的地下原油，将采出更多的原油，从而大幅度提高原油采收率(一般可达20%～30%)。在初始转驱阶段，驱油效果受地层压力和温度场的制约，需要经过较长时间注入蒸汽后，生产井方能受效增产。

可见，蒸汽吞吐与蒸汽驱在采油机理、开采特征方面有着本质的区别，但因同属于注蒸汽采油而又有着密切的接替关系。开发实践中，蒸汽吞吐和蒸汽驱是注蒸汽采油的两个有机过程，前期蒸汽吞吐开采、中后期转入蒸汽驱开采恰好有机地避开了蒸汽吞吐和蒸汽驱的低效期，即蒸汽吞吐为蒸汽驱创造有利条件，蒸汽驱是蒸汽吞吐的接替阶段。

2.4.2 适用范围

影响蒸汽驱开发效果的油藏参数主要有原油黏度、油层净厚度、初始含油饱和度、油层非均质性、净总厚度比、油藏埋深。

1)原油黏度

原油黏度是影响蒸汽驱效果的重要因素，随着原油黏度的增高，蒸汽驱的效果明显变差。从开发效果和操作因素考虑，蒸汽驱的原油黏度最好应小于5000 mPa·s。

2)油层净厚度

对蒸汽驱来说，存在最佳油层厚度，在该范围内，油层厚度大，汽驱效果好。但随着偏离最佳油层厚度程度的增加，蒸汽驱效果迅速变差；蒸汽驱的有效油层厚度为 10～50 m，油层厚度为 20～45 m 时，效果较好。

3) 初始含油饱和度

油层含油饱和度对汽驱采收率影响较大。含油饱和度增加，蒸汽驱的采收率呈线性增加；如果蒸汽驱开始时油藏的含油饱和度低于 45%，则蒸汽驱基本无效。

4) 油层非均质性

油层渗透率变异系数大于 0.7，则不适合蒸汽驱。

5) 净总厚度比

随着净总厚度比的增加，蒸汽驱采收率越来越大；当净总厚度比大于 0.6 时，蒸汽驱效果改善幅度变小；当净总厚度比小于 0.6 时，随着净总厚度比的减小，蒸汽驱效果急剧变差；当净总厚度比小于 0.4 时，蒸汽驱基本无效。

6) 油藏埋深

油藏埋深主要影响注入蒸汽的质量和蒸汽驱过程中的油藏压力，从而影响蒸汽驱效果。当深度大于 1400 m 时，在现有隔热技术和采油工艺条件下，蒸汽驱基本无效。

什么油藏条件适宜于转汽驱，什么时候转汽驱，是蒸汽驱成功的关键因素，蒸汽驱油藏的筛选标准见表 2.3。

表 2.3　适合蒸汽驱油藏的筛选标准

项目	参数	要求
原油	密度/(g/cm^3)	0.904～1.104
	黏度/(mPa·s)	＜105
	成分	不限
水	矿化度/(mg/L)	不限
	Ca^{2+}、Mg^{2+}含量/(mg/L)	不限
油藏	含油饱和度/%	＞0.4
	厚度/m	＞0.6
	渗透率/$10^{-3}\mu m^2$	＞200
	埋深/m	＜1500
	温度/℃	不限
	岩性	高孔隙度砂岩

当蒸汽吞吐进行到一定轮次时，为了经济有效地开发稠油，需要对主要影响热力采油效果的油藏地质条件、流体性质综合研究，制定适合稠油油藏实际和工艺条件现状的转稠油油藏蒸汽驱筛选标准，见表 2.4。

表 2.4 我国蒸汽驱筛选标准与稠油储量分等标准

参数值	一等储量 靠现有技术	二等储量 近期技术改造	三等储量 待技术改造	四等技术 不适于蒸汽驱
黏度(油层)/(mPa·s)	50～10000	50000	50000	
密度/(g/cm^3)	>0.9200	0.9500	0.9800	
油层深度/m	150～1400	1501600	1800	
纯油层厚度/m	≥10	≥10	≥10	<5
纯厚/总厚	≥0.5	≥0.5	≥0.5	<0.5
孔隙度	≥0.2	≥0.2	≥0.2	<0.2
含油饱和度/%	>0.5	>0.5	>0.4	<0.4
孔隙度×原始油饱和度	≥0.10	≥0.10	≥0.08	<0.08
储量系数/($10^4\ m^3/km^2m$)	>10	>10	>7	<7
渗透率/$10^{-3}\ \mu m^2$	≥200	≥200	≥200	≥200

2.4.3 开采过程

蒸汽驱过程从时间上大致可分为三个阶段：

(1)蒸汽驱启动阶段，由于油层原油的初始黏度较高，蒸汽驱初期只需要依靠提高注入压力维持生产，若油层孔隙中存在气体，注入的蒸汽将把原油挤入这部分空间，因此启动阶段的原油产量较低。

(2)蒸汽驱受效阶段，随着注入蒸汽量的增加，受热原油越来越多，加热降黏逐渐起到控制作用，同时取决于油层的物性，产量达到高峰。

(3)蒸汽突破阶段，当蒸汽在生产井突破以后，注入蒸汽的热效率降低，同时油层中被驱原油越来越少，产量逐渐下降[23]。

2.4.4 主要工作参数

不同类型的原油中含有的轻质组分数不同。在蒸汽驱过程中，蒸汽将原油中的轻质组分蒸馏出来，形成烃气与水蒸气一起凝结。由于该部分组分比重质部分运动快，能够进入凝结水驱动前缘起到降低前缘稠油黏度和驱动稠油的作用[24]。蒸汽驱中各种机理的采收率如表 2.5 所示。

表 2.5 蒸汽驱中各种机理的采收率 (单位：%)

项目	无蒸馏馏分的油	25%蒸馏馏分的油	50%蒸馏馏分油
热水驱的采收率	54.8	54.8	58
蒸馏作用增加的采收率		10.5	19.5
溶剂作用增加的采收率	5.0	5.0	5.0
气驱作用增加的采收率	3.0	3.0	3.0
蒸汽驱总采收率	62.8	73.3	85.5

除油藏参数外，蒸汽驱操作条件对蒸汽驱开发效果的影响非常大，应用合理的操作条件，可以取得较好蒸汽驱开发效果的油藏，如果设计或实施的操作条件不合理，也会使蒸汽驱归于失败。

影响蒸汽驱效果的主要操作条件是注汽速度、采注比和注汽干度。

1）注汽速度

稠油油藏蒸汽驱开采依靠的能量主要是热能，尤其是湿饱和蒸汽中的汽化潜热能。注入油藏的蒸汽携带的热能将原油黏度大幅度降低；蒸汽中大量、连续补充的汽化潜热使得形成的蒸汽带不断扩展、驱替原油至生产井采出。如果油藏中蒸汽带汽化潜热能的补充量不足以抵消蒸汽带的热损失量（加热油藏孔隙介质中原油与岩石基质所消耗的热量及损失于顶、底岩层与非含油夹层的热量），则蒸汽带体积缩小或蒸汽前缘停止推进，蒸汽带前缘的凝结热水向前扩展。同样温度下，热水的驱油效率比蒸汽的驱油效率差得多，达不到蒸汽驱的效果[25-28]。

从蒸汽驱全系统热损失的角度看，随着注汽速度的增加，井筒、地面及地层的总热损失将减少，热能利用率提高，因此开采效果更好。但并非注汽速度越高越好，速度过高会导致过多的热能从生产井产出，降低了热能利用率，从而影响开采效果。因此，对于一个具体油藏，存在最佳注汽速度，这要通过经验和试验来确定。

2）采注比

根据蒸汽驱开采过程中要在油藏中形成蒸汽带这一基本要求，蒸汽驱前的蒸汽吞吐阶段要充分降低油藏压力，蒸汽驱过程中仍要以较大的采注比（此时的采注比是蒸汽驱稳定阶段的瞬时采注比，而不是累计采注比）形成注采井间的压力梯度，以保持蒸汽带前缘向生产井不断扩展。蒸汽驱稳定阶段，当采注比小于 1.0 时，蒸汽带逐渐缩小，甚至消失；当采注比为 1.0 时，蒸汽带形成后基本上呈停止状态；只有当采注比大于 1.0，达到 1.2 时，蒸汽带才会不断扩展。因此，对于 1 个井组或 1 个开发单元，蒸汽驱阶段生产井的瞬时采出液量必须大于注汽井的瞬时注汽量。当采注比小于 1.0 时，蒸汽驱采收率很低而且对采注比不甚敏感。实际上，在这种条件下，注入油藏的流体体积大于采出的流体体积，油藏压力不断上升，注入的蒸汽被压缩凝析成热水，此时油藏中的驱替过程主要为热水驱。当采注比为 1.0～1.2 时，蒸汽驱采收率对采注比非常敏感，几乎为突变过程，这实际上是从热水驱向蒸汽驱的过渡阶段。当采注比超过 1.2 之后，蒸汽驱采收率很高且对采注比不敏感，这时从油藏中采出的流体体积逐渐由与注入体积平衡变为大于注入流体体积。在这种条件下，油藏压力是个缓慢下降过程，因而能真正实现蒸汽驱。蒸汽驱不同阶段对采注比要求不同。

在转驱初期，由于多年的蒸汽吞吐，油藏亏空较大，油藏压力较低，生产压差较小，虽然注汽井和生产井附近经过吞吐预热，油藏温度较高，但远离井点处的油藏温度较低。此时，井间冷油带向生产井推进，油井采液指数小，产液量和产油量处于低峰值。

注汽井转入连续注汽后，注入能力往往高于生产井的产液能力，此时，注入量大于采出量，油藏压力回升，驱替压力梯度逐渐增大。随着蒸汽驱的进行，生产压差逐渐增大，产液量逐渐提高，当蒸汽腔前缘推进至生产井附近时，生产井井点附近的油藏温度明显上升，油井采液指数大幅度提高，采油量和采液量大幅度上升，油井明显见到蒸汽驱效果。此时，采液量必须大于注入量，采注比必须达到或大于临界采注比 1.2。此后，油藏压力开始逐渐下降，蒸汽带得到有效扩展，从而获得较好的开发效果和经济效益。这一阶段是蒸汽驱过程中最为重要的阶段，也是蒸汽驱产量的高峰阶段，蒸汽驱阶段 50%的产量都在该阶段产出。这一阶段，如不能保证采出量大于注入量，油藏压力会继续升高，蒸汽带的体积不能有效扩大，蒸汽带前缘停滞不前，生产井见不到大幅度增油效果，失去产油的高峰期。

待蒸汽突破后，为了抑制汽窜，采注比可能会低于临界采注比 1.2。因此，对于经过多轮次吞吐、油藏压力大幅度下降后转蒸汽驱的中深层稠油油藏，整个蒸汽驱阶段的累计采注比可能小于 1.0[29]。

3) 注汽干度

注汽干度越高开发效果越好；反之，注汽干度越低，开发效果越差。但注汽干度也存在一个临界值，当注汽干度大于此值时，蒸汽驱采收率对注汽干度不敏感，都能取得好效果。临界注汽干度的一般经验值为 0.4。

4) 油藏压力

在蒸汽驱初期，由于大量蒸汽的注入，油藏压力开始持续上升。随着油藏压力的上升以及热影响范围的不断扩大，当采注比达到 1.2 左右时，油藏压力达到顶点，随着采注比的进一步提高，油藏压力开始持续下降。此后，蒸汽驱必须保持整体降压的开采过程。在蒸汽驱采油机理中，除原油加热降黏、蒸汽驱油等作用外，还有一个很重要的作用就是蒸汽体积膨胀的驱动效应。蒸汽的膨胀不仅能扩大油藏中蒸汽带的体积，还能提高蒸汽波及系数，改善驱油效果。蒸汽体积与油藏压力直接相关，蒸汽的比容与油藏压力、注汽干度相关[25]。

由此可见，对于适合蒸汽驱的油藏而言，在蒸汽驱中同时满足以上操作条件，即注汽速度、采注比、注汽干度均高于其临界值，才能取得好的开采效果。

2.4.5 开采准则

对于普通稠油油藏，要达到较好的蒸汽驱开发效果，蒸汽驱过程中，蒸汽注入速率、井底注汽干度、采注比及油藏压力对蒸汽驱的效果具有至关重要的影响，要达到较好的蒸汽驱开发效果，必须满足以下条件：

(1)注汽速率大于或等于 1.6 $m^3/(d \cdot hm^2 \cdot m)$，反映单位体积稠油油藏对蒸汽量的需求水平，在保持井底注汽干度的同时，必须保持一定的注汽速率才能为蒸汽前缘的推进提供必要的条件。

(2)井底注汽干度大于或等于 40%，反映蒸汽驱对单位注入流体热焓的要求，注汽干度越高，汽水混合流体的热焓越高，降低稠油黏度的效果越好。

(3)油藏压力小于 5.0 MPa，最好为 1.0～3.0 MPa，保持较低的油藏压力既是提高蒸汽波及体积的需要，也是保持必要生产压差的需要。

(4)蒸汽驱稳定阶段的瞬时采注比大于或等于 1.2，是使蒸汽带前缘向生产井不断扩展的需要。

以上四项量化指标既是蒸汽驱开发方案设计的基本准则，也是蒸汽驱实施过程中跟踪调整和蒸汽驱效果评价的依据。这四项基本准则是相辅相成的，缺一不可，只满足个别或部分条件，蒸汽驱都不能取得最佳的开发效果。

2.4.6 技术发展

1. 工程技术

在过去的 10 年间，在该领域取得的重要工程技术进步包括：

(1)水平井方法；

(2)陡峭倾斜油藏的开采工艺方法；

(3)蒸汽和水交替注入工艺方法；

(4)蒸汽的波及效率控制；

(5)蒸汽驱和电能联产技术；

(6)两相蒸汽的管汇和计量；

(7)产出水的分离与处理；

(8)井下蒸汽发生器技术；

(9)绝热油管；

(10)多层注蒸汽和注入剖面测量技术；

(11)用于分析和预测蒸汽驱产状的计算机模拟技术。

2. 工艺技术

1)蒸汽驱工艺方法

下面所讨论的主要是一些可使现有的工艺方法更加有效的工程技术新进展。这些新的技术可以扩展现有工艺方法的适用范围，使其适用于重度大于 20°API 以及重度小于 10°API(也就是沥青)油藏的开发，以及深层且地层结构复杂油藏的开发，从而使得先前被认为经济收益较差的油藏可以采用蒸汽驱工艺投入开发。

2) 水平井方法

水平井技术进行稠油开采在西方已是一项成熟技术，无论是水平井冷采，还是水平井热力采油。在委内瑞拉，水平井及多分支井冷采已被广泛地应用于稠油油藏的开发，并取得了良好的经济效果；加拿大的 Suffield 油田应用水平井进行冷水驱开采；同样是利用水平井的溶剂萃取(VAPEX)技术在加拿大开展先导试验。对于水平井热力采油，如蒸汽辅助重力泄油(SAGD)技术已大规模地应用于加拿大的稠油开采；而应用水平井进行蒸汽吞吐也在加拿大进行了现场试验，该技术是在一个井位上钻多口水平井，在两侧的水平井组里分别交替进行注汽和生产，从试验结果来看这样做比普通的蒸汽吞吐可获得更好的波及效率，原油产量也因此提高。

水平井是 20 世纪 90 年代世界油田开发过程中迅速发展的一项新技术。据统计，1990 年底世界上已成功钻成水平井 1200 多口，到 1995 年达到了 11000 多口。80 年代以来，世界上 20 多个产油国家形成了具有工业性开采规模的水平井技术。中国在“八五”期间组织了“水平井开采技术”国家重点技术攻关，分别对稠油油藏、低渗透和裂缝性油藏中的水平开采技术进行研究，其中胜利油田采用直井、水平井结合开发稠油油藏，新疆油田采用水平井开采浅层超稠油，取得了明显的开发效果，达到了世界水平井注蒸汽开发油田的先进水平。目前，水平井已成为新油田开发、老油田挖潜和提高原油采收率的重要技术。

目前研究确认了加拿大石油业利用水平井的经验，提高了对该技术的认识，总结如下：①水平井钻井和完井技术目前是很常规的技术，但仍需对浅层油砂沉积钻水平井的设备进行更进一步的开发研究。②地层评价因成本问题(测井、取心和地震)受到局限，而价值不高的结果又不可能对初步的地层评价进行较完善的验证，因此重油和沥青商业生产方面的油藏描述就可能在短期有一定的变化。③用于测量井温(温度高于 250 ℃除外)和压力的光导纤维技术实施效果良好。④多侧井技术包括从单一的垂向井钻水平井段，或是从主水平井钻多个水平井。该技术具有极大的前景，虽处于早期开发阶段，但必将在重油油藏得到广泛的应用。但要对其主要的局限性进行评价，控制多支，以确保有效开发。⑤质量较差的固结砂层，水平井的应用就不如垂向井效果好。⑥在底水油藏，若油质相对较轻，水平井就比垂向井更能减小水锥进的趋势。在超重油油藏，水锥进使水平井不比垂向井更有效。⑦由于水平井生产无法控制井段流体的流入量，且修井作业较复杂及成本高，因此，该技术也就变得复杂化了。如果缺乏了解和掌握油藏流动形式的资料，有可能造成操作复杂化，并且使预测性模拟很困难。

要较好地操作水平井并改进其运行工况就要开发能探测、测量和控制的“智能”工具，并且成本一定要低，且能直接探测流体流动和形式，从而控制井中流体进入的速度、范围和位置。

一种称为蒸汽辅助重力泄油(SAGD)的水平井方法目前已经应用于这种油气资源的开发，并在加拿大这样的国家成为一项普及应用的工艺方法。这种工艺技术包括两种类型：①成对水平井，一口水平井位于上方，用于注蒸汽，另一口水平井位于下方，用于采油；②直井与水平井配套应用。应用这种工艺的主要目的是克服蒸汽难以被注入不流动沥青砂体中的困难，并且优化被加热原油的重力泄油。这种新技术最早是在加拿大的冷湖沥青储层的Leming油区进行先导性试验，水平井的水平井段长度为820 ft①。目前在加拿大的冷湖和其他地区已有许多水平井投入生产。在美国加利福尼亚的San Joaquin Valley油田水平井的应用也正在迅速普及。

SAGD工艺方法的一种变异工艺是采用单个水平井筒，既注蒸汽又采油。将一根经过绝热处理的同心连续油管(ICCT)下在套管中，将蒸汽注入水平井段的最端部，蒸汽加热井筒四周地层，并且帮助被加热原油泄入到井筒与油管的环空中。然后被加热的原油按照重力泄油的机理被驱替到水平井段的造斜点处，由安装在那里的抽油泵将其连同蒸汽凝析液一起泵抽到地面。

研究推出这种工艺方法的ELAN能源有限公司称其为单井SAGD(SW-SAGD)，并且该公司报道了这种工艺方法，称这种工艺方法的产量是常规双井SAGD工艺方法的4倍。

3) 水平压裂辅助蒸汽驱(FAST)技术

按照稠油热力采油的一般规律是先吞吐然后常规汽驱，然而对于浅薄层的稠油油藏，常规蒸汽驱风险性很大。经过实践证明，FAST是提高这类油藏采收率的有效方法之一[26]。

FAST技术是在常规蒸汽驱技术基础上发展起来的一种新的稠油热力采油方式。其技术实质就是充分利用蒸汽超覆这一自然规律，在油层下部压出一条水平裂缝，开辟一条高导流能力的热通道，沿热通道向前推进的蒸汽，在重力差异作用下，逐步向上超覆，与其上部的原油发生强烈的传热传质作用，加热后可流动的原油在重力作用下向下流动到下部热通道之后，蒸汽推着凝结的热水和可流动的油沿热通道流向采油井，随着时间的推移，可流动带越来越宽。该水平裂缝可控制蒸汽超覆速度，有效提高纵向波及系数，进而达到提高采收率的目的。

水平压裂辅助蒸汽驱现场过程简介：对于新钻的生产井，下完套管固结水泥后，先不射孔，而是在油层的某个部位采用高速携砂液在套管上切槽。与此同时，也将水泥环切穿，然后利用水力压裂使油层形成水平裂缝，使裂缝延伸30～50 m，紧接着用高于油层破裂压力的压力注入大量蒸汽，因为此时还没有射孔，所以注

---

① 1 ft = 3.048×10^{-1} m。

入的大部分蒸汽沿裂缝向前推进。注汽结束后，在该井的生产层段射孔，然后开井生产，此时的产量是吞吐的效果。与此同时，像生产井一样，在注入井的对应位置用高速携砂液在套管上切槽，也将水泥环切穿，接着下注汽管柱，利用水力压裂使油层形成一条水平裂缝，使裂缝的延伸长度为50～70 m，这样注入井形成的水平裂缝与生产井的加热区域就相互连通了，接着用高于破裂压力的压力高速注汽，使裂缝保持开启状态，直到生产井收到注入井的注汽效果为止，这样大部分蒸汽和凝结水是沿裂缝推进的，从而裂缝附近的油，特别是其上部的油在热传导和蒸汽超覆的双重作用下被迅速加热，使其黏度显著降低，形成一个连通的可流动带，并随着时间的推移，可流动带越来越宽。高速注汽完毕后，射开整个生产层段，以最佳注汽速率注汽，此时注入压力小于破裂压力，裂缝闭合，流动通道不再是裂缝而是加热带。当注汽达到经济极限时，可以转注热水来利用地层余热，以提高油汽比和最终采收率。

4) 陡峭倾斜油藏

井网驱油方法(即五点，反五点)是具有小倾角或没有倾角油藏实施蒸汽驱通常采用的方法。当油藏倾角明显大于10°时，最好采用直线驱油方法，图2.3中示出了其原因所在。当储层不倾斜时，加热区朝任何方向的扩展主要受蒸汽重力上窜和在储层中向下流动的热水所控制；另外，在具有明显倾角的储层中，由于重力作用蒸汽倾向于沿倾斜面向上运移，而凝析热水则向下倾斜面流动。因此，热能会最先抵达位于构造上倾部位的生产井，导致原油主要产自储层的上倾部位[27]。

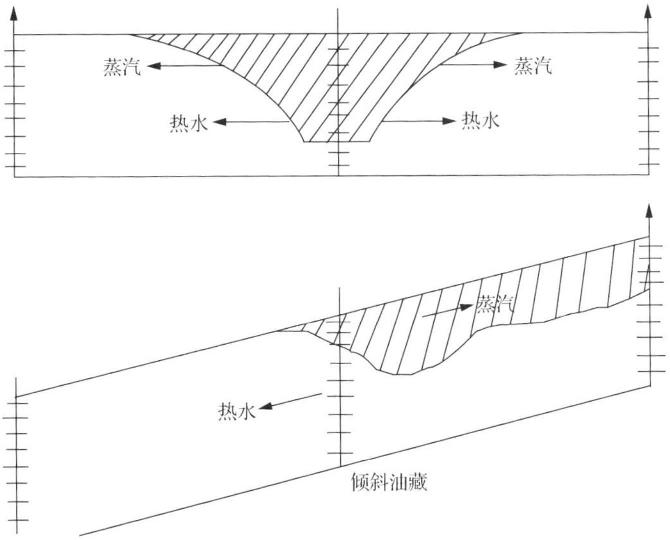

图2.3 倾斜油藏同非倾斜油藏的蒸汽驱产状比

由于蒸汽重力上窜作用，这种类型储层的原油生产受注入井和生产井所处位置的严重影响。为了最大限度地提高这类储层的蒸汽驱效率和最终采收率，应当采取的工艺策略包括：①在开始实施蒸汽驱措施时采取直线驱井网，将蒸汽注入储层的中部或较下面的部位。②在蒸汽突破位于上倾斜行列的生产井时，关闭这些生产井。③其后降低蒸汽注入量，使得蒸汽驱动原油向位于下倾斜行列的生产井流动。

此外，假如储层与气顶和底水相连，气油或水油界面会受气顶或底水压力的作用向原始油层靠近或者远离，这种界面运移严重影响蒸汽驱的采油量。这类储层的开发最好是采用直线驱井网，将蒸汽注入远离气顶或底水的油层中。通过将蒸汽注入远离气顶或底水的储层中，这种工艺措施可以延迟蒸汽在非产层内突破，从而使注入的蒸汽更加有效。

五点井网通常应用于带有明显倾斜角度油藏的蒸汽驱作业，其原因是，如果井网的一侧平行于倾斜方向，便可实现中心交错行列驱替。在这种情况下，注入井应当布置在偏离井网中心的位置，最好是在注入井与生产井下倾斜行列之间的半程位置，目的是使得蒸汽能够更加均匀地分布于上倾斜和下倾斜方向之间。注入井位于井网偏离中心的位置，既可以加快陡峭倾斜油藏的蒸汽驱采油速度，也可以最大限度地提高采收率。这种常规蒸汽驱技术的变异技术已经在美国加利福尼亚的 San Joaquin Valley 油田的不同地区得到了成功应用。

5）注蒸汽后的注水工程技术

当注蒸汽采油进入后期阶段时，原油产量下降，蒸汽/原油比（SOR）明显变高。此时便有必要做出决断，是否继续或者中断注蒸汽。高的 SOR 通常预示着大量的热能被滞留在储层岩石中和流体中，分热能只在储层中进行循环，而不会对提高采油量产生影响。因此必须研究探讨出一种能够充分利用这种热能的方法，实现蒸汽驱工程的最佳驱油效果。将已经进入注蒸汽中后期的工程转换为注水工程，其作用和目的如下：

(1) 延长注蒸汽驱油工程项目的经济寿命。

(2) 减少燃油消耗和解放蒸汽发生器，使其可用于其他工程。

(3) 使得注蒸汽油层再次饱和水，从而避免地层发生沉陷和缩小原油在冷却之后向水淹区逆偏移的可能性。

(4) 使热量重新分布在储层中，使原来处于蒸汽驱死油区内的原油被产出。

为了将蒸汽驱转为水驱，以及为了确定在何种最佳温度条件下进行转换和注水的排量，已经制定了一些规范指标。这种经过了技术改进的工艺方法已经在美国加利福尼亚和德国的一些中后期蒸汽驱油田得到了成功的应用。

6）水和蒸汽交替注入工艺方法（WASP）

人们认为水和天然气交替注入工艺方法可以减少天然气的指进，改善垂直波及效率，提高水驱的采油效率。这种概念也同样适用于注蒸汽作业。WASP 优于连续注蒸汽工艺方法的主要优点是延迟和减缓了过早的蒸汽突破[28]。当蒸汽突破进入生产井中时会产生高温问题导致蒸汽热能浪费和油井产能下降。WASP 可以避免这类问题的发生并改善波及与采油效率。

俄罗斯曾经在其重油油田成功地应用了这种方法，据报道在1981～1984年，应用这种方法使油田每年的产量提高了 25%～30%。在美国加利福尼亚，应用WASP 工艺方法避免了蒸汽突破问题的发生，改善了波及和采油效率。

7) 蒸汽的波及效率控制技术

尽管蒸汽驱在提高高黏油油藏采收率方面的应用是成功的，但是在应用中仍存在一些难以解决的问题。这些问题是：储层中的垂直或面积波及效率差，在热水区中的驱油效率低。注入蒸汽的重力上窜严重地影响了储层的垂直波及效率，并且导致蒸汽过早地在生产井突破。同时，由两相蒸汽分离出的液体所产生的热水区随着注入蒸汽向地层和周围地层中的扩散导致热损失的加剧。热水在非加热油层中的驱油效果并非比蒸汽好，从而导致采油量较低。

为提高蒸汽驱效率而推出的工艺方法主要集中在解决储层波及效率问题上。这些工艺方法主要依靠应用表面活性剂，以此促进在地层中形成蒸汽泡沫，降低蒸汽流度，并且因此而调整蒸汽的注入剖面。文献报道，这项技术在工艺上是成功的，降低了蒸汽的流度，提高了注入蒸汽的波及效率，但是由于要求使用大量昂贵的化学药剂，该项技术的经济性较差。

应用高温聚合物或木质素磺酸凝胶可提高储层的波及效率。在 West Coalinga 实施的蒸汽驱工程中也曾经使用过一种木质素磺酸凝胶系统，改善注入井井筒的蒸汽注入剖面，使得较大部分的产层能够受到蒸汽驱的作用。在加利福尼亚，目前这类化学药剂正日渐普及，主要用于解决老的蒸汽驱工程项目中存在的蒸汽波及效率问题。

3. 未来发展方向

为了扩展蒸汽驱的应用范围和提高作业效率，需要在技术领域取得更多的成果[29]。

1) 工艺方法的改进

(1) 热力采油水平井的更加有效利用。

(2) SAGD 工艺方法的更加有效利用。

(3) 碳酸盐岩、裂缝型或硅藻岩储层的蒸汽驱工艺技术。

(4) 陡峭倾斜油藏蒸汽工艺方法的改进。

(5) 低耗资蒸汽流度控制方法。

2) 地面设备和方法

(1) 利用煤或者核能生产蒸汽。

(2) 在管道三通中蒸汽均匀分流方法的改进。

(3) 蒸汽质量和流量的精确测试。

3) 井下设备和方法

(1) 海上或深储层适用的井下蒸汽发生技术。

(2) 深层蒸汽驱经济高效的隔热技术。

(3) 蒸汽注入剖面的测量和控制方法。

(4) 水平井完井，防砂等技术。

4) 产状预测

(1) 小型计算机对全油田模拟试验的能力。

(2) 反向流度比蒸汽驱的模型比例尺放大技术。

(3) 流管分数模型。

2.5 火烧油层

火烧油层又称为地下燃烧或层内燃烧，亦称火驱开采法，是一种在油层内部产生热量的热力采油技术[30]。准确地说，是指把空气或氧气体注入油层里面，使其在油层中与有机燃料起反应，用产生的热量来帮助采收未燃烧的原油。

早在1917年美国李威斯就提出了采用热力或注溶剂的方法，驱替地层中的原油以提高采收率的概念。1923年瓦尔科特(Wolcott)和霍华德(Howard)也认识到，把空气注入油层，使油层在地下燃烧过程的关键是燃烧掉一部分原油，产生热量以降低黏度，同时产生驱替原油的驱动力。他们的这种认识在1923年获得美国专利。当时，由于新油田勘探成功率比较高，投资商无意进行试验，直到1947年才开始了实验室试验研究。进入20世纪50年代后，美国的石油资源日见枯竭，新油田勘探成功率降低，这项新技术才得到广泛的关注。从1951年开始，各个石油公司在油田展开了一系列的试验研究，使得火烧油层技术得到了快速的发展。

世界上最早的一次火烧油层现场试验是1942年在美国俄克拉荷马州的伯特勒斯维尔油田进行的。20世纪50年代以后，据统计，美国已经开展了70多个火烧油层项目，另外还有苏联、荷兰、罗马尼亚、匈牙利、德国、印度等40多个国家和地区先后开展了火烧油层采油的相关工作。火烧油层在世界上多个稠油和轻质油油藏上进行了现场试验，并取得了一定的成果。据资料统计，1998年全世界共有29个火驱项目，火驱开发日产原油4800 t，单井日产油4.8 t。其中，美国的8个火驱项目日产油960 t；加拿大的3个项目日产油1040 t，火驱产能规模占非蒸汽开采的50%以上；印度与罗马尼亚各有5个火驱项目，罗马尼亚原油总产量中10%以上的产量是用该方法开采出的。2008年以来全球范围内还有14个大规模的工业性火烧油层项目正在进行之中[30]。

我国从1958年起，先后在新疆、玉门、胜利和辽河等油田开展了火烧油层试验研究，因受当时条件的限制，火烧油层技术让位于注蒸汽采油，在我国的现场应用直到目前还为数不多。但是，室内研究一直没有停止，特别是在中国石油天然气总公司石油勘探开发科学研究院热力采油研究所、中国科学院化学研究所等单位，20世纪80年代以来不断开展火烧油层的物理模拟、化学模拟和数学模拟研究，配置了一批研究设备和仪器，开展了大量的室内试验，也进行了现场火烧可行性研究和施工设计与预测。中国石油天然气总公司石油勘探开发科学研究院热力采油研究所还与罗马尼亚开展了有关现场火烧工艺的交流合作研究项目，现已取得了不少可喜的成果[30]。

火烧油层的采收率常可达到50%以上，并且可以在比蒸汽驱采油更复杂、更苛刻的地层条件下应用，因而是对稠油和残余油开采的一种具有诱惑力的热力采油技术。火烧油层由于存在很多尚未解决的问题，人们对该方法的应用前景还一直存有争议。技术在国内还不是很成熟，虽然有的油田进行了一些试验，在技术上也通过了检验，但是推广到生产实际当中还有很多问题。

2.5.1 驱油机理

火烧油层，国外又叫"就地燃烧"(in situ combustion)，因为它主要是以油层本身的部分燃烧裂化产物作为燃料，利用外加的氧气源和人为的加热点火手段把油层点燃，并维持不断地燃烧，燃烧生热使温度达到1000 ℃，实现复杂的多种驱动作用。其驱油原理为：当用空气作为氧源，向注入井注入热空气把油层点燃时，主要燃烧参数是焦炭的燃点，控制注入气温略高于焦炭的燃点，并依一定的通风强度不断注入空气，会形成一个慢慢向前移动的燃烧前缘及一个有一定大小的燃烧区，当确信油层已被点燃后，可停止注入井的加热。燃烧区的温度会随时间不断增高。有最高温度的燃烧区可视为移动的热源；在燃烧区前缘的前方，原油在高温热作用下，不断发生各种高分子有机化合物的复杂化学反应，如热裂解、低温氧化和高温氧化反应，其产物也是复杂的，除液相产物外，还有燃烧的烟气(CO、CO_2、天然气等)；热水、热气都能把热量携带或者传递给前方的油层，从而形成热降黏、热膨胀、蒸馏汽化、油相混合驱、气驱和高温改变相对渗透率等一系列复杂的驱油作用。一般认为，在燃烧前缘附近是裂解的最后产物——焦炭形成的结焦带，再向外依次是蒸汽和热水(反应生成水、原生水及湿烧的注入水等)形成的热水蒸气带，被蒸馏的轻质烃类油带，以及最前方的已降黏的原始富油带。正是因为火烧油层法有众多的驱油机理联合作用，可以比现在的任何一种采油方法获得更高的采收率[30]。

地下燃烧法实质是通过燃烧油层中的焦炭(正向燃烧)和原油(反向燃烧)，产生高温。焦炭的热值为25.0～31.5 MJ/kg，原油热值为43.0～46.05 MJ/kg。焦炭或原油燃烧可用式(2.2)表示：

$$CH_n + \left(\frac{2m+1}{2m+3} + \frac{n}{4}\right)O_2 \longrightarrow \left(\frac{m}{m+1}\right)CO_2 + \left(\frac{1}{m+1}\right)CO + \frac{n}{2}H_2O \qquad (2.2)$$

式中，CH_n为焦炭或原油的单元相对分子质量；m为在产出气中CO_2和CO的物质的量比；n为焦炭或原油中氢原子数与碳原子数之比。

焦炭或原油燃烧产生的高温，可使未燃烧的原油裂解，产生轻油、气体，留下焦炭，即：原油 ⟶ 轻油+焦炭+气体。

轻油和气体(加上燃烧产生的CO_2和CO)在向前移动时，可与剩余油产生混相驱动。地层的高温使地层水汽化所产生的水蒸气与燃烧产生的水蒸气一起起到蒸汽驱作用。

地层燃烧的主要驱油机理：

(1)高温氧化燃烧机理，烧掉一部分油焦，形成热量使地层温度升高，造成最高效率热力驱油效果。

(2)蒸汽带中蒸汽驱机理。

(3)气化原油主要由原油中轻质组分组成，这些轻质组分与表面接触的原油在新的温度条件下形成混相驱机理。

(4)高温燃烧形成的CO_2和H_2O，构成高压CO_2驱油机理以及碳化水驱油机理，形成热力驱机理。

地层燃烧为复合驱动型，多相渗流中伴随着传热、传质现象以及边缘处的燃烧热力学现象。火烧油层起到加热生产井近井地带、降低原油黏度及解除射孔孔眼或堵塞储层孔隙的作用，使生产井的产率大幅度提高。火烧油层方法在技术上是可行的，但是在油层中很难实现连续性燃烧，现场实施后的经济效益很差。

热力采油方法有电热杆、电缆加热和注高温蒸汽三种供热方式[3]，稠油热力法降黏存在成本和能耗高的问题，能耗很大，而且井下设备昂贵，基建投资大，稠油黏度在一定程度上具有可逆性，导致采油成本较高。

2.5.2 适用范围

对于一个给定的油藏，是否可以使用火烧油层工艺进行开发，或者说，具备哪些条件的油藏适宜用火烧油层工艺，解决这类问题需要有一个适当的筛选标准。表2.6为适合火烧油层的油藏筛选标准。

表 2.6 适合火烧油层的油藏筛选标准

项目	参数	要求
原油	密度/(g/cm^3)	0.893～1.000
	黏度/(mPa·s)	<5×10^3
	成分	不限
水	矿化度/(mg/L)	不限
	Ca^{2+}、Mg^{2+}含量/(mg/L)	不限
油藏	含油饱和度/%	>0.5
	厚度/m	>3
	渗透率/10^{-3}μm^2	>50
	埋深/m	<3500
	温度/℃	>38
	岩性	高孔隙度砂岩

1）干式正向燃烧

向注入井注入空气，点燃注入井附近的油层，继续注入空气，使燃烧前缘由注入井方向推进。在燃烧前缘处产生的热量，把靠近前缘的地层水汽化，并在燃烧前缘前方形成蒸汽带。驱油机理如下：①热裂解，在燃烧带的下游，留在砂上的重质烃在高温下裂解成油焦和气态烃；②冷凝蒸汽驱，蒸汽凝结释放大量潜热传给蒸汽带内和蒸汽前面的原油，使原油黏度降低，流动性增加；③混相驱动，蒸馏作用离析出来的气态烃和热裂解产生的气态烃混合，并在前面的集油带处冷凝，这种混合反应和气体冷凝时传给原油的热量使原油更易流动，改善了原油的驱替能力；④气驱，燃烧前缘产生的燃烧气体把热传给原油，CO_2 部分溶解在原油中，使原油黏度进一步降低；⑤热驱，由于油层流体的对流和通过地层岩石的传导，热能传递到燃烧带的上部、下部和前面的地层，任何其他方法都不可能以这种方式越过不可渗透带驱替流体。

但是存在两个主要问题：一是燃烧产生的大部分热量留在已燃带前缘的后面，易形成死油区，对采油毫无作用；二是形成流体阻塞，在靠近生产井的地区原油没被加热，还处于油藏的原始温度。在燃烧带被加热的油，尽管能够流动，但它不能推动未加热的油向前运动[31]。

2）反向燃烧

首先从生产井中注入空气，并点燃地层，然后改为注入井注空气，空气从注入井向生产井运移，而燃烧前缘的移动方向相反。反向燃烧克服了正向燃烧存在冷油区的缺点。当原油和高温燃烧前缘会和后，产生热裂解。轻质部分蒸发，重质部分形成残渣。当蒸汽到达已燃区的较冷地带时，一部分就会发生凝结，在出口附近生成液体和水。燃烧前缘上游区域因热传导而受热，这将导致低温氧化反应，产生热量。

在反向燃烧时，原油的重要馏分(轻质部分)将被烧掉，而不重要馏分仍留在燃烧前缘后的地区内，此外，在注入井附近有可能发生自燃着火，使燃烧面反向推进转为正向燃烧。反向燃烧难于控制，驱油效率低，只能应用于埋藏浅的沥青砂[32]。

3) 湿式燃烧

它是正向燃烧和水驱相结合的热力采油工艺。水随着空气(或氧气)流经燃烧前缘，利用水携带正向燃烧中已燃区的热量。注入水与燃烧前缘后面的高温岩层接触蒸发，岩石则冷却，同时燃烧前缘的蒸汽凝结成热水，这扩大了高温和蒸汽带的范围，使更多的原油驱向生产井。

2.5.3 技术发展

因为火烧油藏具有这些优势，伴随着近年来对其燃烧驱油机理认识的不断提高，火驱技术重新被重视。火驱技术采收率高、热效高、适用范围广，只要合理地应用，就会取得好的效果。

目前火烧油层工艺正朝着三个方面继续发展：一是伴随燃烧物注入的多样化；二是新型助采技术的运用；三是火烧油层工艺的非常规应用。

1. 伴随燃烧物注入的多样化

1) 富氧燃烧工艺

富氧燃烧工艺被普遍认为是一种新型的改良工艺，其实早在1960年就已经有人提出了“富氧燃烧”的概念。和其他的燃烧过程一样，在火烧油层中使用氧气的效果明显优于使用空气。通过除去燃烧空气中的氮气而使得氧气富集，结果必然会导致较少的燃烧气体量，较少的产出气体体积，较高的氧气分压和较高的燃烧温度。较高的燃烧温度和较高的氧气分压，在氧气富化的环境下提供了快速反应的能力。

1983年费尔菲尔德和怀特在提交的关于富氧燃烧现场试验结果的报告中指出，将富氧燃烧工艺应用于浅而疏松的油层，结果证明注氧区块井的产能明显高于注空气区块井的产能。总的来说，其优越性主要体现在以下几点：①注入压力较低，井距较大。②注氧大大降低了生产井的产气速度。③注氧加大了二氧化碳的分压。较高的二氧化碳分压加速了其自身在油水两相中的溶解，大大降低了原油的黏度，从而改善了油层中原油的流动性。④油层中的流体与二氧化碳的接触较快，一方面二氧化碳的溶解降低了原油的黏度，另一方面加速了原油自身的膨胀，油层里流体的体积系数变大，从而增加了采收率。⑤采气量减少，原油流动度增大，缩短了一次注氧火驱的时间。

富氧燃烧工艺的应用在油田生产上的优点主要集中在以下几个方面：①采油速度较快；②产出物中气油比较低；③产出气的纯度较高。

2) 金属盐类添加剂改善火烧油层效果

火烧油层是一种有效提高采收率技术，其原理是通过燃烧少量的地层原油产生热量和压力从而降低地层原油的黏度。由于热量散失严重，注蒸汽的方法不适合深井和薄地层，火烧油层的方法更适用于深井。

根据反应温度的不同，可以分为低温氧化、中温氧化和高温氧化。低温氧化主要产生部分氧化产物，对于重油应尽量减少低温氧化过程，防止原油黏度上升，热反应和催化裂解开始发生在中温氧化中，碳氢的裂解主要发生在高温氧化过程中，并产生二氧化碳和水。

3) 注过氧化氢提高原油采收率

过氧化氢(H_2O_2)是一种强氧化剂，易于分解产生水和氧气，这两种产物在一定程度上都可以提高原油的采收率，并且不会对油藏产生任何污染，但需注意安全性能。与此同时，H_2O_2 在油藏中发生分解反应时还会产生大量的热量：$2H_2O_2 \longrightarrow 2H_2O+O_2+Q$，放出的 O_2 与残余油发生反应会产生更多的热量，这种燃烧反应生成的废气中富含 CO_2。反应所生成的热量使蒸汽和热水处于平衡状况，持续地注入液态 H_2O_2 将会推动热带、蒸汽区、热水区、氧气燃烧前缘和 CO_2 富集带依次穿过地层，从而达到驱替原油的效果。

另外，随着燃烧生成气在热前缘的前方不断推进直至最终进入油带，油藏其他区段中 CO_2 的含量显著增加。这一过程与富氧火烧油层工艺及注 CO_2 采油工艺有着很大的相似。在实际开发过程中 CO_2 与原油接触的效率较高，加速了其在原油中的溶解，从而使原油黏度降低了 80%～90%，明显提高了驱替效率。此外，稠油的流度比也得到了一定的改善，提高了波及效率。

4) 火烧油层添加泡沫

常规的火烧油层工艺开发稠油油藏时，体积波及系数往往很低，一般低于35%。泡沫在无油岩石中有很高的阻力系数，因此它与火烧油层结合使用时会有很高的效率。在火烧油层开始 6～7 个月后使用泡沫，注入井周围的温度低，接近油层温度。泡沫注入井会大大降低气体的窜逸。

在哈萨克斯坦 Karajanbas 油田的第一个火烧油层添加泡沫的现场试验中，泡沫表面活性剂溶液在 5 个月的试验期间注入 3 口燃烧井中。总计注入浓度为 1%～2%的表面活性剂溶液 24000 桶，得到原油增产量 55000 桶。表面活性剂溶液分两批注入，然后用 0.1%的聚合物水溶液稳定。在先导试验区内，产油量增加 2.4 倍，含水率减少 20%～25%。

2. 新型助采技术的运用

1) 水平井辅助火烧油层

应用常规的火烧油层工艺进行稠油油藏开发时，体积波及系数往往较低，这是影响火烧油层经济性的一大障碍。利用水平井作为生产井的所谓水平井辅助火烧油层能使体积波及系数有很大提高，从而提高火驱项目的采收率[33-35]。

THAI (toe to heel air injection) 技术主要原理是组合了垂直注气井和水平生产井，可实现全新的火烧油层方式。这种方式将一组水平生产井平行地布在稠油油藏的底部，垂直注入井布在距离水平井端部一段距离的位置，垂直井的打开段选择在油层的上部。应用 THAI 技术时，将在燃烧前缘前面形成一个较窄的移动带，在移动带内可动油和燃烧气将流入水平生产井射孔段。由于氧气的扩散作用，会在稳定的地层条件下建立起扩散梯度，因此注入的空气会优先移动到燃烧前缘。这是因为燃烧前缘前面沉积燃料 (焦炭) 燃烧所需的氧通量与下游燃烧气和流动液相平衡。

THAI 技术的重要特征是：燃烧前缘沿着水平井从端部向根部扩散，并在燃烧前缘前面迅速形成一个可流动油带。该流动油带内的高温不仅可以为油层提供非常有效的热驱替源，也为滞留稠油的热裂解创造了最佳条件。加热油借助重力作用迅速下降，到达生产井的水平段，不用从冷油区内流过而实现了短距离驱替。

水平井辅助火烧油层工艺不仅能提高产量和采收率，还由于原油流向水平生产井时生产压差很小，实际生产过程中可以大大地减少直井采油时出现的问题，如出砂和乳化液处理。到目前为止，整个水平段长度依靠人工点火的技术还不够成熟，因此水平注入井建议用在油层温度较高、原油活性较好、容易自然着火的油藏。

2) 井压力循环火烧油层

所谓压力循环是指首先往一口中心井里注入空气，接着从它周围的生产井采油。注气阶段初期以低速率注入空气，打开生产井采油。当一口生产井由于气体段塞和出砂而不能维持生产时，就关井。一旦受注空气影响到的油田区域内产量损失显著，就把空气注入速率增加到 28000 Nm^3/d，使压力升高。一旦达到预先确定的压力大小时，就停止注气，生产井重新采油。采油一直持续到产油速率降到经济水平以下，或者必须再注气以维持油层中燃烧为止。

Amoco 石油公司加拿大分部从 20 世纪 80 年代中期就开始研究该项火烧油层工艺，并在加拿大 Alberta 的 Lloydminster 地区的 Morgan 油田进行了现场实验，从现场可以观察到以下现象：

(1)采出的原油品质较以前有明显改善。推测可能是生产过程中其重质组分作为燃料被消耗掉。

(2)产油速率明显增加。某些单井不仅日产量增加，还可以稳定生产并持续较长时间。推测可能是油层中有新的高速孔道的生成，除此之外不排除溶解气和燃烧气体对油相组分的携带作用。

3. 火烧油层工艺的非常规应用

作为稠油热力采油的一种手段，火烧油层的概念已经被广泛地接纳和采用，并在传统意义上被定义为一种驱替工艺。随着对火烧油层工艺认识的不断深化，在未来的油田开发中，火烧油层可能不仅仅是作为一种驱替工艺，而是以一种非常规的方式应用在实际开发的各个时期。

例如，考虑火烧油层作为一种热力激励的增产措施在其他方法使用前对油藏进行预处理，或者作为蒸汽驱的一项辅助措施，即先利用蒸汽预热油藏改善原油流度，再考虑火烧油层的开展。

火烧油层作为非驱替工艺，意味着该工艺的主要目的将不再是仅仅为了达到很高的体积波及系数，而更多的是考虑利用火烧油层在地下生成一个氧化反应空腔并伴随产生稳定而连续的热量，降低原油的黏度，增加气体流动，增强地层的能量，进而有效地辅助其他驱替工艺的进行。

2.6 蒸汽辅助重力泄油

蒸汽辅助重力泄油(SAGD)是利用水平井、浮力及蒸汽来有效地开采稠油。随着生产规模不断扩大，稠油蒸汽吞吐的开发矛盾逐渐暴露出来。为了进一步提高油田采收率，保持油田稳产，转换开采方式已迫在眉睫。水平井蒸汽辅助重力泄油技术成为开发稠油的一项前沿技术[36]。

蒸汽辅助重力泄油技术由国外学者 Butler 和 Stephens 提出后，经许多学者的详细深入研究后，现已进入全面的矿场实践阶段，业已成为国际上稠油开发的一项成熟技术。加拿大现在有许多新的蒸汽辅助重力泄油项目[37]，有些项目已初步获得了具有应用前景的结果。最为成功的要数 AOSTRA 在 Athabasca 的 UFT 项目。此项目的 A 阶段始于 1988 年，生产周期 5 年，采收率为 55%。Seeptre 资源公司(现称加拿大天然资源有限公司)在罗伊德明斯特地区的北 Tangleflags 油田的蒸汽辅助重力泄油项目也很成功。这些项目采用水平生产井，且大部分与多垂向井组合使用。第一个项目包括萨斯卡彻温省的第一口水平井，该项目目前依然是产量最高的项目。项目自 1989 年开始注蒸汽，现累积产油量已达 40×10^4 m^3，蒸汽油比为 3。该油藏下面有底水，注蒸汽前该井的水油比已达 9，且仍呈不断增大的趋势，但通过压力平衡，累积水油比低于 4。加拿大天然资源有限公司有 10 口水平井在北 Tangleflags 油田，其他的在东 Tangleflags 油田。依靠蒸汽辅助重力泄油开采方式，截至 2004 年底，加拿大开采原油 700 万 t 以上，最终采收率超过 50%，最高达 70%以上。

委内瑞拉石油公司 PDVSA 于 1997 年在西部 TiaJuana 油田进行了蒸汽辅助重力泄油开采试验，并在井下安装了压力/温度传感器及光纤温度分布系统。试验表明，只能观察到一部分蒸汽腔，还要通过外推来适应解析和数值模型。

中国是世界上的稠油生产大国，辽河油田则是我国最大的稠油、超稠油生产基地[38,39]。2002 年以来，辽河油田和加拿大重油技术国际咨询公司合作，相继完成杜 84 块兴隆台油层兴Ⅵ组直井与水平井组合蒸汽辅助重力泄油可行性研究和杜 84 块馆陶油层直井与水平井组合蒸汽辅助重力泄油可行性研究[40]。从 2005 年 2 月起，辽河油田[41,42]杜 84 块馆陶实验区正式转入蒸汽辅助重力泄油生产，累计生产 375 天，产油 5.1253 万 t，井组 13 产 220 t，生产参数指标达到方案设计标准，试验取得初步效果。专家预计如果辽河油田利用蒸汽辅助重力泄油可使该油田可采储量增加 1 亿 t，油田开发期延长 8 年以上，采收率将达到 57%。

适宜开采超稠油的工艺技术国外发展很快，如 HASD（水平井环道加热蒸汽驱）、SAGD（蒸汽辅助重力泄油）、SD+SAGD（驱泄混合）、HP+SD（多底水平井吞吐+气驱）等新的开采机理的研究应用有效地改善了超稠油开发效果。SAGD 技术在辽河油区也是近几年才开始实施试验，目前取得了初步认识。胜利油田开发部门利用数值模拟等多项油藏开发技术，推荐了水平井与侧上方井组合驱泄混合开采：把两口直井设计在水平井的侧上方，直井注汽，水平井采油。数值模拟表明，生产结束时直井与水平井之间的油层可形成 200 ℃以上的蒸汽腔，蒸汽驱和重力泄油机理大大改善。

该技术一般是在接近油层底部油水界面以上钻 1 口水平生产井，蒸汽通过该井上方与前者相平行的第二口水平井或一系列垂直井持续注入，原油和凝析水在重力作用下驱替至生产井产出。在蒸汽辅助重力泄油[43]过程中，蒸汽通过储层上部的水平井注进，油受热靠重力泄油进入下方的水平井。由于水平井在稠油开采中可增加井筒与油层的接触面积和渗流面积，提高井的吸汽能力和生产指数，增大加热油层的体积，提高蒸汽驱扫效率，防止蒸汽超覆和气窜，减少热损失，提高油气比。随着向下排泄，蒸汽在储层内不断扩大其加热范围，成为有效的加热体系，使油在排泄过程中一直保持着受热，从而可获得较高的采收率。蒸汽辅助重力泄油技术预计采收率为 50%～75%。

2.6.1 基本原理

蒸汽辅助重力泄油是利用水平井、浮力及蒸汽来有效开采稠油。其原理[36]是在注汽井中注入高干度蒸汽，蒸汽腔向上超覆在地层中形成蒸汽腔，蒸汽腔向上及侧面扩展，与油层中的原油发生热交换。被加热的原油降低黏度和蒸汽冷凝水在重力作用下向下流动，从水平生产井中采出。其蒸汽腔持续扩展，占据原油的体积。蒸汽室内压力恒定，没有施加压力梯度，流动完全是重力所致，如图 2.4 所示。

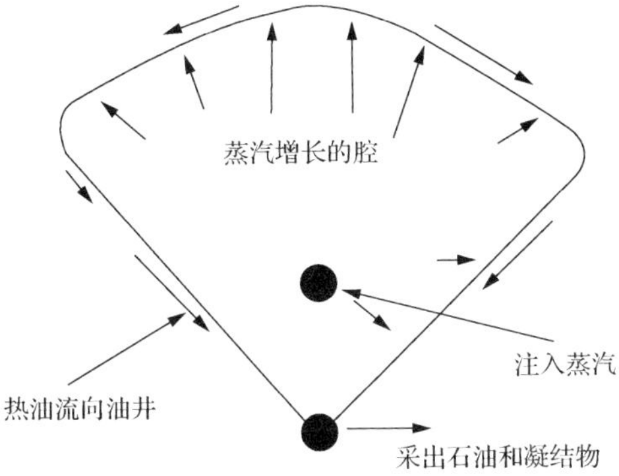

图 2.4 蒸汽辅助重力泄油概念

2.6.2 适用范围

SAGD 尤其适用于开采原油黏度很高的超稠油或特稠油油藏，这种油藏在初始条件下根本没有产能，吸汽能力很差，即使利用水平井进行蒸汽吞吐或蒸汽驱也很难获得较好的开采效果，而 SAGD 能够经济有效地开采这类油藏。表 2.7 所给出的是根据现场经验确定的适于 SAGD 开采的油藏标准。

表 2.7 蒸汽辅助重力泄油油藏筛选标准

参数	要求
油藏深度/m	＜1000
连续油藏厚度/m	＞20
净厚度比	＞0.7
孔隙度/%	＞20
渗透率/10^{-3} μm^2	＞500
K_v/K_h	＞0.2
地层温度下脱气黏度/(mPa·s)	＞10000
含油饱和度/%	＞50

注：K_v 和 K_h 分别为垂向和横向渗透率。

1) 油层厚度

由于 SAGD 过程以流体的重力为动力，因此，油层厚度越大，重力作用越明显。根据评价研究，SAGD 要获得好的开采效果，油层厚度必须大于 20 m。

2) 油层渗透率

渗透率影响蒸汽前缘推进速度和原油日产量，其中垂向渗透率主要影响蒸汽上升速度，因此在厚度大、渗透率低的油藏中更加重要；水平渗透率主要影响蒸汽室的侧向扩展。此外，原油性质不同，对水平渗透率比值要求不同，实施 SAGD 技术开采，对油藏应作评价研究。

3) 原油黏温关系

由于 SAGD 生产机理的特殊性，原油黏度不是一个主要影响因素。但原油黏度随温度的变化关系将影响 SAGD 蒸汽前缘沥青的泄流速度，因此也影响蒸汽前缘推进速度与产油速度。

4) 油藏深度

油藏深度主要有两个考虑：一个是蒸汽最高注入压力，另一个是井筒热损失率。对于 SAGD 开采，油藏深度最好小于 1000 m。

2.6.3 生产过程

生产过程分为预热、降压生产和 SAGD 生产 3 个阶段。首先是上部与下部水平井同时吞吐生产，各自形成独立的蒸汽腔(预热阶段)；随着被加热原油和冷凝水的不断采出以及吞吐轮次的增加，蒸汽腔不断扩大，直至相互连通(降压生产阶段)；之后进入 SAGD 生产阶段，此时上部井转为注汽井，持续向油藏内注入蒸汽，蒸汽向上、向下及四周流动，最终形成一个连通的、完整的蒸汽腔，蒸汽在蒸汽腔内表面冷凝，通过传导、对流和潜热形式向周围油藏释放热量，加热油藏中的原油，原油和冷凝水在重力作用下被驱向油藏内部推进，这样既可保持油藏的压力和驱动力，又可以提高蒸汽波及范围，因此，SAGD 比蒸汽吞吐的采收率要高。生产过程的后期，蒸汽腔会逐渐到达油层的顶部，此时热扩散则在上覆岩层下面的四周进行[44]。

2.6.4 应用方式

SAGD 有以下几种应用方式：

(1) 平行水平井方式，即在靠近油藏的底部钻一对上下平行的水平井，上面的水平井注蒸汽，依靠热传导及重力泄油作用，下面的水平井采油。

(2) 水平井与垂直井结合的方式，即在油层底部钻一口水平井，在其上部钻一口或几口垂直井，垂直井注蒸汽，水平井采油。

(3) 单管水平井蒸汽辅助重力泄油技术，在同一口水平井口下入注蒸汽管及抽油管，通过注蒸汽管向水平井最顶端注蒸汽使蒸汽腔沿水平井逆向扩展。

2.6.5 SAGD 的关键

(1) 确保开采过程中有充足的举升能力，以保证重力的驱动力作用足够大，如果举升系统难以满足需要，蒸汽室便不会向下扩散至生产井附近，重力驱动力就会减小。近期的蒸汽辅助重力泄油技术大多数是推荐利用气举辅助自然流动进行举升，对于这类系统要对举升机理仔细斟酌，并在操作过程中确保充足的举升能力，同时避免汽窜和出砂引起地层破坏。

(2) 避免汽窜有利于蒸汽与原油充分接触，防止出砂引起地层破坏。如果蒸汽室压力足以阻止水侵，即使带有底水的油藏也可以达到良好的运行动态。

(3) 要尽可能地减少来自油藏的水侵。

2.6.6 技术特点

技术特点如下：

(1) 利用重力作为驱动原油的主要动力。

(2) 利用水平井通过重力作用获得相当高的采油速度。

(3) 加热原油不必驱动未接触原油而直接流入生产井。

(4) 几乎可以立即出现采油效应。

(5) 采收率高。

(6) 不适于渗透率较低和边底水活跃的油藏。

(7) 除了大面积的页岩夹层以外，对油藏非均质性不敏感。

常规蒸汽驱是用较小黏度的热油推动较大黏度的冷油，容易产生指进现象。SAGD 方法是利用热油的重力向下泄流至生产井，因而获得比蒸汽驱更高的采收率；蒸汽不仅加热了原油，还加热了蒸汽腔内的岩石、水、蒸汽腔外的油藏以及蒸汽腔上面的上覆岩层。计算表明，产液带走的热量仅占 40%，其中原油带走的热量只占 10%，油汽比平均在 0.3 以下。即 SAGD 生产 1 kg 原油，至少需 3 kg 以上蒸汽，投入产出比小，蒸汽热量大部分用于加热蒸汽腔内岩石和向上覆盖层的散热，这是 SAGD 方法的最大缺陷。其根本原因在于加热没有选择性[45]。

克服 SAGD 缺陷的办法是寻找一类介质，它们只对特超稠油起降黏作用，而对油藏内其他物质不起任何作用，但仍然可以利用降黏后重力泄油的长处。轻烃溶剂能满足上述要求，这就是近十年来一直在研究的 VAPEX 技术。

蒸汽辅助重力泄油需要耗用大量的蒸汽——尤其对于油层较薄、质量较差的储层，为此，人们在蒸汽辅助重力泄油技术的基础上开发了 VAPEX 技术和 SAGP 技术[46]两种很有应用前景的新技术。

VAPEX 技术是蒸汽辅助重力泄油方法的一个发展。VAPEX 不是注蒸汽，而是注入不冷凝的气体(如甲烷)与挥发性液相溶剂的混合物(如丙烷和丁烷)，溶剂溶解到原油中，降低原油黏度，从而既达到合适的产量又不发生锥进。油藏逐渐被气体充满，原油则被不断排出，此工艺所需热能很少。VAPEX 较适合于薄油层、黏土矿物易发生变化的油层及底水油藏等不适合采用注蒸汽方式开采的油藏。

SAGP 是由蒸汽辅助重力泄油演变而来的工艺，在蒸汽中加入少量的不凝析气体，井的布置方法是使注入井位于井上方，且靠近生产井。生产井附近的温度与采用蒸汽辅助重力泄油工艺时接近。气体聚集于蒸汽室顶部，致使温度很低，蒸汽消耗量较少。

1. 蒸汽与非凝析气推进技术

蒸汽与非凝析气推进(SAGP)技术是在 SAGD 的基础上发展起来的一种稠油热力采油方法。SAGD 蒸汽腔上部的高温是无法利用的，造成热量浪费，SAGP 的工艺原理则是将 SAGD 工艺改进，在蒸汽中加入不到 0.5 mol 的非凝析气(如天然气)。井的配置方法是使注入井位于生产井上方，且靠近生产井。非凝析气与蒸汽一起从注入井注入，使生产井周围保持较高的温度，在没有天然气锥进的情况下，保持高的产油速度。天然气在注入井上方的腔体内聚集，降低温度，这样蒸汽消耗量较少。该工艺可大量节省资金，并且油藏压力下降不大，试验结果表明产出每立方米原油所需注入的热量仅常规 SAGD 的 60%，上覆层的热量损失也很小。

SAGP 技术是在 SAGD 过程中将非压缩性气体随蒸汽一起注入油藏。气体聚集在注入井以上的腔中以降低温度，由于降低了上覆岩石的热损失和腔体中较低的热焓，因而大大减少了蒸汽的需求量。

在 SAGD 过程中，加热的油驱向位于储层底部附近的水平生产井，当油和蒸汽冷凝液被驱出加热地层时，蒸汽充填在上部空间，并在注入井以上形成连续汽腔。在注入纯蒸汽时，是将整个蒸汽腔加热至操作压力下饱和蒸汽温度，在蒸汽腔中基本无温度梯度，沿边缘界面原油黏度相同。在 SAGP 过程中，蒸汽腔中的温度梯度导致沿界面原油黏度的变化。在注蒸汽的情况下，油藏顶部及腔体内的温度是变化的，油藏顶部油的流速随温度的增加而增加，当油向下泄油时，上升的气充填了油腾出的空间并聚集在顶部，在此过程中，气锥进形成油的流动，也促进了气的聚集。因此，在油藏的顶部聚集了一薄层气并随过程的继续而扩展，这层气体减少了上覆岩层的热损失和蒸汽的需求量。根据热计算，SAGP 所需的蒸汽仅为 SAGD 的 60%。

考虑同时注入天然气和蒸汽的两个极端情况：

一种情况是在没有天然气的情况下，腔室完全由蒸汽所充填且整个油层最终加热到饱和温度。在这种情况下，驱油速率最大，但上覆岩层散失了大量热量，这就需要更多的热量补充衰竭的腔室和周围油层。驱油以较浅的斜面发生在腔室周围大部分范围内且伴随着向较深的油层热渗透，而蒸汽散逸出腔室。

另一种情况是注入没有蒸汽的非压缩性天然气，在这种情况下，由于天然气的锥进，经济性产率很低，若加热井眼，则产率很高。在这种工作方式下，天然气应从较远的井中注入驱油。由于注入时温度低，远距离注入没有过多能量损失，但较低温度驱油意味着有较高残余油饱和度。

以上两种极端情况之间是最经济的运作范围。腔最上部的温度虽然有所升高，但仍比饱和温度低，因其大部分热量是通过传导得来的。由于腔内具较低的平均温度，因而界面比传统的 SAGD 方法所需热更少。同时由于腔顶的低温和加热区面积的减少，从而减少了散失到上覆岩层中的热量。

虽然 SAGP 腔体中温度较低，预计残余油饱和度会较高，但通过延长驱替时间仍可获得最高采收率。蒸汽腔中平均残余油饱和度可用式(2.3)测算：

$$S_{or} = 0.43\left(\frac{V_s \Phi h}{Kgt}\right)^{0.4} \tag{2.3}$$

式中，g 为重力加速度，m/s^2；h 为油层厚度，m；K 为渗透率，μm^2；S_{or} 为残余油饱和度，%；t 为时间，s；V_s 为油运动黏度，m^2/s；Φ 为孔隙度，%。

对于 Lloydminster 油层的原油而言，蒸汽温度在 160 ℃以上时，残余油饱和度低于 10%，且随温度变化很小，说明不必将储层加热到公认的 SAGD 温度超过 200 ℃，也能获得较高的采收率。

2. 溶剂萃取技术

溶剂萃取(VAPEX)技术是 20 世纪 70 年代末由加拿大研究人员首先提出的概念，它的开采机理同 SAGD 一样是利用重力泄油的作用，只不过 VAPEX 注入的是不冷凝的气体(如甲烷)与挥发性液相溶剂的混合物(如丙烷和丁烷)，注入井在生产井之上，所注入的溶剂降低了地层中原油的黏度，于是在重力作用下，稀释的原油获得流动能力，流入下部的水平生产井，被泵送至地面。而在注入井周围的空隙里由于原油已经被稀释排出所有充满了汽化的溶剂，形成了汽腔，随着生产的继续，越来越多的原油被采出，汽腔会慢慢向上扩展。可通过控制溶剂压力将原油沥青脱除到所期望的程度，采出的原油品位较高。析出的沥青留在油藏中，因此减少了运输和炼制过程中许多可能出现的问题。SAGD 方法不能使原油品位明显提高，只能将一些沥青组分热降解。这种方法较适合于薄油层、黏土矿物易发生变化的油层及底水油藏等不适合采用注蒸汽方式开采的油藏。

目前该技术正处于现场试验和研究阶段，现在国外已对这种方法进行了大量的物模、数模实验研究以及经济分析、评价等，加拿大曾在 3 种不同类型的油藏中进行 VAPEX 的先导试验，效果较好。从已获得的研究成果来看，注 0.1 t 烃类气体溶剂大约可生产 1 t 油。该工艺尚未进入现场试验，但数家公司对此工艺很感兴趣。该项技术应用成功的关键除了精细的油藏描述，还要研究所注入溶剂与原油的配伍性，以提高溶剂在油层中的扩散程度。在目前的研究水平下，尚未对 VAPEX 的适用条件有明确的结论，根据室内实验和油藏模拟，认为 VAPEX 适用于水平和垂向渗透率较高的油藏，而对油藏的深度、油藏是否有气顶或底水没有特别的界定，该方法是蒸汽辅助重力泄油方法的一个发展。此技术可列入水平井混相驱一类。

基本原理如下：

(1)扩散降黏作用。注入烃类溶剂在储层内的溶解扩散，使得大量的稠油黏度降低、流动性增加。

(2)选择作用。VAPEX 技术中，注入的烃类溶剂具有很强的选择性，即只溶解在稠油中，基本上不溶于水、岩石和上覆盖层。这一优点使得该工艺利用率高、成本相对低，而且环保。

(3)抽提作用。室内试验表明，气态烃类溶剂比液态烃类溶剂更易使稠油重质组分降低，轻质馏分增多，起到一定的溶剂抽提作用，使得稠油流动能力增强。

加拿大拥有世界石油储量的六分之一，但 95%为很难用常规注蒸汽等热力方法开采的沥青油砂。因此他们不惜人力和财力研究开发沥青油砂的各种装置和工艺，如 UTF、SAGD、SAGP、VAPEX 等。开始于 20 世纪 90 年代初的 VAPEX 工艺相继由加拿大加尔加里大学、帝国石油公司、加拿大国家矿产能源中心等单位开展多方面的研究，发表了一维、二维、三维物理模型试验结果以及可行性报告，显示了该工艺的潜力[45,46]。

尽管存在一定的问题，但是 VAPEX 还是有很大的优势的。

(1)与 SAGD 相比，VAPEX 所需设备便宜、操作简单。

(2)气体溶解具有选择性，它只溶解在油层，不溶于水，因此适用范围较广。

(3)溶剂使用量少，产出 1 kg 特超稠油大约只需要 0.5 kg 溶剂蒸汽，仅仅为 SAGD 所需蒸汽量的六分之一。

(4)VAPEX 工艺没有因蒸汽凝结水与油藏黏土相互作用而造成对油藏伤害的问题，如水敏膨胀、使渗透率减小等。

(5)VAPEX 工艺在常温下操作，对地面和井下设备要求不高，不需要硅粉水泥和耐高温油井设备，可用一般螺杆泵采油。

(6)地面产液处理设备费用减小。SAGD 产液中水与油之比至少为 3∶1，常为乳状液；VAPEX 产液中溶剂与油之比仅为 0.5∶1。前者处理量大且难以分离，后者量小而较易分离。

(7)VAPEX 工艺容易实现溶剂再循环使用。产液中所含的溶剂可以通过设置在井口的溶剂汽提器加以回收，再补充若干量一并重返注入井。使用再循环的VAPEX工艺，溶剂使用量还可降低至每产出1 kg原油只用0.3 kg溶剂，甚至更少。

(8) 有些溶剂(如丙烷)还有脱沥青作用，部分沥青质沉淀在油层内，使产出的原油提高了质量。

(9) VAPEX工艺可以很方便地在单一水平井中实施。

但是，迄今为止还未见到VAPEX现场试验报道，究其原因：一是溶剂用量虽比水蒸气少很多，但其价格远比水蒸气成本高；二是溶剂均为易燃物质，注采过程的安全性令经营者担心；三是注溶剂的配套设备和工艺尚未得到深入讨论。

据估算，溶剂成本占油价的20%～30%。鉴于VAPEX的一系列优点，它将是一项很具吸引力的开采深层特超稠油的新工艺。

与国外热力采油筛选标准对比，中国大部分稠油属于热力采油技术的边际油藏，尤其是中国石化稠油油藏，开发难度很大，主要体现在：油层埋深深(主要在900～1400 m)，不能保证井底高干度注汽；边底水活跃，油藏吞吐降压易造成水淹，汽驱效果差。单一的热力采油技术开采稠油油藏效果非常有限，复合的热力采油技术将成为开发稠油油藏的主要方式。目前应用较多的复合开采稠油技术主要有降黏剂+蒸汽吞吐开采稠油技术、CO_2+蒸汽吞吐开采稠油技术、蒸汽+CO_2+表面活性剂开采稠油技术、水平井+蒸汽吞吐开采稠油技术、水平井+CO_2+表面活性剂+蒸汽吞吐开采稠油技术等。这些技术较好地结合了单一技术的功能，为稠油油藏的后续开采提供了技术支持，提高了稠油油藏的采收率。蒸汽驱是蒸汽吞吐后提高采收率的主要方法，也是低效水驱稠油转热力采油的有效方法。为了改善开发效果，国际上开发了蒸汽加氮气泡沫驱、加热通道蒸汽驱、热化学驱以及水平压裂辅助蒸汽驱等技术。中国石化针对油藏条件差的不利局面，重点发展稠油油藏热化学驱技术，在注蒸汽的过程中，加入化学添加剂(丙烷、柴油、尿素)、表面活性剂、氮气等，降低蒸汽流度，增强热效应，形成热化学驱，提高波及体积和驱油效率。SAGD技术是开发稠油最有希望的方法之一。制约常规SAGD的一个主要因素是它需要耗用大量的蒸汽，尤其对于油层较薄、质量较差的储层。以SAGD为基础的热力采油技术在向多种方式发展，如蒸汽+非凝析气辅助重力泄油技术(SAGP)和稠油注气体VAPEX技术就是其很有前景的衍生形式，它们可以减少对能量的需要量。

由此可见，未来的发展趋势：①进一步丰富和完善蒸汽吞吐技术；②重点发展热化学驱技术，注蒸汽热力采油过程中加入各种助剂，可以综合多种采油机理，大幅度提高稠油采收率；③研究发展蒸汽/泡沫复合驱油、蒸汽/驱油剂复合驱油、蒸汽/薄膜扩散剂复合驱油、热/聚合物复合驱油技术，实现稠油热力采油方式的接替，进一步提高采收率；④开展水驱普通稠油转蒸汽驱开发先导试验。普通稠油油藏(地层原油黏度大于50 mPa·s)水驱效果差，SAGD技术是目前较为先进的超、特稠油开采技术，其衍生技术可以减少对能量的需要量，扩大该技术的应用范围。

2.7 热/化学复合采油技术

热/化学复合采油技术[47]是针对解决蒸汽采油技术中存在的问题而发展起来的一种新的稠油开采方法，可以克服蒸汽采油过程中的重力超覆、汽窜等现象，从而提高蒸汽的波及系数与驱油效率，现场实践显示出该技术具有良好的发展前景，如在锦 45 块试验区采用的热/化学复合采油技术取得了良好的效果。

在蒸汽开采方法中，稠油与蒸汽密度和黏度的差异，常常导致蒸汽重力超覆和指进，蒸汽开采体积波及系数的降低。另外，即使在蒸汽所波及的区域，由于受岩石-原油-水体系界面特性的影响，有很大一部分稠油不能从岩石表面剥离下来，降低了原油的最终采收率。从 20 世纪 70 年代后期开始，针对注蒸汽采油方法中存在的问题，出现了一种新的稠油开采方法——热/化学复合采油技术，即在注入蒸汽的同时，有目的地加入一些化学剂，改善热力采油的效果，如加入泡沫剂，就可以调整蒸汽的注入剖面，又如加入薄膜扩散剂可改善油层岩石的润湿性及界面张力，从而取得更好的采油效果。这些技术的结合不但克服了单一技术的局限性，而且为稠油油藏的后续开采提供了技术支持和保障，对于油田开发稠油油藏具有十分重要的意义。

2.7.1 基本原理

表面活性剂的分子能够在油水界面和岩石表面形成定向排列，从而使得油水界面张力降低或引起岩石表面物理特性的改变。热/化学复合采油技术就是应用活性剂来改变油藏中流体及岩石的物理性质，使得稠油更易于从岩石表面剥离下来，易于采出。前人对此已做了大量的工作，主要研究成果可总结如下：

(1) 表面活性剂降低了油滴在岩石表面的黏附功，使得热水区的洗油能力大大提高。

(2) 由于活性剂使油水界面张力减小，润湿角增加，大大减少了毛细管阻力，使蒸汽波及系数提高。

(3) 界面张力的降低使得稠油易于形成水包油型乳状液，降低了稠油的流动阻力。

(4) 界面张力的降低，使得泡沫在油藏中易于产生，泡沫的 Jamin 效应增加了蒸汽的流动阻力，调整了吸汽剖面。

虽然前人对此已做了大量的工作，仍有以下几个方面值得做进一步的研究：

(1) 温度、界面张力对油层相对渗透率的影响及高温、低界面张力体系下，相对渗透率数学模型的建立。相对渗透率的研究对热/化学复合采油机理研究和油藏数值模拟研究有重要的意义。

(2) 高温状态下，表面活性剂在油层中的损失(包括吸附、热降解等)研究。抑制该技术发展的一个主要因素是成本较高，如何降低成本是该技术发展的关键。

(3) 完善热/化学复合采油技术数值模拟软件。这对于模拟、预测热/化学复合采油技术在生产中的应用是极为必要的。

2.7.2 采油技术

根据在注入蒸汽的同时注入化学剂及其作用的不同，热/化学复合采油技术可以分为以下几类。

1. 蒸汽/表面活性剂复合驱采油技术

具体地说，蒸汽/表面活性剂复合驱采油技术分为蒸汽/泡沫剂复合驱采油技术和蒸汽/驱油剂复合驱采油技术。蒸汽/泡沫剂复合驱采油技术是在注入蒸汽的同时注入泡沫剂和非凝析气体(如 N_2)，用以在孔隙中产生泡沫，所形成的气泡通过岩石喉孔时产生 Jamin 效应，增加蒸汽流动阻力，降低蒸汽的流度，改善蒸汽在地层中的分配，提高原油采收率。蒸汽/驱油剂复合采油技术是利用驱油剂的注入改变岩石-原油-水体系的界面特性，降低油水界面张力，改变岩石的润湿性，降低残余油饱和度。

从 20 世纪 80 年代开始，Shell 公司、CLD 公司、Texaco 公司及 Corco 公司等[48]进行了一系列的蒸汽/表面活性剂复合驱油试验，取得了较好的效果，证明该技术可有效地改善蒸汽波及系数与驱油效率，提高稠油采收率。1982 年，Dilgren 等[49]报道了 Shell 公司在加利福尼亚 Kern River 油田的 Mecca 区块所做的蒸汽/泡沫复合驱的试验结果。表面活性剂的质量分数为 5%。从 1980 年 7 月到 1981 年 10 月的试验期间，累计产油 82000 桶，相对于单纯蒸汽驱开采，产量提高了 32000 桶。

“七五”期间我国已经在克拉玛依油田九区蒸汽驱油中应用该项技术，取得了很好的效果，试验了 3 种驱油剂，L-15、kw-1 以及石油磺酸盐(Ps)，其中 L-15 有效成功率为 100%，平均单井增产幅度为 31.8%；kw-1 有效成功率为 91%，有效井平均增产幅度为 43.6%；石油磺酸盐有效成功率为 70%，有效井平均增产原油 561 t，增产幅度达 100%以上。

2. 蒸汽/薄膜扩散剂复合驱采油技术

薄膜扩散剂(TFSA)也是一种表面活性剂，但其作用机理又不同于普通的表面活性剂。TFSA 是一种非离子型高分子表面活性剂，容易在界面上形成一层极薄的膜(膜厚小于 2 nm)。这层薄膜会取代原先吸附在油水界面的沥青质和胶质所形成的厚膜，促使水滴凝聚而破乳，同时岩石的润湿性增大，油层渗透率上升，原油可大幅度增产。这种取代在热力学上是有利的，根据 Blair 的计算，取代前后自由能改变($-\Delta E$)在 22～34 J/cm^2。

1982～1984 年，在美国加利福尼亚 2 个油田对 44 口井进行了现场试验。第一次蒸汽吞吐不加 TFSA，第二次蒸汽吞吐时加入 80×10^{-6} m^3 TFSA，两次注汽量均为(590±239) m^3 蒸汽，结果加 TFSA 后增产原油 18604 m^3。我国在克拉玛依油田进行了薄膜扩散剂驱油试验，河南油田、胜利油田[50,51]也进行了该类试验，均取得了良好的经济效益。

3. 热/碱复合驱采油技术

碱驱最早是由美国 Atkinson 提出的。热/碱复合驱采油技术的研究与应用是 20 世纪 80 年代初开始的。碱驱提高原油采收率的机理至今仍有争论。目前比较流行的说法是：碱与原油中的有机酸起反应生成皂(表面活性剂)，降低界面张力，提高原油采收率。1983 年，Mbaba 和 Caballero[52]报道了在 Midway-Sunset 油田进行的一次蒸汽/碱复合驱试验，虽然 80%的试验井提高了产量，但是有些井没有任何效果。

稠油碱驱过程中随着注入碱浓度的增大，压力降和原油采收率都随之升高。压力降的升高主要是由于生成了高黏度的油包水(W/O)型乳状液，增加了水流通道中水相流动的阻力，导致注入水流向未波及的区域，提高了波及系数，从而提高了稠油采收率[53]。

4. 热/聚合物复合驱采油技术

热/聚合物复合驱采油技术是利用大分子聚合物对地层的吸汽剖面进行调整，以改善注汽效果，提高原油采收率。在 Castanler[48]的综述报告中，介绍了 Corco 公司在 North Kern 油田进行的一次蒸汽/聚合物复合驱试验，试验井的产量增加了 9500～16500 桶，但 Ferrell 等认为这是由于试验区外边水的流入，而非化学剂的作用效果。

2.7.3 室内研究进展

1. 表面活性剂吸附对其作用效果的影响

研究人员[54]报道了关于表面活性剂的研究成果，利用静态和动态的方法研究了温度对活性剂吸附的影响，并且提出一个数学模型，该模型包括质量传递、热降解以及活性剂的吸、脱附，可以用来解释温度对活性剂吸附常数的影响。通过实验有以下结论：矿化度在高温时导致活性剂沉淀；活性剂浓度较低时，非离子活性剂随着温度的升高，吸附下降，而在高浓度时则情况相反。1996年，刘伟成和刘昌其[55]从传质理论出发，建立了活性剂损耗的一维动态数学模型，并利用差分方法进行了求解，该模型只是考虑了单纯活性剂溶液运移的情况。

2. 温度对活性剂作用的影响

温度是影响表面活性剂作用的一个主要因素。温度的变化影响着活性剂的吸、脱附和稳定性、溶解性，以及流变性等因素。Ziegler[56]利用改进了的界面张力仪测量了磺酸盐类活性剂在高温下(≤204 ℃)的界面张力，这对研究高温条件下表面活性剂的作用机理具有重要的意义。Stoll[57]针对德国北部油田的高温状况(300 ℃)，研究了活性剂及泡沫在高温情况下的特性。研究发现，高温降低了所选活性剂的稳定性，随着温度的升高，增大活性剂浓度可以增强泡沫的稳定性。

3. 地层水离子、醇及助剂对活性剂作用的影响

对 α-烯烃磺酸盐(AOS)在高温、高矿化度情况下的特性，Lie-Ting 等[58,59]进行了深入研究。研究结果发现，AOS 具有很好的耐盐性，含盐度很高时，加入一定的醇或升高温度可以增加 AOS 的溶解性；高温时，含有非饱和链的活性剂对氧化作用非常敏感，并导致 pH 的降低，这可以通过增加初始 pH 或加入一定的醇来防止。Stoll 等研究了不同离子对活性剂及泡沫稳定性的影响。研究发现，Cl^-的存在降低了所选活性剂的稳定性，而 Ca^{2+}却增强了泡沫的稳定性；在室温下，活性剂浓度在临界胶束浓度附近，泡沫的稳定性最好。Lau 和 Borchardt[60]的研究结果表明，通过加入助表面活性剂、碱、盐或 CO_2，可以加快活性剂的传输速度、增强泡沫的强度以及降低剩余油饱和度。

热/化学采油技术涉及多个学科，作用机理复杂，单表面活性剂驱油一种方法就可以根据活性剂在水相中浓度的不同，分为活性水驱、胶束溶液驱、微乳液驱、溶剂油驱等，每一种驱油方式，其作用机理都有区别，并且表面活性剂种类繁多，作用机理又有不同。原油物性、地层水性质、油藏地质特征等因素对不同活性剂的影响也不同。虽然国内外众多研究者做了许多工作，但对该技术的认识与应用方面仍存在着许多问题。这主要基于以下几个方面：

(1) 各项研究中筛选出的驱油体系，只适用于某个油田或某个区块，不能进行大范围的推广与应用。

(2) 对各种热/化学采油技术中化学剂作用机理的认识仍处于一种定性的解释状态。化学剂浓度对体系界面张力及原油乳化效率的影响，界面张力的变化对束缚油饱和度及相对渗透率的影响，温度对化学剂作用效果的影响等都需要从数学上进行定量的描述。

(3)高温条件下，化学剂的降解、吸附、沉淀规律仍需进一步研究。这些因素决定着化学剂的作用时间与用量，即采油的成本。如何结合油层具体条件抑制化学剂在油层中的损失，使化学剂与油藏岩石、原油、地层水等因素具有最佳的配伍性是一个急需解决的问题。

2.8 热 水 驱

由于蒸汽与地层油相密度差及流度比过大，易造成重力超负荷汽窜，体积波及系数低，蒸汽的热效应得不到充分发挥，而用热水驱则可有效地减缓这些不利影响。

对于一般渗透率级别油田，从理论上讲，循环注蒸汽的采收率一般只有3%～10%，而蒸汽驱的采收率可达70%，热水驱介于两者之间。

2.8.1 基本原理

热水驱[61]基本上是一种热水和冷水非混相驱替原油的驱替过程。注热水比注常规水提高稠油采收率效果好的主要原因是提高地层温度、降低原油黏度。

其提高采收率的机理在于：

(1)降低黏度和改善流度比。温度升高一般会引起油水黏度比减小，对于稠油该比值降低更加显著。在这种情况下，贝克莱-列维勒特理论清楚地表明，即使在含油饱和度和相对渗透率没有改变的情况下，升高温度也能引起水的前沿推进速度降低，提高水突破时油田的采收率。

(2)残余油饱和度的变化及相对渗透率的改变。试验证明，当温度增加时，残余油饱和度显著降低。一般情况下，温度增加会引起相对渗透率向有利的方向改变。

(3)液体和岩石的热膨胀。注热水必定会引起地下原油和岩石的热力学膨胀，这对于地层压力的恢复起到一定的作用，从而提高原油采收率。

(4)可以防止高黏油带的形成。蒸汽驱替高黏原油一个突出的技术难题是，被高温蒸发降黏的原油不断积聚，地层中形成一个特殊的高含油饱和度油带。油带在向油井流动过程中逐渐冷却，原油黏度升高，形成不流动油带，导致地层正常驱替渗流通道被堵塞，蒸汽驱方案失败。热水驱对油层加温比较缓慢平和，不形成高含油饱和度油带堵塞地层。近年来国外通常利用热水驱在油层中建立正常的驱替油流和热流通道，然后逐步提高注入温度，由热水驱平稳过渡到蒸汽驱。因此，对于采出程度较低的稠油油藏，采用热水驱作为油藏热力驱的起点是稳妥的油田开发政策。

2.8.2 开发特征

热水驱与其他热力采油方法的开发特征不同，其独特的开发特征表现在以下几点：

(1)波及区域位于油层底部。与常规蒸汽驱不同，注热水时，热水总从油层底部附近潜入，即使油层顶部渗透率比底部大5倍也还是如此。当温度增加时，常常由于水和油的密度差增大重力分离严重。实验指出，注入热水后，断面所示油层被加热的只有30%左右。

(2)注入热水的前沿热量损失急剧升高。注入热水前沿温度很快达到初始地层温度。因此在驱替前沿，油的流动性等于未受热原油的流动性。

总之，在热水驱过程中，原油黏度降低和体积增大会提高绕流原油的驱替。虽然热水突破时驱替状态变坏，但受热的绕流原油的驱替改善可得到较高的最终采收率。

2.8.3 驱油方式

1)蒸汽驱之前的热水驱

当对稠油油藏进行蒸汽驱时，会形成高黏油带。当这个油带进入油藏的冷区时，它会变黏以至在正常注入压力下不能驱动，对特高稠油尤为突出，这一状况可通过注蒸汽前注入热水得以减轻，因为注入的热水逐渐提高油层温度，并提供了蒸汽注入前地层中水的流动通道。

热水驱后注蒸汽可增加采收率，其机理是，注热水后注蒸汽，与单独注蒸汽相比，在地层内部热流动的路径、范围发生了实质性改变。因为注热水时，热水趋向于在油藏下部流动，能够在驱替段低部位较早地形成通道，注入的热水流经这些通道会逐渐提高油层温度，扩大波及体积。转注蒸汽后，蒸汽注入热水通道，但后续注入的蒸汽将发生不可避免的重力超覆，导致后续注入的蒸汽由底部通道向油层顶部流动，正是由于驱替段底部加热通道的吸汽作用，结果获得良好纵向波及剖面。

2)蒸汽驱之后转热水驱

当蒸汽驱进入中后期时，产油速度开始降低，汽油比开始升高，高汽油比通常标志着大量的热被滞留于油藏的岩石和流体中，其中一些热量只是在油藏中循环而对采油无任何影响，如果连续注蒸汽，岩石和流体中的热量就会被滞留于油藏中而被浪费。

蒸汽驱转水驱的好处是，蒸汽驱时，注入的蒸汽在地层中发生重力超覆，也就是说，蒸汽是在油层的上部驱油。如前所述，注入的热水是从油层底部附近潜入，水趋向于在油藏下部流动，这样，注入的热水就可以采出蒸汽未驱扫过的油层底部原油。另外，蒸汽驱后注入的热水还可以采出被蒸汽绕过而留在地层中的原油。

为了经济有效地操作一个常规蒸汽驱转热水驱方案，必须优化转热水驱的时间。如果转换太早，油藏还没有被充分加热，达不到蒸汽驱条件下的最大可采油量；如果转换太晚，就会留下大量的热被浪费掉。因此，必须通过对不同转换时间所预测采收率的经济分析，来确定这个最佳的转换时间。初期，注热水速度可以快一些，如以三倍水当量速度将其注入，然后恢复正常注入速度。

该工艺存在管线结垢严重、管道腐蚀严重、掺水量大、掺水温度高、油水易分层、脱水负荷大、设计难度大等问题。由于热水的含热量太少，不能作为有效的热载体把热量带入油藏地层内，极大地限制了该方法的广泛应用，并且其还有以下缺点：

(1) 热水比冷水黏度低，在非均质油藏中更易发生水突破；

(2) 加热范围和程度不如蒸汽驱，油田增产效果相对缓慢。

为弥补热水驱的不足，建议在注热水前加入一个聚合物小段塞然后冷水顶替，如图 2.5 所示。聚合物具有较高的黏度，能够调节油田中水的流动方向，特别在非均质油藏中，聚合物能够使水均匀推进，防止水的指进。在注热水的过程中，能够使热水的突破时间大大延长，使油藏均匀受热，这在油田的实际生产中是有具体例子的。在注聚合物后面加一段冷水是防止聚合物的热降解。该实施方案可以有效控制热水的流动度，方案成功的把握要大得多，不失为一种可行的治本方案。

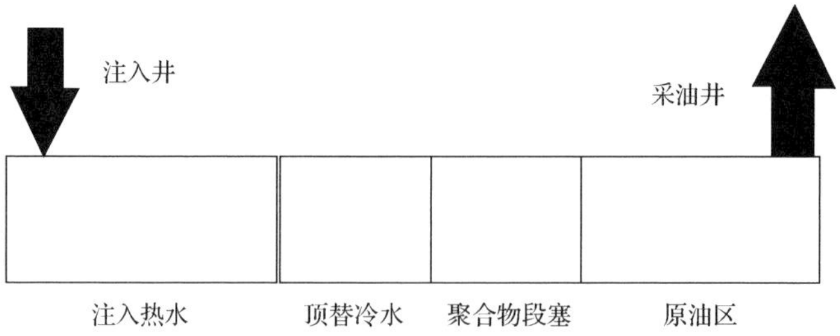

图 2.5　地层流体剖面

2.9　物理场降黏

物理场处理稠油为稠油开采提供了一条新的思路，且物理场凭其特殊性质在改善稠油性能，降低稠油黏度方面有一定的效果。

2.9.1 电加热降黏

电加热采油工艺主要是针对开发稠油、高凝油及高含蜡原油等为目的的新型采油工艺技术，近几年得到了广泛使用。应用电热杆、热电缆等在井筒里将电能转化为热能，重新建立井筒热力场，使稠油在井筒内被加热、升温、降黏，达到顺利举升的目的。国外自20世纪80年代以来在电加热方面做了大量的研究，主要是电加热采油技术的现场先导性试验与数值模拟，但缺乏对电热油藏工艺技术特点和油藏地质条件的研究，也未对油层中电流场、温度场、渗流场三者之间相互依赖、相互约束的规律进行系统研究。

早在19世纪60年代，美国、加拿大等国家就系统地对电磁波物理法采油进行了大量研究及现场试验，许多试验取得了较好的效果[8]。电加热的应用尤其适用于蒸汽驱不能实施的地方，如受深度影响、地层不整合、初期注入量很低、热能的过分损失和存在漏失贼区等油藏，而且如果油藏温度已经达到60～80℃或更高的区域，仅需微量电加热就足以几何级数递增油井产量。此外针对一些上覆为冻土层的热敏油藏，电加热技术则是加热驱替的一种行之有效的变通方式。电加热技术还可以应用于其他工艺的辅助程序，如蒸汽驱的预热阶段及深部油藏的热水注入等[10]。井筒加热降黏采油工艺对原油黏温拐点较低(40～50℃)的油品，通过该工艺提井筒温度可以使具有自喷能力的超深稠油井恢复自喷生产。电加热采油工艺是开采稠油、高凝油、高含蜡油藏行之有效的方法，它可以提高泵效，延长油井吞吐周期效果显著。

1. 基本原理

目前，在稠油电加热采油中常用工频加热和中频加热方式[62](表2.8)。

表2.8 工频电加热和中频电加热的特点

工频电加热的特点	中频电加热的特点
加热功率大，加热功率每米可达50～150 W	中频电流通过变化频率为工频10倍以上，在相同电流下，负载获得能量高
加热效率高，运行中可达90%以上	具有蓄热功能，可减少电能损失10%～30%
漏电电压低，对井筒腐蚀小，安全可靠	对井筒腐蚀小，感应电压、电流小，安全可靠
可将三相电转变为所需单相电，不影响电网平衡	程控中频电加热采油是利用三相电，可保证电网平衡，可节能30%
对油井加热实现自动温控	对油井加热实现全智能控制
加热深度小于2000 m	加热深度大于2000 m

工频电加热原理：工频交流电采用特种变压器，可将三相电转变为所需单相

电，电流通过加热体时，会产生强大的集肤效应，减少了导电面积，增加了加热体的阻抗，用较小的加热电注参数产生较大的热量，同时电加热工具全部浸入井筒内，热量的利用率较高。

中频电加热原理：将输入的 380 V、50 Hz 的三相交流电经过整流滤波变成 530 V 的直流电，再经过逆变电路在主控板的控制作用下，变成 260～1023 Hz 的单相中频电压。经过变压器输送到加热电缆，加热深度点，通过回路接头与加热电缆的外护管形成回路。通电后使两个载流导体形成电流相反、大小相等的条件，在加热器外护管内壁产生集肤效应，使电流集中在外护管内肤壁极薄层内流出，大幅度增加了交流阻抗，在集肤效应、铁损、临近效应和屏蔽效应的共同作用下，产生大量的热量，实现电热转换。

2. 电加热采油技术分类

1)电热有杆泵采油工艺

井筒加热降黏和有杆泵配合使用，实现深井稠油的有效开采[63]。大斜度环空泵适用于水平井及斜井开采，最大限度发挥水平井作用。电热有杆泵加热工艺分为泵上加热和过泵加热。对于原油能够流入泵的油井，可以采用普通分体式电热杆加热技术对泵上原油加热，降低原油在举升过程中的黏滞阻力，实现原油顺利外输井口；对于原油能够流入井筒但不能入泵的油井，可以采用过泵加热技术，它是把原来的整筒管式泵改装成空心环流泵，空心抽油杆直接穿越过泵，利用集肤效应原理同时对泵上、泵下及泵体本身进行加热，使稠油降黏、高凝油解凝，增加泵下原油流动性，提高泵效。目前该泵基本替代了泵上电加热，并已开发应用了大斜度空心环流泵，以解决水平井中下泵深度浅、深度低等问题。空心杆井下掺药旋拌降黏技术已在其他油田成功应用，该技术无电缆，故障少，热能利用率高，掺入液体与原油混合均匀，成功地解决了油稠入泵难和井筒举升过程中加热降黏的问题。

2)油管电加热采油工艺

当油井含水上升后，井下加热采油工艺因绝缘系数低，易发生短路。电缆是该系统的重要组成部分，随着新材料的不断研制开发，新的制造工艺的涌现，生产价格低廉、性能稳定的电缆产品，是该技术发展的前提条件。油管电加热有井下装置不使用电缆、作业简便等特点，具有良好的发展前景。油管电加热采油工艺技术是一种新型的热力采油工艺技术，是开采中、低黏度稠油油藏、高凝油油藏、高含蜡油藏的一种比较理想和经济的方法。胜利油田自 20 世纪 90 年代中期引进该技术并进行不断探索和试验，终于研制出了国内新型的 96-IV 型油管加热装置，并在现场应用，取得了较好效果。

3) 电热螺杆泵采油工艺

该工艺应用内装导电芯的分体电热杆驱动井下螺杆泵，380 V 三相交流电经电控柜输出为单相工频交流电，通过装在螺杆泵驱动头上的一种电源旋转输出装置通入电热杆光杆上，其加热原理和整体电热杆一样。该工艺将具有携砂能力的螺杆泵抽稠与具有井筒加热降黏能力的电热杆工艺结合起来，进一步提高了开采稠油、高凝油的能力。随着中、高频控制技术的开发应用，该系统在同等发热量情况下，可节约电能损耗20%以上，可推广应用该技术，进一步完善配套电加热工艺。

采用电加热采油工艺开采稠油、超稠油，在技术上是成熟的。但存在比较突出的成本问题，电加热采油工艺单井平均加热功率 80 kW·h，日耗电费约 1000 元[64]。

2.9.2 磁处理降黏

磁处理技术在稠油降黏方面的应用研究在近几年发展比较快，由于稠油是抗磁性物质，当磁场作用于稠油时，磁化作用会产生诱导磁矩，抑制蜡晶形成和聚结，蜡晶以小颗粒形式存在于稠油中，同时稠油中的石蜡、胶质、沥青质等抗磁性物质会进行近程有序排列，增强了流动性，降低了稠油的黏度。

苏联早在 20 世纪 60 年代就开始研究磁技术，首先在什卡波夫油田上进行试验，其主要装置是利用永久磁铁做成柱状仪器，下入井中相应的位置。实验表明，所有的油井都见到较好的效果。但由于当时的永磁材料性能不稳定，场强较低，耐温较低，使用一段时间后发生退磁现象而使仪器失效，因而限制了磁技术的发展。直到最近十几年，高性能稀土永磁材料的出现，才使磁技术在油田的应用得到迅速发展。国内大庆油田于 1984 年开始磁技术研究工作，并取得了明显的效果。辽河油田于 1985 年开始磁技术研究工作，成功地研制了磁防蜡器。1990 年又在磁防蜡器的基础上开始了磁降凝降黏技术的研究，至今已取得较大的突破，现场应用四百多口井，成功率在 98%以上。1991 年又在磁防器的基础上，开始进行磁降黏技术的研究，1993 年针对辽河油田高升采油厂张一块油田原油进行高凝稠油磁降凝降黏技术研究，累计施工 80 井次，取得较大突破。磁降凝防蜡技术就是针对高凝油、高凝稠油的凝固点高的问题，通过永久磁铁的 N 极、S 极的排列组合，组成对应的磁场。原油经过一定的磁路处理后，在一定的时间内凝固点下降，黏度也会有很大的改变。将磁降黏技术应用到稀油、高凝油、高凝稠油的油井中，可将井筒中流动的原油凝固点降低，黏度也相应降低，这样降低了原油在井筒中流动的阻力，原油流动性增加，在井筒中表现为析蜡点上移，效果好的析蜡点甚至移出井口，达到磁降凝防蜡的目的。同时，还能延长作业时间，增加原油产量。由于采用的是物理磁降凝防蜡方法，对油井管柱不会腐蚀、伤害，也不会对原油造成污染。

现在这项技术正在逐步替代热水循环工艺和掺热稀油工艺。

电磁热采是一种不需要向油层注入载热质的新热力采油方法。采用这种方法，可以使不适于用传统热力采油方法开采的稠油储量转化为可采储量。电磁热采法，存在电阻加热、电介质加热和感应加热三种机理。但需要有向地层释放电能并使其转化为热能的特殊井身结构。电磁热采既可单独使用，又可与注水联用，还可以用于其他热力采油方法实施前的预加热[65]。

1. 磁降黏原理

稠油受到外磁场作用时，分子中的电子轨道自旋磁矩受到磁场作用均绕外磁场按同一方向旋进从而形成涡旋电场[66]，该涡旋电场使分子产生瞬时诱导偶极，该磁矩的产生使无极性的石蜡分子产生极性，并与极性胶质或其他粒子结合，从而防止蜡晶的聚结、成长和形成；同时，由于分子及其聚合体在其平衡位置附近作振动时，分子间的电性力提供了一个电场，但外磁场为振动的分子施加了一个正交且同频率的交变电场。在外磁场的作用下，磁化作用破坏了稠油各烃类分子间的作用力，分子通过自身内振荡而受到磁感应共振，从而使分子振动增强和分子间相互作用减弱，导致分子的聚集状态发生改变，使分子间的聚合力减弱，其中的胶质和沥青质以分散相而非缔结相溶解在稠油中，从而使稠油的黏度降低，流动性增强。磁处理分子涡旋电场 E 涡旋和磁感应共振电场 E 交变可用式(2.4)和式(2.5)计算。

$$\nabla \times \overrightarrow{E_{漩}} = \frac{\mu_0}{4\mu} \times \frac{Z_e(\vec{\mu} \times \vec{B})}{mwr^3} \tag{2.4}$$

式中，μ_0 为真空磁导率，H/m；$\vec{B}$ 为外磁场磁感应强度；Z_e 为分子中电子数；m 为电子静止质量，kg；r 为分子间距，m；$\vec{\mu}$ 为电子轨道磁矩，$A \cdot m^2$。

$$E_{交变} = AB\omega\cos\omega t \tag{2.5}$$

式中，A 为分子或分子聚合体振动的振幅，m；B 为外磁场磁感应强度，T；ω 为分子或分子聚合体固有振动频率，s^{-1}。

2. 降黏规律

稠油磁处理降黏主要是磁场对稠油中的石蜡分子或蜡晶产生作用，故作用效果受稠油析蜡因素的影响，同时，还与磁感应强度、作用时间、温度和含水率密切相关，当温度较低时磁处理降黏效果比高温时明显。

磁处理是一种短暂状态过程，稠油受磁场作用的时间很短，诱导磁矩是逐渐消失的，由此而引起稠油物理性质的变化也是逐渐消失的，其效果也随时间的延长而衰减，有效保持时间是 4 h。磁化作用一定时间后，稠油的性质会恢复到磁化前的状态。

3. 电磁加热法的分类

电磁加热一般分为三种[67,68]。

1) 电阻加热

频率小于 300 Hz，也称为低频加热。由电极流出的电流经过地层时，由于地层电阻而产生热。电阻加热所形成的通电路径，主要由地层内存在的原生水提供。若加热温度高于地层水沸点，地层水就会蒸发，地层电阻率增加，电流无法通过而导致加热停止。因此，应备有油井冷却装置，将加热温度控制在地层水的沸点以下。

1969 年在美国得克萨斯州对该方法进行了第一次矿场试验。试验油井加热前产量为零，电加热开始时的电功率为 150 kW，日产原油 76 桶；后来电功率稳定在 12 kW，日产原油 6～10 桶。这口井连续生产 11 年，效果非常明显。另外，美国 Utah 州东部一口油井，电加热以前产量为每天 4 桶，用功率为 60 kW 的电源对其实施电阻加热技术后，产量上升到每天 50 桶。

除了上面介绍的单井电阻法地层加热技术外，还有双井电阻法地层加热技术，相隔一定距离的两个电极可以是竖直地放入油层，也可以水平地放入油层，一个电极流出电流经油层流入另一个电极，使油层产生电热效应。

电阻加热油藏技术主要适用于埋深过深、地下压力过大、地层渗透特性不均匀、含有膨胀黏土夹层等蒸汽热力采油技术不便应用的地层。利用电阻加热采油技术可以使这些难以开采的油层储量成为可采储量。电阻法加热地层要求：①地层含水量较高且矿化度较高；②井身附近的加热温度小于地层的蒸汽汽化温度，避免电极周围地带水分蒸发导致地层电阻增大加热电流减小，保证加热速度达到设计要求；③所加热的油层中间不能出现岩浆岩、变质岩等绝缘夹层。电阻加热技术也可以和蒸汽驱等热力采油技术联合使用。

2) 电介质加热

电介质加热也称射频加热，其频率在无线电频率和微波频率之间。这种加热方法是利用射频发生器产生高频电磁波，油层吸收电磁波并转化为热能。不同的物质，有不同的吸收电磁能特性。介质转化电磁能的能力取决于介质的分子组成。假定一种物质含有可移动分子，而且为可移动分子偶极子(如水)，所通过的电磁波就对极性分子施加扭矩，使分子偶极子产生移动并重新排列，具有电磁波的振荡电场，并产生振荡，分子间产生摩擦，使介质的温度升高。

地面射频电源功率为 50～100 kW，发射频率为 0.1～300 MHz。电磁波经波导或同轴电缆传送到井下，由特制的铜铠钢质圆柱形天线发射进入地层。该方法的优点是：①对地层中流体和岩石都可加热，能够加热地层含水量极小的油层；②地层的加热温度可以超过蒸汽温度，所以原油可以通过自生蒸汽压力、烃蒸汽压力和重力三方面驱动而采出；③射频激励加热开始时在地层内穿透深度有限，只能加热井身周围地带。在较高温度时，热量的传递是伴随着地层水蒸发同时进行的，由于油气的黏滞阻力阻碍了水分向外面迁移，在地层内部形成较高压力，这个压力进一步将水蒸气顶出地层，从而使近井地带出现干燥的绝缘带。这样加热半径可以继续扩大，一般可加热井眼周围几米的范围。射频激励加热效果好于电阻加热。但应注意，高频设备比较昂贵，必须考虑经济效益问题。

射频激励加热方法第一次试验是在美国 Oklahoma Ardmore 附近的一口浅井中进行的。井深 90 m，油层厚 15 m。辐射天线由一台 6.7 MHz，40 kW 的发射机供电。这口井开始不出油，原始温度 18℃。1984 年 12 月中旬开始加热，到 1985 年 1 月温度开始升高，试验期间产量为每天 1 桶。该试验将获得的资料和计算机模拟结果相对比，验证了设计指标后即告结束。

在加拿大，第一口射频激励热力采油井是 1986 年 1 月在 Alberta 的 Wildmere 油田完成的，井深 603 m，油层厚 5.5 m。3 月 15 日开始冷采生产，每天产油 6 桶。1986 年 5 月 15 日安装了射频加热装置，开始进行加热采油，产量上升并稳定在每天 20 桶左右。

在巴西位于 Potiguar 盆地的 Rio Panon 油田，1987 年 10 月中旬开始在 RP-96 号井上进行射频激励加热试验，使日产量由每天的 1 桶增加到 14 桶。

电磁波加热技术可以和声波地层处理技术联合使用。在实施过程中，首先启动高频电磁波装置将近井地带的原油加热到足够高的温度，然后再启动声波辐射装置对地层进行声波处理。电磁波加热主要用于降低原油黏度，声波处理用于提高地层渗透率。因此，这两种技术联合使用，对于低渗透高黏原油的开采十分有利。

3）感应加热

感应加热也属于高频加热。当高频交变电流经过一系列导体达到储层后，交变电流在介质中产生交变磁场。由于磁场的变化，在介质中就会产生二次电流，从而加热储层原油。

上述三种方法所利用的交流电频率低到 40 Hz，高达若干吉赫兹。这三种方法都是利用电磁能进行加热，只是表现形式不同，而且在某一种加热过程中，三种作用机理都可能存在。频率低于 300 Hz，则以电阻加热为主；频率高于 2 MHz，则以电介质加热或感应加热为主。

4. 电磁加热法的应用

电磁加热法除用于稠油油藏热力采油外，还可与注水相结合，对油层进行选择性加热开发[69]。使用选择性加热法，不仅降低了油水流度比，还使加热集中在水没有波及的地区。对于渗透率不同的油层，选择注入不同电阻率的流体，也可达到选择性加热油层的目的。例如，有两个渗透率不同的油层，所含地层水为盐水，其高渗透层的原油基本采出，现在要用电阻加热法采出低渗透层原油，可以从注入井注入高电阻率流体，由于高渗透层流体容易通过，故高渗透层内将含有较多的注入高电阻率流体，从而使它与低渗透层的电阻比增大。在同一油藏内，渗透率高低不同的两个油层可以看作两个并联电阻。当进行电阻加热时，由于低渗透层的电阻小于高渗透层，大部分电流进入低渗透层，从而达到选择性加热的目的，采出低渗透层原油。

在同一油层内，还可以对未水洗区进行选择性加热。一般来说，注入水的电阻率都比地层水电阻率低。在同一油层内，水洗区和未水洗区组成串联电路时，在未水洗区，由于电阻高将会产生高热量，残余油容易被采出。

电磁加热技术还可以用于增注。在采油生产的中期和后期，需要采用人工注水措施，用水把油层孔隙中的石油驱替出来，以保证油田产油量连续稳定。研究表明，直流电场的作用可以改善水的驱油性质，降低油水间的界面张力，改善水溶液的洗油性质，大大降低液体的含水量，提高产油量，使注水效果明显增强。

电磁加热技术还可以用于解堵。在钻井过程中，泥浆溶液在近井地带形成泥饼和滤液侵入带，胶体溶液中微小颗粒在沿地层岩石孔隙运移时，部分堵塞了岩石的孔隙通道，使近井地带渗透率大大下降。另外，在油田开发后期，含水量逐渐升高，井底乳化物堵塞严重，近井地带出现严重的结蜡现象，影响了油层的渗透性。为了解决这类问题，俄罗斯利用大功率直流电场和负压技术形成了有效地清除油层近井地带堵塞的新技术。另外，电磁加热法还可用于注蒸汽热力采油和火烧油层前，对油层进行预加热。

我国蕴藏着丰富的特种油气藏，各油田均存在复杂地质环境的油气藏，大量的石油储量无法动用和开采。研究电磁场强化采油技术，无疑对提高石油可采储量具有极大的科学意义和经济价值。目前，国内有关研究刚刚起步。中国石油天然气总公司在“九五”科技工程中开始资助有关单位开展电磁场强化采油技术的研究。国内要想在这项工作中做出成效，必须加速相关技术的机理研究。其中包括：油砂的电学性质研究，油层的电化学性质研究，电磁场在油层中的生热机理和对热与质传递影响的研究，电磁场对油层中油水渗透特性影响的研究；以及相关技术的室内物理模拟和数学模拟研究，采油工艺技术研究，现场评价和效果分析手段的研究。除此之外，还需进行地面电源设备国产化技术研究。有关决策部门应在科技项目立项上增加投资力度，以保证这些研究所需要的资金。只有深入地做好基础性工作，才能使电磁场强化采油技术得到长期持续的发展和广泛的应用。

总之，电磁场强化采油技术是学科交叉产生的新技术，该技术的研究和发展将给石油工业带来可观的经济效益，促进石油工业加速发展。

2.9.3 低频脉冲降黏

低频脉冲采油是井下压力脉冲器在油层中进行脉冲放电，在井内液体中瞬时产生高强度低脉冲振动波，使油层产生微裂缝，从而提高油层渗透率的一种采油方法。其特点为能量大、衰减小、有效作用范围可达 200 m 的井距。

低频脉冲波强化采油装置是由地面大功率震源及利用电缆传输到井下的声振荡器构成。具有瞬间激发能量高，在脉冲波振荡中心的瞬时声场强度高达 2×10^5 W/cm^2。脉冲波频率主要在 15 Hz 以内，能量分布在 50 Hz 以内，集中在 15 Hz 以下。脉冲波在地层中的传播，实际上是能量在地层中的传播，因此，其声波频率、能量及其在地层中的分布和衰减是至关重要的因素。脉冲波属纵波类型，其振动沿径向传播。波源和处理对象（含油砂岩）确定后，脉冲波作用范围还与声波频率有关，频率越高，能量在地层中衰减越快。从文献[69]可知，地层对 20 kHz 超声波的衰减系数高达 6.85，而对 100 Hz 低频声波的衰减系数为 0.0246。改进后的低频脉冲波强化采油装置频率在 15 Hz 以内，地层对它的衰减系数仅为 0.00268。根据声源级与辐射声功率和点声源传播损失公式，低频脉冲波有效影响范围可达 200 m 以上。

低频脉冲波主要有三个方面的作用，首先是机械作用，声波能迫使介质质点做机械振动，并产生强大的单方作用力，该作用力可以疏通渗油孔道，用于防蜡、防垢、解堵，提高地层的渗油能力；其次是声波的振动可降低地层孔隙内油水的毛细管压力，使其向声源聚集；最后是声波的热作用，声波穿过介质时，介质吸收声波，引起局部高温，对降黏熔蜡起一定作用。

利用各种声波振动作用处理油层技术源于 20 世纪 50 年代，迅速发展于 70 年代，到 80 年代得到进一步发展和完善，主要是应用超声波和水力脉冲波处理近井地带，在强化采油方面起到很重要的作用。苏联和美国最近 5 年来，已着手研究利用振动法改造整个油层的可能性，成功地制造了高能震源，并且在理论研究方面取得了进展。提出了改造整个油层的振动法，可以大大提高处于开发中、后期油田的原油采收率。河南油田研究院经过 5 年的室内实验研究，于 1993 年 10 月开展了低频脉冲波强化采油技术的现场试验，并取得了明显的增油降水效果。低频脉冲采油仪于 1997 年先后在大庆、辽河、新疆和胜利等油田使用，效果明显，已累计在全国各大油田处理油井 160 多口，增产原油 30 多万吨，创工业产值 3 亿多元，被列为中国石油天然气集团公司新技术推广应用项目。

1. 基本原理

井下低频电脉冲振动波采油技术是通过井下仪器的放电部分在正对油层的位置进行脉冲放电，放电瞬间在井内液体中瞬时激发产生高强度的低频脉冲振动波[69]，由于它在地层中衰减小，穿透能力强，不仅可作用于近井地带，而且还可作用于油层，使油层产生微裂缝，解除油层污染、堵塞，提高地层渗透率；还可降低原油黏度，改善油水分布及流动性能等，从而达到提高原油采收率的目的。它改善地层的机理如下：

1) 对地层岩石的作用

从波动力学和岩石力学的观点来看，低频脉冲振动波在地层中衰减小，传播距离可达到远井地带 200 m 以上，并且能保持一定的强度，从而给地层及孔隙介质内的油水以较强的冲击振动力，使波及的地层岩石及流体以极大的加速度作激烈振动。油层岩石由于长期受到地质力的作用，存在断层、裂缝、层理等因素，这时在强大的低频脉冲波的作用下使得非连续均匀的岩石产生相对撕裂的剪切应力，当这种剪切应力超过岩石的抗疲劳强度时，就会出现宏观裂缝、微裂缝网及微观裂缝。这些裂缝可以从试验前后岩心的 CT 扫描图像对比中清晰地看到，它与压裂对地层产生的影响类似，从而起到疏导和增加地层孔隙的作用，提高了地层的渗透率，达到一系列的解堵、增渗、强化采油及增注的目的。

2) 对岩石、油、气、水界面的剪切作用

低频脉冲波可改变油层孔隙介质中固-流，油-水界面状态及毛细管力的束缚作用，改善孔隙介质中油水的分布和运移，促进剩余油聚并、渗流。油层砂岩为一复杂介质，它由岩石颗粒、充填黏土矿物、饱和的油气水等复杂成分组成，其各组分的物理特性迥然不同，低频脉冲波振动时由于其声阻抗不同，它们产生的振动速度及加速度各有差异，从而在固-固（黏土-胶结物）、固-液、油-气-水的界面上产生剪切力，声阻抗差异越大，接触面上剪切应力就越大，结果就出现如下效应：①岩石颗粒表面黏土胶结物被振动脱落，从而解除孔使油膜从岩石颗粒表面脱落；②改善孔隙介质中油、气、水界面的状态，克服毛细管力的束缚滞流效应，降低油水界面张力，使以油珠、油柱状分布的剩余油重新分布、聚集，便于排驱。

3) 对流体的作用

低频脉冲波在流体中传播时会产生空化作用，脉冲波在液体中传播时，因为功率大，频率相对较高，所以引起液体的密度变化快，差别大。这种变化使液体时而受压，时而受拉。但是液体本身能耐得住压缩，而承受拉力的能力很差。因此在液体支持不住这种力时，就会断裂，产生一些几近真空的子空穴，在子空穴形成过程中产生正负电荷。紧接着液体受到压缩，这时空穴被压缩直至崩溃，在崩溃过程中，空穴内会产生几千摄氏度的局部高温，以及随着子空穴的消失而出现的放电现象。原油在这种脉冲波的作用下产生空化作用。这种空化作用的强度与脉冲波的频率成正比。原油的分子结构在空化作用和剪切应力的作用下遭到破坏，从而降低了原油的黏度。试验结果表明脉冲波作用后，原油的黏度降低 6%左右。

4）控水增油作用

低频脉冲在放电过程中能产生交变电磁场。油水的电特性差异较大，在油水渗流情况下，当原油和含有电解质的水受到电场激励时，阳离子就向阴极移动，同时也把水分子带走，根据电位梯度和压力梯度所产生的电流和流体流动方向不同，从而可以降低水的渗透能力，从客观上达到控水增油的目的。

2. 适用条件

范围：低频采油技术适用于油水井除垢、降黏、解堵、增渗、增产、增注、改善油藏开采效果、提高原油采收率。

选井：

(1) 储层胶结较好，渗透率在 0.001～3 μm^2，原油黏度小于 10000 mPa·s 的砂岩或砂砾岩油藏。

(2) 油层可动剩余油饱和度大于 10%，油井产量明显下降，注水井吸水能力下降。

(3) 硬岩层、水敏黏土层以及不适于酸化压裂等其他措施的井。

(4) 井身质量差的井(如固井质量不合格，套管严重变形)和斜井不适应该技术。

(5) 地层需有一定的能量，在生产初期有一定产能，且产量下降。

(6) 多次进行酸化、压裂施工，油层有明显污染，地层能量下降较快的油气层。

低频脉冲采油有以下优点：

(1) 传输损耗低，其电缆只要求其频率特征，从根本上克服了电缆的高频衰减和换能器功率损耗。

(2) 转换率高，低频脉冲井下发射器由于振动与套管直接耦合进入地层，故衰减小，电声转换率高达 90%～95%。

(3) 运行稳定，维护性能良好，特别是脉冲井下发射器所有部件均是钢结构，工作寿命长，根本上保证了全系统的安全运行。

(4) 整个系统一体化，可控程度高，劳动强度低，施工安全可靠。

(5) 施工周期短，且作业费用低，增产效果明显。

低频采油措施是否有效取决于两条：一是所处理井必须有能量；二是减产原因确系近井堵塞。低频采油作业不会给油层带来二次污染；低频采油可分层作业，选择性强，克服了压裂等措施只处理薄弱层的弊端；低频采油技术工艺简便，可以作为一项常规工艺结合修井作业进行，措施成本低，占用设备少，有较好的推广前景。但是低频采油技术还有待进一步完善：一是要从油藏工程方面进行研究，使选井依据更充分，施工设计更合理；二是井下换能器外径太大，给选井造成一定困难；三是换能器密封件不严而造成内腔进水，影响正常作用；四是较深系统应增加磁定位仪，从而提高作业的准确率和有效率。

2.9.4 微波降黏

微波采油技术是指将大功率的微波天线下到要作用的油层位置，或用传输的方法将微波传到地下，对油层直接加热，降低原油黏度，提高采收率。主要利用微波热效应的开采方法称为微波加热采油技术，利用微波裂解效应的方法称为微波汽化采油技术[70]。

微波[71-74]是频率在300 MHz～300 GHz，即波长在100 cm～1 mm范围内的电磁波。当微波作用于介电材料时，可能产生电子极化、原子极化、界面极化及偶极转向极化，内部介质的极化产生的极化强度矢量落后于电场一个角度，从而导致与电场同相的电流产生，构成了材料内部的功率耗散，这种功率耗散以热的形式表现出来，也就是说，微波加热是因介质损耗变成热能的。

微波通常指工业中应用的分米波、厘米波和毫米波，其范围为300 MHz～300 GHz。微波技术在工业中应用的主要是它的热效应，利用微波对客体进行加热和烘干。它可以深入到客体(材料)内部，并有快速和瞬时控制的优点，所以将大功率的微波管线或微波天线下到需要微波作用的油层位置，或用传输的方法，将微波传到井底储层部位，对井下载体直接加热，使地层温度升高，原油黏度降低，流度提高，从而提高采收率。利用微波的加热效应开采稠油和高凝油，或低渗油藏的方法称为微波汽化采油技术。微波加热油层，是电极放射出的微波进入含油地层，当微波传入岩层时，储层内的流体和其他物质阻抗微波的传播，使其传播强度减弱，微波能转化为热能，油层温度因此而迅速升高。蒸汽加热油层是传导加热，微波加热油层是靠油藏传递热量，而且穿透力强，储层受热面积大，热效率高。高凝油和稠油，由于其黏度大、凝固点低(黏度大于100 Pa·s，凝固点高于40 ℃)，在地层内黏附于砂岩中，难以用常规的水驱方法进行开采，目前国内外主要使用热力开采，即蒸汽吞吐和蒸汽驱替，但采收率很低，最高仅为25%，而且受到井底的限制，技术经济性能不是很好。基于这一点，很多国家都积极进行微波采油的研究和试验，如美国的IIT研究所、ORS公司、加拿大石油公司、巴西的RIOANON油田等。目前，他们进行的现场试验，微波的最高频率一般只有几兆赫兹，更高频率的试验研究还停留在实验室阶段[75]。

在20世纪50年代，人们开始将微波能应用于石油工业领域。1956年，Bitchey申请了微波采油的专利，但是长期以来被认为是类似于加热的驱油法，未能引起人们的重视。1969年，有人提出用电磁能增加稠油的产量，并在得克萨斯的小通油田进行了现场实验，使产量由最初的1桶/天(0.16 t/d)提高到20桶/天(3.18 t/d)。70年代，在美国能源部的资助下，伊利诺斯研究所开始了电磁加热法开采稠油的研究，他们研究了电磁波频率从10 Hz一直到微波频段300 MHz～300 GHz。1978年Milan在实验室里用频率为2450 MHz的微波加热岩心(油页岩或油砂)10～15 min后温度可达到500～600 ℃，采收率为86%，净能量比高达6。Mc Ver对加拿大Athabasca油田的油砂在微波频率下的相对介电常数(ε_R)作了测试发现，ε_R随油砂的组成而变化，在微波频率作用下，沥青、砂粒和水靠所加电场中束缚电荷振动产生的能量传递而被加热。1986年，McPherson等认为，将单级或偶级天线置于井底，在地层发射微波能量，由于穿透地层深度有限，只能加热油井周围地区。但因油层中的水闪蒸为蒸汽，地层仍可继续加热，并使加热区得到一定延伸。近年来，微波采油技术有了进一步发展，1992年Kiomanesh在专利中介绍了将微波管放置在地面，用传输方法将微波传到井下加热，也可将多个小功率微波管放入井下直接加热。从1995年开始，西安石油大学和中国科学院电子学研究所等单位共同协作，采用2450 MHz的微波源对3 m长的稠油饱和岩心进行微波加热，获得初步的良好驱油效果。实验还表明，采用间歇加热的方法，可使微波的作用半径延长，增强其作用效果。近10年来，对微波采油的研究已取得一系列成果，温哥华R.F.石油公司声称有成套微波装置可用于现场稠油开采，其他一些国家也投入大量资金和力量开展这方面的研究，我国也有了很大的进展和突破，目前正在对大功率微波管、微波传输系统、微波热源的热传导机理等进行研究。国内外的研究者认为，微波采油的主要特点是可提高油井产量1～4倍，加热过程是连续的，不受埋深限制，不受地层渗透率变化的影响，可以不用水，过程易于控制，对环境不会造成污染[76]。

我国稠油和高凝油的主要特点是埋深深、胶质沥青含量高、含蜡量高、黏度大、流动性差，给开采带来很大困难。全国已探明还未动用的稠油、超稠油和高凝油储量约10亿t。因此找高效低成本开采深层稠油、超稠油和高凝油的强化开采技术是当前一个亟待解决的具有重要意义的问题。因此，1996年3月25日，微波采油技术被正式列为国家863计划，这使微波采油技术的研究和实验由个别研究变为国家计划，从而推进了这项研究工作。经过几年的努力，使采油机理研究、微波采油技术研究、油藏工程与优化施工工艺参数配伍的数字开发试验研究、油井采输节能技术工艺试验研究以及微波管等设备的研究都有了很大的进展，这些研究成果将对加快微波采油技术的开发和应用起到重要作用。

1. 微波采油机理

1）加热作用

在微波场中所产生的热量大小与物质的种类以及电特性有关[75]。微波对物质的介电热效应是通过离子迁移和极性分子的旋转造成分子运动来实现的，即极性分子接受热量后，被作用的分子从相对静态瞬间转变为动态，通过分子偶极以数十亿次的高速旋转产生热效应。在波场变化时，偶极子不能完全恢复到它们的初始位置，表征为本身介电常数的减少和损耗因子的增大，这时能量将以热的形式耗散在材料中。微波频率作用下，沥青、砂砾和水的相对介电常数见表 2.9。

表 2.9　微波频率下的相对介电常数表

频率/MHz	相对介电常数		
	抽提砂	砂/沥青混合物（含 17%沥青）	油砂（含 5%水）
2270	2.40	3.23	—
1760	2.37	3.20	5.14
2870	2.41	3.22	5.21
3300	3.32	3.24	5.35
4000	2.49	3.26	5.35

由于瞬间加热作用在物质内部进行，故称为内加热。微波作为一种特殊形式的能量，在油气开发中的应用性研究已引起人们的重视。微波加热频率一般在微波段 100 MHz～10 GHz 最大，其强度取决于被作用物质的中子、原子、偶极子转向、界面极化等损耗因子值的总和的大小。

非电磁加热过程一般是从表面开始，通过传导、对流和辐射方式，把热从外部逐渐传至内部，这是一个相对漫长的过程。材料吸收微波能是内部、外部和表面同时进行的，可以称此为体加热。因此，加热速度快，向外辐射和传导损失的热量也小。微波加热与蒸汽加热相比还有一个很大的优点，就是它可以使地层内的流体达到很高的温度，这为地下石油的干馏汽化开采提供了关键性条件。

2）造缝作用

微波采油技术是利用大功率微波源对地层进行辐射。石油储层是由不同的化学物质组成的，非均质性特征明显，化学成分复杂(由硅酸盐、氧化物、长石、泥质等矿物组成)。储层中含有许多空隙空间，其中含有流体，主要是地层中的水和石油，而不同的化学成分对微波的吸收能力相差很远，如水对微波的吸收能力为石英砂的数十倍。因此，在微波作用下不同物质组分温度升高程度相差甚远，热膨胀系数大小相差很大，热膨胀和冷收缩不均匀，产生很大的热应力，导致岩石产生很多微裂缝。低渗透油田中次微裂缝的产生使地层的渗透率提高，从而实现低渗透油田的高渗开采。

有人将建立了束缚水的饱和原油的岩心加工成切片，做了电镜扫描、拍片，然后进行了如下试验：一是将一块切片用2450 MHz微波辐射，使其温度达到140℃，然后对其表面进行电镜扫描，其结果与加热前的电镜扫描照片进行对比；二是将另一块切片用电阻丝恒温箱加热到140 ℃，然后对其表面进行电镜扫描，并与加热前的电镜扫描照片进行对比。四组微波加热前后的对比照片观察表明，切片加热之前都只有数条较明显的“晶间缝”，微波加热后发现有明显的裂缝数十条，不仅原有裂缝变宽，还产生了新的裂缝；恒温烘箱加热后没有发现裂缝有什么变化。

实验分析表明，地层岩石用微波处理能促使裂缝发育，产生更多的晶间裂缝，从而提高了地层的渗透率。微波采油技术应用于低渗透油田开发可大幅度提高产量和采收率。

3) 非热效应

微波加热地层后，由于温度升高，原油黏度显著下降，渗透阻力减小。同时，由于微波所使用的微波频率接近地层流体中极性分子的固有频率，极易引起强烈的共振，油中的长链分子化合物、支链分子化合物、杂环化合物以及一些胶质体和松散结构的结合断裂裂解，使高黏重质油部分成为低黏轻质油，流动性提高，指进现象改进，采收率和油井产量进一步提高；同时，由于凝固点降低，也便于开采和输送。研究表明，原油中少量的胶质化合物影响其润湿性，经过微波后一些胶质化合物分裂，岩石润湿性改变，从而使采收率得到提高。

2. 微波采油技术

采油的微波系统可以分为两类[75]：一类是微波器件与被加热物质分离，即器件置于地面，通过传输线把微波功率传入井下，再由辐射器(加热天线)对油层进行加热；另一类是把微波管和辐射器置于井下储层位置，直接作用于储层。后者的最大优点是可以最大限度地利用热效率，所有的能量不论是器件本身的热损耗，还是微波的热辐射，不论是相干的辐射，还是不相干的辐射，不论什么频率的辐射，最终都变成含油岩层的热。微波加热开采技术目前设计有三种方法。

1) 作为井口锅炉

在地面建立井口锅炉，利用微波对注入水加热或制造水蒸气，实施热力采油。此方法的优点是不用改变现有井筒。如果有小型的适合井下工作的大功率微波管，则一切设备和工艺都不变，只增加大功率供电电缆即可。若把大功率微波管放在地面把中间的油管作为微波传输管道，油就可从环空中抽出，但要研制出一种新型的环空泵。

2) 作为井下锅炉

用微波对地下储层直接加热，使地层温度升高。

根据美国的一项专利，在井周围的温度升高到 425 ℃以上，即远远高出稠油或高凝油的转折点温度时，用 100 kW 功率、频率在 0.01～2.00 GHz 变化，有效作用半径可到达 12 m。若井周围的温度只要求达到转折点温度时，则有效作用半径可远远大于 12 m。

3) 多底井地层微波加热

微波能由竖井段向下传到多连通器中的功分器中，并与开窗侧钻水平井内的天线相连通。微波能由水平天线向地层辐射。在这种结构中，水平段有多远，水平天线就可伸多远，有效采油半径就可达到多远。水平段实际是不水平的，而是在向外延伸时向上翘，以便使远处的原油受微波加热作用后渗入到水平段，在重力作用下流入垂直段，再由装在垂直段内的环空泵将油举升到地面。这种结构的有效作用半径取决于开窗侧钻的水平井的个数和沿水平方向延伸的距离。

传统加热过程一般是从表面开始，依赖于传导、对流与辐射方式，把热从外部逐渐传至内部，这是一个相对漫长的过程。而微波加热时，伴随电磁波向材料内部的穿透，有一个电磁能自动向内部传递的过程，材料吸收微波能量是内部与表面同时进行的，可以称微波加热是一种体加热[61]。

微波加热与传统加热相比，具有以下特点：

(1) 微波加热能量利用效率很高，物质升温非常迅速。

(2) 由于物质吸收微波能的能力取决于介电特性，因此可对混合物料中的各个组分进行选择性加热。

(3) 可以适应各种物料的加热，因此具有较大的灵活性。

(4) 微波加热无滞后效应，当关闭微波源后，再无微波能量传向物质。

(5) 微波加热清洁卫生，无污染。

(6) 微波能可以精确地控制和使用，可以实现自动化控制和微机操作。

常规加热与微波加热的效果与区别总结为表 2.10。

表 2.10 常规加热与微波加热的效果及区别[60]

物料状况	常规加热	微波加热	微波加热工艺原则
焦糊开始位置	表层	里层	不能从物料表面观察火候
预热时间长短	较长(min)	短(s)	几乎不需要预热时间
加热惯性状态	有	无	加热瞬时
温升状态	表层升温在先	里层升温高	表层不易结硬壳
温度梯度与方向	大，其方向由物料里层指向外层	较小，其方向由物料表层指向里层	均温时间短
干燥层扩展方向	由表及里	里层向表层	对低含水物料干燥效率高
热量传递方式	表面热传递	透射物料中转换	整体加热
热量吸收与介质特性关系	有关	密切有关	因物而起

微波在油气开发中的应用，目前仍处于研究起步阶段，有一系列技术问题需要进一步研究和解决，如大功率微波装置的研制、提高微波穿透深度的方法、作用机理和技术经济性等。由于微波具有作用速度快、时间短、效率高等显著优点，可用微波对堵塞地层的聚合物进行解堵；在水驱油过程中，为了降低产水率，提高采收率，技术措施之一就是对不均质油藏的高渗透层用高分子聚合物凝胶进行封堵；在三次采油中，聚合物(如聚丙烯酰胺)驱油是目前国内外油田提高采收率的一个有效方法，获得了良好的经济效益。但上述两项技术工艺会给油藏带来伤害，即堵塞出油层，在必要时需进行解堵。用微波能量加热堵塞地层的聚合物，使其降解达到解堵的目的，也是有可能的[76]。

微波对物料除了加热作用外，还存在所谓的“非热效应”。即在微波作用下，反应体系温度在远低于常规加热温度时，与常规加热具有相同的产率或更快的化学反应速度；或是在其他条件(如温度)相同的情况下，微波化学反应相对于常规加热反应的速度快，而且有时还伴有新物质生成：抑或是在常规加热条件下不能进行或很难进行的化学反应，在微波作用下变得能够进行了。

由于微波加热较传统加热方法的独特优势，微波加热越来越受到世界范围内科技工作者的重视。随着微波设备的性能和可靠性的提高，特别是磁控管的可靠性的提高，微波作为一种新的能源方式被广泛应用到工业、农业、医疗等领域。微波加热具有的独特优势也逐渐引起广大石油科技工作者的浓厚兴趣，各国石油科技工作者开始探索微波能在石油工业中的应用。

将微波应用于高黏高凝原油的改性输送，充分发挥微波加热效率高、速度快、清洁无污染，以及具有非热效应的独特优势，利用微波对高黏高凝原油进行作用，有望一举多得，达到高黏高凝原油的降黏、降凝及脱水目的，从而实现高黏高凝原油经济、高效、清洁、快速地净化与输送，将带来高黏高凝原油的地面处理技术新的革命，并将产生很好的经济效益和社会效益。

2.9.5 超声波降黏

超声波在液体介质中传播时，不仅具有空化作用，还有机械振动作用和热效应。它们对稠油降黏分别起着特殊的作用。一定频率的超声波通过液体时，使液体中的微小泡核被激活。当声压足够大时，在声波负压作用下，气泡核膨胀；在声波正压作用下，气泡核压缩，表现出气泡核的振荡、生长、收缩、崩溃等一系列动力学过程。气泡核崩溃时，在其周围的极小空间和极短时间内，局部产生高温达 10000 ℃，瞬时压力可达几千个大气压甚至几万个大气压，并伴随着强烈的冲击波和时速达 400 km 左右的射流，这就是空化现象。超声波空化作用可以改变稠油内部结构，使稠油的部分大分子断裂为小分子，并部分被乳化，使稠油黏度降低[77]。

超声波采油技术是近几十年来发展起来的一种新的采油技术。早在 20 世纪 50 年代，美国就开始了声波采油技术的研究，并取得了成功和较快的发展。60 年代是超声波采油技术的实验研究和现场试运行阶段。美国科学家首先进行了超声波油井增产的研究，并且在俄克拉荷马州华盛顿县的油井中进行了超声采油的矿场试验，试验取得了一定的成效[78]。其中，美国西弗吉尼亚大学进行了提高原油通过岩层渗透性的声波方法试验。结果表明，在声波作用下，原油通过毛细管的速度显著增加。并且发现，毛细管直径越细，超声辐射的作用越大。这些实验的成功，为美国超声波采油技术的发展奠定了基础，并获得了较快的发展。由于超声波采油方面的突出成就，美国把声波采油技术列入了三次采油的新技术范畴。《世界石油》杂志也多次报道了声波强化采油试验取得进展的消息。与此同时，苏联从 20 世纪 50 年代开始就积极地开展声波采油机理的研究工作，并一直处于世界领先地位。60 年代进行了大规模的现场试验，首先在低渗、低产、低能井区进行水力脉冲声波处理并获得理想的效果。70 年代，苏联领先发展了大功率电力超声油井处理装置，并在现场应用中获得了成功。苏联核物理研究所与乌拉尔地球物理研究所在西莫尔蒂米的一口油井上进行了声波增产试验。结果表明，声波处理油井不仅可以提高原油产量，而且证明，当近井地带地层被堵塞时，用声波方法处理后的效果优于使用常规增产措施。超声波技术应用于采油领域，在我国 50～60 年代也曾给予过充分的重视，但终因材料、技术等客观因素的制约，出现了中途停顿现象。随着科学的发展，技术的进步，新型材料不断涌现，超声波采油技术又一次蓬勃发展。1981 年，华北油田在南马庄油田率先进行了超声波破乳、降阻的冷输抽油试验，随后又做了超声波增产试验，取得了良好的效果。1989 年，大庆石油管理局与中国科学院成都传感换能技术研究所合作研制出了超声波驱油系统的首台样机，为声波采油技术在我国的发展起到了积极的推动作用。近两年，大庆油田在超声波采油技术的应用方面又取得了新的进展，已先后试验 27 口井，有效率达 73%，有效期最长的达 330 天。20 世纪 90 年代，中国科学院成都传感器研究所研制出了可用于油田井下的大功率超声波采油机，并在玉门、大庆等油田现场进行了超声波采油技术的试验，使作用油田油层物性明显好转，流动系数、流度比、比层系数渗透率等均有大幅度提高，取得了比较理想的效果[79]。利用超声波处理油井和油层，可以提高原油产量 40%～50%，提高采收率 10%以上，其成功率可达 80%，增产期可长达半年以上[80]。

通过对超声波采油机理的深入研究及现场应用，总结超声波采油的适用范围主要有：①钻井时，泥浆浸泡时间较长，对油井造成严重污染的油井；②油层堵塞严重，且对水、酸敏感的油井；③距油水边界较近，不能采用压裂增产措施的油井；④油层物性好，油层厚度大，但出油能力差的油井；⑤稠油井、结蜡井；⑥因盐垢、垢堵或者由于机械杂质污染而渗透率急剧下降的油井。

1. 降黏机理

超声波在液体介质中传播，产生空化作用、乳化作用、机械振动作用和热作用。稠油黏度降低是由于超声空化、乳化、机械振动和热效应综合作用的结果[66,71-86]。

1) 空化作用

超声波作用于稠油时，会激活稠油中的微小气泡核。当声压达到一定程度，负压会使气泡核膨胀，正压使其压缩，正负压综合作用将使气泡核产生振荡、生长、收缩及崩溃等一系列动力学过程。一旦气泡崩溃，瞬间将在周围极限空间产生高温与高压，并伴随强烈的冲击波和射流，在高温、高压以及冲击波和射流的作用下，超声波改变了稠油内部结构中的蜡、胶质和沥青质高分子聚合物，使长链石蜡烃分子、沥青质分子断裂，相对分子质量减小，从而使稠油黏度降低。

使稠油产生空化的最低声强或声压幅值称为空化阀。空化阀 P_c 与液体黏度的关系为

$$P_c = 0.8(\lg \mu + 5) \tag{2.6}$$

式中，μ 为黏度；mPa·s。

2) 乳化作用

超声波作用于稠油，使稠油内一定数量的空泡产生振动并在空泡界面产生剪切力，使稠油形成乳状液，在相浓度小于一定值时乳状液以 W/O 型为主。其黏度较大，当相浓度超过一定值时，乳状液类型受机械剪切力作用发生突变，由 W/O 型突变为O/W 型，突变结果使稠油间的摩擦转变为水与管壁及水与水之间的摩擦，从而使其黏度、摩擦阻力大幅度降低。

3) 热作用

超声波的热作用有 3 个方面：①在稠油中传播，使稠油吸收声能，并将其转化为热能，频率越高的超声波将产生越多的热能；②在不同介质的分界处，边界摩擦会产生热升高油体温度，边界摩擦越剧烈，温度越高；③空化作用在气泡崩溃时释放热能。三者综合作用使稠油的温度升高，从而使稠油降黏。

4) 机械振动作用

超声波在弹性介质中传播，会显著提高弹性粒子的振幅、速度及加速度。机械振动作用造成稠油中较小分子与惰性大的大分子链之间发生较大的相对运动，增强分子间的摩擦力，打断 C—C 键，破碎大分子团，有效起到降黏的作用。

2. 声波在石油开采中的其他应用

声波技术应用于采油技术始于20世纪50～60年代，随着现代科学技术的高速发展已逐渐形成了一门独立的学科——采油声学。近几十年来声波技术在采油过程中的应用范围不断扩大，主要有声波驱油、超声波防垢除垢、超声波防蜡、超声波破乳脱水、超声波处理地层、超声波降黏冷输等多项内容[87]。应用声波技术可使油井增产、水井增注，延长井下采油设备的使用寿命，缩短停产时间，提高有效采收率，特别是在油田开发的中、晚期，声波采油用于二、三次采油，提高最终采收率将是最有效最有前景的方法之一，因此，受到广大采油工程技术人员的普遍重视。

1) 声波提高渗透率

20世纪60年代，美国西弗吉尼亚大学的弗伯克教授与该校工程实验室的汪爱诚博士合作进行了提高原油通过岩层的渗透率的声波方法实验。在实验中，在声功率20 W，频率20 kHz的声场下，原油通过砂岩的速度提高了2～9倍。随后又做了原油通过毛细管的试验，分别采用两根内径为1.35 mm、0.85 mm的毛细管，在超声波的作用下，原油通过毛细管的速度显著增加。并且发现，毛细管越细，超声辐射的作用越大。这些实验的成功，为美国超声采油技术的发展奠定了基础。

我国孙仁远和严炽培[88]也曾对超声波对多孔岩石渗透率的影响做了研究。研究表明，超声波作用可以提高多孔岩石的渗透率，提高幅度可达3倍以上，而且超声波作用具有明显的滞后效应。孙仁远和沈本善[89]还采用微观透明孔隙模型和人造石英砂岩，研究了超声波对水驱采收率的影响。实验结果表明，超声波作用可以在水驱的基础上提高原油采收率，并降低产出液的含水率。

2) 声波解堵

1977年5～8月，苏联在卡拉让巴斯油田的218号探井上进行了超声诱喷试验。该油田油层压力低，无工业性油流。向井下放入超声波换能器，声波处理1.5 h，油井开始自喷。

严炽培等[90]研究了超声波对多孔岩样的渗流影响。结果表明，多孔岩样被泥浆等污染后，经超声波作用，使油层渗透率恢复到原来的61%～88%，停止超声作用后，还有明显的滞后效果。杨永超等[91]进行了超声波油层解堵技术的应用研究，1997～1998年，利用超声波处理油井12井次，有效10井次，措施有效率为83.3%。

3) 声波增产

辽河油区茨榆坨油田采用了油层声波处理技术增产措施[92]，该技术系统包括地面声波——超声波发生器、特种传输电缆和井下大功率电声转换部分。其增产机理主要基于声波具振动及传递能量的物理性质，使原油与岩层的亲和力减弱，改善泄油剖面，使油层解堵。通过几口井的实践证明其增产效果和经济效益明显。实践证明，声波处理油层费用低。仅为同区水力压裂的30%左右，而增产相近；施工无污染，适用范围广，选井容易，对高低产井均适应；工艺简单，施工周期短，2～3 天可完成。

4) 声波降黏

苏联研究了超声波对原油黏度的影响。实验研究表明，原油在声强为 8～100 kW/m^2，频率为 20 kHz～4.5 MHz 的声场中，原油黏度下降 20%～30%。闫向宏、张亚萍研究了孤岛稠油及掺了“活性水”的稠油[81]，经功率超声处理前后其流变性的变化规律。实验结果表明，超声波可以大大降低稠油的黏度，增加其流动性，有利于稠油的开采和长距离集输。

孙浩然[79]研究了超声波对塔河原油黏度的影响。实验发现声波与加强剂具有协同效应，使重油中长链大分子、芳环和杂原子发生断链、加氢、开环等系列反应，能够在常温条件下降低重油黏度，改善流动性能，显著提高重油品质。

5) 超声波防蜡

含蜡原油在生产过程中的清防蜡一直是困扰油田正常生产的技术难题，通常采用的机械清蜡、热洗清蜡、化学清防蜡和磁防蜡技术等均存在不少缺陷。以张建国[93]为首的课题组针对油井生产中急需解决的结蜡问题，以声波理论为指导，进行声波防蜡技术的探讨和研究。通过室内实验和对声波防蜡机理进行的探讨，将流体动力式声波发生器技术应用于油井防蜡。研制的声波防蜡器结构合理，能充分利用油井流体流动能量，声能转化率高，拓宽了声波的应用领域。目前该项技术已经在大庆油田、辽河油田、胜利油田、华北油田、大港油田、江苏油田、冀东油田、河南油田、中原油田、安徽油田、新星石油公司等我国东部 11 家油田推广应用 500 井次以上。其中大庆采油五厂几年内应用 300 多井次，平均热洗周期由 126 天延长到 290 天。

6) 超声波防垢

在原油生产过程中，当地层水矿化度较高时，容易在管路及抽油设备上造成严重结垢，影响设备的使用寿命，缩短检泵周期，严重影响油田的正常生产。张建国等开展了采用声波技术进行防垢的实验研究。研究表明，声波作用可以有效地防止或延缓结垢现象的发生，其防垢率最低达 85%，比一般的化学防垢效果还好。

超声波采油的主要优点有：①作用迅速，增产效果明显；②不会对油井产生污染，不会损坏油层；③设备费用相对较低，施工工艺简单，成本低，效益高；

④可与其他增产方法结合使用，优势互补；⑤适用范围广。

超声波采油技术的研究及应用在我国已迈出可喜的一步，但与国外相比，在研究水平与发展规模上仍存在很大差别，在作用机理及实施工艺技术上，还有很多问题需要做进一步的探索和研究。如污染半径较大的特低渗油层，利用超声波解堵的适应性和方法，须继续研究和完善；超声波增注机理，超声波功率与处理水量的匹配关系还有待进一步研究和探讨。由于传统方法的局限及其对油藏可能造成的不可逆转的后效应，加快这方面的理论研究及现场应用，不仅是当前提高采油工程措施效果，改善油田开发总体经济效益的需要，也是石油工业走可持续发展道路的战略要求。

声波及超声波的应用领域十分广阔，在石油工业中的应用涉及面也很广，但目前还没有完整而成熟的理论体系，尤其是微观机理和严密的理论推导都有待深入研究。

在应用方面，应注重每一种具体技术的适应性能和应用条件，切记不能片面夸大效果和应用范围。要正确且客观地评价每一种技术，以确保实际应用效果。完成这一工作需要研究人员和现场技术人员密切结合，通过深入细致的分析和实践而不断总结经验，不断完善和提高，最终达到所要求的目标。

总之，声波、超声波技术正处于不断探索完善的发展之中，随着现场经验的不断丰富和总结提炼，声波、超声波工艺会进一步科学化、制度化，声波、超声波技术在石油行业中发挥更大的作用。

2.10　热力采油技术的优点

热力采油之所以能居于 EOR 中的特殊地位，是出于它具有以下优点[1,2]：

(1) 使用的工作介质是容易取得的水和空气。这类方法的应用范围不受制备大量化学试剂技术条件的限制。

(2) 在各种不同的油田地质埋藏条件下，热力采油方法通常都可得到较高的原油采油率。而且在利用其他 EOR 方法都不能从油层中采出原油的情况下（如特稠原油和沥青矿），常常可以利用热力采油方法获得成功。热力采油方法被认为是最好的开采方法。

(3) 热力采油方法与其他 EOR 方法比较，经济效益最优。美国能源部的一份关于“EOR 经济型”的报告中指出，热力采油方法费用指数最低，净附加采收率最高。

(4) 常规的热力采油方法（注蒸汽和火烧油层）是以消耗部分能源（燃料油或能）为代价，开采更多原油的能量密集型工艺技术。各种各样的节能技术，如热电联产、原煤的地下煤气化、劣质煤的流化床燃烧技术等，相继运用于热力采油工艺，能降低热力采油成本，使之更具吸引力。

(5)微波、电磁、采掘式热力采油以及水平井和热力采油相结合等非常规热力采油方法先后问世，更拓宽了热力采油的应用范围，增加其活力。

2.11 热力采油技术的改进

在注蒸汽和火烧油层的常规热力采油技术基础上，稠油热力采油技术又有了新的改进，主要有以下几点[26,94]：

1)注热段塞

采用注热段塞的实质是注入蒸汽使注入井附近形成加热带，然后注冷水将此加热带推向生产井。也可采用蒸汽、冷水交替注入的方法。此外也可采用湿式燃烧和超湿式燃烧的方法来建立热段塞。

2)注蒸汽加溶剂

该法是向蒸汽中添加可完全蒸发的溶剂，降低原油的黏度和热水带中的残余油饱和度，从而改善驱替效果。试验研究表明，原油轻质馏分的蒸馏作用是提高蒸汽驱驱替效果的机理之一。

试验证明，当原油中加有溶剂时，在蒸汽带前面就会形成混有轻质馏分的轻油带，它可极大地改善驱替效果，但溶剂段塞不必很大。如果能在油层中建立一条具有一定浓度和尺寸的原油和溶剂的混合带，然后注蒸汽，则能大大改善驱替效果。在驱替效率相同的条件下，向油层加入孔隙体积的5%的溶剂就能使蒸汽段塞体积减小1/3～1/2。

3)注热碱水

注热碱水是采用热化学的方法之一，其主要原理是使热作用与化学作用结合起来，为从孔隙介质中驱替原油创造优越的条件。

研究表明，随着NaOH的增加，原油-碱性溶液的界面张力将大大降低。高温下，碱性溶液不会加剧表面活性剂的破坏；在热的碱性溶液的作用下(在同样的温度下)洗净原油薄膜的效率可以从热水作用下的5%～8%增至40%～73%。同时，岩石表面逐渐成为实际上完全亲水的表面。热碱水与页岩及石膏相互作用会影响吸附量的大小。

碱溶液温度的提高，可强化表面活性剂的形成过程，为从孔隙介质中驱替原油创造出更加优越的条件。

4)蒸汽-气体循环法

该法可保证处于开采后期的稠油具有较好的工艺效果，可持续11～33个月，提高油井开采的技术经济指标。

5) 水平井与注热水结合进行

试验表明，水平井与注热水的综合利用可将油井的日产量提高 4～19 倍，将采收率提高 1～1.5 倍。

6) 注热水和空气

通过注热水和空气而在地层中生成蒸汽，采用该法可克服单一方法的缺点。依靠地层内低温液相氧化反应使热水转化成蒸汽，在地层内直接建立蒸汽段塞与燃烧源，形成层内燃烧，这是一种非常有前途的方法。

为使热水变成蒸汽，必须补充热量，这样的热量类似于层内燃烧用空气中的氧气氧化层内的原油产生的热量。这一过程既可通过同时向地层注热水和空气并在地层中建立热段塞，然后注入水气混合物来实现，也可通过从地面注入蒸汽来实现。水气混合物可用空气与热水配成，也可与冷水配成。

2.12 热力采油技术新进展

1) 高温聚合物驱

该法的原理是降低驱替前缘稠油的不稳定性。在裂缝-孔隙型碳酸盐岩储集层中，根据水动力驱(从孔隙中)和毛细管驱(从基质中)机理进行采油。在向地层注聚丙烯酰胺溶液时，加热到预定温度的液体首先将碳酸盐岩储集层中已有的天然裂缝系统中的原油驱替出来。所注入溶液的有效黏度不高，为 1.5～2 mPa·s，温度为 85～90 ℃。随着溶液沿地层向前推进，与地层的基质部分发生热交换，使被驱出的原油黏度下降，溶液逐渐留下，其有效黏度增高。

实验室研究和工业性试验表明，高温聚合物溶液的最佳段塞不应超过地层体积空间的 15%～20%；在形成这一段塞之后应接着驱替淡水(普通水)。聚合物溶液最佳加热温度为 85～90 ℃，小于这一温度，聚合物的温度破坏作用不存在危险，而酸化破坏作用很微小。试验表明，高温聚合物驱工艺用于结构复杂的油藏，在油田开发过程中自开发之初应用最为有效，且在部分水浸地层中也有效。

该法适合于裂缝-孔隙型储集层中稠油油田的开发。它的优点是能控制所需的聚合物总量，形成“热波及”的范围不像热水驱那样需要注入大量的热水，高聚物驱的主要作用在于它能提高注入井的吸收能力[26,95,96]。

2) 注蒸汽和聚合物

该法是在注蒸汽之前先注入高浓度的聚合物溶液。聚合物在很长一段时间内作用于高渗透性层带，而低渗透性层带不受影响，因此该法能提高波及系数。

3) 煤层加热法

该法是向含油层上的煤层中注入使其直接发生燃烧的物质。从煤层中产生富

含 CO_2 的热燃烧产物，不采到地面，而直接注入含油层。该法适合于开发效率低的高、中黏稠油油田，也适于残余油储量大的废弃油田的开发。

4）周期火烧油层法

先注入空气 45～60 天，再注冷水 15～30 天，依次交替注入。与常规火烧油层相比，此法几乎将空气-油比降低一半。

5）火烧油层与注泡沫相结合

该法实验证明，可使生产井含水率下降 15%～20%。

6）热载体和碳酰二胺相结合

该法的机理是碳酰二胺在高温下的热分解作用，产生 CO_2 和氨。实验表明，注入 1 t 碳酰二胺可生成 368.1 m^3 的 CO_2 和 736.2 m^3 氨，增产原油量是碱溶液与原油组分的化学反应以及 CO_2 溶于原油而获得的。

7）原子能热量开采稠油

苏联数百个稠油油藏中有一半的储量由于不能采用常规方法开采而未投入开发。传统的热力采油方法耗掉了大量的有机燃料，且所产生的热量满足不了像乌津稠油油田的要求。为此研制了更有效的专门的热能装置，其中之一便是以核能代替有机燃料的原子反应堆为基础的装置，利用核能发电站和原子能发电站的热能开采稠油是经济可行的。

其实质是借助于某种蓄能器，以解决能量外运的问题。其方案之一是热能转化为热蓄能。在带有无机燃料的反应器中引入甲烷和水，在 850～1000 ℃下用催化剂使 CH_4 转化成 CO、H_2 和 CO_2 及残余 CH_4。将转化后气体冷却送往外地，并重新转化成 CH_4。在转化为 CH_4 过程中放出储存的热量，由换热装置吸收，有利于开采和加工。

8）VAPEX 重油开采工艺

该工艺类似于双水平井蒸汽辅助重力驱油工艺。区别在于它用丙烷等代替蒸汽注入油井，除可以提高油藏压力外，还可以在地层中脱除重油中的沥青，使重油改质，降低黏度，也适合于残余储量大的废弃油田的开发。

9）井下催化反应器和蒸汽发生器

这种反应器和蒸汽发生器的设计及应用目前已有专利。反应器安装在井下垂直井的套管里，其目的是通过反应热产生高温蒸汽来达到驱油的效果。

10）地下加氢作用开采重油

重油加氢过程是指在常温和高压条件下，注入含有氢、水蒸气和可溶性气体的混合物。气体混合物在井下反应器中通过放热反应提供热源。该法适用于重油深油藏。

热力采油在稠油开采中也存在一定的问题。现在稠油开采主要依靠热力采油方法，包括热水驱、蒸汽吞吐、蒸汽驱、火烧油层等，以蒸汽吞吐和蒸汽驱为主。在蒸汽开采方法中，由于稠油与蒸汽密度和黏度的差异，常常导致蒸汽开采体积波及系数的降低。另外，由于受岩石-原油-水体系界面特性的影响，较多的稠油不能从岩石表面剥离，降低了原油的最终采收率[85]。注蒸汽热力采油是一项复杂、技术难度大的系统工程，国内外在这些方面均做了大量的研究工作以提高和完善热力模型。蒸汽吞吐开采的油藏，到了开发中后期，需要进一步改善吞吐效果，提高工程管理水平和工艺技术水平，并且与先进的复合技术相结合，以及适时地转入合理的二次热力采油方式，显得尤为重要和迫切[97,98]。

参 考 文 献

[1] 侯志杰. 稠油区热采注汽管网优化与注烟道气工艺技术研究[D]. 大连: 大连理工大学, 2002.

[2] 孙远翔. 热力采油技术探讨[J]. 化工设计通讯, 2017, 43(9): 35.

[3] 郭卫忠. 胜利油田单六断块东部超稠油油藏工程研究[D]. 青岛: 中国海洋大学, 2003.

[4] 吴奇. 国际稠油开采论文集[M]. 北京: 石油工业出版社, 2002.

[5] 孙川生, 彭顺龙. 克拉玛依九区热采稠油油藏[M]. 北京: 石油工业出版社, 1998.

[6] 怀特 P D, 莫斯 I T. 热采方法[M]. 北京: 石油工业出版社, 1988.

[7] 牛宝荣. 21世纪重油和沥青的开采方法[J]. 国外油田工程, 2000, (3): 1-5.

[8] 顿铁军. 中国稠油能源的开发与展望[J]. 西北地质. 1995, (1): 32-35.

[9] 姜艳艳. 热水吞吐开采稠油数值模拟研究[D]. 大庆: 东北石油大学, 2013.

[10] 侯健. 提高原油采收率潜力预测方法. [M]. 1版. 山东: 中国石油大学出版社, 2007.

[11] 陈霞, 佟颖, 荆克尧. 稠油热采项目经济评价方法探讨[J]. 特种油气藏, 2000, (2): 21-24, 52.

[12] 张怀文, 周江, 张迎春. 蒸汽驱开采方法[J]. 新疆石油科技, 2012, (1): 78-80.

[13] 张顺利, 许卫华. 蒸汽吞吐油藏主要开发指标评价新探[J]. 河南石油. 2006, (2): 35-38.

[14] 朱洪阳. 初探稠油开采中的蒸汽吞吐应用[J]. 中国石油石化, 2016, (S1): 235.

[15] 刘新福. 世界稠油开采现状及发展趋势[J]. 石油勘探开发情报, 1996, (1): 43-53.

[16] 寇磊, 严志虎, 姬洪明. 稠油油藏蒸汽吞吐开发技术研究[J]. 辽宁化工, 2010, 39(10): 1076-1078.

[17] 刘晓阳. 稠油油藏开发技术研究[D]. 大庆: 大庆石油学院, 2008.

[18] 张锐. 稠油热采技术[M]. 北京: 石油工业出版社, 1999.

[19] 高超勇. 应用氮气提高稠油热采效果工艺技术在辽河油区的应用[J]. 特种油气藏, 2003, (S1): 88-89, 94-172.

[20] 刘斌. 蒸汽驱采油技术[J]. 石油知识, 1996, (2): 22.

[21] Kuo C H , Shain S A , Phocas D M . A gravity drainage model for the steam-soak process[J]. Society of Petroleum Engineers Journal, 1970, 10(2): 119-126.

[22] 岳清山, 王艳辉. 火驱采油方法的应用[M]. 北京. 石油工业出版社, 2000.

[23] 刘慧卿, 范玉平, 赵东伟, 等. 热力采油技术原理与方法. [M]. 1版. 山东: 石油大学出版社.

[24] 王健竹. 稠油油藏蒸汽驱技术研究[D]. 大庆: 大庆石油学院, 2009.

[25] 张义堂, 李秀峦, 张霞. 稠油蒸汽驱方案设计及跟踪调整四项基本准则[J]. 石油勘探与开发, 2008, 35(6): 715-719.

[26] 凌建军, 黄鹂, 王远明. 注汽速度对蒸汽驱开采效果的影响[J]. 石油勘探与开发, 1996, 23(1): 66-68.
[27] Hong K C, 赵炜, 张剑君. 蒸汽驱的工程技术新进展[J]. 国外油田工程, 2000, (1): 1-6.
[28] 杨光璐, 唐震, 王中元. 边底水稠油油藏蒸汽驱注采系统优化研究[J]. 特殊油气藏, 2006, 13(2): 51-52, 55.
[29] 凌建军, 王珏, 王书林. 注汽速度对蒸汽驱全系统热损失的影响[J]. 江汉石油学院学报, 1995, (2): 60-64.
[30] 汪子昊, 李治平, 赵志花. 火烧油层采油技术的应用前景探讨[J]. 内蒙古石油化工, 2008, 34(7): 11-15.
[31] 陈广明, 唐晓东, 崔盈贤. 几种原油开采技术简介[J]. 化学工业与工程技术, 2009, 30(3): 27-31.
[32] 何秋轩, 王志伟. 低渗透油田注气开发的探讨[J]. 油气地质与采收率, 2002, 9(6): 38-41.
[33] 赵法军. 稠油井下改质降黏机理及应用研究[D]. 大庆: 大庆石油学院, 2008.
[34] 巴伊巴科夫 H K, 加鲁舍夫 A P. 热采法在油田开发中的应用[M]. 北京: 石油工业出版社, 1992.
[35] 陈莉娟, 蔡罡, 余杰, 等. 稠油火驱开采技术节能减排效果分析[J]. 油气田环境保护, 2010, 20(S1): 23-24, 82.
[36] 刘剑, 刘龙, 刘雨虹, 等. 蒸汽辅助重力泄油(SAGD)开采稠油技术[J]. 化工科技市场, 2008, 31(3): 35-38.
[37] 姜伟. 加拿大稠油开发技术现状及我国渤海稠油开发新技术应用思考[J]. 中国海上油气, 2006, 18(2): 123-125.
[38] 黄丽, 黄忠廉. 油田稠油热采技术综述[J]. 国外油藏工程, 1997, (1): 9-10.
[39] 马义, 丁铭. 我国稠油开采拥有领先技术[J]. 中国化工报, 2004, (4): 21.
[40] 刘文章. 中国稠油热采现状及发展前景[J]. 世界石油工业, 1998, 14(5): 15-18.
[41] 郭建国, 乔晶. 水平井开发杜 84 块馆陶超稠油藏方案优化及应用[J]. 钻采工艺, 2005, 28(3): 43-46.
[42] 刘军, 张立岩. SAGD: 充满前景的稠油开采接替技术[J]. 中国石油报, 2006, 17(2): 4.
[43] 石在虹. 蒸汽辅助重力驱生产井井筒举升工况分析[J]. 石油学报, 1999, 20(6): 82-86.
[44] 林晶, 宋朝晖, 罗煜恒, 等. SAGD 水平井钻井技术[C]//中国石油学会第六届青年学术年会论文集. 大庆: 大庆石油学院出版社, 2009: 1-7.
[45] 王弥康, 林日亿. 一种开采深层特超稠油的潜在方法[J]. 油气地质与采收率, 2001, 8(2): 67-69.
[46] 汪国文, 孟巍. 蒸汽与天然气驱[J]. 特种油气藏, 2000, 7(2): 48-49.
[47] 王玉斗, 周彦煌, 陈月明, 等. 热/化学复合采油技术研究现状与进展[J]. 南京理工大学学报, 2001, 25(4): 444-448.
[48] Castanier L M . Steam with additives: Field projects of the eighties[J]. Journal of Petroleum Science and Engineering, 1989, 2(2): 193-206.
[49] Dilgren R E, Deemer A R, Owens K B. Laboratory development and field testing of steam/ non condensable gas foams for mobility control in heavy oil recovery[Z]. SPE-10774, 1982.
[50] 徐家业, 孙玉亭. 稠油热采添加剂现场蒸汽吞吐试验[J]. 西安石油大学学报(自然科学版), 1998, (6): 25-27.
[51] 徐家业, 张群正, 邵彤, 等. 注蒸汽采油用化学剂 HCS-1 研究与矿场试验[J]. 油田化学, 1999, 16(1): 48-52.
[52] Mbaba P E , Caballero E P . Field application of an additive containing sodium metasilicate during steam stimulation[Z]. SPE-12058, 1983.
[53] 裴海华, 张贵才, 葛际江, 等. 油碱驱机理的物理模拟和数值模拟[J]. 石油学报, 2011, 32(2): 285-289.
[54] Daryasafar N, Borazjani O, Daryasafar A. Simulation of kinetic behavior of natural surfactants adsorption using a new robust approach[J]. Journal of Chemometrics, 2018, (4): e3031.
[55] 刘伟成, 刘昌其. 表面活性剂损耗的动态数学模型[J]. 石油学报, 1996, (1): 108-114.
[56] Ziegler V M. Laboratory investigation of high temperature surfactant flooding[J]. SPE Reservoir Engineering, 1988, (5): 586-596.
[57] Stoll R D. Mobility control for steam flooding with high temperature resistant additives[J]. SPE Reservoir Engineering, 1993, (11): 281-284.

[58] Lie-Ting G . A Study on high-temperature resistant foaming agent used for steam flooding[J]. Oilfield Chemistry, 2010, 27(2): 196-199.

[59] Marc B. Surfactant for EOR: Olefin sulfonate behavior at high temperature and hardness[J]. SPE Reservoir Engineering, 1988, (5): 597-563.

[60] Lau H C, Borchardt J K. Improved steam foam formulations: Concept sand laboratory results[J]. SPE Reservoir Engineering, 1991, (11): 470-476

[61] 吕广忠, 陆先亮. 热水驱驱油机理研究[J]. 新疆石油学院学报, 2004, 16(4): 37-40.

[62] 胡贤淑. 稠油电加热技术在乐安油田的应用[J]. 今日科苑, 2010, (14): 59.

[63] 王世杏. 井筒降黏技术在超深层稠油油藏开采中的应用[J]. 内蒙古石油化工, 2002, (2): 101-106.

[64] 王学忠, 王建勇. 稠油冷采进展与地热采油可行性研究[J]. 当代石油石化, 2009, 17(7): 16-19, 22.

[65] 王晓华. 磁降凝降黏技术的研究与应用[D]. 大庆: 大庆石油学院, 2003.

[66] 程亮, 杨林, 邹长军. 稠油物理场降黏技术研究进展[J]. 化工时刊, 2005, 19(6): 51-55.

[67] 范江, 李永革. 稠油电磁热采方法[J]. 特种油气藏, 1997, (2): 55-57.

[68] 关继腾, 王殿生, 李文瀛. 电磁场强化采油新技术[J]. 物理, 1997, (8): 40-44.

[69] 班志强, 姚建豪, 补福, 等. 井下低频电脉冲技术在河南油田的应用[J]. 测井技术, 2002, 26(3): 238-241.

[70] 邓斯萍. 微波加热技术在稠油开采中的应用研究[D]. 沈阳: 沈阳工业大学, 2006.

[71] 蒋华义. 微波对高黏高凝原油作用规律研究[D]. 成都: 西南石油学院, 2004.

[72] 张兆镗, 钟若清. 微波加热技术基础[M]. 北京: 高等教育出版社, 1988.

[73] 彭金辉, 杨显万. 微波能技术新应用[M]. 昆明: 云南科技出版社, 1997.

[74] 刘岐山. 微波能应用[M]. 北京: 电子工业出版社, 1990.

[75] 王玉臣. 应用微波技术开采稠油[J]. 石油科技论坛, 2007, 26(3): 48-51.

[76] 马宝岐, 倪炳华. 微波在油气开发中的应用[J]. 石油勘探与开发, 1997, (3): 57-60, 100.

[77] 王立影. 稠油的电加热开采理论及方法研究[D]. 大连: 大连理工大学, 2005.

[78] 王阳恩. 超声波采油技术的原理及应用[J]. 物理, 2002, (11): 725-728.

[79] 孙浩然. 超声波协同加强剂对重油低温裂解降黏过程的影响[J]. 石油炼制与化工, 2017, 48(4): 31-34.

[80] 喻高明. 超声波在石油开采中的应用及其新发展[J]. 大自然探索, 1998, (2): 73-76.

[81] 阎向宏, 张亚萍. 超声波降低稠油黏度的实验结果[J]. 油田地面工程, 1996, (5): 120 .

[82] 王阳恩, 杨长铭, 尚志远, 等. 超声降黏实验研究[J]. 陕西师范大学学报(自然科学版), 2001, 29(2): 48-50.

[83] 王阳恩, 程衍富, 凌向虎. 超声波在稠油输送中的应用[J]. 油气储运, 1999, (4): 10-11.

[84] 程存弟. 超声技术——功率超声及其应用[M]. 西安. 陕西师范大学出版社, 1993.

[85] 李兆敏, 林日亿, 张平, 等. 超声波对胜利浅海原油降黏实验研究[J]. 水动力学研究与进展(A辑), 2004, (4): 463-468.

[86] 孙仁远, 王连保, 彭秀君, 等. 稠油超声波降黏试验研究[J]. 油气田地面工程, 2001, 20(5): 22-23.

[87] 周万山, 李迎环, 王玉铃. 声波技术在石油开采中的应用[J]. 特种油气藏, 2002, 9(2): 75-76.

[88] 孙仁远, 严炽培. 超声波对岩石渗透率影响的研究[J]. 石油钻采工艺, 1996, (1): 101-103.

[89] 孙仁远, 沈本善. 利用超声波提高注水开发效果的研究[C]//中国石油学会第二届青年学术年会论文集. 东营: 中国石油大学出版社, 1995: 595-597.

[90] 严炽培, 吴小薇, 李正开, 等. 用超声波提高油气渗流速度的研究[J]. 石油大学学报(自然科学版), 1989, (6): 72-79.

[91] 杨永超, 宋新华, 刘明锋. 超声波油层解堵技术的应用[J]. 油气井测试, 1999, (3): 46-48, 65-76.

[92] 王仲瑞, 吴玉光.油层声波处理技术在茨采的应用[J]·石油知识, 1995, (5): 15-16.

[93] 张建国. 声波防蜡技术研究[D]. 成都: 西南石油学院, 2002.
[94] 刘文章. 特稠油、超稠油油藏热采开发模式综述[J]. 特种油气藏, 1998, 5(3): 1-7, 11.
[95] Schramm L L, 宋育贤. 稠油热采技术的进展[J]. 国外油田工程, 1997, (10): 12-32.
[96] 兰暄. 对目前稠油热采技术的几点分析[J]. 企业导报, 2011, (13): 292-292.
[97] 曾玉强, 刘蜀知, 王琴, 等. 稠油蒸汽吞吐开采技术研究概述[J]. 特种油气藏, 2006, 35(6): 5-50.
[98] 刘栋梁, 顾继俊. 稠油热采技术现状及发展趋势[J]. 当代化工, 2018, 47(7): 1446-1450.

第3章　稠油冷采技术

冷采是指无供热条件下，利用某种施工技术和特殊的抽油设备实现降黏、提高油层流动和井筒举升能力，积极开采稠油的方法。稠油冷采代表了稠油油藏良性开发的方向。

稠油冷采是相对热采而言的，即在稠油油藏开发过程中，不是通过升温方式来降低油品的黏度，提高油品的流动性能，而是通过其他不涉及升温的方法(如加入适当的化学试剂)，利用油藏的特性，采取适当的工艺达到降黏开采的目的。稠油油藏的储层相对疏松，在开采过程中出砂现象十分普遍，采用各种防砂工艺不但会影响产油量，还会进一步增加成本。此外有些油层厚度较薄，不适合热采，并且热采对井下管柱及地面设备性能的要求较高，这种情况下可以考虑适度出砂冷采技术。

理论上石油开采过程对地层砂是“零容忍”的，但有关研究指出，适度出砂并不会对生产造成危害，反而会提高地层的渗透性，可以通过控制砂量的产出，提高油井产能。出砂形成“蚯蚓洞”网络并形成稳定的泡沫油，极大地提高稠油的流动能力；影响地层渗透率的小砂粒与原油一起流入筛管，能够改善近井带渗透率，提高稠油油田产量[1]。目前常用的冷采技术有露天开采技术、螺杆泵携砂采油技术、化学降黏开采技术、微生物采油技术、混相驱和化学吞吐技术。化学降黏开采技术是近年来在国内外发展起来的。美国、加拿大等国部分稠油区块，已将这种开采技术作为一种常规开采方法进行应用。国内的辽河、新疆、河南、胜利等油田的一些稠油区块也相继应用。混相驱就是向油层中注入能与原油混相的流体。美国和加拿大在20世纪50～60年代进行了大量的烃类混相驱现场试验。近期的混相驱主要是CO_2驱，比较适合开采那些不适宜热采的中等黏度的稠油油藏。

3.1　出砂冷采

随着稠油油田开发理论与实践的发展，人们逐渐认识到过度防砂对油井地带伤害和产能损失影响的严重性，20世纪80年代中期，加拿大的一些小石油公司率先采取不注蒸汽，也不防砂，射孔后直接用螺杆泵开采的方法，取得了出乎意料的效果，产油量得到了大幅度的提高，“出砂冷采”这一概念应运而生[2]。出砂冷采是指在没有人工能量补充的条件下，依靠天然能量，并通过调节压差使地层达到出砂，同时又保持地层骨架不被破坏，从而大幅度改善地层的渗透率，提高产量的一种方法。适度出砂是通过优化产量和油井的产能在防砂生产和出砂生产之间确定最优的生产策略。由于出砂冷采和适度出砂可以增大生产压差，从而在很大程度上释放油井的产能，因此适度出砂的开采方式近几年在海上稠油中被采用。

稠油出砂冷采是从加拿大兴起的一项稠油开采新技术。20 世纪 60～70 年代，加拿大石油公司在疏松砂岩稠油油藏中采用了不防砂的常规开采方式，但是由于规模太小而未引起人们的注意。80 年代中后期，随着国际油价的下跌和轻重油差价的扩大，稠油注蒸汽开采等方法面临着经济上的严峻挑战。为了降低采油成本，提高稠油开采经济效益，加拿大的一些小石油公司率先开展了稠油出砂冷采的探索性矿场试验。其主要做法是，不注蒸汽，也不采取防砂措施，射孔后直接应用螺杆泵进行开采。矿场实施取得了意想不到的效果。80 年代末，“出砂冷采”这一概念被提出，有关研究人员开始对其机理进行探讨。90 年代中期，稠油出砂冷采技术已成为热点，除众多小石油公司外，一些大石油公司也纷纷涉及这一领域。1996 年，加拿大已有 20 多家石油公司采用这项开采技术，稠油出砂冷采井超过 6000 口井；单井日产油一般为 3～50 t，采收率为 8%～15%，最高达 20%，原油操作费用仅 3.0～4.6 美元/bbl①，开采成本大大低于蒸汽吞吐等原有开采方式。Husky 石油公司每年有出砂冷采井 1100 多口，出砂冷采产量占稠油总产量的 60% 以上[3]。Texco 石油公司所开展的水平井出砂冷采也取得良好效果[4]。目前，委内瑞拉和哈萨克斯坦等国家也广泛地应用了此项技术。

国内的研究主要集中在引进国外成功经验和进行矿场先导试验上[5]，而对其机理的研究还未开展。在我国，河南、新疆、华北、辽河、吉林等油田也先后进行排砂采油的矿场试验，其中新疆、吉林油田获得了明显的增产效果。河南油田在稠油出砂冷采技术攻关和现场试验取得了较好效果，在国内也具有较高的知名度。1997 年 6 月，河南油田在古城油田 125 区一个具有一定常规产能的中等埋深疏松砂岩普通稠油油藏中开展了出砂冷采试验，见到了出砂冷采增产的效果，证实该类油藏出砂冷采是可行的。1993 年，中国稠油的年产量已突破 1000 万 t，每年用于稠油热采而消耗的燃料油量很大，国内的稠油出砂冷采技术正处于探索向推广过渡的阶段，因此，加强对稠油出砂冷采技术的研究，对于高效、合理地开发稠油资源有着重要的现实意义。

---

① 1 bbl=1.63659×10^2 dm^2。

3.1.1 基本原理

1. 影响油井流动能力的机理

1) 砂的流入提高流体流动速度

在很多稠油(黏度大于 5000 mPa·s)油藏的早期开发阶段，产出砂的含量通常占井流物(不含气体)体积的 40%～50%，出砂冷采井的大部分砂都是在早期采出的，随着时间的推移，砂的流入量会逐渐减少，对油井产能的影响也变得越来越小。

出砂是一个砂粒胶结物逐渐液化的过程。由于稠油的黏度较高，从而产生较大的压力梯度，使砂悬浮于稠油液体中。在这种情况下，砂粒的流动速度与流体的速度相近或者略低于流体的速度。当孔隙度从 30%逐渐增大到 50%时，对这种介质中的渗透率进行精确的确定十分困难。当固相颗粒与流体相的速度相同时，流动的阻力和压降都将降低。理论分析表明，这样的过程能使油井的产液速度提高 1 倍[6]。

2) 高渗透区域的扩展

随着固体颗粒随稠油从生产井中采出，地层中形成新的“空间”，并被砂、油、水和气组成的混合物充填。这样一个高渗透区域的形成将使井筒周围的渗透率大幅度提高；每产出 1 m^3 的砂，受影响的油藏体积达 15～20 m^3，如果砂是从蚯蚓洞的端部采出，受影响的区域会更大。如果采出的砂达到 100～300 m^3，受影响的区域将达到 1000～5000 m^3，影响的半径将增加 50～100 倍，受影响的范围与地层的厚度有关。假设其他边界条件是一样的，出砂将使油井产量增加 4～5 倍。

实践证明，高渗透区域不是在整个油藏砂层厚度范围内扩展，油藏的上部容易出砂。可见，地层发生变形和孔、渗发生变化是从射孔处开始向外、向上发展延伸的，实际影响的半径比一般的均质等厚地层要大[7]。出砂区域的孔隙度分布目前还不十分清楚。不管出砂冷采井周围的几何形状如何，油井持续出砂的结果是有蚯蚓洞的高渗透地层不断向外扩展，流体流动的能力将不断增加。

3) 泡沫油的形成

出砂冷采井中的稠油通常都溶解一定量的天然气，当对油井进行强采时，天然气将从原油中析出，但是这些气体不会马上聚集形成连续的气相，在向井筒流动的过程中它们以气泡的形式存在，当压力不断下降时，气泡不断变大。这时，这些气泡形成一个“内部驱动力”，驱动砂浆由地层向井筒流动，其速度大于计算的常规液体流动速度。由于气泡与流体一起流动，因此在冷采井中不会形成连续的气体通道，因而在油藏内部没有能量消耗，压力不会迅速衰竭，气油比在多年内都将保持一常数[8]。有资料显示，在开发晚期钻加密井时，离开发井几百米的地方还能保持原始地层压力[9]。

近井地带因为渗透率高、孔喉大，部分为液化物质，压力梯度相对较低。离井筒稍远的部位称为气体诱导区，是产生气泡的区域，压力梯度非常陡，这是脱溶的气泡阻塞喉道造成的。这种大的压降被认为是使砂粒脱落的部分原因，在气泡产生区域以外，油藏的压力基本保持原始状态，压力梯度也非常小。

4)降低油井的表皮系数

由于砂粒的不断流动，它们可以缓慢清除因孔喉堵塞而造成压力梯度升高的沉积物；另外，砂粒的脱落使孔喉不断扩大，脱落下来的物质将顺利通过喉道而不会产生新的堵塞。这种情况主要发生在近井地带，使表皮系数大幅度降低[10]。

2. 提高产能的主要机理

开发早期，泄油面积很小，流动的距离较短，压力梯度很大。砂的流动对流体流量的增加起重要作用。同时泡沫油开始在近井地带形成，并促进砂粒脱落，冷采井初始阶段油砂比和气体含量较高，就证实了这一点。当出砂量达到 100～300 m^3 以后，泄油面积扩大，在压力梯度的作用下，大量的原油从交界处缓慢渗出。大量的蚯蚓洞网络的形成是提高产能的主要原因。泡沫油仍然作为驱动力而存在，并使砂粒进一步脱离，尤其是在压力梯度较高时。由于气相并不连续，气油比维持在一定值。

在出砂冷采井的晚期(大约采出 1000 m^3 的砂以后)，气油比逐渐上升，这表明部分连续的气相已经开始形成，并且可能形成气顶，此时可能出现气体的间歇流动。由于形成了大范围的高渗透区域，因而可能造成水侵；在这种条件下遇到可流动水的可能性比油井早期大。随着溶解气的驱动力衰竭，出砂冷采的作用将减弱，并且受影响的变形区域已经足够大，以使整个油藏中的井能够相互影响。

如果出砂突然停止，油藏的产量将急剧下降。这种现象可能是由于射孔孔道堵塞或者井筒附近砂、沥青和其他细小矿物的聚集完全阻塞了流体的流动。在这种情况下，修井的策略主要集中在重新打开射孔孔眼、激励地层以及降低毛管力的作用，以消除这些影响因素。

为了优化油井动态，对油井进行监测并定量研究它的物理过程是非常必要的。建立在真实物理过程基础上的预测模型将大大提高油井预测能力。

不同阶段诱发出砂的原因是不一样的：在初始阶段，流体的拖曳力增大，径向有效应力变为负值，导致岩石的拉伸破坏，造成大量出砂；之后经历一段时间的微量出砂，含水虽然不会对开始出砂有显著影响，但是它提高了液流携砂的能力，从而使出砂量增加；材料(储集层)弱化可能是衰竭导致出砂过程中的一个辅助机理，即当有效剪切应力增加时材料变弱；油藏衰竭使射孔孔眼应力集中，最终在射孔孔眼周围发生剪切破坏导致地层出砂。

在利用出砂冷采提高油井产能时，应控制好合理的开采速度，以防生产井段被砂埋；当蚯蚓洞网络形成以后，应防止因虹绷洞发育而与气层或者水层沟通；在泡沫油形成阶段，应注意合理的生产压差，防止气体形成连续相，以充分利用油藏能量。

3.1.2 适用范围

目前国际上尚未形成公认的稠油出砂冷采的油藏地质筛选标准。本书根据加拿大稠油油藏采用出砂冷采方法的经验，总结出该方法的适用范围(表3.1)[11]。

表3.1 国内外出砂冷采技术实际应用的油藏范围

参数	Geilikan(1995年)	Huang(1997年)	Duseault(1998年)	河南油田初选结果
储层岩性	砂岩	砂岩	砂岩	砂岩
胶结状况	非胶结	非胶结	非胶结	非胶结
埋深/m	300～700	400～760	360～700	300～1200
油层厚度/m	3～25	4～24	4.5～25	3～30
孔隙度/%	29～33	30～34	28～32	28～35
渗透率/μm^2		5～10	0.5～5.0	>0.5
含油饱和度/%	85～90	67～87	85～90	65～90
原油重度/°API			9.5～16	7～20
原油密度/(g/cm^3)			0.9593～1.0035	0.934～1.022
地层压力/MPa		2.7～5.8		2.4～8.3
油层温度/℃		16～21	11～22	11～49
脱气原油黏度/(mPa·s)		600～160000	500～500000	500～500000
气油比		0～10	泡点压力为油藏压力的80%～90%	0～40
边低水			无自由水	多数有
气顶			无气顶	少数有

(1)油层的胶结程度：由于出砂冷采是靠油层大量出砂形成蚯蚓洞网络来实现的。因此，该技术应用时要求储层胶结疏松，且泥质含量较低。

(2)油层埋深与压力：根据加拿大油田的矿场实际经验总结得出，油层埋深小于1000 m，油层压力应大于2.4 MPa效果较好；并且根据实际应用，油层埋深在300～800 m时，效果最好。这是因为在此区间内，储层胶结疏松，相对具有较高的地层能量。

(3)油层发育厚度：油层厚度与蚯蚓洞的发育状况及油井产能有关。一般而言，稠油出砂冷采适应的油层厚度在3 m以上。但如果在原油黏度相对较低、储层物性条件很好的情况下，该技术界限可以适当降低。

(4) 油层物性条件：适合出砂冷采的稠油油藏往往本身就具备良好的物性条件，一般孔隙度大于 30%，渗透率大于 0.5 μm^2，含油饱和度大于 60%。

(5) 原油性质：原油黏度越高，则其携砂能力越强，所形成的泡沫油稳定性越好。但原油黏度太高其流动性又将降低。所以根据国外油田的实际经验看，适合原油黏度范围是 600～160000 mPa·s，国外适合出砂冷采的稠油重度范围是 9～20°API，即脱气原油密度为 0.934～1.007 g/cm^3。

3.1.3 关键技术

国内外经验表明，稠油出砂冷采时，若不能及时将地层砂子输送到地面，可能形成砂桥或者砂堵，从而导致出砂冷采不能获得成功。因此，射孔和采油工艺技术是稠油出砂冷采取得成功的两个关键[12]。恰当应用采油工艺和射孔则完全可以适应并控制油藏，使得油藏有利于出砂。

(1) 应采用大孔径、深穿透力和高孔密的射孔参数，以激励地层出砂，充分发挥油层的渗流能力，防止形成砂桥。射孔时应把握以下 4 个关键技术参数[13]：①射孔密度一般为 25～40 孔/m，孔眼直径为 25 mm；②射孔弹采用 32 g 或更重的喷射炮弹，穿透深度大于 60 cm；③采用负压射孔；④对于紧邻上部水层的油层，应避免射开靠近油层顶部的一段厚度，对于离边水或气顶较近的油井，也要采取相应的避射措施。

(2) 必须采用适合高含砂和高黏度的大排量泵进行开采。目前国外几乎都是采用螺杆泵。此外，泵一般下至油层底部(即泵吸入口位于油层底部，泵体位于油层中部)，并通过注入原油等方式及时将砂子携带到地面，防止砂堵或者砂埋。经验表明，射孔方法和采油方式决定了出砂冷采的成败和经济效益。射孔密度越大、孔径越大、泵排量越大，则产油量也越大。

3.1.4 影响因素

稠油冷采技术适用的油藏范围较广，对于油层厚度、原油黏度和油藏压力没有明显的限制，油藏的埋深以满足螺杆泵的扬程为宜。只要油层胶结疏松、地层原油中含有一定溶解气量，距边底水较远的稠油油藏均可采用该技术。

1) 储集层物理性质的影响

(1) 油层胶结程度的影响。在油层特性中，胶结程度和粒度对出砂冷采效果影响最大。岩石力学研究结果表明，疏松砂岩稠油油层胶结力很低，约为 0.1 MPa。在这种情况下，通过适当的激励措施，就可以破坏油层原生结构，使砂粒发生迁移，从而达到大量出砂的目的。稠油出砂冷采井一般采用射孔完井方式，射孔孔道末端呈圆弧形。流体渗流过程中，射孔孔道末段压力梯度较高，蚯蚓洞沿射孔孔道末段朝胶结力最小的方向发展，形成蚯蚓洞网络。因此，出砂冷采技术最好应用于疏松砂岩稠油油藏，与此相适应，要求油层泥质含量较低(小于10%，最好小于20%，少或无钙质胶结物)，而不适应胶结程度很高的致密砂岩油藏。

(2)砂粒粒径的影响。当孔眼直径小于4倍的砂粒粒径时，砂粒容易在孔眼外形成稳定的砂桥，不利于砂子继续产出并形成蚯蚓洞，当孔眼直径大于6倍的砂粒粒径时，则难以形成砂桥，有利于蚯蚓洞的形成和发展。可见，稠油出砂冷采井采取大孔径射孔是必要的。但是，受工艺技术条件限制，目前最大射孔孔径只能达到20 mm左右。因此，稠油出砂冷采技术最好应用于粒径小于2 mm的砂岩油藏，而应用于砾石含量很高的砂砾岩油藏则效果不理想。河南新庄油田部分稠油出砂冷采井开采目的层为含砾砂岩或砾状砂岩，粒度中值达5 mm以上，开采过程中出砂量较少，产量很低[14]。

2)原油性质的影响

(1)原油黏度的影响。室内试验结果表明，当脱气原油黏度小于30 mPa·s时，不能形成泡沫油；当脱气原油黏度小于500 mPa·s时，泡沫油持续时间短，稳定性差。另外，当脱气原油黏度小于500 mPa·s时，原油本身携砂能力低。因此，可以将脱气原油黏度500 mPa·s作为稠油出砂冷采技术应用的黏度下限。但是，稠油出砂冷采技术适应的原油黏度上限到底是多少，尚无明确答案。事实上，稠油出砂冷采技术实际应用原油黏度范围为500～50000 mPa·s，并有成功应用于黏度160000 mPa·s稠油油藏的实例。

(2)溶解气的影响。除普通稠油油藏外，特、超稠油油藏很少做高压物性油样分析。国内外经验表明，稠油油藏埋深浅，地层压力低，地饱压差小(饱和压力一般不超过地层压力70%)，天然气在地层压力附近处于溶解平衡状态。天然气溶解系数一般为2.5～3.5 $m^3/(t\cdot mPa)$，稠油油藏中一般含有5～30 m^3/t溶解气。在含气原油从油层深处向井筒流动过程中，随着孔隙压力的降低，地层原油中产生大量微气泡形成泡沫油流动，且气泡不断发生膨胀，为原油的流动提供了充足的驱动能量。同时，泡沫油中含有大量水包油乳化物，从而大大降低了产出液黏度，改善了原油在井筒中的流动性。此外，泡沫油体积增大(产出液实际含砂量降低)和微气泡界面张力的存在，使产出液携砂能力提高。

3)油层压力及深度的影响

在常规开采中，油层压力及其变化对开发指标的影响很大。但矿场实践经验表明，油层压力对稠油出砂冷采产油量和开采动态的影响却并不明显。

4)边水和气驱的影响

油井所处构造部位不同，开采效果差异很大。位于构造低部位或近气顶的油井，开采效果较差。当蚯蚓洞与边水或气顶连通时，油井常被迫关井。

3.1.5 技术发展

稠油出砂冷采作为一种新兴的技术在许多方面还需要进一步研究和完善，主要向以下方面发展[15]：

(1)油藏描述和数值模拟。油藏研究正在趋于现代化，即在油藏的描述阶段加强不同专业领域的综合和二维向三维描述过渡，而稠油开采就是要把有意义的、完整的油藏描述融入流动模型中，建立数学模型和数值模拟方法。

(2)举升方式的进一步优化设计。稠油出砂冷采目前主要采用螺杆泵，而螺杆泵还需要进一步优化设计来满足开采要求，电潜螺杆泵随着携砂能力的不断提高、性能的不断改进，将会越来越多地取代普通螺杆泵。

(3)有限排砂采油。其主要思想是用经济评价手段来确定在整个油田开发期内应该采取何种开采方式，而使经济效益最大化。客观有效的经济评价方法是稠油有限排砂采油技术发展的基础，最大限度地保护产能，同时又能够挡住一定粒度地层砂的防砂方法是这项技术成功的关键。

(4)提高采收率。稠油出砂冷采采收率一般只有 8%～15%，最高不超过 20%，其后续开采方式还需进一步探讨。

目前，出砂冷采作为一种新技术，存在许多需要进一步研究的问题：

(1)开采机理的研究尚不成熟。目前在认识上存在很多争议，如大量排砂与蚯蚓洞之间的关系。有人认为，排砂能够导致蚯蚓孔的形成；而又有人认为，大量排砂只会导致地层骨架的坍塌。

(2)关于上覆岩层的压实作用是否对于驱油有贡献也存在着分歧。有人认为，上覆岩层的压实作用可以增加流体的弹性能，迫使流体流向井筒；但又有人认为，压实作用降低了地层孔隙度和渗透率，不利于远处原油流向井筒。

(3)完井方式与出砂冷采的关系有待进一步研究和认识。

(4)举升方式需要进一步的优化设计，找出什么情况适用何种类型的泵。螺杆泵并不是唯一的选择，也不一定是最佳选择。

(5)排砂采油与防砂措施相排斥。过量排砂会导致油层坍塌，而防砂又会降低原油产量。为了充分发挥两种工艺的优势，显然，有限排砂是一种选择，但具体如何确定排砂量有待进一步研究。

(6)冷采属于一次采油，其后续开采方式如何选择有待探讨。

(7)对于高黏度含砂稠油在除砂前首先要进行降黏处理，单一的降黏方法难以达到理想降黏效果或者成本较高。

(8)传统的大罐沉降除砂过程中，处理罐底沉砂难度大，并且要停产进行，影响生产的连续性。

(9)旋流除砂器处理能力有限，对于粒径分布范围大的砂粒处理效果不太理想，分离不完全。需要设计不同尺寸的旋流除砂器，以分离不同粒径的砂。同时因旋流器处理量小，需要多台并行，大大增加了生产成本。

(10) 稠油中砂粒粒径分布范围广，单一的除砂工艺流程除砂能力有限或者成本过高，需要结合多种工艺的优点，设计综合除砂工艺才能提高除砂效果并降低成本。

3.2 化学驱

化学驱油[16,17]目前为止存在三个不同的研究方向。首先，从改善油水的流度比出发，除使原油降黏外，相对应的办法是提高驱油剂的黏度，降低其流度，应用此原理发展了聚合物溶液、泡沫液等驱油方法；其次，从改善驱油剂的洗涤能力，以及改变岩石的不利润湿性出发，发展了活性水驱油方法；最后，就是介于前两者之间的化学驱油方法，称为碱性水驱，利用碱性水与原油组分就地形成活性水剂而改善润湿性或就地使原油乳化，堵塞大孔道[18]。

化学驱技术包括碱驱、表面活性剂驱和聚合物驱，这些技术在常规原油的开采中已经获得了成功。碱驱和表面活性剂驱是通过降低油水之间的界面张力来提高洗油效率，聚合物驱则是通过降低水油流度比从而提高波及系数。国内外针对化学驱对稠油采收率的影响做了大量的研究。

3.2.1 聚合物驱

聚合物驱主要是通过降低水油流度比提高波及系数来提高原油采收率。另外，弹性聚合物溶液能通过黏弹性产生黏滞力[19]，提高原油的微观驱油效率。中国的聚合物驱技术走在世界前列，相继在大庆、胜利等油田得到应用，从稀油到稠油，从整装油田到断块油田，该技术及相应的配套技术得到了长足的发展[17]。

稠油水驱过程中严重的指进现象导致大量的原油没有被波及。而聚合物驱的提高采收率机理就是可以通过增加驱替液的黏度从而达到提高波及系数的目的，因而使用聚合物驱降低水油流度比对稠油开采是一个很有吸引力的选择。向水中加入这些水溶性的聚合物将会使非牛顿剪切力变小，从而增加黏度使流度减小。同时聚合物能够吸附到油藏岩石表面，导致水相的相对渗透率降低因而使得水相的流度大大减小。因此从理论上讲聚合物驱可能是一种提高稠油采收率很有潜力的方法。

然而根据以往文献提出的聚合物驱的筛选标准，聚合物驱不适合在黏度高于 200 mPa·s 的稠油油藏中应用[20-22]。因为稠油的黏度一般都有数千毫帕秒，所以需要较高浓度的聚合物溶液才能有效降低水油流度比，这大大增加了聚合物的注入难度和化学剂的成本。因此，技术和经济因素限制了聚合物驱在稠油油藏中的实际应用。尽管如此，国内外对聚合物驱提高稠油采收率进行了很多有效的尝试，而且获得了不同程度的成功。早在20世纪60年代，Bleakley就报道了聚合物驱在稠油油藏的现场先导试验[23]。70年代也出现了稠油聚合物驱的实验室内研究报道[24,25]。然而，直到90年代，由于水平井技术已广泛应用于稠油油藏的开发，从而提供了足够的聚合物注入能力[26]，工业上才开始认真考虑稠油聚合物驱的可行性。此外，最近几年的高油价使得较高聚合物浓度和较大聚合物段塞在经济上有利可图。

Wang和Dong[27,28]在室内研究了稠油聚合物驱时聚合物溶液的有效黏度与采收率的关系。对黏度为430～5500 mPa·s的稠油进行了28个填砂管驱替实验。结果显示注入的聚合物溶液的有效黏度存在最小值和最大值。聚合物溶液的有效黏度值只有在这个范围内时采收率才能迅速增加。在这个范围之外，增加有效黏度时采收率的增加幅度很小。同时也发现有效黏度的最小值和最大值随原油黏度的增加而增加，且在双对数图中两者呈线性关系。同时发现聚合物驱应用越早，采收率产生明显增加时所需的聚合物黏度越低。而非均质填砂管驱替结果显示，多孔介质存在非均质使得聚合物驱的采收率大大降低，需要很高黏度的聚合物溶液才能达到在均质填砂管中的相同效果。

Asghari和Nakutnyy[29]在实验室对原油黏度为1000～8400 mPa·s的几种不同稠油进行了聚合物驱试验。研究结果包括原油黏度、聚合物浓度、驱替流量和岩心渗透率对稠油聚合物驱效果的影响。结果表明，在稠油水驱之后要进一步提高采收率，聚合物浓度必须超过一个临界浓度，并且岩心的渗透率越高聚合物驱的采收率越高。同时发现注入聚合物的速度越小采收率越高。Asghari认为可能是高注入速度下的黏性指进的影响。

Wassmuth等在实验室内对几种黏度为300～1600 mPa·s的稠油进行聚合物驱试验。结果表明，在适当的条件下聚合物驱的采收率几乎是水驱采收率的两倍。并且他们在加拿大的Lloydminster稠油油藏还设计和完成了水平井加聚合物驱技术的先导试验[30,31]。

在国内，聚合物驱技术已成为提高常规油藏采收率的主要技术，同时对稠油油藏也进行了一些室内和现场的研究。蒋明等[32,33]以普通稠油水驱开发后的油藏为研究对象，在天然岩心、人造岩心和平面模型中进行室内实验，用核磁共振成像技术研究了稠油水驱后进行聚合物驱的驱油效率和驱油机理。研究结果表明，目前采用水驱的常规稠油油藏，在一定的油藏条件下，改用聚合物驱是可行的，聚合物驱不但可以提高波及系数，而且可以增加驱油效率，从而提高采收率。但是聚合物驱后仍有大量的残余油滞留在地层中。

针对国内油田稠油油藏埋深较深，储层压力较高，注聚工艺受到一定限制的问题，许佳峰等[34]通过室内物理模拟实验和油藏数值模拟方法对普通稠油油藏超高分子聚合物驱进行了适应性评价。结果表明，超高分子聚合物较中分子和普通聚合物有更强的黏弹性和稳定性，更有利于驱出盲端剩余油，提高驱油效率；与水驱相比，超高分子聚合物驱尤其在聚驱前调剖可大幅度提高稠油采收率，增幅达 27.2%，整体段塞注入方式优于段塞组合方式，且驱替相与被驱替相黏度比为 3 时效果最佳。

张贤松和丁美爱[35]利用数值模拟技术研究了中国陆相沉积稠油油藏聚合物驱关键油藏参数，包括储层非均质性、原油黏度、注聚时机等参数。研究结果表明，陆相沉积稠油聚合物驱对渗透率下限值应大于 $500\times10^{-3}\ \mu m^2$，聚合物驱最佳地下原油黏度应低于 100 mPa·s，应在油藏含水 70%以前(中高含水前期)实施聚合物驱，增油指标较好，既可避免后续水驱水的较快突破，又可最大限度地发挥水驱效果，降低注聚开发技术风险。研究结果可为类似稠油油田实施聚合物驱提供依据和参考。在这些关键油藏因素处于合理条件下时，才能取得较理想的聚合物驱油效果。

由于原油价格的走高和技术的进步，近年来研究者开始考察聚合物驱在原油黏度更高的稠油油藏中的适用性[36-40]。当原油黏度较高时，为了降低水油流度比，需要更高浓度的聚合物溶液，这样就会导致注入困难。但是近年来水平井技术的迅速发展，使得高浓度聚合物溶液的有效注入成为可能。垂直井和水平井的结合能使聚合物驱发挥更大的作用，与水平井结合，聚合物驱可以增加注入速度，保证经济合理的采油速度[37-39]。

尽管聚合物驱对改善流度比，增加稠油采收率具有很好的前景，但是必须考虑其他的不利因素。例如，油藏的非均质性，我国大部分油田存在强注强采的现象，这样易导致大孔道，增加变异系数。实施聚合物驱时，易导致窜聚，降低开发效果。虽然有人提出了预测和治理的方法[36]，但聚合物驱实施前的吸水剖面调整及必要的调剖堵水等措施都是很重要的。

另外，稠油水驱存在最大的初始压力梯度，当聚台物驱时，一般会出现驱替压力升高的特征，但不会超过水驱时的初始压力梯度。若聚合物驱时的驱替压力超过初始压力梯度，则可能造成岩石结构的破坏[33]。因为一般稠油油藏储层胶结疏松，成岩作用低，固结性能差，因此聚合物驱带来的储层性质的变化应该受到重视。

综上分析，在经济条件合理下，聚合物驱技术和水平井技术相结合可能是这类稠油油藏最实用的提高采收率技术。可以根据不同的油藏条件合理设计聚合物的浓度和注入参数，并通过水平井技术提高聚合物的注入速度。因此，聚合物驱技术和水平井技术相结合是普通稠油水驱后一种提高采收率的很有潜力的方法。

3.2.2 碱驱技术

碱驱是试验最早的化学驱油技术。因为驱油机理复杂，限制很多，未得到广泛的应用[37]。尽管碱驱在矿场试验上未获得很大的成功，但因为其较低的成本，受到石油工作者的普遍关注。

碱驱的机理之一是碱和原油中的酸性物质反应，形成原位表面活性剂，降低界面张力。鉴于稠油的酸值一般比较大[38]，碱很易乳化稠油，且碱能部分改变润湿性(水湿转为油湿)，故碱驱对于稠油来说是非常有利的。合理设计的碱驱能通过原位形成的油包水型乳状液堵塞水流通道，显著降低水相渗透率，增加波及体积，提高采收率[39]，即使在特殊设计的非均质模型上，合理的设计也能提高采收率达 20%左右[40]。

碱驱是向油藏中注入碱性物质，通过与原油中的石油酸发生反应，就地形成表面活性剂，从而达到降低界面张力和形成乳状液的目的。最常用的碱是氢氧化钠，其他碱包括碳酸钠、硅酸钠、磷酸钠、氢氧化铵和碳酸铵等。Mayer 等[41]描述了注入的碱与油藏岩石和流体的三种反应：碱-油反应、碱-水反应和碱-岩石反应。Johnson[42]总结了碱驱提高采收率的四个不同机理：乳化携带、油湿反转为水湿、水湿反转为油湿、乳化捕集。其中乳化捕集机理对稠油开采来说尤其有效，因为水驱稠油时的波及系数一般很小[43]。

Scott 等[44]在实验室对 Lloydminster 稠油进行了试验，测定了 NaOH 碱溶液对油水界面张力影响。结果发现当 pH 在 9～11 范围内，界面张力急剧下降。界面张力值随 NaOH 质量分数的增加而降低，NaOH 质量分数为 0.005%时界面张力值就小于 1 mN/m，驱替实验时稠油采收率在盐水驱的基础上增加了 31%。后来的研究发现，当溶液中存在 NaCl 时，为了降低界面张力所需的碱量减少。当盐水中 NaCl 质量分数增加到 0.01%～0.1%时，采收率能够大大提高，但是浓度再增加时采收率就不增加了。

Jennings 等[45]通过实验发现碱水界面张力必须降到小于 0.01 mN/m 后，注入碱后的采收率才能增加。要达到这些低界面张力所需要的 NaOH 质量分数为 0.05%～0.5%，这取决于原油的类型。通过可视化的驱替实验发现注入碱可以提高水驱的波及系数，尽管在两种情况下的残余油饱和度相同。通过对比段塞注入和连续注入的采收率驱替结果，作者发现两者具有相似的采收率曲线。这些结果完全不同于 Faroijq Ali 等[46]发现的结果，Faroijq Ali 等发现连续注入时的采收率可在水驱基础上增加 32%～62%，而段塞式注入时仅增加 5%。

Campbell 和 Krumrine[47]通过实验对比了硅酸钠和氢氧化钠对 Huntington Beach 残余油采收率的影响。结果发现，在相同浓度下，不管是采用连续注入还是段塞式注入方式，加入硅酸钠的采收率总要高于加入氢氧化钠的。且段塞式注入时的采收率一致低于连续注入方式。不过在所有的实验中在注入的流体中都加入了 0.75% NaCl。Campbell[48]在随后对 Wilmington 原油进行驱替实验也发现加入硅酸钠的采收率好于加入氢氧化钠的。而在这些实验中碱溶液中加入了 1%的 NaCl。

Novosad 和 Mccaeery[49]利用 Wainwright 原油比较了硅酸钠和氢氧化钠的相对效率。他们的结果完全不同于 Campbell 和 Krumrine 的结果，即两种碱的效果相似。同时也注意到当在碱溶液中不加 NaCl 时，加入硅酸钠的采收率好于加入氢氧化钠的。

Chiwetelu 等[50]利用一种稠油在填砂管试验中进行碱驱试验，这种稠油 25 ℃时黏度为 454 mPa·s，而 65 ℃时黏度降为 46 mPa·s。所有溶液均使用蒸馏水配制。结果显示 25 ℃提高的采收率比 65 ℃时高。他们认为低驱油效率是温度升高时界面张力增大造成的。

国内宋建平等[51,52]提出稠油在常温下可进行乳化开采，选取 Na_2CO_3 为注入碱剂，当 Na_2CO_3 质量分数达到 1.0%时，界面张力就能降到 1～2 数量级，原油在常温下就能发生乳化。而王小妹和曾昭槐[53]通过波长 600 nm 处透光率的测定研究了 3 种稠油在 NaOH 水溶液中的乳化性能，测定了乳状液 ζ 电位。透光率极小值和 ζ 电位极大值在同一碱浓度下出现，酸值较大的原油有较小的透光率和较大的 ζ 电位，在碱水中加入适量 NaCl 可降低油水乳化所需的碱浓度，拓宽碱浓度范围。

人们对碱驱进行深入研究是因为碱剂要比表面活性剂便宜得多。因稠油中含有较多的长链羧酸，酸值较高，与碱作用生成脂肪酸皂具有很强的乳化能力，用碱代替表面活性剂，有利于提高开采效果降低开采成本；虽然有关碱驱提高采收率的研究很多，早在 1925 年在勃来德福油田就进行了 Na_2CO_3 水驱现场实验，但结果令人失望。在以后的 60 年里美国完成了 60 个碱驱矿场实验，矿场实验表明，大量的碱耗以及不合适的流度比，导致碱驱的波及效率和驱替效率都很低。已经进行过的碱驱现场试验表明，采收率的增加值不会超过 6%～8%(OOIP)，一般在 2%左右(OOIP)，主要是由于大量的碱耗以及不适宜的流度比而引起的低的波及效率和驱油效率，此外还有结垢、黏性指进等不利因素，因此碱水驱并未进行工业化推广应用。

Xie 等[54]针对 Court Bakken 稠油油藏，进行了碱驱的设计和实施，段塞大小为 0.44 PV(孔隙体积)的 0.5%的 NaOH 溶液，基于化学示踪剂技术、RST 检测技术、防垢和防腐等技术的强大支持，获得了成功。碱驱未能大规模应用的主要原因是由于碱对地层溶蚀使地层变得更不均质，它使地层和产出系统结垢并使乳化原油脱水困难，所以碱驱用剂的发展趋势倾向于使用弱碱、潜在碱、有机碱和缓冲碱[55-57]。

3.2.3 表面活性剂驱

国内方面，张润芳等[58]对古城油田 B125 断块进行研究，发现表面活性剂体系的乳化性能差并不一定说明驱油效率差。水驱结束后，注入 0.3 PV 表面活性剂溶液，提高驱油效率幅度超过 10%。

另外，于立君等[59]对吐玉克深层稠油化学段塞驱进行了数值模拟，发现化学驱能在一定程度上提高采收率。0.2 PV 化学剂段塞为最佳选择，化学驱可提高采收率 4%左右。化学驱开采稠油油藏，选用低浓度小段塞加冷水驱为宜。

国外方面，有学者研究发现，在表面活性剂溶液/砂子体系里，引入稠油能降低表面活性剂在砂子表面的吸附；NaCl 的加入增加了表面活性剂的吸附，NaOH、Na_2CO_3能很大程度地降低表面活性剂的吸附[60]。注表面活性剂能大幅地提高原油产量，其效果超过注水。注水以后开采，注热表面活性剂比注冷表面活性剂驱油效果好[61]。

微乳驱是表面活性剂驱中的重要类型。但是较高的表面活性剂用量导致它的成本很高。为了降低成本，有研究证明，在岩心外用原油制备的稳定的油包水型乳状液也可用于提高稠油采收率[62]。

尽管驱油用的表面活性剂类型很多，但大规模应用的只有磺酸盐型表面活性剂，它包括石油磺酸盐和合成磺酸盐[63]。随着高温、高矿化度油藏的开发，石油工作者开始研究并应用耐温抗盐的表面活性剂[64]。

3.2.4 碱/表面活性剂驱

碱驱注入的碱与天然石油酸发生反应就地生成表面活性剂，且在应用碱驱时，往往是在非常低浓度的碱就能实现最低油水界面张力[39]。然而，由于碱剂在多孔介质的吸附或沉淀损失，往往需要提高注入的碱浓度。这导致使用浓度的碱驱条件下采收率不能达到最佳，因此，为了在最佳浓度下得到最低界面张力从而达到一个稳定驱替，往往注入碱和表面活性剂的混合物[65]。添加的表面活性剂能增加碱降低界面张力的程度，增加低界面张力和自发乳化的 pH 范围。同时碱能降低表面活性剂在砂子表面的吸附[60]。

国内方面，对辽河锦 45 块于II组稠油油藏、辽河油区千 22 块普通稠油油藏和锦 90 块稠油油藏[66,67]开展了碱/表面活性剂驱（AS 驱）研究。研究表明，碱/表面活性剂驱能显著提高采收率。一般的碱/表面活性剂驱，首先要经过最低界面张力和平衡界面张力来筛选碱和表面活性剂，然后再检验配方与地层及地层流体的配伍性，通过物理模拟和数学模拟得到能应用于实际油藏的技术参数。通常采用段塞式，实施前需要对油层进行调整吸水剖面等工艺处理，保证段塞的完整性。碱/表面活性剂溶液的流度比较大，易导致水窜，需要进行必要的调剖[67]。

有时候单独的碱或者单独的表面活性剂均不能有效地乳化稠油，碱和表面活性剂的结合能降低界面张力，加上极其轻微的扰动或剪切，体系就能形成水包油型乳状液[68]。

Yue 等[68]研究了一种高黏度稠油（1800 mPa·s）的乳化特性。筛选出一种优化配方（碱和浓度极低的表面活性剂）可使原油与盐水之间的界面张力急剧下降。在轻微的界面扰动下，通过碱和表面活性剂的协同作用，稠油可很容易分散在盐水中形成 O/W 型乳状液。并通过对五个黏度范围在 650～18000 mPa·s 的加拿大西部稠油进行砂管驱替实验，结果表明碱/表面活性剂驱的采收率可在水驱基础上提高 20%～30% IOIP（原始石油地质储量）[69,70]。

Dong 等[71,72]通过大量的乳化实验、界面张力测试、微观模拟实验和填砂管驱替实验对稠油（22 ℃黏度为 1266 mPa·s）进行碱/表面活性剂驱全面研究。结果表明在碱溶液中添加少量的表面活性剂就能使界面张力降低到 0.01 mN/m，并在轻微界面扰动作用下就能使稠油在地层水中发生乳化。通过微观实验发现，当注入碱/表面活性剂驱油体系时，可使原油大量乳化在水相中，形成细小的乳化液滴并被水相携带采出。填砂管驱替实验得出的三次采收率可超过 20% IOIP。

Bryan 等[73-76]对黏度为 11000 mPa·s 和 15000 mPa·s（23 ℃）的稠油进行碱/表面活性剂驱实验，研究结果表明，加入质量分数为 0.1%的阴离子表面活性剂烷基磺酸钠和质量分数为 0.5%Na_2CO_3 的混合物可以形成超低界面张力和稳定的乳状液，相应的界面张力值约为 0.05 mN/m。从大量的相态实验中可以观察到，当用去离子水配制化学剂配方时，将会形成 O/W 型乳状液。而当水相中含有质量分数为 2%的 NaCl 时，将会形成黏度高的 W/O 型乳状液。通过岩心驱替实验得到的三次采收率超过 20%IOIP。在国内，从 2000 年开始辽河油田勘探开发研究院针对辽河油区普通稠油，在室内进行了碱/表面活性剂驱油体系的实验研究。通过筛选出两种抗盐性较好的表面活性剂与 Na_2CO_3 进行复配后，可使油/水界面张力值降至 10^{-3} mN/m 以下，并且该复合配方体系有较好的长期稳定性，通过驱油效率实验表明碱/表面活性剂驱可提高稠油采收率 17.31%[77]。

葛际江等[78-80]研究了非离子-阴离子表面活性剂和 Na_2CO_3 体系对普通稠油的动态界面张力的影响，发现单独使用表面活性剂或 Na_2CO_3 都无法达到超低界面张力。而采用表面活性剂与 Na_2CO_3 复配，协同增效作用明显，当碱质量分数大于 0.35%、表面活性剂质量分数大于 0.0025%时，最低界面张力可以达到 10^{-4} mN/m 以下。同时还发现，该表面活性剂与 Na_2CO_3 复配时，存在一个临界碱浓度，只有当 Na_2CO_3 质量分数大于 0.35%时，界面张力才有明显的降低。室内驱油实验表明，驱油剂-稠油体系乳化能力与其油水动态界面张力没有对应性，而且驱油剂-稠油体系的油水动态界面张力与其采收率也没有一定的规律性，但乳化能力与采收率有较好的对应关系，即乳化能力高的体系驱油效果好，乳化能力低的体系驱油效果差。

3.2.5 聚合物/表面活性剂驱

聚合物/表面活性剂驱是一种可以充分发挥表面活性剂和聚合物的协同作用

来提高原油采收率的方法。低界面张力聚合物驱充分利用了稀表面活性剂溶液和聚合物的协同作用，显著地优于碱/表面活性剂驱，因为碱/表面活性剂驱易因驱替前缘不稳定或原油的酸值不适致使原位表面活性剂不足，从而减弱驱油效果。

吕鑫等[81]实验室研究结果表明，与水驱相比，聚合物/表面活性剂驱可提高采收率 20%左右。该技术在胜利油田孤东七区 54-61 进行了矿场试验，取得了较好的效果。Kang 等[82]筛选了一种聚合物强化的泡沫配方，在均质和非均质岩心实验中均能提高稠油采收率达 20%以上。

3.2.6 聚合物/碱复合驱

低的波及系数和碱段塞的损耗会造成碱驱的失败[83]。充分利用聚合物的增黏作用，降低水油流度比，可以增加波及系数[84]。

卢祥国等发现当聚合物溶液中加入碱后，部分聚合物分子链变粗，结构层次变少，网络出现缺陷，导致聚合物分子结构形态以支状为主，网状为辅，从而降低了复合体系的黏弹性，导致其在地层中封堵能力下降[85,86]。可见，聚合物/碱在产生协同效应的同时，也因其二者的不相容性导致其他一些问题。

对聚合物/碱在稠油油藏中应用，绳德强[87]研究发现，复合驱体系溶液黏度值均随老化时间的增加而升高，能有效提高稠油采收率。陈智宇等[88]研究表明，聚合物/碱体系使碱耗和聚合物的滞留量都大大下降；尽管 Na_2CO_3 使聚合物/碱体系初始黏度降低，但随时间的推移，聚合物/碱体系的黏度会有所上升；采用碱和聚合物混合注入后续跟进聚合物的方式要比交替或分开注入的方式获得更高的采收率增值。

Zhang 等[89]室内研究发现，在碱浓度比较高时，相同碱浓度的聚合物/碱复合驱反而没有单纯碱驱的效果好，研究人员认为是聚合物的加入阻碍了碱的扩散，降低了碱与原油的反应速度。聚合物/碱复合驱在稠油油藏中的矿场试验未见报道，但是在常规油藏中的实践值得借鉴，如辽河油田兴 28 块聚合物/碱复合驱和加拿大 Alberta 的 David 油田聚合物/碱驱[90]。

3.2.7 稠油化学驱中的几个关键问题

1. 原油乳化

乳化是化学驱中提高采收率的重要机理。对于亲水油藏：O/W 型乳状液能降低原油的黏度，增加原油的流动性；W/O 型乳状液能增加原油的黏度，具有调驱的性能。乳状液的类型以及乳状液的形成、稳定和破乳极大地影响着流体在油藏中的分布，最终影响原油采收率。影响原油乳化的因素主要有原油组分、驱替配方和矿化度等，其中原油组分具有重要的影响。原油中的有机酸是引起碱水乳化的主要活性组分已得到公认，文献中提到的其他乳化活性组分还有沥青、胶质、蜡晶等。

对于 O/W 型乳状液的研究，范维玉等[91]考察辽河油田杜 84 稠油时，发现酸性组分或沥青质是稠油中成膜的主要界面活性组分；油相高芳香度、水相碱性条件下有利于 O/W 型乳状液的稳定。范维玉等还对辽河油田杜 84 稠油和胜利孤岛垦西稠油进行组分分析，并开展乳化试验发现 pH 增大，酸性组分/甲苯溶液和沥青质组分/甲苯溶液乳化形成的乳状液更稳定；模拟油在碱性条件下倾向形成 O/W 型乳状液，酸性组分和沥青质的界面活性高于其他组分。张铜耀等认为稠油及其极性组分与乳化剂的相互作用程度取决于稠油及其极性组分自身的界面活性，且活性越强作用程度越强；无乳化剂时，碱性条件下的稠油与水相之间的界面张力低于酸性条件下的界面张力；在强酸强碱条件下乳化剂与组分没有体现出明显的相互作用，在 pH 为 4～10 的中性和弱酸弱碱条件下，稠油及其极性组分的加入使得界面张力降低，表现出较强的协同作用。

对于 W/O 型乳状液的研究，研究人员把 W/O 型乳状液分为 4 种，且乳状液的类型主要由原油的性质决定，主要的性质为沥青质含量、胶质含量和原油的黏度。徐明进等研究发现，原油中分离出的活性组分胶质和沥青质的平均相对分子质量越大，分子结构中含有较多的芳环结构，其形成的模拟油乳状液的界面膜强度越大，反之越小。由于 W/O 型乳状液形成后原油黏度大幅度增加，若能在高渗透区域形成，就能有效地阻碍后续水驱的指进，这一机理被认为是普通稠油碱驱中的主要机理，且被用于数值模拟。

2. 界面张力

影响界面张力的因素很多，如油组成、水相组成、温度、盐含量和 pH 等。钙离子具有破坏碱降低油水界面张力的能力，采用碱/表面活性剂驱油时，测定瞬时界面张力比测定平衡界面张力对优化注入剂配方更为有效。

很多工作者仍以达到超低界面张力为指标来筛选驱替配方，实际上在非均质油藏或者稠油油藏中，并非具有超低界面张力的配方才能获得最好的效果。对于非超低界面张力体系驱油实际效果的研究应引起足够的重视。在非均质油藏或稠油油藏中，增加波及系数带来的增油量比增加洗油效率带来的增油量更为明显。

3. 润湿性

润湿性是影响多孔介质里流体分布和流体流动的重要因素之一。影响润湿性的因素很多，主要有油相组成、岩石表面性质和盐水的性质(包括离子组成和 pH)。在一定条件下，原油碱驱中，岩石的润湿性由亲水转化为亲油，水相渗透率降低，波及系数增加，剩余油饱和度降低。

鉴于盐水中的高价离子对润湿性的影响，研究人员考察了 Ca^{2+}对稠油/盐水/化学溶液/砂子体系中润湿性的影响，结果表明，在 Na_2CO_3 和 Ca^{2+}同时存在时，砂子表面由水湿转为油湿。

原油中的酸性和碱性组分对润湿性具有重要影响，影响程度可能主要不在于它们的含量(酸值和碱值的大小)，而在于它们的强度和分子结构，此问题有待进一步深入研究。研究人员开展了一系列研究，认为在其试验用油范围内，酸值与碱值具有一致性，高酸值一般对应高碱值；碱性组分和酸性组分的总量和原油的极性物质总量成正比；当碱值和酸值的比增大时，体系表现出更强的油湿性。

改变润湿性的方法可以分为物理和化学两大类。物理手段主要通过改变温度和采取声波振动；化学手段包括采用酸、碱、表面活性剂、原油胶质沥青质及新型膜剂(如分子沉积膜)的处理等。

3.2.8 稠油化学驱机理研究进展

过去已经做了若干项研究来分析注入碱或表面活性剂后对稠油的影响。大体上说，相对于水驱，注入这些化学剂的确能提高采收率，但是它在油藏提高采收率的机理具有较大的不确定性。一些研究人员引用了类似于常规原油中应用的低油水界面张力的机理[44,46,61,69,70,92,93]。而多数研究者认为稠油采收率能够得到提高主要是由于乳状液的形成，但是到底是形成 O/W 型乳状液还是 W/O 型乳状液存在不同的观点。

1) 油包水(W/O)型乳状液

有人提出形成油包水(W/O)型乳状液可能是提高采收率的一种机理。这些乳状液的黏度大于原油本身，因此它们能改善流度比和驱替时的波及系数。

Dranchuk 等用黏度为 940 mPa·s 的 Lloydminster 稠油进行碱驱实验，他们从产出液中观察到碱的加入导致 W/O 型乳状液的形成，促进了更加稳定的驱替。同时也声称碱的注入使得岩心的润湿性变得更加油湿。在 W/O 型乳状液形成后，Dranchuk 观察到岩心两端的压降随着乳状液的形成而增加。

Farouq Ali 等用委内瑞拉稠油(油藏温度下黏度为 1600 mPa·s)进行了一系列的岩心驱替实验，注入碱导致 W/O 型乳状液的产生，与水驱相比注入 W/O 型乳状液得到较高的采收率。然而，W/O 型乳状液提高采收率的机理还不清楚。尽管乳状液的前缘可能以较低的流度驱替稠油，但是在乳状液驱后进行水驱的驱替效率非常差[46]。

Dong 等[93]进行稠油碱驱微观驱油研究发现，注入碱水后，碱液渗入残余油相，在油流通道中形成许多不连续的水滴，从而形成了油包水型乳状液。W/O 型乳状液的黏度要比原油黏度大得多，因此提出的驱油机理是降低水油流度比和抑制注入流体的指进。在 W/O 型乳状液形成的微观模型部分，可以看到油与孔壁接触，从而把润湿性变成了油湿。Dong 认为润湿性的改变也有可能有助于堵塞一些孔隙进而提高波及系数。

2) 水包油(O/W)型乳状液

同时，有些研究者把水包油(O/W)型乳状液的形成作为一种可能的机理。原油乳化进入水相中后，乳状液比起原油流动起来更加容易。但是，即使对这些 O/W 型乳状液体系，提高采收率的机理也存在不同。一种是乳化捕集机理，即乳化液滴堵塞岩石孔隙提高了波及系数。另一种是乳化携带机理即乳状液被水相携带着一起流动。

Jennings 等利用二维模型进行岩心驱替实验，考察对比了乳化携带和乳化捕集的相对重要性。实验发现在注入点附近的岩心砂子很干净，这表明这些油被乳化并被流动相携带采出。但是从总体上观察发现，在驱替区域内水驱和碱驱的残余油饱和度(SOR)基本相同。因此，Jennings 得出化学驱提高稠油采收率的机理是通过油滴的乳化捕集来提高波及系数。

Liu 等[69,70,92]提出对稠油来讲最主要的驱替机理是乳化携带机理。对于黏度为 650～18000 mPa·s 的稠油，研究人员筛选出合适的碱剂和表面活性剂混合物，能够轻易地乳化原油，使得稠油变成低黏度的 O/W 型乳状液。Dong 等[93]利用微观模型研究证明了在岩石孔隙中流动的为 O/W 型乳状液，但是在产出液中没有发现乳状液的存在。因此 Liu 得出碱/表面活性剂驱提高稠油采收率的机理为乳化携带机理，然后形成油墙。不过他们并没有直接辨认出油墙的形成，而是通过在注入化学剂时岩心两端的压力梯度上升了来推测的。

研究人员[94-97]认为稠油采收率能够得到提高主要是由于乳状液形成，且可以通过控制不同的盐浓度，使得对同一体系中 W/O 型乳状液和 O/W 型乳状液都可能形成。任一种乳状液都能提高稠油采收率，且机理是相同的。即乳状液能够堵塞岩心中预先形成的水流通道，使液流发生转向。岩心原先被绕流的区域就可以被后来的碱/表面活性剂溶液所波及。在这个方法中，不管对一次碱/表面活性剂驱还是二次碱/表面活性剂驱，提高采收率机理都是提高了宏观波及系数，只能加速原油的采出，而没有任何驱替结果显示碱/表面活性剂驱可以降低残余油饱和度，这与常规原油化学驱中降低了微观残余油饱和度的机理完全不同。

Symonds 等[98]在线性驱替系统进行了注入碱驱提高稠油采收率研究。他们得出在非常低的化学浓度下，超低界面张力可以导致非常小的乳化液滴形成，因此采收率机理是油滴通过流动相的乳化携带作用。而在较高的碱浓度下，界面张力值较高，他们认为这将导致较大液滴的形成，而这些液滴不易通过岩石孔隙，这时乳化捕集作用变为主要的驱油机理。

3) 机理进展评述

了解碱和碱/表面活性剂驱如何提高原油采收率的关键是明确稠油水驱后油

藏中原油的分布状态。在常规原油中，水驱后剩余油是被毛细管力束缚，因此降低界面张力可以减小毛细管力对残余油的圈闭。然而，稠油油藏水驱后的剩余油分布特点完全不同于常规原油水驱后的分布特点。在这些稠油油藏中，剩余油的分布主要是连续的[99]。剩余油不是由于毛细管力的圈闭造成的，而主要是注入流体和高黏的稠油之间流度比太大导致剩余油被绕流了。因此，要使化学驱提高稠油采收率，单纯降低油水界面张力已不是驱替的主要机理。注入的化学剂必须以某种方式提高油水的流度比，从而将稠油更加稳定地驱替到油井中。

注入的化学剂要提高油水的流度比就要求形成油和水的乳状液。研究人员在稠油油藏中乳状液的产生和流动，这个领域进行了广泛的研究。总体来讲，在没有注入化学剂时，一般是形成 W/O 型乳状液并时常伴随着润湿性向油湿方向转变。注入化学剂后，O/W 型乳状液和 W/O 型乳状液都有可能形成。提高采收率的机理包括通过堵塞孔隙提高波及系数，通过增加或降低乳状液的黏度来改善流度比。不同的研究者提出了不同的机理，但是目前还不清楚到底哪个机理对提高稠油采收率最重要，也可能不同的机理同时发生，这还有待进一步深入研究。

化学方法对于薄层中的可流动稠油具有吸引力，因为它们不受时间约束并可以使用相对大的井距。但是对普通稠油油藏进行化学驱需要注意以下问题：①糟糕的水油流度比更易导致指进。水驱后残余油的形式不是簇状或膜状，而是成片的死油区。限制普通稠油油藏采收率的主要因素是波及系数不高。筛选化学驱配方时，不能片面地追求超低界面张力，应更加注重配方堵塞大孔道启动成片剩余油的能力。②基于成熟的技术，聚合物驱在开采普通稠油油藏时具有很大优势。碱在乳化稠油方面的优势使得含碱驱替液在开采稠油中具有巨大潜力。为保证化学驱的成功，即使是聚合物驱，也必须进行必要的调剖堵水或者深部调驱。

3.3 化 学 降 黏

化学降黏是近几年来在国内外发展起来的，其采油机理是通过向生产井井底注入表面活性物质，大幅度降低稠油黏度(降低幅度可达 90%以上)，从而提高原油的流动能力，达到降黏减阻开采的目的。

我国稠油的储量较为丰富，在稠油的胶质以及沥青质分子中具有羟基、羧基、氨基及羰基等基团，进而使胶质分子与沥青质分子间发生剧烈的氢键作用。沥青质分子中的芳杂稠环平面互相堆积并受限于极性基团间的氢键而产生沥青质粒子。而胶质分子是通过芳杂稠环平面在其表面的重叠堆积以及受到氢键的固定，进而产生沥青质粒子的包覆层。此类粒子可通过氢键的相互连接，来增高原油的黏度。稠油的高黏度主要与胶质及沥青质的含量密切相关，或者与稠油中的分子极性、配合物及分子聚集状态有关。在稠油中由杂原子汇聚而成的胶质、有机金属化合物及沥青质化合物等，均是导致稠油黏度过高、流动性差的主要原因，这些物质的分子量较大、密度高，虽含量较低，但严重影响了稠油的性质。这些因素造成了我国稠油无法正常开采，或者无法通过电热或蒸汽吞吐等经济方法进行开采，因此，在稠油开采的过程中，为获取更多的经济效益，通常采用化学降黏的方法加以开采。近年来，稠油化学降黏技术主要应用于油层解堵、井筒降黏、蒸汽吞吐以及输油管的降黏等，尤其在稠油的开采中应用最多。化学降黏开采稠油技术的方法主要有：①井筒乳化降黏；②油层化学降黏解堵；③洗井液中加降黏剂。通过化学降黏技术以降低地下或者井口的稠油黏度，不仅有效提高原油的产量以及降低原油的运输成本，还能有效减少稠油中氮、硫及金属等物质的产生，大大降低了炼油的成本。

3.3.1 水溶性乳化降黏剂技术

乳化降黏技术是稠油油田中一种较为常用的化学降黏技术，其降黏的幅度较大。乳化降黏技术除单独降黏外，还可作为一种辅助降黏的方式[100]。在蒸汽以及蒸汽吞吐的基础上添加乳化降黏技术，降黏效果更为显著。目前，我国的稠油储量较为丰富，但藏油区块较为分散、油层薄、含油面积小等，造成稠油油田无法通过常规的方法进行开采，加上有些化学降黏剂虽能分散或抑制蜡晶、沥青质层及胶质片，但并未能使其完全消散，对此，采用水溶性的乳化降黏技术进行降黏，其降黏效果显著，能有效提高稠油开采的经济效益，该技术也是化学降黏开采技术中一种发展前景较好的方法。

乳化稠油开采技术[101]从 20 世纪 60 年代开始，Simon 和 Poynter 在井筒中注入表面活性剂，使高黏原油由 W/O 型乳化液转变成 O/W 型乳状液，从而提高采油效率并降低管输阻力[102]。该技术是将表面活性剂、助剂的水溶液注入井底使其与稠油形成低黏度的 O/W 型乳状液，从而降低油水的流度比，改变地层岩石的表面润湿性，还可解决近井地带的油层堵塞。它既可以用于冷采，还可在注汽的不同阶段与热采配合使用[105]。

委内瑞拉的 Orinoco 地带是世界上最大的重油聚集带，该国为全球范围内继沙特之后的第二大储油国。开采出来的委内瑞拉重质原油胶质、沥青质含量高，黏度极大，靠加入轻质原油稀释和加热降黏输往炼油厂使用，输送成本高。因此，该重质原油的后续处理及输送限制了它的发展。20 世纪 80 年代中期，PDVSA 公司放弃了供给炼油厂该重质原油的计划，转而将采出的重质原油加入 30%的水和表面活性剂(约 0.3%)制备成稳定的 O/W 型乳状液。然后这种被称为奥里乳化油(Ormulsion)的乳状液经管道输送到沿海地区，出售到全世界作为锅炉燃料[104]。对该重质原油乳化处理操作简单且成本低，产品稳定，易于输送，促进了油田的发展。其产品销往丹麦、英国、加拿大、日本等国。自 1990 年以来，Bitor 公司出口的奥里乳化油燃料已经超过 1000×10^4 t，该公司 2000 年上升到 1200×10^4 t，他们看到了中国市场的巨大潜力[105]。国外在采用乳化降黏对稠油进行开采和输送方面取得很大成果，产生了很好的经济效益和社会效益[103-106]。

近年来，在水溶液乳化降黏技术研究方面，有关乳化降黏剂配方的研究十分活跃。这些乳化降黏剂多根据协同作用原理采用多元复配型配方，同时包含非离子表面活性剂和离子表面活性剂，部分原油乳化降黏剂配方中还加入碱、$C_{1\text{-}4}$醇、生物聚合物和冰点抑制剂等。其中，羧酸盐型表面活性剂对超稠油乳化效果较好，而 OP 和 Tween 型的非离子表面活性剂对普通稠油乳化效果较好。郑秀娟等的研究表明 Ps-木素基两性表面活性剂与原油接触后，当原油中有机酸含量较低时，以表面活性剂作用为主；当原油中有机酸含量较高时，除助剂本身含有的活性物质起作用外，助剂中的碱性物质与原油中的有机酸反应也产生活性物质，促使水包油型乳状液的形成，从而降低原油黏度。Ps-木素基两性表面活性剂在河南、辽河、胜利、华北、大庆、大港等 11 个油田现场应用，均取得较高的效益，统计使用 1000 余井次，投入产出比高达 1∶60。我国的胜利油田、辽河油田等的原油黏度都很高，有的在 20000 mPa·s 以上，甚至更高。这些稠油很难开采，但是经过乳化降黏后，原油黏度明显下降，乳化后一般的产油量可增加 5%～10%。从经济上看，乳化降黏技术使用的表面活性剂费用低，这样就减少了采油成本。另外，乳状液的外相水水源充足(主要为采出的地层水)。乳化降黏技术可使用原有井的掺稀设备，而费用都低于掺稀费用，产油量高于掺稀的产油量。

1. 基本原理

乳化降黏技术的降黏原理，主要是通过稠油乳化后形成的乳状液进行降黏，能有效降低稠油的黏度。

在稠油中加入一定量的水溶性表面活性剂水溶液，在适当的温度和搅拌条件下，使稠油以微小的油珠分散在活性水中，形成 O/W 型乳状液。油珠被活性水膜包围，外相是水，使稠油分子间的摩擦变为水的摩擦，使黏度大幅度下降。

由于表面活性剂分子两端本身带有两种基团物质，一端为极性的亲水基团。与极性物质有亲和作用；另一端为非极性的亲油基团，与非极性物质油有亲和作用。由于它的两亲作用，活性剂在油水界面上定向排列，极性基团伸向水相，非极性基团伸向油相，从而形成稳定的乳状液。

在实际生产中，不可能完全达到理想的乳状液，原油多呈较大颗粒分散在活性水中，形成一种水包油型粗分散体系，也可以大为降低流动阻力。另外，在油管壁和抽油杆壁上形成一层活性水膜，使稠油与管壁抽油杆柱的摩擦变成与水膜的摩擦，减小了摩擦阻力[107]。

2. 掺水方法

活性水送到井口后，根据油井原油黏度的高低，可采用地面掺水、泵上掺水和泵下掺水三种方式。

地面掺水是把活性水从井口掺进出油管线，在稠油输送时，起润湿减阻、降低回压的作用。这种方式适用于正常生产、抽油杆顺利下行及黏度在 1000 mPa·s 以下的井。

泵上掺水是在油管上装置单流凡尔，活性水在泵上进入油管与稠油乳化，起降黏作用。这种方式适用于抽油杆不易下行，但泵的充满程度还较好，黏度在 1500 mPa·s 以下的井。

由于活性水经过深井泵，不影响油井产量。泵下掺水是活性水在泵下与稠油乳化，经深井泵抽进油管，这种方式适用于不能正常生产，泵的充满程度很低，黏度大于 1500 mPa·s 的井。

3.3.2 油溶性化学降黏剂技术

油溶性的降黏剂是利用原油降凝剂的开采技术，根据胶质以及沥青质分子的堆积状态，在高温或者溶剂的作用下具有层隙疏松的特性，能使降黏剂的分子渗入至胶质或者沥青质分子的中间层，有效降低稠油的黏度。由于不同种类的稠油具有不同的胶质与沥青质分子结构，因此，降黏剂具有较强的针对性。通常而言，添加降凝剂一同作用，在一定程度上降低了稠油的凝固点。基于蜡的网状结构受到阻碍，使稠油结构的黏度局部消失，屈服值下降，整体黏度也有所降低。当前，研究稠油化学降黏剂的目的，是研制价格更为低廉、效果更为明显的化学品，以改善稠油低温的流动性，从而满足稠油开采及管输的技术需求。然而，当前多数使用者仅重视降黏剂增加后原油性质的变化情况，或者部分生产者仅重视降黏剂的结构构成，缺乏重视降黏剂和原油间的相互作用，这在一定程度上限制了化学降黏技术的正常发展。对此，加强改进稠油降黏剂的降黏技术极其重要。

国内外有关油溶性降黏剂的研制和应用进展缓慢，主要是这类降黏剂的研究还存在降黏剂的作用机理、降黏效果及生产成本等几个方面的问题。由于稠油中烷烃碳数分布的多元性和胶质沥青质结构的复杂性，稠油对降黏剂具有很强的选择性，要找到适用于所有稠油的降黏剂几乎是不可能的。不同地区稠油组成和结构性质不同，降黏剂的作用机理有异，如何设计适用于不同组成稠油的降黏剂成为合成中的又一难题。由于降黏剂的用量大，如何研究效果好且成本低的降黏剂也是一大难题。在应用中如何使降黏剂很好地与地层稠油作用，发挥其本来的效力，还存在应用工艺技术问题[100]。

1. 油溶性降黏剂种类

油溶性降黏剂品种很多，但基本上可归结为三类[108]：

(1) 缩合物型，这类化合物是最早的降凝、降黏剂，主要用于润滑油降凝。

(2) 不饱和单体的均聚物或共聚物，主要是烯烃、不饱和酸酯的均聚物或共聚物，均聚物主要是聚丙烯酸酯类和聚丙烯酸高碳醇类；聚合物主要有乙烯-醋酸乙烯酯共聚物(EVA)、(甲基)丙烯酸高碳醇酯衍生物的聚合物、马来酸酐衍生物的聚合物等。

(3) 高分子表面活性剂型，这类化合物是由烯烃、不饱和酸酯与乙烯醇聚醚、烯基磺酸盐等具有表面活性基团的单体聚合而成。就目前研究与实际应用情况看，合成降黏剂的典型单体是乙烯、醋酸乙烯酯、苯乙烯、马来酸酐、(甲基)丙烯酸酯及 α-烯烃等。

油溶性降黏剂开发难度大，目前对稠油的降黏率还不高，国外少有人研究，国内研究也进展缓慢。文献[109]～[111]报道了油溶性降黏剂的使用情况。

油溶性降黏剂可以直接加剂降黏，还可以避免乳化降黏存在的后处理(如脱水)问题，有很大的开发前景。但目前还存在不少问题：

(1) 降黏率不高，降黏效果较好的药剂的降黏率一般在 70%左右。如 EP218 油溶性降黏剂，加入 2 g/L 药剂，剪切速率 51675 s^{-1}，50 ℃辽河特稠油黏度由 1518 mPa·s 降到 719 mPa·s，降黏率仅为 50%，仍达不到乳化降黏可达到的 99%以上。

(2) 与乳化降黏剂相比，油溶性降黏剂价格较高，且药剂用量大，导致应用成本高。

(3) 单独使用很难达到生产要求。特别是对于特稠油、超稠油，由于黏度基数非常大，即使油溶性降黏剂的降黏率很高，也不能满足降至 115 mPa·s 的生产要求，必须与其他工艺配合使用，这又会降低油溶性降黏剂的应用价值。

2. 发展趋势

可以看出，油溶性化学降黏技术只能抑制或分散蜡晶、胶质片、沥青质层，但并不能使它们消失，达到真溶胶颗粒的粒度。因此要更好地应用油溶性化学降黏技术，首先是研究降黏剂的机理，不同地区稠油组成和结构性质不同，降黏剂的作用机理也不同。其次是对原油的选择性，需要根据稠油的不同组成设计合适的降黏剂。

近几年来降黏剂研发趋势是在分子骨架上引入具有极性或表面活性的侧链，提高对蜡晶、胶质、沥青质的分散作用以降低黏度。将降黏剂与油溶性表面活性剂或含氟表面活性剂等复配来增强降黏效果，也是今后降黏剂的发展趋势[112]。

有些学者还提出一些新的研究思路方法，一种不同于油溶性降黏机理，又有别于乳化降黏机理的复杂降黏作用机理。它的特点是形成的乳状液既非 O/W 型也非 W/O 型，而是介于两者之间的过渡型，即类乳液。还有新构想是利用胶体流变学、胶体化学、非电解质理论进行综合作用改变原油均相分布，使原油形成非均相胶体，形成轻质馏分油包围蜡质和胶质聚集体以降低稠油黏度。

3.3.3 表面活性剂降黏技术

表面活性剂[113]驱油是在注水驱的基础上发展起来的。注水驱替应用较早，通过向地层注水把石油驱替至采油井。早期使用普通河水或海水，后来出现了注入表面活性剂的活性水驱油，根据油藏不同的物理化学性质和地质条件，发展了相关的碱水驱、酸水驱及其他的化学驱油工艺。今后提高注入效果的方向，主要是针对沥青质等重质组分在采油中带来的困难，提高注入水“品质”以及向油层注入其他更加有效的活性驱替剂[114]。

1. 基本原理

表面活性剂降黏通常归为 3 种机理[100]：

(1) 乳化降黏，即在活性剂作用下使 W/O 型乳状液反相成为 O/W 型乳状液而降黏。

(2) 破乳降黏，即活性剂使 W/O 型乳状液破乳而生成游离水，根据游离水量和流速，形成“水套油心”“悬浮油”“水漂油”而降黏。

(3) 吸附降黏，即活性剂分子吸附于管壁上或油层间而减少摩擦阻力。

这 3 种降黏机理往往同时存在，但活性剂不同和条件不同时，起主导作用的降黏机理也不同。

2. 常用表面活性剂类型和选用原则

表面活性剂常用类型按溶解后解离出的电荷可分为阴离子型、阳离子型、两性离子型和非离子型。按表面活性剂所带官能团分为脂肪酸盐类(阴离子型)、石油磺酸盐类(阴离子型)、聚氧乙烯烷基酚醚类(非离子型)等[115]。阴离子表面活性剂界面活性高，耐温性能好，但耐盐性差；非离子表面活性剂的耐盐、耐多价阳离子的性能好，但在地层中稳定性差，吸附量比阴离子表面活性剂高，而且不耐高温，价格高；两性表面活性剂大多数都可用于高矿化度、较高温度的油层，且能大大降低非离子型与阴离子型活性剂复配时的色谱分离效应，只是有价格高的缺点。

选择合适的乳化剂是表面活性剂降黏的关键，目的是使稠油形成稳定的 O/W 型乳状液，采出过程不会破乳分层，最后到集油站或炼油厂又容易破乳脱水。因此所选择的降黏剂应具有以下两个特点[116]：①对稠油具有较好的乳化性，能形成比较稳定的 O/W 型乳状液，降黏效率高；②形成的 O/W 型乳状液不能太稳定。否则影响下一步的原油脱水。

近年来，乳化降黏剂配方的研究较多，这些乳化降黏剂多根据协同作用原理采用多元复配型配方，部分原油乳化降黏剂配方中还加入碱、C_1—C_4醇、生物聚合物和冰点抑制剂等助剂或助溶剂。目前乳化降黏技术发展比较成熟，降黏率甚至可达 99%以上[117,118]，广泛应用于国内外稠油开采和输送，文献[119-123]详细报道了国内外使用乳化降黏剂降黏的情况。

有人将纳米技术应用于原油降黏中，即在表面活性剂中加入一些改性的纳米材料，使油、水、表面活性剂和助表面活性剂一起形成纳米乳液，这种乳液具有热稳定性和各向同性的多组分分散体系。纳米乳液与普通乳液有相似之处，但也有根本区别[124]：①普通乳液的形成一般需要搅拌等外界提供能量，而纳米乳液则自动形成；②普通乳液是热力学不稳定体系，而纳米乳液是热力学稳定体系，不易发生聚结。

一种高效表面活性剂——双子表面活性剂，又称为 Gemini 表面活性剂。它的分子中含有两个亲水基(离子或极性基团)和两条疏水链，在其亲水基或靠近亲水基处，由联结基团通过化学键联结在一起[125]。具有这种特殊结构的双子表面活性剂有许多优点：处于临界胶束浓度时的界面张力和临界胶束浓度比相应的单子表面活性剂低；具有良好的低温溶解性能和增溶性能；与普通表面活性剂复配，可以产生更大的协同效应。一些 Gemini 表面活性剂，在三次采油中，已表现出了很好的特性。

目前，虽然乳化降黏剂的配方很多，但仍存在较多问题：

(1)采出液污水处理难度大。目前的各种破乳脱水方法都存在一定的问题。有报道一种对温度敏感的降黏剂，改变温度，原油乳状液中的水就会自动脱出，为解决脱水问题提供了一种思路。

(2)虽然乳化降黏剂的配方很多，但对稠油的选择性都很强，主要原因是稠油组成的差异。稠油组成如何影响乳化降黏效果，乳化降黏剂的结构与其性能的关系如何，至今仍未得到明确的答案[126]。

(3)目前能够用于高温和高矿化度油藏条件下的乳化降黏剂还不多，即使有一些文献报道，但大都成本较高。因此，研究廉价的耐盐、耐高温的降黏剂是今后乳化降黏技术的一个重要发展方向。

稠油化学降黏技术有一定的局限性，主要问题是降黏剂对稠油的降黏机理还不是很明确，各地的稠油结构也不尽相同。为了更好地降低稠油黏度，改善稠油的流动性，提高原油采收率，今后降黏技术研究方向主要为：一是进一步研究降黏机理，研制出高效降黏剂；二是利用复合降黏技术，将化学降黏技术与其他降黏技术如加热降黏、掺稀降黏等复合使用，进行优势互补，提高降黏效果；三是采用多种降黏剂复配，利用协同效应，提高原油采收率。

3.3.4 降凝剂降黏技术

对于石蜡基原油，由于原油中蜡含量高，引起原油凝固点高[127]。当温度在凝固点以上时此类原油的黏度并不大，而且对温度不敏感，但当温度降到其凝固点以下时，原油黏度急剧上升。在原油中加入降凝剂，可以降低原油的凝固点，从而改善原油的低温流动性。

1. 基本原理

降凝剂的分子结构与原油中的蜡分子结构相同或相近，在蜡的成核和生长过程中能够与蜡晶共晶或吸附，阻止了蜡晶的生长，使蜡的网状结构被抑制，由蜡造成的稠油的部分结构黏度消失，从而屈服值降低，表观黏度下降。作用机理[111,128-130]具体如下：

1) 分散理论

降凝剂在原油析蜡点温度以上析出，起晶核作用，成为蜡吸附生长的中心，使原油中生成的小颗粒蜡增多，减少网状结构，降低结构黏度。

2) 吸附理论

1938 年 Davis 和 Zimmer 发表了对 Paraflow(萘与氯化石蜡的烷基化产物)降凝机理的结果，提出了吸附理论，即降凝剂将原油中的蜡晶中心吸附在其周围，阻止进一步析出的蜡晶相互结合，使其不能与轻组分一起形成三维网状凝胶结构，从而降低原油凝固点。

3) 共晶理论

降凝剂在原油析蜡点温度时析出，与蜡共晶，破坏石蜡的方向性，生成分枝的“过滤残晶形态”，使原油结构黏度降低。

2. 常用的降凝剂类型

常用的聚合物类型降凝剂有两类，即均聚物和共聚物降凝剂。均聚物有丙烯酸高碳醇酯聚合物、甲基丙烯酸高碳醇酯聚合物、反式丁烯二酸二烷基酯聚合物。共聚物有二元共聚和三元共聚，其中二元共聚物有乙酸乙烯酯-乙烯共聚物、乙酸乙烯酯-马来酸酯或富马酸酯共聚物、乙烯为单体二元共聚物、苯乙烯为单体的二元共聚物、α-烯烃为单体的二元共聚物、烷基乙烯基醚为单体的二元共聚物。由于三元共聚物反应产物复杂，反应难于控制，用于降凝剂的种类比较少，常见的有乙酸乙烯酯-丙烯酸酯-马来酸酯共聚物、甲基丙烯酸烷基酯-乙烯基吡啶-甲基丙烯酸丙基酯三元共聚物。常用于聚合的单体物质有乙烯、乙酸乙烯基酯、丙烯酸高碳酯、甲基丙烯酸、α-烯烃马来酸酯、乙烯吡啶、烷基乙烯基醚、丙烯氰等含双键化合物。

由于只有当降凝剂的分子结构与原油中蜡的分子结构相同或相近时才会发生作用，故从一定程度上讲，降凝剂对原油具有一定的选择性，即适用于这种原油的降凝剂不一定适用于其他原油。原油中的石蜡是正构烷烃的混合物，同一原油采用不同的降凝剂会收到不同的降黏效果。因此，采用适用范围不同的两种或数种降凝剂复配，可以扩大其使用范围，得到更好的降黏效果。

在原油中加入降凝剂后，起初原油的降黏幅度均随降凝剂添加量的增加而迅速增高，但达到一定值后，降黏幅度则随添加量的增加而缓慢增加，保持基本上的恒定，这种现象可叫“顶棚”式凝点降低，不同降凝剂对同种原油出现“顶棚”的先后不同。故选择合适的降凝剂和最佳加料范围是很重要的[131]。

吴本芳和郭金波[132]的研究表明，降凝剂对高凝、高黏原油的低温降黏效果好，但在较高温区（如 50 ℃附近）的降黏效果较差。上海石化有限股份公司生产的 EVA 降凝剂，在加量 2000 mg/L，相同剪切速率下，辽河特稠油 20 ℃的黏度降低 85.2%，而 50 ℃的黏度仅降低 17.7%。

实施化学降黏技术开采稠油必须注意的问题为：一是研制适合不同油层特性的高效化学降黏剂，因为不同的降黏剂对不同区块有不同的适应性；二是要把握注入剂量、注入时机；三是注意降黏剂对地层的伤害、温度、黏度及原油破乳等的影响。

美国、加拿大等国部分稠油作业区块，已将这种开采技术作为一种常规开采方法进行应用。近几年国内的辽河、新疆、河南、胜利等油田的一些稠油区块也相继应用。它工艺简单，便于生产管理，已逐步成为改善稠油、超稠油开采效果的一项重要技术。

3.4 化学吞吐

化学吞吐是将具有高洗油效率的化学剂（吞吐剂）注入油井，使油层油之间产生低或超低界面张力（10^{-1}～10^{-3} mN/m 或更低），更有效地将油洗出，提高油井产量。油井化学堵水是利用堵水剂优先进入高渗透层的特点，选择性地封堵高渗透层，迫使水驱替中低渗透层中的油，提高油井的产油量并降低含水。化学吞吐不仅可以单独进行冷采，还可以与蒸汽吞吐技术相结合。

我国不少油田，如胜利、辽河、华北、克拉玛依等都存在大量稠油油藏或高含蜡油藏，原油地下黏度从几十毫帕秒到上万毫帕秒，含蜡量有的高达 20%以上。开发这类油藏的根本问题是原油流动性太差，近井地带在开采过程中渗透条件变差，水驱采收率极低。若靠提高注入液的黏度、减小流度比来提高采收率，其效果也很有限。目前开采这类油藏较有效的方法是热采法，如蒸汽吞吐、蒸汽驱、火烧油层等。其中蒸汽吞吐是现场应用最广的方法，但存在重力超覆引起的蒸汽在高渗层的窜流、热损失大、作业难度大、开采成本高等问题。同时，蒸汽吞吐对油层条件要求也较高，如油层厚度要大（>10 m）、油藏埋深要浅（最好<100 m）、油藏压力要高等。因此，国内外都在积极寻求新的增产方法，降低生产成本，提高采收率。

在多年化学驱油机理研究的基础上并结合蒸汽吞吐法，提出用化学吞吐技术来提高稠油油藏的采收率。早在1991年就开始进行这方面的研究，并于1992年在大港油田进行了国内第一口单井化学吞吐实验，取得了成功。经过长期探索，先后筛选出了胜利原油、辽河原油、大港原油及华北原油的吞吐配方，并在胜利、大港、华北等油田进行了现场试验，均取得了良好效果。该项技术对油层条件要求不高，工艺简单，作业成本低，见效快，经济效益好。

近年来，化学剂吞吐在提高油井产油量上得到广泛应用，但存在一定的局限性。化学剂吞吐由于吞吐剂优先并大量进入含油饱和度低的高渗透层，所以增油量不多；而且由于高渗透层阻力低，吞吐剂在采出阶段会迅速从油层排出，洗油作用得不到充分利用。而油井堵水只是通过扩大波及系数提高油井的产油量，不能提高洗油效率。

3.4.1 基本原理

1）乳化降黏启动稠油流动增产机理

注入油层的化学吞吐液具有强乳化降黏作用，使得井下稠油乳化成三相微乳液或O/W型乳状液体系。经实验测定，该乳状液的黏度可降低至10 mPa·s以下，从而使稠油的流动性能大大增强；但由于近井地带原油的黏度大幅度降低，近井地带的压力降必然减小，井筒周围的泄油半径增加，较深部位的稠油得以启动，更容易从地层流向井筒[133]。

2）解堵增产机理

化学吞吐液可溶解沉积在近井地带的重质有机物，达到疏通油流通道、降低流动阻力的目的。此外，吸附滞留在地层孔隙中的化学吞吐剂还具有预防胶质沥青质沉积的作用，它可延长解堵增产的有效期。

3）降低油水界面张力增产机理

化学吞吐剂溶液可使油水界面张力降至超低，即能显著降低毛细管力、流体黏滞力。提高洗油效率，使油滴能在较小的压差下通过较小的喉道。实验测定表明，化学吞吐剂溶液可使油水界面张力最低降至1～4 mN/m数量级。岩心模拟实验表明，该处理液具有很强的驱油能力。

4) 改善油层岩石表面润湿性增产机理

原油中的重质组分对油层岩石表面润湿性影响很大，常常使岩石表面变成亲油表面，降低油相渗透率，导致产量下降。化学吞吐液进入油层后，随着油水界面张力的降低，极易洗脱岩石表面的亲油膜。使岩石表面从亲油表面转变为亲水表面，从而提高油相渗透率，使油井产量升高。

3.4.2 工艺过程

1) 注入阶段

与其他常规油井措施类似，首先将化学吞吐液大排量注入油层中；一般采用高压泥浆泵注入，单井挤注量视油层厚度和油层物性而定。

2) 关井浸泡(焖井)阶段

考虑到化学吞吐液吸附和润湿油层岩石表面，降低原油黏度和油水界面张力，解除近井地带堵塞需要一定的时间，关井 12～24 h 后方可开井生产。

3) 采油阶段

油井开井生产后，首先回采出一部分化学吞吐液，然后产油。由于降低了近井地带油层的表皮系数和油水界面张力，改善了油层岩石表面的润湿性，初期低黏度的稠油乳状液迅速被采出，由此激励了深部稠油的流动，使采油速度加快，产量升高。

3.4.3 采油方法

由多种成分复配而成的吞吐液，可使堵塞孔道的稠油重质成分分散，将稠油乳化成为水包油型乳状液，改变稠油的流动性，提高地层渗透率，增加原油的流动能力[103]。吞吐液还可改变地层的润湿性和油、水界面张力，起到辅助驱油作用。吞吐液有以下几方面的能力：低界面张力，良好的乳化能力；解除近井地带的油层堵塞，改变地层岩石的表面润湿性；防止黏土膨胀。

利用化学剂进行冷采主要有以下三种形式：

(1) 单纯的化学剂吞吐，主要用于新井或多轮次蒸汽吞吐的井。新井油层含油饱和度高，初期注汽压力高、注入量少，蒸汽注入未开采的稠油油层时，注入区和加热区是短而宽而不是窄而长的，所以驱替效果相对较差。如先用化学剂进行吞吐，将近井地带的稠油采出，在地下形成一定的空间，可为注汽开采提供良好的条件。在多轮次注汽井，由于蒸汽的突进，稠油中的轻质成分大量挥发，油气流度比加大，注汽效果变差，采收率降低。如将化学剂与蒸汽同时使用或单独使用化学剂，可改变流度比，提高注蒸汽的效果，从而提高采收率。

(2)注汽前或在两轮注汽之间注入化学剂，可延长注汽的有效周期。在每轮注汽的后期，地层温度下降，含水降低，原油黏度相应升高，注入化学剂可形成水包油型乳状液，破坏已形成的油包水型乳状液，从而延长注汽周期，提高该吞吐周期的产量。

(3)在注汽后的采油过程中，在井筒内加入化学剂，可降低稠油黏度，提高稠油流动性，从而提高泵效，提高产量。

3.4.4 其他采油工艺对比

(1)不受井深影响[134]。

(2)可处理黏度 12×10^4 mPa·s 以下的原油，而电热泵与螺杆泵对于处理原油黏度大于 2.0×10^4 mPa·s 的原油效果较差。

(3)吨油开采成本较低。

(4)可有效解除半径 10 m 以内的地层堵塞问题。

(5)油井排量大，采用常规抽油泵即可。而电热泵、抽稠泵、螺杆泵等采油工艺因受电加热温度、泵自身排量等限制，日产液量较低。

(6)化学吞吐工艺与其他采油工艺相比，具有工艺简单、管理方便、排量大的特点。

3.4.5 相关的工艺技术

目前文献上已报道多种油井化学剂吞吐工艺技术，主要有高效洗油剂的化学吞吐技术、降黏剂的化学吞吐技术、防垢剂的化学吞吐挤注技术等。

1. 高效洗油剂的化学吞吐技术

该技术的原理是将吞吐剂和堵剂先后注入油井，堵剂封堵住高渗透层。当注入水沿高渗透层逼近油井时，被堵剂封存的吞吐剂被带入含油饱和度高的渗透层，将未动用油洗下并驱出，从而达到提高油井的油产量和减小产液中含水率的目的[133,135,136,137,138]。这项技术的程序包括吞吐剂筛选、堵剂封堵位置的确定、堵剂间组合及用量计算和各种工作。吞吐剂包括主剂和助剂，主剂是表面活性剂，主要有阴离子型表面活性剂(如石油磺酸盐、石油羧酸盐等)、非离子型表面活性剂(如聚氧乙烯烷基醇醚、聚氧乙烯烷基苯酚醚等)和两性表面活性剂(如聚氧乙烯聚氧丙烯烷基醇醚磺酸盐等)；助剂可以是另一类表面活性剂，此外还可采用低分子醇、醇醚、盐(如氯化钠等)和碱(如氢氧化钠、碳酸钠等)。

吞吐剂的优化配方可以用界面张力等值图法来确定。在直角坐标系中，将主剂和助剂的质量分数均匀布点，测出每个配方点与实施井中油在油藏温度条件下的界面张力，绘出界面张力等值图。由该等值图中最低值确定吞吐剂的优化配方。

2. 降黏剂的化学吞吐技术

降黏剂的化学吞吐技术，是指向油层中挤入一定量的化学吞吐液，该吞吐液可将稠油乳化成低黏度的水包油型乳状液，降低油水界面张力和毛细管阻力，促进深部稠油的流动，还可以改善油层岩石表面的润湿性，预防和解除近井地带由于重质有机物沉积造成的堵塞，从而提高油井产量和泵效，同时利用化学吞吐剂对油层岩石表面的吸附和润湿作用，延长化学吞吐降黏的有效期[133]。

3. 防垢剂的化学吞吐挤注技术

防垢剂的化学吞吐[137,138]一般采用挤注法进行施工，挤注法清防垢是从井口向地层深部挤入大剂量阻垢剂溶液，在挤完阻垢剂段塞之后，再挤入小剂量络合物除垢剂处理近井地带和射孔眼，目的是利用地下岩石对阻垢剂的吸附作用使其滞留于孔隙中缓慢解吸，使产出液中保持一定浓度的阻垢剂，既提高产液能力又延长措施有效期。

在油田地层孔隙除垢作业中，欲延长作业期，还需在挤注除垢剂的同时再向地层中挤入合适的化学防垢剂，防垢剂必须符合下列基本条件：与地层岩石和地层流体相配伍；在地层地质条件下长期稳定；在地层岩石中有较大的吸附量和适中解吸附速率；与所用除垢剂及其他有关化学剂相配伍。

防垢剂的化学吞吐施工过程中，先清除油井井筒和近井地层已有的结垢[139]。采用的段塞配方为 10%～12%盐酸+2%缓蚀剂+1%黏土防膨剂+0.5%～1%助排剂+0.5%杀菌剂+1%缓蚀阻垢剂。然后进行主体处理，即地层防垢。段塞配方为 1%缓蚀阻垢剂+1%黏土防膨剂+0.5%～1%助排剂+0.5%杀菌剂。

防垢剂的化学吞吐有如下特点：

(1)化学吞吐除垢防垢法是油井除垢防垢新工艺，它不仅能解除井筒垢和近井地层垢，还能预防近井地层和井筒结垢。

(2)化学吞吐除垢防垢法实现了油井不加药生产，避免了井口加药对油井套管和井下工具的严重腐蚀，避免了井口加药易将机械杂质带入井下造成卡泵的问题。

3.5 微生物采油

微生物采油[140]是利用细菌及其在地层中的活动增加原油产量的三次采油工艺技术。

早在 1980 年，美国能源部以资助 MEOR 方面课题研究的方式在佐治亚大学进行利用微生物降解原油黏度方法的研究。得克萨斯州 E.L.Paso 石油生物资源公司大部分研究工作是对能产生生物表面活性剂的棒状杆菌（*Corynebactefium fascians*)的应用研究。加拿大由于其特定的油藏性质，开展了残余油微生物方法生成甲烷和应用产生生物聚合物的细菌选择性封堵高渗透层的研究，得出的结论是原油生物方法甲烷化是可能的，但产生速度极慢，并且甲烷可由石蜡基或一般原油产生，不能自沥青质或高芳烃含量的原油产生。他们还研究了产生生物聚合物的肠膜状明串珠菌(*Leuconostoc meseflter oides*)在玻璃珠充填柱内的堵塞机理。研究人员进行室内岩心模拟试验研究结果发现，两类细菌之间存在着协作的关系。试验显示，产生表面活性剂的 *Bacillus* 细菌和产生气体及溶剂的 *Clostridium* 细菌在多孔介质中共同提高采收率，室内试验驱出 60%的残余油。这项工作由 NIPER 申请了专利。Ja 和 Yen 开展了实验室生物“吞吐”营养物驱油工艺，从充填砂柱中开采中等程度重质原油(长滩油田，Ranger 层，17°API)试验。证明是几种工艺的结合实现了重质原油开采。把微生物表面活性剂生成物(厌氧及兼性厌氧微生物)注入油层，在油层中产生生物表面活性剂的方法，已在俄克拉荷马大学的实验中取得了良好的结果(美国专利4522261号)。1983年，Jack 等针对加拿大Lloydminster 油田的原油采收率低的主要原因，即原油黏度高(25 ℃时为 4000～9000 mPa·s)、渗透率高(4 μm^2)、水窜严重的情况提出两条思路：①在油层内通过微生物产生的气体降低稠油黏度；②通过糖蜜的厌氧发酵引起油层内就地产生生物表面活性剂、有机酸、生物气，改善原油流动性能。另有文献报道一种在十六烷中生长的好氧菌 H-13 可产生表面活性剂——己二醇酯，能促使形成稳定的水包油型乳化液，24～48 h 内可使稠油的黏度从高于 25000 mPa·s 降低到 250 mPa·s。可在产出的稠油从油井泵入储罐时或在储罐内加入好氧菌 H-13，通过微生物作用使产出稠油乳化，从而在以后的油罐输出和管输时提高流动性。

武海燕等[141]在 42 ℃下以克拉玛依九区 98725 井稠油为碳源培养不同细菌，筛选出的高效稠油降解菌使稠油沥青质含量由 35.38%降至 18.57%、20 ℃黏度由 116997.3 mPa·s 降至 51410.3 mPa·s。张廷山等[142]分离、选育出能降解沥青质、耐温高达 80 ℃、耐矿化度 3×10^5 mg/L 的高效稠油降解菌种(兼性菌)及菌种组合，利用筛选的该兼性菌对青海油田咸水泉稠油进行微生物降黏处理 24 h，根据实验，所选育的兼性菌组合对青海原油处理 24 h 后，其沥青质可降低 20%。所筛选的菌种对高温、高盐油藏稠油微生物开采具有较强的实用价值。长江大学易绍金等[143]将从含油污水中筛选的稠油降黏菌，以南阳油田 G237 号油井稠油样为碳源，在 40 ℃培养 72 h，稠油胶质降低率达 14.99%，稠油物性得到改善，黏度降低率为 29.58%。所筛选出的稠油降黏菌对高胶质含量稠油的微生物开采具有较强的应用潜力，研究工作将在以后发表。李牧等[144]利用不同的培养基对不同的菌种进行培养，并改变温度等条件对菌种进行驯化、培养，获得了可以产生大量表面活性剂、对稠油具有较强的分散、乳化作用的菌种。该菌株可使油水界面张力由 88.0 mN/m 降至 39.0 mN/m，稠油表观黏度由 1227 mPa·s 降至 514 mPa·s。

加拿大 Alberta Calgary 的 NonHusky 公司应用 Jack 等开发的工艺进行现场试验，靠油层内就地产生细胞外物质堵塞高渗透层带，提高波及系数。1958 年，荷兰就开展了应用菌进行选择性封堵的矿场试验，结果原油产量大幅增加，油水比也增加，室内试验也表明那些产生聚合物、生物团和黏液的细菌，在模拟地层条件下可降低渗透率。俄克拉荷马州 Payne 县在 Vassarvertz 砂层开展了一个井组 MEOR 矿场试验。试验的目的是确定微生物是否能优先封堵渗透区，从而提高波及效率。1991 年 8 月开始注入，试验时用糖浆和硝酸铵作为激活地层内源菌的营养剂。结果表明，微生物处理后，试验区地层内液流方向改变，选择性降低了注水井和三口生产井间的渗透率，连通性降低，以前只产水的油井开始产出原油。

早在 1966 年，新疆石油管理局就开始利用微生物进行原油脱蜡[145]技术的研究，1986 年开展了微生物稠油脱蜡技术等研究工作；进入 20 世纪 90 年代以来，加快了微生物采油技术的研究步伐，新型调剖堵水剂——黄原胶的研究已取得实用性成果，开发研究出的新菌种能降低原油界面张力 60%，而且能够耐压 24 MPa。大庆油田开展的菌种配伍性研究进展顺利。我国从美国、加拿大引进微生物产品和微生物采油技术，从多方面来加快我国微生物采油技术的发展。2005 年，微生物采油技术列入 973 项目。先导性试验的油田增多，推广速度加快。先后在新疆、大庆、扶余、大港、胜利、冀东、辽河、江汉等油田开展了微生物采油技术的推广应用，先导性试验共约 2000 井次。矿场试验由单井向区块整体试验发展；由浅层向中深层发展；由高渗井向中、低渗井发展；由低温井向高温井发展(最高温度为 102 ℃)；由低含水井向高含水井发展(最高含水 80%)；由原油正构烷中长链向长链发展(最长 C_{60})；由原油较高挥发成分向低挥发成分发展(最低仅有 5%)；含蜡量最高为 51.4%；沥青质、胶质含量最高为 31.6%；一般试验井原油多在 9.33～9.87 mPa·s，凝固点多在 46～47 ℃。矿场试验难度的增加，使得先导性试验结果具有很强的代表性和广泛的适应性。先导性试验油田达到的效果是原油含水率一般下降 5%以上，80%以上的处理井有清蜡效果，原油含蜡一般能降低 6.4%以上；60%～70%的处理井获增油效果(最高达 84%)；油井产量一般增加 46%～68%(最高达 104%)；油井凝析气产量增加 95%，CO_2 含量增加 21%，经济效果显著，投入产出比 1∶4～1∶6(最高达 1∶9)。增产的最佳有效期 8～12 个月(最高达 18 个月)。

从整体上讲，目前该技术在国内外还处于试验研究阶段，真正实现工业化的项目还不多。近年来，随着稠油微生物开采技术研究的不断深入及其在稠油开采领域良好潜力的展现，该技术在国内许多油田开始受到重视[146-148]。

3.5.1 基本原理

国内外关于稠油微生物开采的机理研究有很多，总的来说，主要是利用微生物对稠油的降黏作用。微生物降黏机理主要有以下几个方面：

（1）微生物在地下发酵过程中产生多种生物表面活性剂，包括阴离子表面活性剂（如羧酸和某些脂类）及某些中性脂类表面活性剂等。表面活性剂不仅能降低油水界面张力和乳化原油，还能通过改变油层岩石界面的润湿性来改变岩石对原油的相对渗透性，降低稠油的黏度。

（2）微生物能降低稠油的平均分子量，即微生物能把稠油中的高分子物质如蜡质、胶质、沥青质分解为低分子量的化合物，降低整个稠油的平均分子量，使稠油黏度下降[149]。

（3）微生物菌液作用下，孔隙中部分油滴或油段很容易启动，同时油膜被剥离而变薄，剥离下来的油开始流动，被驱出孔隙。

（4）原油在细菌的生物作用和化学作用下，发生程度不同的乳化现象，形成油珠大小不等的乳状液，油珠在孔隙中被拉伸、变形、渗流，最后被分段排出孔隙。

（5）微生物的代谢产物改善原油的流动性，增强洗油、驱油效果，提高油藏的采收率。

另外，微生物在地下发酵过程中还会产生各种气体，如 CH_4、CO_2、N_2 以及生物聚合物、有机酸、酮、醇等类物质，均有利于稠油的降黏开采[147]。

3.5.2 适用范围

通过油藏条件对 MEOR 方法存在的限制因素的分析，Clark（1981）得出可能应用微生物技术处理的油藏条件，美国能源部（DOE）油藏数据库给出了类似的应用微生物油藏筛选参数（表 3.2）。

表 3.2 应用微生物油藏筛选标准

参数	Clark（1981）	美国能源部（DOE）
地层水矿化度/(10^{-6} mg/L)	＜100000	＜100000
渗透率/μm^2	＞75	＞75
pH	4～9	
重度/°API	＞18	＞17
地层温度/℃	＜75	＜75
地层深度/m		＜2072.6

由于大多数稠油油藏的埋深在 1000 m 左右，或许是与雨水接触的关系，地层水矿化度低，对菌种的耐盐性要求不高，地层温度和渗透率都在应用条件范围之内，所以常规稠油油藏具备微生物技术实施的油藏条件。

3.5.3 适用微生物

1. 微生物的来源

根据利用的微生物来源不同，微生物提高原油采收率技术可以分为外源微生物采油技术和内源微生物采油技术两种。前者主要在实验室内从油污染土壤或油污水中筛选出合适的细菌，将其注入地下；后者则直接利用油藏原有的内源微生物群落，通过添加营养激活剂，直接激活地下油藏中的有益内源微生物群落。

外源微生物驱油技术中菌种开发与评价、菌液发酵等过程繁杂，菌种传代数量增加可能造成菌种性能和提高采收率效果降低的负面结果。内源微生物驱油技术不需要向地层中注入外来细菌，直接激活地层的原生细菌，并以油藏中的油为唯一碳源，投入更低，现场不需要添加大型地面设备，将具有更为广阔的发展前景。

内源微生物群落在油藏特定环境下，通过自身功能调节，适应了油藏的特定环境而生存下来，利用地层自身的营养物质进行生长、繁殖与代谢的细菌。

内源微生物驱油技术就是利用地层中原有的内源微生物群落，通过内源微生物群落自身在油藏中的有益活动、代谢活动及其代谢产物(生物表面活性剂、有机酸、有机溶剂、生物气等)与岩石、原油、水界面相互作用，降低界面张力，改善原油的流动性质，提高原油的采收率。油藏中的微生物群落在营养激活剂的作用下被活化，在岩石和原油界面形成微生物膜，岩石表面黏附的原油因细菌的活动、代谢及代谢产物的作用而逐渐从岩石表面剥离下来，随着注入水的推进而向前流动。当微生物膜周围可以被利用的碳源耗尽后，活跃的微生物群落将会向含油丰富的地带推进，并在岩石原油界面重新建立微生物膜。这个过程将在油藏内继续进行直到所有的油被采出为止。

内源微生物群落的研究利用可以分为两个阶段。第一个阶段是将刚采出的稠油样立即隔绝空气密封保存，送往实验室。第二阶段是在实验室内激活原油内源微生物，经过一系列筛选，得到有较高实用价值的菌株，并对其营养物配方进行优化，再将筛选的菌株对应的营养物质注入井内，提高开采率。

2. 菌种的筛选

由于油层是高温、高压、高矿化度的缺氧环境，所以要筛选的细菌必须是能适应这种极端环境的兼性厌氧菌或厌氧菌。

现有菌种中可形成芽孢的芽孢杆菌属，产生表面活性剂和气体溶剂的梭状芽孢杆菌属，产生生物聚合物的菌属经评价可用于常规稠油的开采。评价的标准是该菌种必须能在油层条件下增殖，并以稠油为碳源生长代谢，代谢产物将以有利方向影响稠油的性质和运移。另外一些能产生生物表面活性剂和气体的好氧菌，经评价也可用于稠油降黏及改善稠油在地面储运过程中的流动性能。

3. 菌液与原油作用效果

在现有的菌种和现场工艺技术条件下，要确定某一稠油油藏是否可应用微生物采油技术开采，主要取决于菌液对原油的作用效果。目前室内研究主要围绕微生物对常规稠油作用机理的几个方面进行有关的试验论证。

1) 降解重质烃性能

室内评价微生物降解重质烃类的试验方法主要包括以下方面：

(1) 恩氏蒸馏法。根据在相同的馏程条件下，所蒸出的馏分量的差异，可判断微生物作用前后原油组分的变化。但该方法不能区分原油组分的变化是生物分馏还是非生物降解造成的。

(2) 族组成色谱柱分离法。该方法可以把微生物作用前后饱和烃、芳烃、非烃和沥青质的百分含量分析出来。通过这一百分含量的变化，分析微生物主要作用于原油的哪部分。

(3) 色谱分析方法。通过对菌液作用前后的原油样在相同条件下，做全烃色谱分析。通过全烃色谱峰图的对比，分析微生物作用前后的饱和烃变化情况，同时又可用谱线上姥鲛烷/C_{17}值、植烷/C_{12}值变化来判断微生物降解原油的情况。

从生油的角度来说，常常把姥鲛烷/C_{17}值、植烷/C_{12}值作为生物降解原油因子的指标，该值越大，表明原油中的正构烷烃转变为异构烷烃的量越多，稠油的流动性变好，凝固点降低。这个数值从色谱峰值上很容易确定下来。

2) 生成气体的性能

将菌液与原油样等体积置于带导气管的密闭瓶中，恒温培养，采用常压排水法收集产出气体，对产出气体进行气相色谱分析，确定生成气体的性能。

3) 生成表面活性剂、有机酸的性能

相同条件下，测定微生物作用前后油水界面张力的变化情况、pH变化情况，通过微生物作用前后油水界面张力、pH对比，确定微生物代谢过程中生成表面活性剂、有机酸的能力。在现有技术条件下，经上述几方面的评价，就可以初步判断在该油层使用微生物技术的可行性。

3.5.4 开采方法

1. 按照工艺方法分类

目前，稠油微生物开采技术的基本方法主要是将含有氮、磷盐的培养液及具有降黏作用的微生物注入油层，使微生物与油层发生作用，从而提高稠油采收率，即异源微生物采油法。异源微生物开采稠油又分微生物吞吐和微生物驱两种。

微生物吞吐开采稠油的方法不动管柱，利用地面设备(水泥车、水罐车)从采油井油套环形空间挤入微生物稀释液，挤注结束后关井一段时间，使微生物作用于井筒及近井地层，然后开井采油。该法具有施工简单、不伤害储层的特点，是国内外油田主要采用的方法。微生物驱开采稠油是一种微生物调驱技术，该法是将微生物菌液同注水一起从注水井注入，使微生物作用于油层。微生物驱法处理区域较大，且有增注作用，但在国内成功的试验研究较少。

利用本源微生物也是一种稠油微生物开采技术，但油藏地质条件的复杂性限制了该法的广泛应用，不过在国内也有成功应用的实例。长江大学2001～2004年在大港孔店油田(稠油胶质沥青质含量27%，黏度73 mPa·s)进行了本源微生物开采稠油技术的实验研究和现场应用，投入生产4年来产量持续增加，截至2004年底，试验区共增油16000余吨，经济效益可观[150,151]。

2. 按照开采机理分类

选择开采稠油油藏的方法取决于稠油的物理化学性质(首先是稠油的黏度)[140]、产层的油藏条件和特点(产层深度和厚度等)，以及微生物处理的目标和经济指标。目前国内外应用微生物技术开采稠油主要有两种方法：

1) 微生物降黏开采稠油

微生物降低稠油黏度的一个关键，就是筛选出能代谢产生生物表面活性剂、有机酸、醇、生物气(CO_2、CH_4、N_2、O_2)性能的微生物，在它们的综合作用下，降低油水界面张力，产生的CO_2溶解于原油中使常规稠油黏度降低，从而改善稠油的流动性能，提高原油产量。应用微生物降黏开采有两条途径：

(1) 使用好氧菌在地面发酵反应器中产生生物表面活性剂，将其注入井中。

(2) 将微生物-营养物注入地层，在油层中产生生物表面活性剂、气体、有机溶剂。应用的油层应具有这类微生物生长、繁殖的条件才能达到预期的目的。

2) 微生物选择性封堵技术

许多类型的微生物能产生生物聚合物，因此在地层中使用这样的微生物封堵高渗透层，提高水驱波及效率。常规稠油油藏水驱效率低，耗水量大。微生物技术通过将产生胞外生物聚合物或形成芽孢状态的微生物休眠体注入地层，然后注入营养液激活，使微生物在高渗层迅速生长繁殖，起到封堵高渗层的作用。

3. 按照微生物特性分类

利用微生物方法采油主要是利用微生物的各种特性进行采油，主要有两种方法，一种是生物表面活性剂技术，另一种是微生物降解技术。

1) 生物表面活性剂技术

生物表面活性剂是微生物在特定的条件下生长过程中分泌并排出体外的具有表面活性的代谢产物。一方面具有化学表面活性剂的共性，另一方面又有稳定性好、抗盐性较强、受温度影响小、能被生物降解、无毒、成本低的特点。生物表面活性剂已广泛用于提高原油采收率。例如，从桉树叶毛虫体内分离出的一种菌注入油层后产生大量自然清洁剂，将原油采收率提高到70%，但这种生物表面活性剂的生成量受地层多种条件的影响。我国在 20 世纪 80 年代已筛选出了多种生物表面活性剂。生物表面活性剂在采油中的应用已扩展到小规模成片油田，对地面法和地下法均进行了尝试，即用生物表面活性剂注入地下或在岩石中就地培养微生物产生生物表面活性剂用于强化采油。

2) 微生物降解技术

利用微生物降解技术对原油中的沥青质等重质组分进行降解，可以降低原油黏度，提高油藏采收率，这一技术在采油过程中得到了一定的应用并有继续发展的趋势。该技术的理论依据是使用添加氮、磷盐、氨盐的充气水使地层微生物活化。其机理包括：①就地生成 CO_2 以增加压力来增强原油中的溶解能力；②生成有机酸而改善原油的性质；③利用降解作用将大分子的烃类转化为低分子的烃；④产生表面活性剂以改善原油的溶解能力；⑤产生生物聚合物将固结的原油分散成滴状；⑥对原油重质组分进行生化活性的酶改进；⑦改善原油黏度。

稠油微生物开采技术在理论上可行，矿场试验尚处于尝试阶段，进行更有效的推广应用仍存在以下问题：

(1) 从菌种方面来讲，稠油微生物开采对菌种要求高，要筛选出高效、广谱菌种难度大，筛选比较复杂，高效分解稠油各组分的菌株筛选课题，有待于进一步突破。所筛选的稠油微生物开采菌种长时间使用后会发生变异，采油效果重复性差。

(2) 从外界条件方面来讲，油田复杂的地质条件如高温、高压、高矿化度等对微生物生长不利，稠油微生物开采菌种的生长和功效受阻，直接影响稠油微生物开采的效果。

(3) 微生物吞吐技术只限于用于维护油井正常生产和提高单井产油量。微生物驱油技术才能更好地提高采收率。因此微生物在稠油油藏中的运移情况及提高微生物在稠油油藏内的新陈代谢活性问题，需进一步探讨。

(4) 不同的油田或油井对菌种的要求不同，同一菌种在不同油田或油井使用时开采效果不稳定，在菌种使用上易产生盲目性。

(5) 微生物应用于稠油油藏的现场工艺需加以研究。

目前，国内外对该技术的研究主要有以下三个方面：①稠油微生物开采的主要机理研究，对稠油微生物开采菌种及其性能的研究，包括菌种生长条件和生长情况、稠油微生物降黏情况(菌种降解稠油重质组分和产生生物表面活性剂等)；②稠油微生物开采的技术可行性研究，利用现场地质条件模拟及岩心驱替实验等进行研究；③稠油微生物开采的效益研究，通过现场试验分析投资回报率，探讨该技术的实用价值。

CO_2 微生物开采稠油技术在加拿大、美国等主要稠油生产大国已有多年研究和初步的现场应用。应用微生物开采稠油主要有以下优点：

(1) 成本低，微生物技术无须添置大型设备，生产过程中能耗少。

(2) 现场工艺简便，易于操作，可直接使用现有的注水设备将菌液注入地层，方便易行。

(3) 微生物采油用剂来源广，价格低，使用方便，可针对特定的油藏条件筛选和采用不同的微生物，经济效益好。

(4) 采出液后处理容易，地面集输方便。

(5) 不伤害地层，不污染环境。注入的菌液性质和注入水相似，不会造成地层伤害，所用厌氧或兼性厌氧细菌，使用前都经过严格的安全测试，不会对环境造成污染。

3.6 CO_2 驱 油

混相是指两个或多个单相流体在某一条件下混合后相界面消失，界面张力为0。此时的压力即原油体系最小混相压力，当驱替压力高于最小混相压力时，即可实现混相，能否实现混相驱被认为是影响 CO_2 驱油效果的关键因素之一[152,153]。在常规注气中，CO_2 最易混相，自从 Whorton 等于 1952 年取得第一个利用 CO_2 采油的专利以来，CO_2 采油技术始终是石油开采领域的研究重点。CO_2 驱油在国外的发展已经有很长一段历史了，苏联最早从 1953 年开始对注 CO_2 提高采收率技术进行研究。1967 年苏联石油科学研究院在图依马津油田的亚历山德罗夫区块和另外一些油田进行了工业性基础试验。CO_2 采油技术应用较多的主要是美国、苏联、加拿大、英国等国家，近 20 多年来，已成为继蒸汽驱之后的第二大提高采收率技术，CO_2 驱油技术已经成为美国提高采收率的主导技术。2004 年，美国应用 CO_2 驱油技术增产的原油约占其国内日产油量的 4%。CO_2 的捕集-封存-应用一体化提高采收率技术将是今后发展的新走向。国外很多油田已成功地进行大规模驱油的现场试验并取得较好的效果，证明 CO_2 驱油是三次采油中最具潜力的提高采收率方法之一。20 世纪 80 年代国外注气混相和非混相驱油技术在低渗透油藏中已得到广泛的应用，并获得较好的经济效益[153]。加拿大和土耳其对 CO_2 驱开采重油进行了大量的实验研究。土耳其大规模地采用 CO_2 驱替重油，并获得了很大的成功。加拿大也从实验上证实 CO_2 一旦溶解在原油中就可使原油黏度降低，并且可以把黏度降低到用蒸汽驱替的水平。国内随着江苏、胜利和吉林等油田中小规模的 CO_2 气藏以及松辽盆地大型高含 CO_2 气藏的频频发现，注 CO_2 驱油技术也逐步开始在油田进行现场应用[154]。国际社会对温室气体减排呼声增强，为大力发展 CO_2 驱油技术带来了机遇，发展 CO_2 驱油技术具有广阔的应用前景[155]。

3.6.1 基本原理

CO_2 的主要优点是易于达到超临界状态。在温度高于临界温度 31.26 ℃和压力高于临界压力 7.2 MPa 状态下，处于超临界状态时，性质会发生变化，其密度近于液体，黏度近于气体，扩散系数为液体的 100 倍，因而具有较大的溶解能力，有助于地层油膨胀，充分发挥地层油的弹性膨胀能。原油溶有 CO_2 时，其性质会发生变化，油的黏度减小，流动能力提高，随着 CO_2 饱和压力的增加而油的密度增加，甚至油藏性质也会得到改善，这就是 CO_2 提高原油采收率的关键[156,157]。

CO_2 提高油井产量和原油采收率的机理主要包括以下方面[158]：

1) 降低油水界面张力

残余油饱和度随油水界面张力的降低而减小。CO_2 极易溶解于原油，其在油中的溶解度比在水中的溶解度大 3～9 倍。在驱油过程中，大量的 CO_2 与轻烃混合，可大幅度地降低油水界面张力，减少残余油饱和度，从而提高原油采收率。

2) 降低原油黏度

CO_2 与原油有很好的互溶性，能显著降低原油黏度，可降低到原黏度的 1/10 左右。原油初始黏度越高，降低后的黏度差越大，黏度降低后原油流动能力增大，从而提高原油产量。

3) 膨胀作用

宾夕法尼亚州 Bradford 油田以及加拿大 Manorville 油田室内实验结果表明，在一定压力条件下将 CO_2 注入原油，可使原油体积膨胀 28%～50%。注入 CO_2 后原油的体积增加，其结果不仅增加了原油的内动能，而且大大减少了原油流动过程中毛管阻力和流动阻力，从而提高了原油的流动能力。

4) 溶解气驱作用

因注入的 CO_2 在原油中的溶解，形成 CO_2 溶解气，在井下随温度的升高，部分 CO_2 游离汽化，以压能的形式储存部分能量。当油井开井生产，油层压力降低时，大量的 CO_2 则从原油中游离、膨胀而脱出，从而将原油驱入井筒，起到溶解气驱的作用，另外，一些 CO_2 驱替原油后，占据了一定的孔隙空间，成为束缚气，也可使原油增产，并且由于气体具有较高的运移速度，还可将油层堵塞物返吐出来。

5) 改善流度比

大量注入的 CO_2 在原油和水中的溶解，地层水碳酸化，使原油流度增加，而水的流度降低，从而使原油和水的流度趋于接近，使水的驱油能力提高，同时也进一步扩大了水驱的波及面积，大大提高了扫油效率。

6) 酸化解堵

CO_2 溶解于水后略呈酸性，与地层基质发生反应，从而酸解一部分杂质，使油层渗透性提高。在一定的压差下，一部分游离气对油层的堵塞物具有较强的冲刷作用，可以有效地疏通因二次污染造成的地层堵塞，恢复单井产能。

7) 萃取和汽化原油中的轻质烃

CO_2 吞吐浸泡期间，CO_2 能够萃取和汽化原油中的轻质组分，形成 CO_2 富气相，从而减小注入气与原油之间的界面张力，减小原油的流动阻力，使油更易于流动，提高波及效率。

8) 混相效应

混相效应是指两种流体能相互溶解而不存在界面，消除了界面张力。CO_2 与原油混相后，不仅能萃取和汽化原油中轻质烃，还能形成 CO_2 和轻质烃混合的油带。油带移动是最有效的驱油过程，可使采收率达到 90%以上。

驱油按原理主要分为 CO_2 混相驱和 CO_2 非混相驱，两者之间的差别在于地层压力是否达到最小混相压力(表 3.3)。当注入地层压力高于最小混相压力时，实现混相驱油。当压力达不到最小混相压力时，实现非混相驱油。前者适合于含油饱和度高的稠油油藏，后者适用于黏度为 100～1000 mPa·s 的稠油油藏[159]。

表 3.3 混相驱与非混相驱油对比

对比项	混相驱油	非混相驱油
持续时间/年	＜20	10
项目开始	在水驱前或后	在水驱后
采油	早期(1～3 年)	晚期(5～8 年)
项目规模	小	大
驱油机理	复杂	简单
CO_2 循环	不可利用	可利用
提高石油采收率潜力	低(4%～12%)	高(10%～18%)
应用情况	大规模	小范围

3.6.2 适用条件

注 CO_2 方法对于油藏地质条件主要有以下几点要求[160]：

(1) 油藏封闭性好，可形成注入气圈闭。

(2) 累计油层厚度小于 20 m，油层非均质性不严重。

(3) 剩余油饱和度大于 35%。

(4) 原油中石蜡、沥青质含量少。

(5) 油层天然气组分中没有或含少量 H_2S。

(6) 砂岩油层胶结物中绿泥石含量较少。

其限制条件如下：

(1) 油井井况复杂，井筒作业措施较多，存在机械故障问题。

(2) 与邻井发生窜通。

CO_2 驱筛选准则见表 3.4。

表 3.4 CO_2 驱筛选准则

类型	原油相对密度	油藏深度/m	原油黏度/(mPa·s)
CO_2 混相驱	＜0.825	＞762	＜10
	0.825～0.865	＞853	＜10
	0.865～0.887	＞1006	＜10
	0.887～0.922	＞1219	＜10
CO_2 非混相驱	0.92～0.98	549	＜600

3.6.3 最小混相压力的确定

确定混相压力是混相驱的一项重要工作，核心问题是最小混相压力的确定。它是确定原油与排驱气体是否能达到完全混相的一个非常重要的参数，它对于进行混相驱替设计与混相预测具有很重要的指导意义[161]。

最小混相压力(MMP)有两种定义法。理论上定义为最小混相压力是指在油层温度下，注入气体与原油达到多级接触混相的最小限度压力；在实验方法上，Stalkup 定义为通过一系列的驱替实验所获得的最终采收率曲线，曲线的拐点所对应的压力就是 MMP，Enick 等定义为在注入气油比为 7200 m^3/m^3 的情况下，增大压力，采收率达到 80%时所对应的压力就是 MMP。

根据多次接触气驱混相机理，可以把最小混相压力分为相应的蒸发气驱最小混相压力和凝析气驱最小混相压力。蒸发气驱混相的过程为注入的贫气(如氮气或烟道气)通过油藏并从原油中蒸发出中间烃(C_2—C_6)，当驱替前缘蒸发到足够的中间烃时，便与油藏流体达成混相。因此，蒸发接触混相实际上是通过注入气相与油藏液相多次接触和多次蒸发，油藏原油中的中间烃组分不断蒸发到气相中，当气相富化到一定程度时，最终便与原油达成混相。

凝析气驱混相的过程与蒸发气驱混相过程相反。注入的富气进入油藏，将注入气中的中间烃组分交换到油藏原油中，当原油足够富化时，开始与注入气达成混相。凝析气驱混相实际上是由注入的气相与油藏的液相多次接触，液相不断溶解了气相中间烃组分而不断富化。最终，注入的富气与原油达成了混相。

1. 实验方法

1) 细管实验法

在传统的实验室测定方法中，细管实验法是最可靠的实验室测定方法，能给出具有重复性的精确结果，比较符合油层多孔介质中油气驱替过程的特征，是当前应用最广泛的 MMP 确定方法[161-165]。

细管实验装置工艺流程如图 3.1 所示，细管盘成蛇形，入口端分别与装有油、

CO_2的高压容器相连接，高压驱替泵推动活塞，活塞将CO_2排入细管驱油。油管出口端连接高压观察窗，通过它可以观察排除物的颜色和状态。高压观察窗与回压调节器相连接，用来调节细管出口压力。仪器的高压部分在恒温浴中，排除物在分离瓶和气量计中计量。其实验原理是：对于给定的地层原油和油藏温度，驱替压力是影响能否混相的主要因素。在细管模型提供的多孔介质条件下，通过改变驱替压力获得压力与采收率的关系曲线，曲线拐点所对应的压力即为MMP。

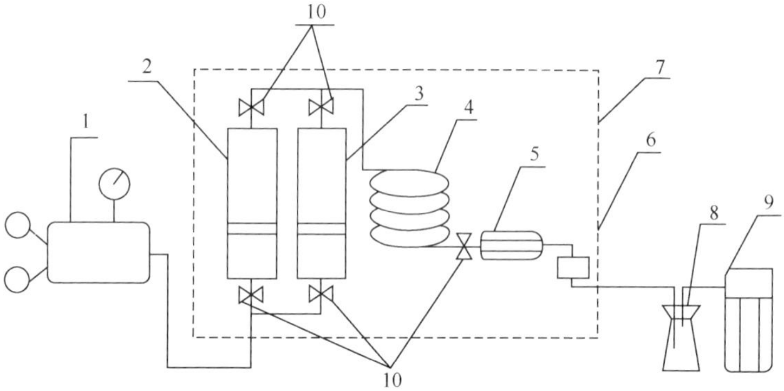

图 3.1　测 MMP 细管实验流程图

1-高压驱替泵；2-地层原油储存容器；3-CO_2储存容器；4-细管模型；
5-高压观察窗；6-回压调节器；7-恒温浴；8-分离瓶；9-气量计；10-侧门

虽然细管实验被认为是最可靠的实验室测定 MMP 方法，但也存在自身的局限性。细管实验不能模拟黏性指进、重力超覆等因素的影响，实验时间较长，需1～2 周的时间，且实验工作量很大。

2) 升泡仪法

升泡仪法测定 MMP 比细管实验法更直接，它可以直接观察混相过程，不用与采收率有关的压力来确定 MMP[162]。

升泡仪的装置如图 3.2 所示，它的中心是一垂直安放的耐高压扁平玻璃细管，玻璃管的内横截面为长方形，尺寸为 1 mm×5 mm，管的可见部分长为 20 cm。观察计后有灯用来观察和拍摄油中上升的气泡，用来使注入气泡进入玻璃管的空心针安装在观测计的底部。在透明管中，气泡和原油的接触界面发生气液传质，传质过程直到混合物的平衡气相与平衡液相达到同一组成时，此时气液界面消失，形成混相。

实验时，将待测原油装入高压容器，加温到油藏温度，加压到设计压力，调节进气口释放一个气泡，观察在不同的压力条件下，气泡上升过程中的变化情况，从实验过程中的视觉观察和一定压力范围内拍的气泡动态照片来确定恒温时油气系统的 MMP[166]。

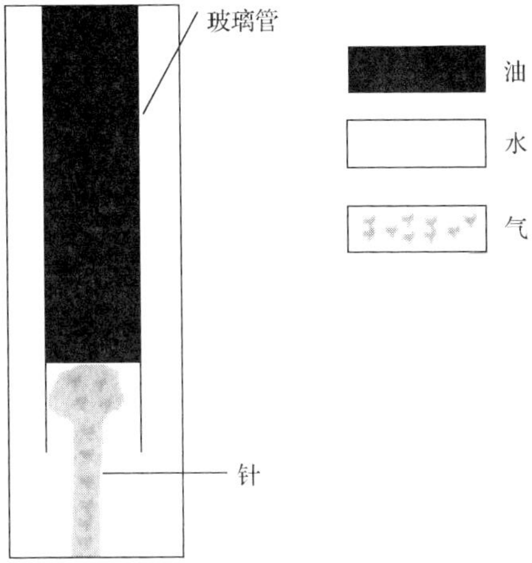

图 3.2 升泡仪装置简图

升泡仪法实验测得的结果比较随意，受人为因素影响严重，结果可靠性有待验证，但该方法测试十分快速，可在 1 h 内完成测量工作，一般用在细管实验前粗略估计实验压力。国内尚未引进升泡仪设备。

3)界面张力消失法

界面张力消失法(VIT)是通过直接测定注入 CO_2 与地层原油间的界面张力来确定 MMP 的，当原油和 CO_2 在油藏条件下达到混相时，CO_2 和原油之间的界面张力降低为 0，此时压力即为 MMP[161,162]。

通常情况下，气液界面张力的测量方法有毛细管升高法、脱环法、滴体积法、吊片法、气泡最大压力法、停滴法、悬滴法。由于测量 CO_2 混相驱的 MMP 是高压体系的界面张力，只能采用悬滴法。悬滴法是通过测定悬挂在毛细探针顶部的液滴外形参数，应用彭宝仔等[167]提出的选面法来计算界面张力。界面张力测试仪并不能测得达到混相时界面张力为 0 时的压力，而只能看见界面张力为 0 时的混相状态，因而采用外推法计算当界面张力为 0 时的 MMP。

VIT 法能比较容易、快速、经济地测定 MMP，但该方法受主观影响很大，准确性还有待进一步论证。

2. 理论计算法

1)经验公式预测法

预测 MMP 最简便的方法是采用经验公式预测法，该方法有计算简单，速度快的特点[164-168]。与确定 CO_2 混相驱 MMP 有关的经验公式有 20 种，其中可用于直接确定 CO_2 混相驱 MMP 的有 11 种，分别是 National Petroleum Council(NPC)方法、Mungan 方法、Yelling 和 Metcalfe 关联式、Glaso 关联式、美国 PRI Ⅰ 关联式、美国 PRIⅡ关联式、CronquistⅠ联式、CronquistⅡ关联式、Aiston 关联式、Silvaetal 关联式、Johnson 和 Pollin 关联式。文献[169]分别采用上述 11 种经验公式预测地层原油与 CO_2 混相驱 MMP 并与实测结果对比，其中 Silvaetal 关联式平均相对误差为 4.09%，与实测结果比较吻合，但该方法仅适用于碳数分布范围与建立关系式时所用碳数分布范围一致的原油，对于分布异常的原油，该方法预测精度大大降低。并且，Silvaetal 关联式中并没考虑 CH_4 的存在，因此，对高 CH_4 含量原油预测是不可靠的。其他经验公式预测方法平均相对误差均大于 10%。

2)多次接触法

混相驱多级接触过程中，注入气体与地层原油之间通过传质引起的 PVT 相态特征和物性参数(组成、界面张力、黏度、密度等)的变化是决定其驱替机理驱替效果的基本因素。利用多级接触过程的相态模拟，把界面张力为 0 时对应的压力确定为 MMP。这是一种很传统的计算方法。虽然这种方法计算起来很简单，但有其严重的缺点，在临界点附近，相态计算是发散的，并且需要拟合实际油藏流体特征，预测结果受所选择的参数影响较大[170]。

3)数值模拟法

利用数值模拟法确定 MMP 要求必须建立在对地层流体的 PVT 性质拟合比较好的基础上。利用实际油藏的典型地层参数建立模拟细管实验的一维数值模拟模型，在一维模型的初始端和末端分别有一口注入井和生产井，模拟实验过程中不同压力下流体的流入和流出，通过绘制采收率与驱替压力关系曲线确定 MMP[161,163,164,170]。数值模拟法确定 MMP 是一种较为成熟的技术，使用范围较广，但计算精度受实验精度和参数的选择影响较大。

4)状态方程法

Ahmed 基于溶剂油混合物的 MMP 与临界点一致这一现象，提出了一个溶剂混合物接近临界点时准确的混相准则——混相函数。以适用的、修正了 PR(Peng-Robinson)状态方程为基础，混相函数可提供 MMP 的精确预测[164,171,172]。

混相函数的表达式为

$$F_{\mathrm{m}} = -\sum_{i=1}^{n}\left(Z_i \frac{K_i - 1}{K_i}\right) \tag{3.1}$$

式中，Z_i 为第 i 个组分的摩尔分率；K_i 为 i 组分的平衡比。

式(3.1)表明，当所有组分通过注 CO_2 发生改变并达到临界组分时，函数会单调减小并且会趋于 0 或某一负值。

文献[164]通过计算国内外 14 个油样的 MMP 值，并与实验结果对比，分析结果发现，混相函数法能较快速地计算出 MMP，但对 F_{m} 值很难给出一个明确的判断标准，不同油样 F_m 初值差别极大，达几个数量级，统一将 F_m 值趋于极小作为判断标准稳定性较差，F_m 值趋于极小只是一种理论上的理想情况，在实际应用中将其作为判断标准并不合适。

5) 系线分析计算法

系线分析计算法是国外近些年发展起来的一种最新计算 MMP 方法，它以油和气的所有组分作为系统，计算在传质过程中，系统中各组分的变化情况。系线指的是系统中气相和液相中各组分的组成连线。它建立在拟三元相图的基础上，根据交叉系线的长度来确定是否达到混相。当达到混相时，交叉系线的长度就缩为一点，即临界点，这时长度为0。不同系线长度为0时对应的最小压力就是MMP。

对一个 n 组分的系统，定义系线长度为

$$L_n = \sqrt{\sum_{i=1}^{n}(y_i - x_i)^2} \quad (i = 1, 2, \cdots, n) \tag{3.2}$$

当系统达到混相时，则有 L_n=0。

杨学锋等[173,174]以四组分系统为例，分别用经验公式预测法、数值模拟法、多次接触法、状态方程法及系线解析法进行计算 MMP 并比较，选取数值模拟法作为预测 MMP 的准确方法，其中系线解析法相对误差最小为 3.518%，其次为多次接触法，相对误差为 10.491%，其他方法相对误差均大于 30%。

系线解析法能反映气驱油的多级接触和相互传质过程，对任意组分数的流体系统都适用，但影响精度的参数很多，计算结果的可靠性有待进一步论证。

实验室确定 MMP 方法中，界面张力消失法和升泡仪法受主观影响较大，准确性还有待进一步论证，且升泡仪价格昂贵，国内尚未引进。目前，细管实验法仍然是最可靠的实验室确定 MMP 方法，但细管实验法也有其自身的局限性，被广泛应用是由于普遍认为没有其他的实验方法比细管实验测得的气油混相更精确。

理论计算法确定 MMP 方法中，在数据充分的条件下，数值模拟法和系线分析法的计算精度较高，经验公式法中 Silvaetal 关联式在其特定的适用范围内，预测结果相对误差较小。

综合比较分析实验室测定法和理论计算法确定 MMP 的各种方法，细管实验法仍是目前测定 MMP 的最佳方法。

3.6.4 注入方式

注入 CO_2 提高采收率有两种驱油方式，即混相驱和非混相驱[175]。CO_2 注入包括水与气交替注入(WAG)和重力稳定注入(GSGI)。水与气交替注入也叫混相驱，通过向储层中注入 CO_2，使原油膨胀，增强其流动性，然后注水，将原油驱向井口。混合后的流体减小了 CO_2 单相的流动性，同时使原油的黏度下降(图 3.3，图 3.4)。

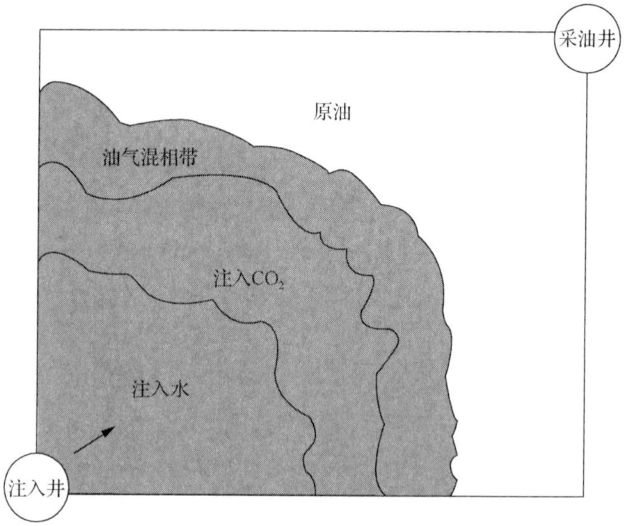

图 3.3 稳定的 CO_2 注入前缘带

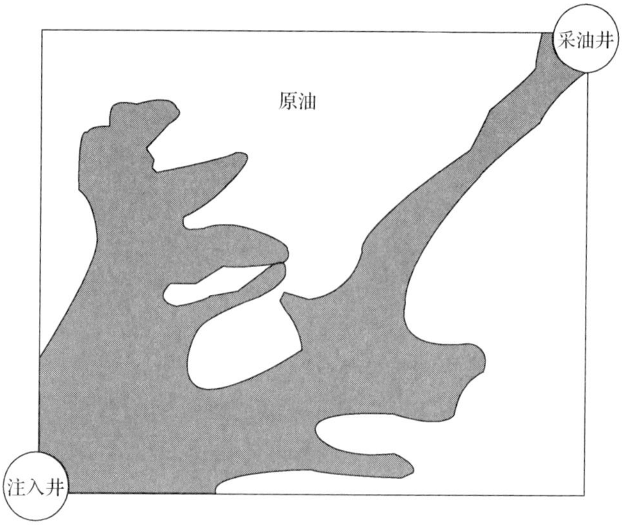

图 3.4 黏度差异将出现 CO_2 黏性指进

图 3.3 表明 CO_2 与原油的接触前缘较为稳定，驱替可以获得较大的驱油效率和采收率。图 3.4 显示，黏度差异使其出现 CO_2 黏性指进现象(锥形突破)，导致储层驱替体积较小。

储层中的水可以帮助 CO_2 驱替提高采收率。水可以为 CO_2 提供一个大面积扩散的范围，从而将储层孔隙束缚的剩余油驱替出来。水与气交替注入方法受储层性质的制约，其注入方式有两种：其一，水气段塞注入过程中，CO_2 可视为懒惰带，依靠注水改变 CO_2 在储层中的驱油速度；其二，将 CO_2 注入圈闭构造的顶部，使原油向下及构造两边移动，在构造边部由生产井将原油采出来。这种注入方式叫作重力稳定 CO_2 注入方法，也叫作非混相驱。

与重力稳定 CO_2 注入方法相比，水与气交替注入方法具有优势，可以小范围应用。而重力稳定 CO_2 注入方法只能应用于整个油田。但是，重力稳定 CO_2 注入方法可以采出更多的原油，并且埋存更多的 CO_2。

3.6.5 CO_2 非混相驱

CO_2 非混相驱是通过注入保持地层压力，而在注 CO_2 驱替油藏流体过程中，CO_2 和油藏流体之间存在界面张力，互不溶解。CO_2 非混相驱是二次采油的一种方法，适用于一些难于开发的特殊油藏(如低渗透油藏和双重介质油藏)，主要原因是这些特殊油气藏的注水效果差、渗透率低(一般在 10×10^{-3} μm^2 左右)，注气可保持油藏压力。

1. 主要机理

从混相原理上可知，随着压力增加，即使是用贫气驱动含中间分子量烃较少的重油，它们之间也有可能达到混相[176]。一般来讲，混相驱驱油效果优于非混相驱，但要求的混相压力极高，在油藏注气工程中有时是不可能达到的。此时注气只能是非混相驱替。烃气在原油中有一定的溶解度，一定压力下溶解气可以改变油流特性，同时不混相的气-液之间存在传质作用。因此，非混相驱替也会使原油采收率有所提高。

非混相驱采油的主要机理如下：

(1) 分子扩散作用。非混相注气驱，主要建立在气溶于油，引起油的特性改变的基础上，为了使油最大限度地降低黏度，增加体积，要有足够的时间使气饱和原油，一般情况下气是通过分子缓慢扩散作用溶于原油的，因此，必须有足够的时间，使气充分扩散到原油中。

(2) 降低原油的黏度。注入气溶于原油后，在同一温度下，压力升高，注入气的溶解度升高，原油的黏度随之降低(但超过饱和压力时黏度上升)，改善了原油与水的黏度比，提高了原油的流动能力。

(3) 使原油的体积膨胀。增加了液体的内动能，把原油驱替到大的或连通的孔道，从而提高原油的采收率。

(4) 混相效应。注入气与原油混相以后，不仅能萃取和汽化原油中的中轻质烃，还能形成注入气和轻质油的混合油带。油带的移动是最有效的驱动过程，可以达到 90%以上。

(5) 降低界面张力。注入气驱的主要作用是萃取和汽化原油中的中轻质烃，大量的烃与注入气混合，大大降低了油水界面张力，也降低了残余油的饱和度，从而提高了原油的采收率。

(6)溶解气驱作用。大量的注入气溶于原油，具有溶解气驱的作用，提高了驱替的效果。

(7)维持地层的压力。将地层的流体压力维持在一定的水平上，如使其处于露点压力、泡点压力、现有地层压力上，以保持单一的相态，或使产油井具有一定的产液能力。

(8)扩大波及效率。尤其是在非混相驱中，一部分气体溶解在油中，另一部分则呈游离态。在油气之间形成一个界面分开的两相——气相和液相。注气非混相驱的主要机理就是利用重力驱油和水气交替注入扩大波及体积，从而使水驱时难以波及的正韵律厚油层顶部的剩余油驱替出来。

(9)作为其他混相溶剂的工作液。作为其他混相溶剂如 CO_2、富天然气、其他混相溶剂的工作液，使得混相溶剂的用量大大减少，提高经济效益。

(10)提高重力泄油能力(指倾角较大的油藏)。由于注入气的密度通常比储层流体的密度低，向构造的顶部注气可以促使油藏流体沿下倾方向驱替，即利用倾斜油层或厚油层的排泄潜能提高重力泄油能力。

2. 非混相驱的特征

非混相驱的特征包括以下方面[176]：

(1)注入溶剂时，一些溶于油藏流体中，一些保留为上相(upper phase)，因此形成两相体系，形成的上相向前运移，与更多的油藏流体接触，从油藏流体中抽提(萃取)出一些中间烃组分，或原油从溶剂中抽提一部分中间烃组分。

(2)上相抽提的组分不足以在排驱前缘或后缘达到混相。

(3)由于高的流度，上相继续在前面流动，一些溶解于液相(油藏流体)，更多的是从原油中抽提或从上相凝析中间烃组分，但永远达不到单相体系；上相流体早期突破，因此原油采收率很低。

3. 注入方式

(1)连续注 CO_2 气体。直接向已枯竭的地层中连续注入 CO_2 气体，其特点为：①见效快，但 CO_2 消耗量大，一般为地层孔隙体积的几倍；②由于不利的流度比，容易发生早期气窜，产气量上升快，CO_2 利用率低；③不适用于压力过低的油藏，因为这类油藏一方面需要大量的 CO_2 气体，另一方面，过低压力下 CO_2 气体与原油混相困难，造成只有少量轻质烃采出，大量重质烃留在地上。

(2)注碳酸水。利用 CO_2 溶于水的性质，将水-CO_2 溶液注入地层后，水中的 CO_2 在分子扩散作用下与原油接触并驱油。

(3)水、CO_2 气体段塞交替注入。将 CO_2 和水以较小的段塞尺寸(一般小于 5%

HCPV)交替注入油层中驱油。虽然注入的水可能造成水屏蔽和CO_2绕流原油，且存在潜在的重力分层作用，同时还可能造成注入能力下降等缺点。但由于改善了CO_2的流度，提高了CO_2的体积波及系数和利用率，交替注入方式是经济有效地提高采收率的工艺方法。

(4) CO_2和水同时注入。CO_2和水同时注入是利用双注系统同时将水和CO_2注入油层的方法。可看作WAG法(水气交替注入法)的一种极端情况。此种注入方法的不利因素就是当高压注入CO_2和水的混合物时，注入井腐蚀严重；当两相同时注入时，注入能力会降低。

3.6.6 CO_2混相驱

CO_2作为一种温室气体，现已威胁到人类的可持续发展。地下油田由于压力的不足往往采收率较低。将CO_2气体注入地下借助于它的流体压力，通过对油区岩层、油气流体压力等的改变促进油气的开采。同时注入的CO_2气体也可以被封闭于地下岩体中，从而达到减少大气中CO_2含量的作用。

CO_2混相驱于20世纪70年代在美国率先进行[177]。而最初的CO_2地质存储实践是为了强化采油(CO_2-EOR)或强化采煤层气(CO_2-ECBMR)。美国在1970年左右开始利用CO_2充注来进行强化采油，现在有超过70个CO_2-EOR正在作业，每年充注25 Mt CO_2，但其CO_2大部分来自天然气藏，只有3 Mt来自人类排放。CO_2混相驱可增加采收率为在位原油的7%～23%，平均为13.2%[178]。相对于纯液相的水，通过CO_2混相驱技术，原油采收率比注水法提高30%～40%。对于重质油藏，CO_2混相驱技术一次开采采收率可达原始地质储量的20%。根据油田地质和沉积类型的不同以及认识程度的差异，其增产幅度可以提高到25%～100%。据Moritis研究，2003年美国采用CO_2混相驱技术后，原油产量提高到20.6万桶/天，占美国EOR产量的31%，占全球的0.25%。共使用了CO_2达4300万t，其中3200万t从自然资源中获取，而另外1100万t则通过对工业废气的循环利用而获得[179]。

我国大庆油田、吉林油田、江苏油田和草舍油田先后实施了注CO_2驱的先导实验研究，已经取得了一定的现场效果。大庆油田2007年开始在树101开展CO_2驱现场试验，通过注CO_2动用了注水难以动用的储层，而且产量递减低。吉林油田从1990年开展CO_2驱油机理研究，目前在黑59和黑79区块开展较大规模的现场开发试验，单井产量平均增幅达到30%，含水降低20%左右[180-183]。尽管目前国内有成功的CO_2驱提高单井产量的案例，但总的来说现场应用规模较小。

1. 基本原理

混相驱油是在地层高温条件下，原油中轻质烃类分子被CO_2析取到气相中，形成富含烃类的气相和溶解CO_2的液相(原油)两种状态。其驱油机理主要包括以下三个方面：

(1) 当压力足够高时，CO_2 析取原油中轻质组分后，原油溶解沥青、石蜡的能力下降，重质成分从原油中析出，原油黏度大幅度下降，提高了油的流动能力达到混相驱油的目的。在适合的储层压力、温度及原油组分等条件下，临界 CO_2 与原油混合，形成一种简单的流体。

(2) CO_2 在地层油中具有较高的溶解能力，从而有助于地层油膨胀，充分发挥地层油的弹性膨胀能，推动流体流入井底。

(3) 油气相互作用的结果可以使原油表面张力减小。随着压力的增加，原油-空气系统的表面张力减小幅度很低，这是由于氮气(空气的主要成分)在油中的溶解度极低，因此，系统的表面张力随压力变化缓慢。对于原油-CO_2 系统，由于 CO_2 的饱和蒸汽压很小，在原油中的溶解度大于甲烷在原油中的溶解度，因此原油-CO_2 系统的界面张力随着压力增加而快速下降。对于原油-天然气系统而言，天然气中甲烷以及少量的乙烷、丙烷、丁烷等使得天然气在油中的溶解度远大于氮气的溶解度，故界面张力随压力增加而急剧降低。

对有溶解气的油-水体系，溶解气量的多少，对油-水两相间的界面张力起着决定性作用。当压力小于饱和压力 P_b 时，压力升高，界面张力增大，因为压力小于饱和压力前，气体在油中的溶解度大于水中的溶解度，使油-水间极性差更大而引起的；当压力大于 P_b 时，随着压力增加，界面张力变化不大，因为在高于饱和压力后，增加压力不会增加气体的溶解度，而仅仅是对流体增加了压缩作用。

2. 适用范围

注烃混相驱筛选准则见表 3.5。

表 3.5 注烃混相驱筛选准则

原油	建议值	现行项目范围
相对密度	<0.9159	0.9100～0.7628
黏度/(mPa·s)	<3	0.04～2.30
组成	轻烃含量高	
油饱和度/%	>30	30～98
储层类型	尽可能少的裂缝和高渗的砂岩和碳酸盐岩	
有效厚度	相对薄(除非构造陡)	
平均渗透率	无限制	
深度/m	>1220	1232.2～4848.5
温度	无临界值	

3. 发展前景

根据报道[184,185]，目前全世界正在生产的注气采油项目 138 个，其中注 CO_2

采油项目 94 个、占所有注气项目的 68%，CO_2 混相驱项目 86 个、占所有注气项目的 62%，注天然气采油项目 35 个、占 25%，注氮气混相驱项目 7 个、占所有注气项目的 5%。

事实证明，气驱是采收率较高的采油方法。特别是烟道气驱和 CO_2 驱，具有广阔的发展前景。我国有较丰富的烟气资源，如胜利油田的胜利电厂、孤北电厂均位于油区以内，日排放数千吨，这些废气排放到大气中，不仅污染环境，还是一种资源的浪费。烟道气驱属汽化气驱，需较高的混相压力，但对深层低渗透油藏，仍可满足这一条件。

CO_2 黏度低，类似于烃类混相溶剂的黏度，像烃类混相驱那样，波及体积受黏度比影响。CO_2 油层条件下的密度接近某些地层油的密度，可以减弱 CO_2 与原油的重力分异。由于 CO_2 混相所需的工作压力低，在许多油藏都可形成动力混相。另外 CO_2 来源和成本比烃类溶剂更有优势，可以从地层和电厂获得，是可以充分利用的资源。CO_2 气层气纯度高、易管输，是进行混相驱的理想溶剂，可用作特低渗油藏采油。目前我国陆上已探明难动用储量中，特低渗油藏的储量占较大比例。这部分特低渗油若靠注水开发，难度较大；若靠天然能量开采，采收率低，一般不超过 20%。

混相驱，特别是氮气、烟道气、CO_2 驱，将为这部分储量的动用开辟一条有效途径。另外，作为“三次采油”的一种方法，对提高已开发老油田的采收率，也是较有效的。

用 CO_2 驱提高采收率工作，目前有以下问题需要进一步研究[177]：

(1) CO_2 注入过程中的最小损失量。

(2) CO_2 注入后储层的监测。

(3) 混相如何最大化提高产量。

(4) 注入气体中的杂质对开发效果的影响。

(5) 进入空隙和盐水层中的机理[186]。

此外对于整个地下驱油的过程模拟以及各个环节的机理也需要进一步论证。现阶段加强社会各个学科之间的联系则是必然的。作为地下处置的前提，地质工作者必须对地质体的构造状况达到深入了解，并且高瞻远瞩地模拟分析二氧化碳的密闭以及在未来数百年的存在状况，从而为世界对抗温室气体做出自己的贡献。

3.7 注 氮 气

氮气驱方法已经成为提高油气采收率常用并且有效的方法。考虑到空气中氮气含量达 78%，随着分子筛和膜式制氮技术的发展，使这种气源的制备变得经济有效，并且氮气不伤害地层，不结垢，不腐蚀管线，后期处理简单，注氮气提高原油采收率是可行的。

在美国有30多个油田利用氮气提高采收率。它不仅适用于常规油藏，还适用于稀油、稠油、海上、丘陵、深油藏、已接近枯竭的油藏或处在开发早期的油藏等，在低压、低渗、黏土胶结等特殊油气藏中也有独到的作用。在我国，注氮气开采还通常与化学驱、蒸汽吞吐复配使用。在稠油蒸汽吞吐井注氮，即在注汽的同时，往油套环空注入氮，既保护套管，降低井筒热损失，提高井底注汽干度，提高油井的回采水率，简化生产程序和管柱，降低费用，又减少作业对地层的污染和注汽量，还增产并延长有效期等。

3.7.1 驱替类型和机理

1. 单独注氮气驱

常用的单独注氮气方式有：①多次接触混相驱；②注氮气非混相驱替；③循环注氮气；④注氮气重力驱替；⑤注氮气压水锥等几种形式。其作用机理如下[187]：

(1)多次接触混相驱替：向地层中注入氮气时，氮气一方面会抽提原油中的轻烃组分，另一方面又会向原油中溶解，但抽提的能力大于溶解的能力，因此，有较大量的轻烃组分被抽提进入气相，直到临界点，气液达到平衡而混相。但是，当氮气在生产井底突破时，其强烈的抽提作用使原油不断失去轻质组分变为重质原油而逐渐失去流动性，直至产生固态沉积，使油井的产能急剧下降。而且，注氮气混相驱要求的条件比CO_2和烃类气体高，实施难度大，适用范围较窄，但它有比注CO_2和烃类气体资源丰富、价格低廉的特点。

(2)注氮气非混相驱替：其作用机理主要有四条，一是有限量的蒸发和抽提；二是注汽后，油气间的界面张力远小于油水间的界面张力(约4倍)，而油气密度差又大于油水密度差(约6.7倍)，从而减小了毛细管力的作用；三是氮气能够进入水波及不到的微孔隙；四是氮气的注入可有效增加地层的弹性能量。

(3)循环注氮气：向地层中注入氮气时，由于氮气在原油及地层水中的溶解性非常差，但有良好的膨胀性，有利于保持油藏压力。但是，注纯氮气会导致露点压力上升，从而引起地层中液体的析出，解决的方法是先注入一个氮气和天然气的缓冲段塞。

(4)注氮气重力驱：是指对倾斜的、垂向渗透较高的地层，在含油气构造顶部注入氮气，利用重力分异作用保持或部分保持油藏压力。它要求油层具有足够高的垂向渗透率($>0.2\ \mu m^2$)，以便使油气在垂向上能有效地分异和移动，并且注入速度应当小于临界速度V_c，使重力足以维持密度较小的氮气与原油分离，以便抑制黏性指进的形成，从而提高波及系数。

(5)注氮气压水锥：其原理主要有三个方面，第一，氮气的非混相驱替作用。

第二，氮气的重力分异驱替作用。在向油层注入氮气后，由于重力分异，注入的氮气就会进入微构造高部位形成次生小气顶，从而增加了一个附加的弹性能量，驱替顶部原油向下移动，延缓了油水界面的恢复。第三，氮气不溶于水，较少溶于油，且具有良好的膨胀性，驱油时弹性能量大，能保持地层压力，有利于减缓底水锥进。

2. 氮气泡沫驱

热采是稠油开采的主要手段，随着稠油蒸汽吞吐开采进入中后期，油气比递减加快，已经到了经济开采极限，必须转换开采方式。蒸汽驱作为转换开采方式的重要接替技术，存在蒸汽超覆、指进、舌进及窜槽等现象，造成油层纵向吸汽厚度和动用程度严重不足。尤其是中厚稠油油藏或地层物性及渗透率相差较大的薄层状油藏，油层纵向吸汽厚度或动用程度一般仅 50%；上部分物性好的油层吸汽充分，加热效果好，采油量大，含油饱和度下降快，甚至采空出现枯竭；而下部及物性差层系吸汽较少甚至完全不进汽，资源动用少或未动用。利用氮气泡沫调剖能明显改善稠油蒸汽驱效果，提高蒸汽驱井组动用程度，具有很好的应用前景。

常用的氮气泡沫驱有氮气泡沫热水驱、氮气泡沫和水交替驱、氮气泡沫调驱等几种形式，其作用机理大体相同，主要有以下几个方面：

(1) 氮气泡沫调剖堵窜作用。一是泡沫对高渗透带的选择性封堵，高渗透带阻力小，气体会优先进入，占据孔隙的大部分空间，减少液相的饱和度，从而降低液相的流动能力。二是泡沫对高含水层的选择性封堵，泡沫对含油饱和度比较敏感，在含油饱和度低的地方，能形成稳定的强泡沫，产生有效封堵。三是泡沫封堵后能产生液流转向作用，对高含水层和高渗透带产生有效封堵后，注入水产生液流转向作用，扩大波及体积，提高驱油效率。四是泡沫中的气组分在气泡破裂后产生重力分异，上升到渗透率更低的、注入水难以到达的油层顶部，扩大了波及体积，提高了驱油效率[187]。

(2) 氮气泡沫调驱作用。主要是在蒸汽驱过程中，通过氮气泡沫的封堵作用，抑制蒸汽沿气窜通道突进，改变蒸汽走向，扩大蒸汽波及体积，提高蒸汽驱开发效果。

(3) 氮气助排作用。①扩大蒸汽的波及体积。油井在注汽时，通过油管或油套环形空间伴蒸汽连续向地层注入氮气，利用氮气良好的膨胀性，扩大蒸汽的波及体积。②调整吸汽剖面。注入氮气可使油层吸汽更加均匀，启动低渗透层。③增加驱动能量。驱动地层中的原油及冷凝水迅速返排，达到增加地层能量、提高回采水率、改善油井生产效果的目的。④增加生产压差。举升过程中，由于产出液中混有氮气，可降低井筒液柱压力，增加生产压差。

(4) 氮气与表面活性剂共同提高洗油效率。在特超稠油油藏利用氮气、蒸汽及降黏剂的复合作用，达到扩大蒸汽波及体积、增加地层能量、改善地层原油流动性的目的，提高特超稠油开发效果。从驱替机理来看，氮气及氮气泡沫驱油具有“视黏度高”、优先封堵高渗层、“堵水不堵油”等特性，可大幅度提高驱油效率的特点[187]。

(5) 扩大油层加热带。泡沫具有“堵大不堵小”的功能，即优先进入高渗透大孔道，从而防止热水的突进。因此，注热水的同时注入氮气泡沫，可扩大热水加热半径，增加热水的波及体积。

(6) 保持地层压力，增加弹性能量。

(7) 稀释降黏。在高压下，氮气能部分溶解于原油，使原油膨胀，降低原油黏度。同时氮气溶解使原油体积膨胀，膨胀油将水挤出孔隙空间，使排驱的油相相对渗透率高于吸吮时的水相相对渗透率，发生相对渗透率转换，有利于油流流动环境。

(8) 堵水不堵油。泡沫具有“遇油消泡、遇水稳定”的性能，它在含油饱和度高的油层部位易溶于油，不起泡，不堵塞孔隙孔道，提高油相渗透率；而在水层中能够发泡、增黏，降低水相渗透率，从而有效地提高波及系数及驱油效率。

3.7.2 适用范围

注氮气或烟道气筛选标准见表 3.6。

表 3.6 注氮气或烟道气筛选标准

原油	建议值	现行项目范围
相对密度	<0.8498	0.835～0.763
黏度/(mPa·s)	<0.40	0.07～0.30
组成	轻烃含量高	(C_1—C_7) 高
油饱和度/%	>40	59～80
储层类型	无裂缝的砂岩和碳酸盐岩	
有效厚度	相对薄(除非构造陡)	
平均渗透率	无限制	
深度/m	>1828	3050～5642.3
温度	无临界值	

3.7.3 氮气在稠油热采中的应用

1) 氮气隔热

氮气导热系数低(导热系数为 0.0328)，注蒸汽过程中，由光油管注入蒸汽，油套环空注入氮气，既可减小井筒热损失，又能降低套管温度，保护套管。尤其对埋深浅的油层，此项工艺技术取消了高温隔热管、伸缩管等井下工具，减少了作业次数，不仅节省了费用，还防止了油井因压井而造成的热损失及其对地层的伤害[188]。

2) 氮气压水锥

利用 N_2 进行水锥控制的方法(AWACT 水锥控制法)是一种有效、进攻型控制水锥的方法，可以提高原油采收率，其主要原理是在油水两相系统中增加第三相非凝结气相(N_2)时，水相渗透率将大大减少，在气相取代水相、气驱作用、溶解气降黏作用和原油体积膨胀等因素的综合作用下，使产水量降低，产油量增加。另一个作用是通过在油水界面处注入氮气，形成局部气顶，在重力驱作用下，降低油水界面张力，控制水锥对采油的干扰。

3) 氮气(隔热)助排

注蒸汽时从环套中连续注入氮气，起到隔热的作用，回采时起到助排的作用。氮气为非凝析气体，体积随温度变化不大，油层中氮始终是气态；因氮气体积系数大，在吞吐回采降压阶段，气体膨胀，可强化助排油、水，尤其可以增加回采水率，降低近井地带含水饱和度，改善吞吐效果；这种效果在高轮次吞吐井中尤为明显。

4) 氮气调剖

稠油因油水流度比较大，故常规蒸汽吞吐的冷凝水指进较严重。当水和氮气混注时，氮气微气泡的作用和气体的可压缩性，抑制了水的指进，使油层吸汽剖面得到一定改善。

氮驱开发方式的有利因素可以归纳为以下几个方面：

(1) 氮气是非腐蚀性的惰性气体，在工艺上不存在防腐问题，无水质问题，可避免一整套比较复杂的处理水质的工艺流程设备。

(2) 吸气能力强，能保持稳定，容易实现注采平衡。

(3) 注气流压低于注水流压，有利于避免裂缝张开，防止产生窜进现象。

(4) 油井见注入气的情况比见注入水的情况简单，比较容易管理。

(5) 气源广，可以就地取材，不需要管道输送，现有的制氮、分离、注入技术和设备能够完全满足需要，有坚实的物质基础。

(6) 压缩系数比气顶气、烟道气和 CO_2 的都大，有利于增加地层能量，而且注氮气效果与注干气相近，成本相对要低得多，同时可以防止大气污染。

(7) 对于低渗透储层、正韵律储层可以大大提高采收率，比注水效果好得多。

(8) 受矿化度影响很小，能解决注水困难或水敏性油藏的很多问题。

3.7.4 影响因素

注氮气驱开发方式的影响因素如下[187]：

(1)对于低渗油田，注气压力高，注入能力低。

(2)裂缝油藏不容易注气，如何注气、防止气窜是一个难题。

(3)氮气强烈的抽提作用，易产生固相沉积问题。

(4)注氮气采出的天然气需要专门的设备除去氮气。

(5)注氮气要求的纯度高，一般要达到99%以上，如有少量O_2混入，会引起压缩机内润滑油起火爆炸。

(6)起泡剂降解和吸附，使得阶段采出程度降低。

(7)泡沫体系的气液比：当气液比低时，在多孔介质中形成的泡沫相对孤立，宏观表现为泡沫体系的封堵效果差；气液比高时，很高的气体饱和度和较薄的泡沫液膜，导致泡沫稳定性下降，部分区域出现气体窜流，也影响封堵调剖性能的发挥。

(8)氮气泡沫、水交替驱采油方式下，气水交替年限是最大的影响因素，随着气水交替注入年限的增加，累积产油量的增幅也随之增加，但万立方米气换油率随之降低。气水交替周期长短不是敏感影响因数。

(9)矿化度，适当的矿化度可以降低泡沫剂分子极性基团之间的静电斥力，增加泡沫的稳定性；过高的矿化度尤其是过高的钙镁离子浓度，使泡沫剂的极性集团附近形成离子团簇，大大降低了泡沫剂分子的规则排布，从而降低泡沫体系在多孔介质中封堵调剖能力。

(10)注入方式，连续注入方式可以保证油层中形成的泡沫流连续推进，但消耗量过大，一般采用段塞式。但是段塞大小及停注间隔时间要进行优选，以求得油层中泡沫流不致中断消失。一般采用小段塞混注方式为佳。

3.8 注烟道气

在过去的100年里，全球地面平均气温上升了0.3～0.6 ℃，包括CO_2和CH_4在内的温室气体的累计排放和环境污染的加重是气温升高的主要原因，而长期大量的采煤作业和燃煤是CH_4和CO_2排放的主要原因。面向21世纪，全球油气资源的可持续利用问题更加突出，同时，随着对环境保护意识的日益增强，如何高效、清洁、经济地开采油气资源已成为目前急需解决的问题。为了提高油层的最终采收率，进入20世纪80年代以来，向油层注入CO_2、N_2和烟道气开采原油在国内外有了较大发展。据报道，美国、加拿大已有33个油田注CO_2开发，有5个油田注烟道气二次采油，预计采收率可提高到65%以上。在所有提高采收率的方法中，注 CO_2 强化采油应用最广泛，效果较好，但气源有局限性，烟道气的注入效果介于注 CO_2 和 N_2 之间，特别是注烟道气适用于浅层稠油开采，在气源保证的条件下成本低，切实可行。国内外均已见烟道气在稀油油藏和普通稠油油藏中应用实例的报道。烟道气在超稠油中的应用还未见相关报道，相应的关于烟道气在超稠油中的溶解实验研究极少[189]。

烟道气是天然气或原油等有机物在完全燃烧后生成的产物。烟道气的化学成分比例不固定，其性质取决于作为锅炉燃料的天然气成分。烟道气的性能主要取决于 CO_2 和 N_2 在烟道气中所占的比例，CO_2 的比例越大，对提高原油采收率越有利。通常含 80%～85%的氮气和 15%～20%的二氧化碳以及少量杂质，处理过的烟道气，可用作驱油剂[190]。

烟道气与原油混相压力比 CO_2 高，杂质中含有 O_2、NO、CO 等，当含有水分时易造成设备腐蚀[190]。在地层条件下，CO_2 易与沥青质含量较高的原油接触，产生沥青质沉淀，降低油层的渗透性。为防止烟道气中杂质的副作用，必须实施防腐、防沥青质沉淀的措施。

注烟道气技术是将稠油热采的锅炉烟道气经过处理、增压后注入油层，与油层中的残留原油混溶成一种流体而驱替产出的三次采油技术[190-192]。主要是针对油田低产井多，蒸汽吞吐效果逐年变差，以及今后开展蒸汽驱的调控配套而提出的，是改善油田开发效果，提高经济效益的一种尝试。从油田油藏特点来看，若油藏的埋深及油藏厚度都达到了蒸汽驱开采的临界条件，必须完善相应的技术配套和实现目前油层的降压，为蒸汽驱提供条件[193]。该技术目前主要解决降低油层压力、吞吐地下存水和提高油井产能的问题；在蒸汽驱过程中解决井组调控和助排问题。目前蒸汽吞吐井主要存在井下注汽干度低、油层纵向动用程度差的问题，主要是上部动用程度低。通过进行注烟道气试验，利用烟道气的超覆作用提高上部油层的动用程度；利用烟道气的可压缩性能为原油流向井底提供驱动力；利用 CO_2 的羧化作用可以降低原油黏度；利用烟道气中氧的低温氧化作用及焦化作用堵塞蒸汽的窜流通道，改善油层吸汽剖面，增大蒸汽波及体积系数，从而提高稠油油层纵向动用程度，为深层巨厚稠油油藏进一步提高开发效果提供了一条新的途径[194-196]。

3.8.1 基本原理

根据烟道气中所含气体的组成，提高采收率机理主要是二氧化碳产生的溶解气机理和氮气产生游离气机理[190]。

1)保护套管，减少热损失

在100 ℃时，N_2 的导热系数为2.791 W/(m·℃)，CO_2 的导热系数为2.221 W/(m·℃)，均远小于 100 ℃水的导热系数 68.3 W/(m·℃)[197]。烟道气充满油套环空并流动后，能显著改善油管注蒸汽过程中的隔热效果，减少井筒热损失，提高井底注汽干度，同时，降低套管温度，保护套管。

2) 强化助排，提高回采水率

注入油层的烟道气，其中氮气可使地层原油膨胀量达到5%，二氧化碳可使地层原油膨胀达到 10%～20%，提高油层含油饱和度。从而增加了弹性能量。气体使原油体积膨胀的效果与气体在原油中的溶解度有关，溶解度越高，原油体积膨胀效果越好，获得的弹性能量越高。当油井回采井底附近降压时，溶解于油中的气体膨胀，油层内溶解气驱动，起到强化助排油水作用，因此可提高回采水率，降低近井地带含水饱和度，改善多周期蒸汽吞吐效果。

3) 降低原油黏度，改善渗流条件

烟道气中含有 80%～85%的氮气和 10%～15%的二氧化碳。饱和了烟道气的原油，黏度会降低，有利于稠油采出。同时由于二氧化碳的羧化作用，在烟道气-原油两相体系中，CO_2-油的界面张力较低，改善了驱油渗透条件，增强油层的驱动能力，提高稠油采收率。稠油油藏注烟道气采收率高于单注氮气。

4) 增加油层渗透性

注入油层的蒸汽冷凝后所形成的水，与溶解在其中的 CO_2 一起构成碳酸水，与油层中的碳酸盐反应而将其溶解，从而增加油层的渗透率和油井的吸收能力。当蒸汽与 N_2 及 CO_2 一同注入并在油层中混合作用时，比单纯注蒸汽能更强地激励油层，可大大增加采油速度，降低汽油比，提高经济效益[190]。

5) 混相效应

气体向前推进的过程中不断进行，当前缘气体被富化到一定程度时，会与地层油之间形成溶解-抽提过程的动态平衡，即达到混相状态。达到混相的两种流体能以任何比例构成混合物，并呈单相存在。驱替相和被驱替相间不存在界面(界面张力趋于零)，若原油与烟道气达成混相消除界面张力后，残余油饱和度将降到最低值，可动油比例增大，提高原油采收率。

6) 重力分异作用

若油层垂直向上的连续渗透率较高，向油藏顶部或已存在的气顶或者气顶下的油柱注烟道气时，气体与原油间存在密度差而产生油气对流作用(重力分异作用)，从而保持油藏压力。

3.8.2 适用范围

注氮气或烟道气筛选标准见表 3.7。

表 3.7 注氮气或烟道气筛选标准

原油	建议值	现行项目范围
相对密度	<0.8498	0.835～0.763
黏度/(mPa·s)	<0.40	0.07～0.30
组成	轻烃含量高	(C_1—C_7)高
油饱和度/%	>40	59～80
储层类型	无裂缝的砂岩和碳酸盐岩	
有效厚度	相对薄(除非构造陡)	
平均渗透率	无限制	
深度/m	>1828	3050～5642.3
温度	无临界值	

3.8.3 今后发展

开展烟道气驱既可以减少温室气体排放、降低污染，又可以提高原油采收率，无论是从环境角度还是从经济角度考虑均具有重要的现实意义。尽管烟道气驱技术已经得到了一定的发展[189]，但是仍然存在一些制约其大规模应用的因素，还需在多方面加强工作。

(1) 防止溶解气腐蚀。烟道气与原油混相压力比 CO_2 高，杂质中含 O_2、NO、CO、SO_2 等，当含有水分时易造成设备腐蚀，而不含水烟道气基本不具备腐蚀性，所以应进一步研究在不同烟道气组分情况下，含水量对管道设备腐蚀速度以及腐蚀机理。

(2) 加强烟道气对低渗透轻质油藏(如陕北油田)在注水开发后期三次开发经济适应性研究，如进行室内岩心驱替试验，研究达到混相驱替条件以及机理，国内目前为止只对蒸汽吞吐或蒸汽驱后稠油油藏就行烟道气驱研究，对低渗透轻质浅层油藏研究较少。

(3) 应分析烟道气对地层原油组分岩心驱替效率的贡献率，研究原油组分对采收率影响，可以揭示地层原油各组分在驱替过程中相态变化，从而在微观上了解 N_2 和 CO_2 驱替机理和区别。

(4) 对于渗透率较高的油藏，容易产生气窜，不易见效；在应用前，应对油藏进行详细描述，充分了解油藏状况，选择合适油藏开展工作。

(5) 烟道气的关键在于烟道气的净化处理工艺，应包括脱硫、脱硝除氧、除尘、干燥以及输送等环节，针对该地区烟道气和油藏特点，对流程和关键设备进行筛选研究，对含氧量、水量以及泄露报警进行不间断 PLC 自动控制监管。

(6) 对输气管网进行优化，在油田引进并建造一座专业富集烟道气注入站，提高系统注入效率，减少环境污染。

烟道气驱在应用过程中通常和蒸汽驱、化学驱进行复合驱油。与蒸汽驱复合驱油时，烟道气既可以大规模补充吞吐后期亏空的地层能量，又不会使地层温度明显降低，同时还可增强蒸汽的携热能力，控制蒸汽的走向，强化蒸汽与纵深地层原油的热交换过程，进而达到改善稠油热采效果的目的。在烟道气驱的过程中添加合适的泡沫剂进行封堵调剖，不仅可以改善对低渗部位的驱油效果，同时还增加了烟道气与地层流体及岩石的作用时间，使蒸汽和热水均匀地在地层中推进，有效抑制蒸汽的超覆和窜槽。

3.9 稠油催化降黏开采技术

超稠油开采中的关键问题是降黏。生产中常用的降黏剂是通过减弱稠油微粒间的相互作用力来降低黏度，属于物理降黏，如蒸汽吞吐、蒸汽驱等，但效果不是很理想，主要表现在随着地层温度的降低，稠油的黏度又常常发生反弹。能否通过降低稠油分子间的相互作用力来从根本上降低超稠油的黏度呢?答案是肯定的，即通过改变超稠油分子中的碳数分布来达到大幅度降黏的目的。

油层催化裂化技术是向油层注入催化剂，使稠油有效降解成为含碳数较少的轻质油，达到降黏的目的，而且该过程不同于单纯注蒸汽等热采法，是不可逆过程，因此，对于井筒和地面流动均有明显的优点。

稠油催化降黏技术目前主要包括：井下就地催化改质开采稠油技术和水热裂解开采稠油技术。催化裂化温度一般要求 200 ℃以上，通常油层自身温度很难达到。因此，需要进行催化裂化反应的热驱动。加热油层在技术上是可行的，如向油层注入高温工作剂蒸汽，采用蒸汽吞吐，并较长时间焖井，对于充分发挥催化作用和提高裂化效率是有好处的。热驱动和催化裂化在井底共同作用，迫使稠油的物理和化学性质发生较大的变化，分子变小，黏度变低，流动性变好，采收率自然会大幅度提高。

应该清楚地认识到稠油井下的催化裂化环境与地面工厂相比是很不一样的，如稠油的聚集状态和流动状态就不同。地面炼油厂中原料油是以动态流动与固定床催化剂接触的，即 Arrhenius 方程中的几率因子 A 很大，效率很高，而井下蒸汽吞吐焖井时，稠油与催化剂是类似静态接触的，A 很小，效率不会很高，如果井底做到动态接触，如用蒸汽驱，稠油可在流动过程中与催化剂接触，也许效果会更好。

3.9.1 影响稠油流动性能的因素

稠油的组分组成是决定稠油诸多性质包括稠油流动性能的内因。稠油的流动性能取决于稠油轻、重组分的含量及固体物质在稠油中的分散程度[198-200]。

通过对稠油四组分分析的研究可知，沥青质和胶质是稠油组分中分子量最大、极性最强的组分，它们是由具有烷基侧链和杂原子的多环芳核与环烷芳核形成的复杂结构。

经过前人长期的研究，目前普遍比较认为造成稠油高黏度的原因是与沥青颗粒缔合形成的巨型结构有关，认为稠油是一种比较稳定的胶体分散体系，即稠油自身的胶质、沥青质分子在体系中各种力的相互作用下形成了复杂的大分子团结构。

因为胶质、沥青质是各种不同结构的非烃类化合物所构成的多分散复杂混合物体系，所以胶质、沥青质的结构研究十分困难。自 20 世纪 60 年代以来，晏德福等利用了核磁共振波谱、电子自旋共振波谱、X 射线衍射谱、红外光谱等各种现代物理仪器分析方法并配合元素分析及分子量测定等方法，对胶质、沥青质的结构进行了深入的研究[201]。

对于胶质、沥青质分子的基本结构，目前一般认为是以稠合的芳香环系为核心并合若干个环烷环，在芳香环和环烷环上带有若干个长度不等的烷基侧链，在其分子中还带有各种杂原子的基团，并络合有镍、钒、铁等金属。胶质、沥青质是由若干个上述以稠合芳香环系为核心的单元结构(也称为单元薄片)组成，在单元结构之间一般以长度不等的烷基桥或硫醚桥等相连接。胶质的单元结构数较少，一般为 1～3 个，沥青质的单元结构数较多，一般为 4～6 个，但它们的单元结构重均分子量差别不大，一般为 800～1200。

晏德福等[200]提出能全面反映沥青质胶束结构的胶质沥青质稠环芳香化合物的“层叠”聚集体模型。在稠油分散体系中，沥青质作为分散相的胶核，以吸附的胶质为溶剂化层，构成胶束；分散介质主要由饱和分和芳香分组成。胶质、沥青质通过氢键等相互作用，相互缔合，使沥青质保持悬浮状态。稠油各组分的内部微观结构影响稠油微粒间的相互作用力并直接影响稠油的黏度。在稠油中，被胶质包围的沥青质胶束大小是影响原油黏度的主要因素。当稠油饱和分和芳香分足够时，沥青质胶束呈分散状态；反之，沥青质胶束之间就容易发生缔合，形成大颗粒聚集体，这是稠油在较高温度下黏度也相当高的根本原因[200]。

3.9.2 井下水热催化裂化降黏技术

井下水热催化裂化降黏技术是利用稠油与水蒸气之间发生的水热裂解反应，在催化剂的作用下，高碳数的稠油发生部分裂解而成为轻质油，不可逆地降低了稠油的黏度，提高了油品品位，导致原油的蒸汽压增加，油层压力和能量增加[202]。

关于稠油的水热裂解反应，最早始于加拿大，它主要用于沥青质的轻质化。20 世纪 80 年代初，Hyne、Viloria 等采用溶液热力分解作用描述了发生在 200～300 ℃温度范围内的化学反应，这些反应包括酸聚合反应、地层基质及流体释放出水、气作用而发生的有机硫化物裂解、水煤气转变反应及加氢脱硫反应等。Hyne

等把油砂在水存在条件下加热时发生的全部变化称为水热裂解[203]。

Hyne 和 Viloria 研究了加拿大、委内瑞拉稠油及沥青在不同条件下的水热裂解。他们的研究结果表明，在 200～300 ℃温度范围内油砂与水之间发生剧烈的化学反应，即原油与多孔岩石基质发生了水热裂解，并分析了水热裂解反应机理，提出了一些关于稠油开采的有价值的建议。他们发现当在实验室条件下把水和阿萨巴斯卡油砂加热至 240 ℃或 300 ℃，并保持数天至数周时，主要的气体产物数量依次按 CO_2、H_2、H_2S 和 CH_4 递减。除产生这几种气体外，他们还发现沥青经 240 ℃水热处理前几天，其黏度开始增加，但其后随时间延长黏度又下降。但在 300 ℃水热处理时，黏度明显下降。他们还发现各种高价过渡金属盐对水热裂解反应有催化作用，并指出在油田蒸汽驱动实验中加入这种盐会使产出油的黏度足够低以至能用管道输送。

Hyne[204]在另一研究中报道了水热裂解(240 ℃)对阿萨巴斯卡样品 SARA 组分的影响：①沥青质含量降低；②饱和烃和芳香烃含量增加；③胶质含量减少约 30%。水热处理后所有组分中的硫含量都下降，其中在沥青质中的变化最大。

为测定何种物质参与水热裂解，Hyne 等广泛研究了在水热裂解条件下，噻吩和四氢噻吩(它们分别代表较稳定的芳香结合硫与较活泼的硫醚型硫，并且它们都是稠油中典型的有机硫化合物)的行为。研究结果表明，四氢噻吩比噻吩更易分解，水热裂解反应后主要生成 H_2S、CO、烃和某些聚合物质。在有矿物质或其他催化剂存在时，CO 和水进行水煤气变换的反应(WGSR)生成 CO_2 和 H_2。他们还发现各种过渡金属盐的加入，会加速模型化合物的水热裂解反应，从而指出在水热裂解条件下主要是有机硫化物参与反应。

Gould[205]研究了热采过程中蒸汽对冷湖稠油的影响。研究结果表明，稠油经过蒸汽处理后，其组成中 H/C 下降，芳香度增加。他们认为这是由于稠油经水热裂解反应后，稠油中的某些成分可能发生了脱烷基侧链、环烷环的开环和芳香化、芳环缩合等反应。

Jaclbson 等[206]对和平河冷采的沥青样和蒸汽吞吐开采的沥青样的结构进行了分析和对比，发现经蒸汽处理后的沥青的结构发生了较大的变化，主要是芳环亚砜、羧酸、苯并呋喃、脂肪族噻吩、吲哚和喹啉的浓度下降较大；蒽、*n*-代吲哚、脂肪胺、酮和苯并噻吩的浓度增加。他们认为，在蒸汽吞吐过程中，稠油发生的化学变化既有碳结构的重组，也有挥发官能团的损失。

Erdman 和 Dickie[207]对沥青质原油做了相似的研究。他们研究了 7 种原油在玻璃衬套压力容器中的热变。这些反应是在 24 h 内在 410 ℃下进行的。在这些实验中原油黏度降低了近千倍。Hayashitani 等[208]研究了阿萨巴斯卡原油在 340～490 ℃的温度范围内和 5 MPa 压力下的热裂解。发现在裂解反应中，N、S 和 O 从沥青质中去除，这不仅有利于采油，而且对提高油品质量、方便后续加工是有益处的。

Monin 和 Audibert[209]研究了稠油在高温蒸汽条件下的热变。实验是在 Hastelloy C 276 搅拌式反应器中用油、水和砂子的混合物 390 ℃下反应 200h。作者推断实验中形成的轻烃是由胶质和沥青质裂解而产生的。热处理没有改变原油中饱和烃/芳香烃的比值。他们把形成的 CO_2 部分归因于反应中使用了水。并发现基岩对反应有催化作用。例如，在氢气存在时，沥青质馏分从约 10%降至约 4%，而在有砂子和黏土存在时降至约 2%。

Payzant 和 Strausz[210]对 Hyne 及其合作者对原来的实验方法进行了改进，他们为最大限度地减少金属反应器表面的催化作用，实验中将阿萨巴斯卡油砂样品加入不同量的水，放入石英管中抽空脱气后密封，然后加热至 250 ℃保持 3 天、7 天和 14 天。产生的气体 H_2、CH_4、CO_2、H_2S 和 C_2—C_7 烃用高真空设备定量回收并用气相色谱分析。水热裂解后，可溶质化合物类型中单环芳烃馏分和双环芳香馏分含量同步增加，饱和烃含量稍有增加。可溶质中硫醚含量减少，另外，噻吩含量有所增加，他们认为大部分新生成的噻吩化合物来源于沥青质的解聚。

自 1986 年以来，国外对稠油的轻质化进行了大量的研究，发表了许多相关的文章和专利。例如，1988 年 Patel 等[211]发表了用热水(340 ℃)处理稠油以产生轻质油的专利；1989 年 Clough 等[212]发表了用超临界水处理原油、油砂和沥青以产生轻质油的专利；1991 年 Flora 等[213]发表了将稠油改性以产生轻质油的专利；2000 年 Cordova[214]发表了利用油溶性催化剂提高稠油品位的专利。

催化裂化温度一般要求有较高的温度，通常油层自身温度很难达到。因此，需要进行催化裂化反应，就必须有较高的温度。加热油层在技术上是可行的，如向油层注入高温蒸汽，采用蒸汽吞吐，并较长时间焖井，对于充分发挥催化作用和提高裂化效率是有好处的。

20 世纪 90 年代初，国内外开始了稠油井下降黏开采的初步研究。专利证明了稠油水热裂解的可行性。

在国内，姜嘉陵等[215]首先对单家寺油田蒸汽吞吐过程中原油性质的变化进行了深入研究。研究结果表明，5 口井在吞吐周期内先采出的为轻质原油，同时有二氧化碳、甲烷、乙烯等气体产生，随着开采时间的延长，采出油逐渐变重，其中第一个月内变化幅度较大，原油密度、黏度及分子量也逐渐增加，从而证明高温蒸汽作用下，稠油发生了裂解反应。范洪富等先后考察了矿物和金属离子对辽河稠油水热裂解反应的影响。研究结果表明，矿物对我国低硫稠油同样具有催化改质作用。当向水热裂解反应体系加入一定量的矿物时，反应后稠油中的饱和烃、芳香烃等轻组分含量增加，胶质、沥青质等重组分含量减少[216-223]。

文献[222]介绍了国内首次井下催化降黏开采稠油的现场试验。试验结果表明，辽河油田稠油经处理后，7 口井的稠油黏度均下降了 60%以上，日产油量比处理前增大；采出油的饱和烃、芳香烃含量增加，胶质、沥青质含量减少。该文献报道所用的催化剂中含有过渡金属络合物。

井下水热催化裂化降黏技术的关键是选择合适的催化剂。好的稠油裂化催化剂应满足下列条件：①易注入油层，尽可能扩大波及范围；②良好的耐温性(耐温280 ℃以上)；③与地层水的配伍性好；④抗毒性好，不易受到原油中复杂组分的毒化；⑤活性高，寿命长和成本低。

井下水热催化裂化降黏技术不同于单纯的热采法，是不可逆过程，对于井筒降黏和地面流动均有明显的优点。但该技术需要热驱动，催化剂选择难。特别是催化剂选择问题限制了该技术的发展。研制效果好、成本低的催化剂将是以后的主要研究方向。

原油催化裂化温度一般要求在 200 ℃以上，通常油层自身温度很难达到。加热油层在技术上是可行的，向油层注入高温蒸汽，采用蒸汽吞吐，并较长时间焖井，对于充分发挥催化作用和提高裂化效率是有利的。

纵观现有的稠油开采新技术，水热裂解开采稠油具有较多的优点。例如，采用的催化剂为水溶性过渡金属盐，因而与注入的蒸汽有较好的配伍性；施工工艺简单，在现有的注蒸汽条件下即可进行现场操作；注入的过渡金属盐水溶液，无毒、无腐蚀、无污染，操作安全可靠。具有广泛的应用前景和推广价值。

1. 催化裂化降黏机理

Hyne 等指出，存在于稠油，尤其是重质组分中的有机硫成分，是水热裂解反应中的关键物质[224]。总的化学过程可用下列反应式简单说明[225]。

$$RCH_2CH_2SCH_3 + 2H_2O \longrightarrow RCH_3 + CO_2 + H_2 + H_2S + CH_4$$

显然，稠油中有机硫化合物的裂解不是一步能完成的，需要经过酸聚合、水气转换(water gas shift reaction，WGSR)等反应。Hyne 和 Clark 等通过研究金属对稠油水热裂解反应的催化作用，提出了水热裂解反应机理[225-227]，认为金属离子在有机硫化学键裂解、WGSR 和加氢裂解或加氢脱硫作用等反应步骤中起了作用。加入的金属离子、氧化物或硫化物会使稠油中有机硫化物的 C—S 键断裂，从而使沥青质的含量或平均分子量降低，导致稠油黏度降低。水热裂解反应中还能生成硫醇，硫醇会进一步二次水解，释放出 H_2S。另外产物中的醇会变为醛，而醛可以很容易地分解产生 CO，CO 和水在催化剂的作用下会进行水气转换反应。这样便可在所处的温度下产生氢气，使加氢脱硫反应得以顺利进行。

目前已报道的供氢体有 H_2、有机供氢体、水、甲烷、H_2O-CO 体系和环己烷。Kuala[228]研究表明，用四氢化萘作为供氢体，在 204 ℃下加入催化剂反应 72 h，稠油黏度从 220 Pa·s 降到 28.5 Pa·s，降黏率达到 87%。秦文龙[229]研究表明，稠油中仅加入催化剂和水，在 200 ℃反应 12 h，反应后降黏率可达到 57.5%，H/C 从 2.02 提高到 2.52，这说明可以用水作为水热裂解反应的供氢体。H_2O-CO 体系可与井下油层中的 CH_4 构成 H_2O-CO-CH_4 体系，在催化剂作用下，发生水煤气变换反应，产生的活性氢直接参与稠油的改质，从而提高催化改质的效果。因此，在蒸汽吞吐的温度条件下(200 ℃以上)，由于水热裂解反应，稠油中重质组分能够得到部分裂解或改质，表现为产出稠油平均分子量、黏度及硫含量降低[230]。

在水热裂解反应中，裂解反应和聚合反应是相互竞争的。在有些实验开始时观察到的黏度上升很可能是聚合反应占主导地位造成的。而催化剂的加入能够促进裂解反应，使水热裂解反应向着裂解改质稠油的有利方向进行。

刘永建等[231]对稠油在高温蒸汽及催化剂存在下的反应及降黏机理进行了深入的研究，结果表明，以下几方面的协同作用导致稠油黏度下降[232]：

(1) 高温下水溶解有机化合物的能力和酸碱性增强，有利于稠油水热裂解反应的进行。

(2) 过渡金属离子的催化作用促使稠油中的 C—S 键断裂，在井下发生加氢脱硫和裂解等反应。因此稠油中的沥青质得到部分改质，致使产出的稠油的相对分子质量降低、黏度减小、硫含量降低。

(3) 在注蒸汽开采稠油的条件下，油层矿物类似常规催化剂的载体，对水热裂解反应具有协同作用。

(4) 水热裂解产生的饱和烃、芳香烃等轻烃具有溶剂效应，从而降低了稠油的黏度。

(5) 水热裂解后稠油中 O、N、S 等杂原子含量减少，从而减弱了稠油中的氢键力，降低了稠油的黏度。

(6) 在反应过程中由于稠油的脱羧作用和水煤气变换等反应，产生 CO_2，CO_2 的产生对稠油开采和降低稠油的黏度有益。

2. 热裂解开采稠油催化剂研究现状

近年来国内外对稠油水热裂解催化剂的研究主要有以下几个方面：

1) 水溶性过渡金属化合物催化剂

Clark 等[226]对比研究了镍、钼、铜、锌、锰和铁等金属离子的硫酸盐，在模拟注蒸汽条件下对加拿大和委内瑞拉稠油水热裂解反应的催化作用。结果表明，加入 0.1 mol/L 金属离子的水溶液，在注蒸汽条件下(240 ℃、水油比为 5)反应一定时间使稠油黏度降低 70%以上；胶质、沥青质和硫含量降低，饱和烃和芳香烃含量增加；H_2、CO_2 和 C_{2+}等气体产量也有所增加。Thomas[233]报道了用铁、锰和钒等金属离子改质稠油的专利。

国内范洪富、赵晓非等[218,219,234]先后考察了铝、铬、钒、锰、铁、钴、镍和铜等金属离子对辽河稠油水热裂解反应的催化作用。在一个典型的实验中，选用 0.01 mol/L 的 Fe^{2+}作为催化剂，可使辽河稠油在 240 ℃条件下，黏度降低 75%以上，沥青质含量降低 7%以上，总组成和硫含量变化情况与 Hyne 等的结果相似。

2) 油溶性过渡金属化合物催化剂

在井下改质反应中为了使过渡金属离子溶于油相中，使其与原油充分混合，更好地发挥催化活性，陈尔跃等[235]考察了 0.05%浓度的 Co、Mo、Fe、Ni、Al、Mn 和 Cu 的油酸盐对辽河稠油的降黏效果。结果表明，在 200 ℃反应 72 h 后，Co、Mo、Fe、Ni 的油酸盐的催化降黏效果都比较好，并且，Co 和 Ni 油酸盐复配的催化效果比它们单独使用的催化效果更好。以油酸钼和石油磺酸盐复配，加入量分别为 0.5%和 0.1%，在 200 ℃反应 24 h 后，可使辽河稠油降黏 90%以上。该温度低于其他讨论水热裂解反应时普遍采用的温度(240 ℃)，更接近稠油热采中的实际井下温度。

加拿大 Alberta 大学 Strausz 等在其论文中介绍了一种油溶性催化剂——羧酸钼盐，对沥青砂和霞质原油的液相加氢裂化具有明显的催化作用，使重质原油的沥青质含量由 16.2%下降到 3.6%[236]。研究人员同时研究了过渡金属离子的硫酸盐和环烷酸盐对胜利单家寺稠油的降黏效果，各种催化剂对稠油水热裂解反应催化活性由强到弱的顺序为 CoNaph＞$VOSO_4$＞NiNaph＞$NiSO_4$＞FeNaph＞$FeSO_4$，但是从使用效果和经济成本上综合考虑，硫酸盐更具有应用前景。

3) 超强酸催化剂

Mojelsky 在其研究中，以超强酸(HF/BF_3 体系)为催化剂处理 Alberta 重质油，结果证明超强酸有效地使重质油中的沥青质转化为低分子量的戊烷可溶物，并使氧、硫、氮含量降低[202]。闻守斌等[237]制备了超强酸催化剂硅钨酸($H_4SiW_{12}O_{40}$)，在 240 ℃反应 36 h 后，胜利油田超稠油的黏度可降低 67.5%，当向反应体系中加入地层水和油层矿物后，油层矿物与超强酸之间存在协同效应，可使超稠油的降黏率达到 73.2%。研究人员认为，硅钨酸对稠油降黏反应具有催化作用的原因在于硅钨酸在水与稠油中均有一定的溶解度，因此可以催化非均相反应；同时具有酸性和氧化性，是一种双功能催化剂，可以催化稠油的裂解反应和氧化脱硫反应，具有传统催化剂所不具备的优势。制备的另一种超强酸($H_3PMo_{12}O_{40}$)对大庆油田的超稠油也取得了相似的降黏效果[238]。

4) 其他催化剂

离子液体因其独特的溶剂作用和催化作用，在稠油改质降黏的研究中逐步应用起来。Koel[239]报道了用离子液体改质稠油的方法。邹长军等[240]研究了沥青砂重组分在离子液体中的降解过程，结果表明，离子液体/H_3PO 体系对沥青砂的催化降解是有效的，并且具有较好的脱硫效果。范洪富等的研究结果表明，离子液体对稠油具有较好的改质降黏作用，使用5%的$[Et_3NH][AlCl_4]$—Ni^{2+}，在N_2保护下90 ℃反应120 h，降黏率可达到64.8%。

3. 水热裂解的影响因素

1) 含水量的影响

大量研究表明，在高温下，水的化学性质也较活泼[231]，为与非极性化合物反应提供了有利的条件。如在300 ℃时，水的密度和极性与常温下丙酮的性质十分相似。水的介电常数随着温度的升高而急剧下降，从20 ℃时的80下降到300 ℃的20，这就意味着随着温度的升高，水溶解有机化合物的能力增强。在240 ℃时，水的离子积常数为11，而在20 ℃时为14，这表明，随着温度的升高，水具有强酸和强碱的性质，除反应速度自然增加外，水的酸碱催化作用随之增强。在水热裂解过程中，具有强酸强碱性的水，电离成H^+和OH^-，与稠油中的S^{2-}结合生成H_2S，稠油中长链的烃类变成短链的烃类，使稠油的黏度降低。

2) 催化剂的影响

根据化学键理论，在C—O(键能360 kJ/mol)、C—S(键能272 kJ/mol)和S—H(键能368 kJ/mol)中，C—S键能最小。同时，S的负电性大于C，故在有机硫化合物中，S带负电而C带正电，所以与催化剂结合的水分子中的H^+进攻S，而OH^-进攻C，使电子云发生偏移，造成C—S键能进一步降低。因此，在水热裂解过程中会导致稠油中有机硫化物C—S键的断裂，从而使沥青质的含量降低、稠油的相对分子质量减小，当然也就导致稠油黏度降低。在水热裂解中生成的硫醇会二次水解，释放出H_2S。产物中的烯醇会变为醛，而醛很容易分解，在催化剂作用下生成的CO与水会进行水煤气转换反应(WGSR)。这样便可在所处的温度下高效地产生H_2，使加氢脱硫反应得以顺利进行。因此，在蒸汽吞吐时(200 ℃以上)，由于水热裂解反应，稠油中的沥青质得到部分改质，致使产出稠油的相对分子质量减小、黏度降低以及硫含量降低。从试验得到的产物中，检测有H_2S，从而证明过渡金属离子与有机硫的络合反应是存在的，这种络合反应可以削弱C—S键。同时，在这个反应历程中，与过渡金属配位的中间产物会发生水解，从而产生H_2S。并且通过水解，催化剂得到再生，且产生CO、CO_2和H_2。

催化剂中金属离子的电性有强有弱，不同的催化剂，造成稠油中有机硫化物C—S键断裂程度不同，水热裂解降低稠油黏度的效果也不同。而对于同一催化剂，由于其浓度不同，同样也造成稠油中有机硫化物C—S键断裂程度不同，水热裂解降低稠油黏度的效果也不同。

3) 反应时间的影响

在其他条件都相同时，反应时间的长短也会造成地下稠油水热裂解反应的差异。实验证明，催化剂与稠油反应的过程中，随着时间的增长，水热裂解后稠油的黏度先下降而后又有一定程度的上升，稠油的降黏率先增大然后又有一定程度的下降，稠油黏度最小(降黏率最大)的这个时间就是水热裂解反应的最佳时间。若时间过短，稠油、水蒸气、催化剂等之间的反应进行得不够彻底，稠油黏度下降的程度不大；若时间过长，稠油中的烃类之间发生结焦作用，导致稠油黏度又上升，但是上升的幅度不大。总的来说，随着反应时间的加长，稠油的降黏率都有所增加。

4) *油层矿物的影响*

油层矿物主要是由黏土矿物和非黏土矿物组成。非黏土矿物主要包括石英及无机盐岩，黏土矿物是由含硅氧物质和铝氧化物组成。在蒸汽的作用下，油层矿物形成含有 SiO_2 四面体三维网络的硅水凝胶，六配位的铝离子与初级硅胶粒子的表面发生反应，即三水合铝与硅胶表面 OH 基缩合放出水。过量的活性硅胶和低 pH 使 Al—O—Si 键的生成较 Al—O—Al 键的生成更有利。SiO_2 和 Al_2O_3，相互结合后，表现出很强的酸性。同时，晶格取代作用，油层矿物表面大多带负电荷，它们可吸附催化剂中的金属阳离子，使油层矿物具有常规催化剂载体的作用。这对水热裂解反应有着促进作用。

水热裂解催化降黏是一种极具潜力的稠油开采新方法，但要使它成为一种能在现场大规模应用的有效技术还有一段路要走。这是因为该方法在发展过程中还面临一些问题和挑战：

(1) 对水热裂解催化降黏剂的研究开发不够，水热裂解催化降黏剂的研究在我国还处于起步阶段，无论从品种还是数量上都远远不能满足我国稠油开采的需要。

(2) 对稠油水热裂解催化降黏的机理缺乏深入系统的研究，一方面稠油是一个复杂的大分子化合物，它的组成和结构还没有定论，很难找到合适的模型化合物来进行模拟研究，因此难以弄清它的裂解动力学机理；另一方面有些裂解的小分子及碎片信息也难以定量捕获。这些为机理的深入研究带来了困难和挑战。

(3) 缺乏试验前的模拟计算和增产效果预测，缺乏实施工艺的优化研究。一般的注蒸汽开发有相应的计算机模拟程序和软件，能够模拟注蒸汽开发后的效果、产量和动态的变化特征，但是，针对稠油水热裂解催化降黏方法则没有这样的技术，因此很难在实施前估算开发效果。

(4) 现场试验中注蒸汽的温度和干度不够，致使地层温度较低，催化降黏剂无法撼动稠油分子的骨架结构，只能破坏部分支链，使得降黏效果有限，从而大大影响了开采效果。

针对上述问题，在今后的研究中应加强以下几个方面的研究：

(1) 要针对不同油源的稠油，研究开发出更多的催化效率高、成本低、反应条件宽、普适性强、配伍性好的催化剂，这是稠油水热裂解催化降黏方法的核心和关键。

(2) 加强稠油水热裂解催化降黏机理的探索，建立理论模型来指导催化降黏剂的研制，此乃今后的研究重点。

(3) 结合稠油油藏的地质特征、工程特征，系统研究稠油水热裂解催化的现场施工工艺和技术，最大限度地提高地层温度，充分发挥催化降黏剂的作用，是提高稠油水热裂解催化降黏开采效果的又一关键。

(4) 加大现场试验的力度，进行先导试验，为大规模工业化应用积累经验。

总之，稠油水热裂解催化降黏方法的实现是一个系统工程，必须建立一种从催化降黏剂的研制到现场施工工艺的一体化研究模式，从而获得一种经济、适用、高效的稠油开发方法，为有效地大规模开采国内和世界的稠油资源做好技术储备。

从大量文献可以看出，采用水热裂解催化改质方法处理不同油田或同一油田不同区块的稠油适用的催化剂及降黏效果各不相同。所以有必要对不同来源、不同性质的稠油进行有针对性的研究。同时，研发廉价且性能高的供氢剂，与催化剂协同作用使稠油取得理想的裂解、改质和降黏效果，也是非常必要的。而且此技术需要大量的热量，在低温或常温采油受到一定的限制，因此必须与蒸汽驱或蒸汽吞吐等常规热采方法充分有效的结合。

水热裂解通过改善稠油的品质，能带来较高的利润。水热裂解改质方法的优点在于：第一，水热裂解过程中可以产生气体，可以提高原油采收率；第二，降低了稠油黏度增加了其在油层的流动性，进而提高油井产量；第三，在井下对重质组分进行改质处理，降低了开采和集输的成本，减轻了炼油厂加工稠油的压力；第四，把孔隙介质作为天然化学“催化反应器”，协同催化稠油的水热裂解反应；可以应用于注蒸汽井，也可以应用于火烧油层等热采井，总之，只要能够提供足够热量的开采井即可。

3.9.3 井下就地催化改质降黏技术

井下催化改质稠油技术[241]是利用热作用，稠油可以发生减黏裂化和热裂解而改质。人们也提出了在加热处理中，向井下注入氢和可以产生氢的物质的方法。除了能溶入原油中而使原油膨胀外，H_2 还能进入微小孔隙；当地层压力降低时，被压缩的气体使原油膨胀而能产生出更多的原油，并且处理过程中对原油加热，由于加热使得原油膨胀而降低了黏度。

Weissam 等[242]已经设计出几种井筒或近井地带就地改质稠油的方法。在处理过程中，使油流经固定的催化剂床。这些催化剂是通过油田开采中常用的砾石充填或类似于压裂作业中支撑剂注入的方法来放置的。因为大多数重质油藏的岩石骨架都有未胶结砂，砾石充填是必要的步骤，用来防止冲蚀和严重的出砂。通常催化剂是按类似于砾石充填或支撑剂大小尺寸来设计制造的。除了处于重质原油中，催化剂还暴露于盐水中。

与传统地面改质稠油技术相比，就地改质技术有几个优点。首先，就地改质可应用于井下，这样对大量原油必须进行的地表处理就不再需要了。其次，就地改质可以根据产量的变化很容易地调节，油层作为反应釜，就没有必要建造大型的、高造价的压力容器。就地改质可应用于陆地也可应用于海洋，还可应用于遥远的现场和那些地面改质不适合的地方。此外，与传统的地表处理相比，就地改质技术能对所有沸点范围内的原油进行处理，而并不像在炼油过程中只能对特定沸点范围原油部分进行处理。

从本质上讲，成功的井下催化、降黏开采稠油，需要把催化剂放置在油层中合适的位置；反应物(稠油)和助剂如供氢剂、水、CO 在催化剂表面流动；创造必要的反应条件，如充足的温度和压力；最后开采稠油。目前尚无现场成功实验的报道，这主要归结于油与氢、催化剂之间没有较好的接触，热源不足或缺乏有效的催化剂。传统的硫化氧化铝负载的 Ni-M。加氢处理催化剂，对处理 O/W 型乳状液有用，但它的活性较低。如果能提供足够的体积，则传统的催化剂可以用来做井下改质稠油的催化剂。

THAI 是 ISC 降黏开采技术的一个发展。THAI 是 Toe-to-Heel Air Injection 的缩写。THAI 与传统的 ISC 技术不同，因为它解决了重力作用造成的气体首先突破的现象。THAI 的优点是冷油沿水平生产井形成了一个天然密封层，阻止任何气体的突破。此外，冷油还创造了一个黏性的阻挡层，阻止气体进入下面的油层，从而保证了未开采区域油层的含油饱和度和含水率，对后面的措施有利。据文献报道，采用 THAI 工艺，采出稠油烃组成发生了明显的变化，饱和烃由原来的 25%升高到 46%，极性物质 *A* 由 31%下降到 16%，极性物质 *B* 由 5%下降到 7%。同时，稠油中的重金属含量也大大降低，达到了井下降黏开采的目的。

CAPRI 是 THAI 的进一步改进。它是在 THAI 的基础上，在生产水平井中放置一催化剂层，利用燃烧前沿产生的高温为稠油的催化、裂化创造反应条件。这种技术虽然在室内模拟实验中取得了相当的成功，可使采油的黏度大幅度下降、稠油变轻、质量得到了改善，但它和前面提及的井下催化降黏开采技术一样，仍然存在着催化剂的选择、催化剂的再生和如何放置催化剂等一系列在实际操作过程中难以解决的问题。

上述井下催化降黏开采技术在实际应用中均未成功，可归因于没有充分发挥金属离子催化剂的催化作用，或是因为油、氢及催化剂之间的接触不好、供热有限，或是因为没有找到有效的催化剂。

3.9.4 稠油离子液体改质降黏技术

离子液体[230]是指在室温下完全由离子组成的液态物质。离子液体对稠油改质降黏机理是在离子液体中金属离子的催化作用下，稠油分子中解离能较低的C—S键、芳香烃分子长支链中的C—C键和芳香烃分子之间的碳链中的C—C键发生断裂，从而使稠油中的大分子变小，反应的结果是沥青含量减少，饱和烃及芳香烃的含量增加，从而使稠油的黏度下降[243]。离子液体用于稠油改质的主要优点[243,244]是具有良好的催化效果，反应所需温度很低。

稠油离子液体改质降黏技术目前研究较少，在已经报道的研究[243-245]中均已证明用离子液体对稠油进行改质会使沥青含量减少，会使胶质、芳烃和饱和烃含量都有不同程度的增加，增加程度从大到小依次是饱和烃＞芳香烃＞胶质，反应后黏度也会降低。其中，樊泽霞等[246]的研究取得了较好的效果，该研究中使用质量分数为0.1%的环烷酸镍和5%自制的离子液体复配液，在最佳条件(反应温度为80 ℃、反应压力为3.5 MPa、反应时间为120 h、含水量小于10%)下，沥青降低了78%，降黏率达到60.7%，该研究中还考虑了过渡金属盐对反应的影响，结果认为有机酸盐比无机盐效果好，而Ni^{2+}的催化效果好于Fe^{2+}。范洪富和李忠宝[247]利用合成的离子液体[bMiM]Br·$FeCl_3$对稠油进行了改质降黏实验。实验发现，在实验温度为80 ℃、离子液体质量分数为5%的条件下反应18 h，反应后沥青质含量减少，饱和烃、芳香烃和胶质的含量增加，增加量从大到小依次是芳香烃＞饱和烃＞胶质，稠油黏度降低了61.7%。范洪富等[248]在离子液体[Et_3NH][$AlCl_4$]中加入Fe^{2+}、Cu^+和Ni^{2+}，分别合成了离子液体催化剂[Et_3NH][$AlCl_4$]—Fe^{2+}、[Et_3NH][$AlCl_4$]—Cu^+和[Et_3NH][$AlCl_4$]—Ni^{2+}，在90 ℃下反应120 h，其中[$AlCl_4$]—Ni^{2+}的催化降黏效果最好，降黏率可以达到64.76%。但是，离子液体存在遇水水解、成本高和使用后无法从稠油中回收等问题。

3.9.5 稠油注空气低温氧化降黏技术

稠油注空气低温氧化采油技术是将廉价的空气、催化剂和蒸汽注入油层，在油层内部就地缓和催化氧化稠油。该技术的作用机理是稠油在低温下(＜240 ℃)与空气发生吸氧反应，O_2与稠油分子结合生成醛、酮、醇、羧酸或过氧化物，有少量CO_2和CO产生[249]。反应后饱和烃及芳香烃含量增加，胶质含量减少，沥青含量增加，酸值(羧酸含量)上升，这说明主要是胶质发生反应，生成了沥青、饱和烃及芳香烃。崔盈贤等[250]研究表明，使用稠油中分离出的石油酸盐作为表面活性剂，可以使稠油黏度大幅降低。稠油单纯注空气低温氧化反应后稠油的酸值与沥青增加，黏度也随之增大[251]，加入碱性助剂后，后者与羧酸生成阴离子型表面活性剂，形成O/W型乳状液，会大幅降低稠油黏度。徐冰涛等[252]研究表明，在地层温度和压力条件下，注空气低温氧化的驱油效率比水驱油效率提高10%～20%。此外，陈广明等[253]研究表明，注空气低温氧化开采稠油技术可以有效减少注蒸汽的热量损失。稠油注空气低温氧化采油技术的优点为反应在消耗空气中的氧气的同时，放出的热量会加热油层；反应后空气中剩余的大部分是氮气，与单纯注氮气驱油相比，大大节省了成本；氧化生成的酸和加入的碱性助剂生成的表面活性剂会大幅降低稠油黏度；稠油还会部分发生裂解，生成稀油。该技术将蒸汽吞吐(或蒸汽驱)、自氧化加热、注氮气采油、表面活性剂驱油和稀油稀释法 5 种稠油开采技术集成为一体[254]。2002 年以来，西南石油大学稠油注空气采油科研组在国内外率先提出并从理论、室内实验和现场试验角度对稠油注空气-蒸汽低温氧化高效采油技术进行了系统的研究。Tang 等研究表明，在最佳实验条件下(催化剂用量 0.2%、助剂用量为 1.4%、水 60%、反应温度 200 ℃、空气压力 0.5 MPa、反应时间 36 h)，辽河稠油黏度由 382.6 Pa·s 降至 23 mPa·s，降黏率达到 99.99%。在唐晓东等的其他研究[255,256]中，环烷酸铜作为催化剂，在最佳条件下(催化剂用量 0.2%、反应温度 100 ℃、空气压力 0.5 MPa、反应时间 72 h)催化氧化渤海稠油(黏度 2.004 Pa·s)，反应结束后，加入一定量助剂，并取同等量的未氧化稠油加入等量助剂作为对比，结果显示氧化稠油的降黏率比对稠油直接进行乳化的降黏率高 8.35%，降黏率能达到 96.66%。Wichert[257]的研究指出：①当稠油耗氧量为(0.004～0.015) O_2/油时，会使稠油朝期望的方向改变；②碱不仅会加速氧化反应的进行，还能抑制沥青转变为焦炭；③反应时间越长，稠油改质效果越好。

2008 年 9 月至 2010 年 9 月，西南石油大学与辽河油田分公司曙光采油厂进行技术合作开发，使用专利[258,259]中对稠油注空气低温氧化采油技术进行了室内小试、安全评价研究和现场试验研究，先后在曙光采油厂进行了 10 口稠油井(其中垂直井 4 口，水平井 6 口)注空气低温催化氧化采油试验。其中 4 口垂直井合计增产稠油 1107 t(单井日产量平均提高 25%)，6 口水平井合计增产稠油 1692 t(单井日产量平均提高 48%)，试验井产水率平均下降 10%左右。同时发现试验井注空气后临近的一线井和二线井稠油日产量大幅度提高(单井日产量平均提高 50%～200%)，增油 169 t。稠油注空气低温催化氧化采油现场试验累计增产稠油 2968 t。该技术在现场应用中通过施工技术可以使催化剂和助剂在油藏中比较均匀分布。此外，该技术综合多种驱油技术，对化学反应的依赖程度不是很高，反应的目的是消耗空气中的氧气，利用表面活性剂(反应后生成的羧酸与碱助剂作用生成)和空气中剩余的氮气驱油。

3.10 冷采技术的发展

冷采技术在今后的发展上可能会产生 4 个热点，分别在油藏描述和数值模拟上、举升工艺的改进上、有限排砂采油上和冷采之后的进一步提高采收率上。

可靠的油藏研究是油藏管理行为的战略工具。因为巨大的投资计划通常以这些研究结果为基础。与这些投资相关联的最终利润基本上依赖于从油藏研究中所得到的生产动态预测结果的精确性。目前石油工业正在经历着一场关于油藏研究的现代化，一种趋势是在油藏的描述阶段加强不同专业领域的综合和二维向三维描述过渡，从这些油藏描述和数值模拟成就中受益的一个领域是稠油的开采。稠油的开采目前所面临的挑战是：①需要把有意义的、完整的油藏描述融入流动模型当中；②对于稠油生产建立强有力的数学模型和数值模拟方法。完成第一项任务需要描述油藏的各向异性，采用三维非结构化网络和网络粗化技术，完成第二项任务就是要开发数学模型和数值模拟技术来预测稠油冷采的生产过程。目前国外有许多学者致力于这两个方面的研究。

随着适合冷采油藏深度的加深，作为冷采举升工具主力的螺杆泵将向着高扬程、大排量和低转速方向发展。电潜螺杆泵随着性能的不断改进，将会越来越多地取代普通螺杆泵。电潜泵随着携砂能力的不断提高，将会越来越多地进入稠油冷采市场。

未来的疏松砂岩稠油油藏的出砂管理模式不会再局限于排砂与防砂两种相互对立的方式上，人们可以根据需要决定是否采取有限排砂采油的方式。稠油有限排砂采油的核心思想是使单井经济效益最大化，为了实现这一目标，需要用经济评价手段来确定在整个油田开发期内应该采取何种开采方式。客观有效的经济评价方法是稠油有限排砂采油技术发展的基础，最大限度地保护产能，同时又能够挡住一定粒度地层砂的防砂方法是这项技术成功的关键。加拿大的一些油公司和研究机构提出了一些可能会采取的方法，包括电磁加热以及 VAPEX、蒸汽辅助重力驱、蒸汽吞吐、蒸汽驱等以及它们的联合应用，但是效果怎样有待于实践的检验。对稠油的热采和冷采方法进行比较，能够得出如下结论：

(1) 稠油冷采方法只适合稠油黏度为 50～2000 mPa·s，具有水敏性的稠油油藏，应用范围广。稠油热采方法可以开采普通稠油、特稠油、超稠油，适用范围比较广。

(2) 从稠油生产投资来看，稠油冷采投资小，操作简单；热采投资大，操作复杂。应该把稠油冷采和热采联合起来寻找一种复合开采方法开采特殊的油气藏。

(3) 在理解油藏地质条件的基础上，对整个蒸汽吞吐区块进行生产层段划分，采取油藏同一生产段多井同时进行蒸汽吞吐，提高热采效率和防止汽窜。

(4) 把注烟道气方法和蒸汽吞吐方法结合起来，这样可以有效提高热的使用效率，并能提高稠油采收率。

(5) 改善的蒸汽吞吐技术能大大提高稠油采收率，将来发展前景比较好。

(6) 水平井开采稠油的方法将会是继蒸汽吞吐之后又一个被广泛应用的技术。

参考文献

[1] 刘晓瑜, 赵德喜, 李元庆, 等. 稠油开采技术及研究进展[J]. 精细石油化工进展, 2018, 19(1): 10-13.

[2] 孙来喜, 伏卫东, 董文龙, 等. 稠油出砂冷采技术的适用条件[J]. 石油与天然气地质, 2001, 22(4): 378-381.

[3] Wang F Y, Qin W P. Redevelopment of heavy oil assets through technology advantage[C]//7th UNITAR International Conference on Heavy Crude and Tar Sands, Beijing, 1998.

[4] Huang W S, Marcum B E, Chase M R, et al. Cold production of heavy oil from horizontal wells in the Frog Lake Field[J]. SPE Reserboir Evaluation and Engineering, 1998, 1(6): 551-555.

[5] 胡常忠, 杨晓蓓, 杨志斌, 等. 河南油田薄层稠油出砂冷采可行性分析及矿场试验[J]. 石油勘探与开发, 2000, 27(5): 87-89.

[6] 吴奇, 等. 国际稠油开采技术论文集[M]. 北京: 石油工业出版社, 2002.

[7] 马超, 李琳, 鲁春宝, 等. 疏松砂岩稠油油藏出砂冷采机理及配套技术研究[J]. 矿物岩石, 2001, 21(2): 73-77.

[8] 杨学文, 王勇, 徐雄, 等. 百口泉油田稠油冷采的可行性研究[J]. 新疆石油地质, 2003, 24(3): 238-239.

[9] 程绍志, 胡常忠, 刘新福. 稠油出砂冷采技术[M]. 北京: 石油工业出版社, 1998.

[10] 何冠军, 杜志敏, 熊中辉. 稠油出砂冷采提高油井产能的机理[J]. 新疆石油地质, 2005, 26(2): 189-190.

[11] 付文畅. 浅析稠油出砂冷采技术[J]. 内江科技, 2012, 33(1): 125-126.

[12] 曾玉强, 任勇, 张锦良, 等. 稠油出砂冷采技术研究综述[J]. 新疆石油地质, 2006, 27(3): 366-369.

[13] 杨生榛, 喻克全, 邹正银, 等. 稠油冷采技术在准噶尔盆地西北缘的应用前景[J]. 新疆石油地质, 1999, 20(6): 528-531.

[14] 刘斌, 王海文, 陈实, 等. 稠油出砂冷采技术研究[J]. 内蒙古石油化工, 2006, 32(10): 90-91.

[15] 罗玉合, 孙艾茵, 张文彪, 等. 稠油出砂冷采技术研究[J]. 内蒙古石油化工, 2008, 34(2): 73-75.

[16] 裴海华, 张贵才, 葛际江, 等. 化学驱提高普通稠油采收率的研究进展[J]. 油田化学, 2010, (3): 350-356.

[17] 丁保东, 张贵才, 葛际江, 等. 普通稠油化学驱的研究进展[J]. 西安石油大学学报(自然科学版), 2011, 26(3): 52-58.

[18] 姚胜林, 陈明强, 王克伟, 等. 提高采收率研究的现状[J]. 石油化工应用, 2009, 28(4): 1-3, 11.

[19] 王德民, 程杰成, 杨清彦. 黏弹性聚合物溶液能够提高岩心的微观驱油效率[J]. 石油学报, 2000, (5): 4, 45-51.

[20] Chang H L. Polymer flooding technology-yesterday, today and tomorrow [J]. Journal of Petroleum Technology, 1978, 30(8): 1113-1128.

[21] Taber J J, Martin F D, Seright R S. EOR screening criteria revisited-part 1: Introduction to screening criteria and enhanced recovery field projects [J]. SPE Reservoir Engineering, 1997, 12(4): 189-198.

[22] Taber J J, Martin F D, Seright R S. EOR screening criteria revisited-part 2: Applications and impact of oil prices [J]. SPE Reservoir Engineering, 1997, 12(4): 199-205.

[23] Bleakley W B. Huskys' varied programs capture heavy crude oil gas[J]. Oil and Gas Journal, 1969, 67(47): 104-106.

[24] Knight B L, Rhudy J S. Recovery of high-viscous crudes by polymer flooding[J]. Journal of Canadian Petroleum Technology, 1977, 16(4): 46-56.

[25] Elliot C E, Ferrer G J. Recovery of viscous oil from stratified reservoirs using polymer solutions [Z]. SPE4846, 1974.

[26] Zaitoun A, Tabary R, Fossey J, et al. Implementing a heavy oil horizontal well polymer flood in western Canada [C]//7th UNITAR International Conference on Heavy Crude and Tar Sands, Beijing, 1998: 1787-1794.

[27] Wang J, Dong M. A laboratory study of polymer flooding for improving heavy oil recovery[C]//Petroleum Society's 8th Canadian International Petroleum Conference, Calgary, 2007: 178.

[28] Wang J, Dong M. Optimum effective viscosity of polymer solution for improving heavy oil recovery[J]. Journal Petroleum Science Engineering, 2009, 67: 155-158.

[29] Asghari K, Nakutnyy P. Experimental results of polymer flooding of heavy oil reservoirs[C]//Petroleum Society's 59th Annual Technical Meeting, Calgary, 2008: 189.

[30] Wassmuth F R, Green K. Polymer flood technology for heavy oil recovery[C]//Petroleum Society's 8th Canadian International Petroleum Conference, Calgary, 2007: 182.

[31] Wassmuth F R, Arnold W, Green K. Polymer flood application to improve heavy oil recovery at east bodo [C]//Petroleum Society's 8th Canadian International Petroleum Conference, Calgary, 2007: 184.

[32] 蒋明, 许震芳, 张铁麟. 齐40块稠油油藏聚合物驱可行性室内实验研究[J]. 断块油气田, 1998, 5(1): 45-49.

[33] 蒋明, 许震芳. 辽河常规稠油油藏的聚合物驱问题研究[J]. 水动力学研究与进展, 1999, 14(2): 240-246.

[34] 许家峰, 程林松, 李春涛. 普通稠油超高分子聚合物驱适应性评价[J]. 石油钻采工艺, 2007, 29(3): 63-68.

[35] 张贤松, 丁美爱. 陆相沉积稠油油藏聚合物驱关键油藏条件研究[J]. 石油天然气学报, 2009, 31(1): 127-129.

[36] 顾永涛. 聚合物驱单元窜聚研究及治理[J]. 新疆石油天然气, 2005, (2): 59-61, 2.

[37] 赵福麟. EOR 原理[M]. 东营: 中国石油大学出版社, 2001: 91.

[38] 窦立荣, 侯读杰, 程顶胜, 等. 高酸值原油的成因与分布[J]. 石油学报, 2007, (1): 8-13.

[39] Cooke C E Jr, Williams R E, Kolodzie P A. Oil recovery by alkaline water flooding[Z]. SPE 4739-PA, 1974.

[40] Ma S, Dong M, Li Z, et al. Evaluation of the effectiveness of chemical flooding using heterogeneous sand pack flood test[J]. Journal Petroleum Science Engineering, 2007, 55(3/4): 294-300.

[41] Mayer E H, Berg R L, Carmichael J D, et al. Alkaline injection for enhanced oil recovery-A status report[J]. Journal of Petroleum Technology, 1983, 35(1): 209-221.

[42] Johnson C E. Status of caustic and emulsion methods[J]. Journal of Canadian Petroleum Technology, 1983,28(1): 1581-1590.

[43] Dranchuk P M, Scott J D, Flock D L. Effect of the addition of certain chemicals on oil recovery during water flooding[J]. Journal of Canadian Petroleum Technology, 1974, 13(3): 27-36.

[44] Scott G R, Collins H N, Flock D L. Improving water flood recovery of viscous crude oils by chemical control[J]. Journal of Canadian Petroleum Technology, 1965, 4(4): 243-250.

[45] Jennings H Y, Johnson C E, Mcaliliffe C D. A caustic water flooding process for heavy oils[J]. Journal of Canadian Petroleum Technology, 1974: 1344-1352.

[46] Faroijq A li S M, Figlteroa J M, Azliaje E A. Recovery of Lloydminster and Morichal crudes by caustic, acid and emulsion floods [J]. Journal of Canadian Petroleum Technology, 1979, 18(1): 53-59.

[47] Campbell T C, Krumrine P H. Laboratory studies on alkaline water flooding[Z]. SPE8328, 1979.

[48] Campbell T C. The role of alkaline chemicals in the recovery of low-gravity crude oils[J]. Journal of Canadian Petroleum Technology, 1982, 11: 2510-2516.

[49] Novosad Z, Mccaeery F G. Laboratory evaluation of sodium hydroxide and sodium orthosilicate tertiary oil recovery in an alberta reservoir[Z]. SPE10734, 1982.

[50] Chiwetelu C I, Neale G H, Hornof V. Recovery of a Saskatchewan heavy oil using alkaline solution[J]. Journal of Canadian Petroleum Technology, 1994, 33(4): 37-42.

[51] 宋建平. 碱及碱/聚合物体系与稠油界面张力的研究[J]. 石油勘探与开发, 1993, 20(4): 81-86.

[52] 宋建平, 田宗武. 稠油乳化开采新方法实验研究[J]. 大庆石油地质与开发, 1995, 14(2): 42-47.

[53] 王小妹, 曾昭槐. 稠油-碱水体系界面电性质研究[J]. 油田化学, 1996, 13(2): 149-152.

[54] Xie J, Chung B, Leung L. Design and implementation of a caustic flooding EOR pilot at Court Bakken heavy oil reservoir[Z]. SPE117221-MS, 2008.

[55] 赵福麟. 采油用化学剂的研究进展[J]. 中国石油大学学报: 自然科学版, 2007, 31(1): 163-172.

[56] Berger P D, Lee C H. Improved ASP process using organic alkali[Z]. SPE 99581-MS, 2006.

[57] Rudin J, WasanD T. Surfactant-enhanced alkaline flooding: Buffering at intermediate alkaline pH[Z]. SPE21027-PA, 1993.

[58] 张润芳, 王纪云, 张燕. 古城油田 B125 断块表面活性剂驱技术[J]. 石油钻采工艺, 2005, 27(4): 51-53, 91.

[59] 于立君, 张锐, 刘喜良. 吐玉克深层稠油油田化学段塞驱开采方式数值模拟研究[J]. 特种油气藏, 1999, (2): 23-28.

[60] Zhou W, Dong M, Liu Q, et al. Experimental investigation of surfactant adsorption on sand and oil-water interface in heavy oil/water /sand systems[Z]. SPE Paper 2005-192, 2005.

[61] Thomas S S, Farouq A M, Scoular J R, et al. Chemical methods for heavy oil recovery[J]. Journal of Canadian Petroleum Technology, 2001, 40(3): 56-61.

[62] Rafael D Elia-S, Jose Ferrer-G. Emulsion flooding of viscous oil reservoirs[Z]. SPE 4674-MS, 1973.

[63] 葛际江, 张贵才, 蒋平, 等. 驱油用表面活性剂的发展[J]. 油田化学, 2007, 24(3): 287-292.

[64] 王业飞, 李继勇, 赵福麟. 耐温耐盐型表面活性剂及其在油田中的应用[J]. 日用化学品科学, 2000, (1): 130-132.

[65] Nelson R C, Lawson J B, Thigpen D R. Cosurfactant-enhanced alkaline flooding [Z]. SPE 12672, 1984.

[66] 蔺玉秋, 杨纯东, 赵辉, 等. 普通稠油蒸汽吞吐转换开发方式优化研究[J]. 中外能源, 2007, (3): 46-50.

[67] 周雅萍, 刘其成, 孟平平. 碱/表面活性剂(A/S)改善千22块普通稠油开采效果实验研究[J]. 特种油气藏, 2000, (2): 39-42, 54.

[68] Yue X A, Liu Q, Dong M Z, et al. Synergy of alkali and surfactant in emulsification of heavy oil in brine[J]. Colloids and Surface a Physicochemical and Engineering Aspects, 2006, 273(1): 219-228.

[69] Liu Q, Dong M, Ma S. Alkaline/surfactant flood potential in western Canadian heavy oil reservoirs[Z]. SPE 99791, 2006.

[70] Liu Q, Dong M, Ma S. Surfactant enhanced alkaline flooding for western Canadian heavy oil recovery[J]. Colloid and Surface a Physicochem and Engineering Aspects, 2007, 293: 63-71.

[71] Dong M Z, Ma S Z, Liu Q. Enhanced heavy oil recovery through interfacial instability: A study of chemical flooding for Brintnell heavy oil [J]. Fuel, 2009, 88(6): 1049-1056.

[72] Dong M, Liu Q, Li A. Micromodel study of the displacement mechanisms of enhanced oil recovery by alkaline flooding[C]//International Symposium of the Society of Core Analysts, Calgary, 2007, 47.

[73] Bryan J, Kantzas A. Enhanced heavy-oil recovery by alkali-surfactant flooding[Z]. SPE 110738, 2008.

[74] Bryan J, Kantzas A. Investigation into the processes responsible for heavy oil recovery by alkali-surfactant flooding[Z]. SPE 113993, 2008.

[75] Bryan J, Kantzas A. Improved recovery potential in mature heavy oil fields by alkali-surfactant flooding[Z]. SPE 117649, 2008.

[76] Bryan J, Kantzas A. Potential for alkali-surfactant flooding in heavy oil reservoirs through oil-in-water emulsification [J].Journal of Canadian Petroleum Technology, 2009, 48(2): 37-46.

[77] 周雅萍, 刘其成. 碱/表面活性剂复合驱提高锦 90 块稠油采收率研究[J]. 精细石油化工进展, 2007, 8(11): 1-5.

[78] 刘海涛, 葛际江, 张贵才, 等. 壬基酚聚氧丙烯醚硫酸盐-Na_2CO_3-桩西原油的动态界面张力[J]. 石油学报(石油加工), 2008, 24(6): 733-738.

[79] 葛际江, 张贵才, 蒋平, 等. 含烷氧基链节的硫酸盐表面活性剂的油-水界面张力及其对原油的乳化能力[J]. 石油学报(石油加工), 2008, 24(5): 614-620.

[80] 葛际江, 王东方, 张贵才, 等. 稠油驱油体系乳化能力和界面张力对驱油效果的影响[J]. 石油学报(石油加工), 2009, 25(5): 690-696.

[81] 吕鑫, 张健, 姜伟. 聚合物表面活性剂二元复合驱研究进展[J]. 西南石油大学学报: 自然科学版, 2008, 30(3): 127-130, 193.

[82] Kang W L, Liu S R, Meng L W, et al. A novel ultra-low interfacial tension foam flooding agent to enhance heavy oil recovery[Z]. SPE 129175-MS, 2010.

[83] Emery L W, Mungan N, Nichlson R W. Caustic slug injection in the Singleton Field[Z]. SPE 2425-PA, 1970.

[84] Alam M W, Tiab D. Mobility control of caustic flood[Z]. SPE 16179-MS, 1986.

[85] 卢祥国, 姜维东, 王晓燕. Cr^{3+}、碱和表面活性剂对聚合物分子构型及渗流特性影响[J]. 石油学报, 2009, (5): 749-754.

[86] 侯吉瑞, 刘中春, 岳湘安. 复合体系超低界面张力和碱在驱油过程中的实际作用[J]. 大庆石油地质与开发, 2006, (6): 82-86, 124.

[87] 绳德强. 应用碱聚合物驱体系提高稠油采收率[J]. 江汉石油学院学报, 1993, (2): 65-69.

[88] 陈智宇, 孙卫, 杨怀军. 羊三木油田碱-聚合物驱油机理[J]. 西北大学学报: 自然科学版, 1999, 29(3) : 237-240.

[89] Zhang H Y, Dong M Z, Zhao S Q. Which one is more important in chemical flooding for enhanced court heavy oil recovery, lowering interfacial tension or reducing water mobility[J]. Energy & Fuels, 2010, (24): 1829-1836.

[90] Pitts M J, Wyatt K, Surkalo E, et al. Alkaline-polymer flooding of the David Pool, Lloydminster Alberta[Z]. SPE89386-MS. 2004.

[91] 范维玉, 宋远明, 郭玉玺, 等. 水包稠油乳状液稳定性研究 II. 稠油官能团组分表面[J]. 石油学报:石油加工, 2001, 17(4) 12-17.

[92] Liu Q, Dong M, Yue X, et al. Synergy of alkali and surfactant in emulsification of heavy oil in brine[J].Colloid and Surface a Physicochem and Engineering Aspects, 2006, 273: 219-228.

[93] Dong M, Liu Q, Li A. Micromodel study of the displacement mechanisms of enhanced oil recovery by alkaline flooding[C]// International Symposium of the Society of Core Analysts, Calgary, 2007, 47.

[94] 于洪喜, 林立, 刘敏. 稠油乳状液稳定性实验研究[J]. 油气田地面工程, 2007, 26(10): 20-21.

[95] 孙正贵. 稠油乳状液及稠油破乳脱水问题[J]. 油田化学, 2008, 25(1): 97-100.

[96] 陈茂涛, 于书平, 王满学, 等. O/W 型稠油乳状液流变性研究[J]. 油田化学, 1991, (2): 137-142.

[97] 王霞, 潘成松, 陈军, 等. O/W 型稠油乳状液的静态稳定性评价[J]. 钻采工艺, 2009, 32(6): 46-48.

[98] Symonds R W P, Farouq Ali S M, Thomas S A. Laboratory study of caustic flooding for two alberta crude oils[J]. Journal of Canadian Petroleum Technology, 1991, 30(1): 44-49.

[99] Mai A, Bryan J, Kantzas A. Investigation into the mechanisms of heavy oil recovery by water flooding and alkali-surfactant flooding[C]//International Symposium of the Society of Core Analysis, Calgary, 2007: 24.

[100] 王剑峰. 阿拉新稠油油藏降黏剂驱油物理模拟研究[D]. 大庆: 大庆石油学院, 2007.

[101] 陈太平. 降黏剂对稠油乳化流动性的改善及其制备[J]. 湖北化工, 1998, (1): 25-27.

[102] Baker H R, Bolster R N, Leach P B, et al. Association colloids in nonaqueous fluids. Viscosity and drag reduction characteristics[J]. Industrial & Engineering Chemistry Product Research & Development, 1970, 9(4): 541-548.

[103] 李牧, 洋红, 唐纪云, 等. 化学吞吐开采稠油技术研究[J]. 油田化学, 1997, 14(4): 340-344.

[104] 莫增敏, 石家雄. 新技术提高了重油开发的可行性[J]. 国外油田工程, 1999, (4): 10-12.

[105] 杨冰, 杨梅. 委内瑞拉致力于重油的长期开采[J]. 国外油田工程, 1998, (7): 9-10.

[106] Lakin J L. Transactions of the ASME[M]. 上海: 上海化学工业研究院, 1979, 101: 100-104.

[107] 沈秀通. 掺水降黏开采稠油的工艺方法[J]. 石油钻采工艺, 1983, (1): 73-81.

[108] 范晓娟, 王霞, 陈玉祥, 等. 稠油化学降黏方法研究进展[J]. 化工时刊, 2007, 21(3): 46-49.

[109] 陈秋芬, 王大喜, 刘然冰. 油溶性稠油降黏剂研究进展[J]. 石油钻采技术, 2004, 26(4): 45-48.

[110] 赵秉臣, 闫峰, 李栋林, 等. 复配型高黏原油降黏降凝黏[J]. 精细石油化工, 1999, 16(6): 30-33.

[111] 尉小明, 刘喜林. 稠油降黏方法概述[J]. 精细石油化工, 2002, 45(5): 45-48.

[112] 权忠舆. 有关原油流变性与石油化学的讨论[J]. 油气储运, 1996, 15(10): 1-6.

[113] 廖广志. 复配碱化学驱数值模拟[J]. 石油学报, 1999, 20(6): 47-52.

[114] 石在虹. 蒸汽辅助重力驱生产并井筒举升工况分析[J]. 石油学报, 1999, 20(6): 82-86.

[115] 刘春天, 刘永建, 程显彪. 稠油水裂解反应动力学研究[J]. 石油与天然气化工, 2004, 33(4): 281-283.

[116] 黄敏, 李芳田, 史足华. 稠油降黏剂 DJH-1[J]. 油田化学, 2000, 17(2): 137-138.

[117] 范维玉, 刘兴玉, 南国枝, 等. GL 系列特稠油乳化降黏剂及其 OW 型乳状液流变性研究[J]. 石油大学学报(自然科学版), 1998, 22(2): 48-50.

[118] 吴本芳. 辽河原油降黏研究[D]. 上海: 华东理工大学, 2001.

[119] 彭朴. 采油用表面活性剂[M]. 北京: 化学工业出版社, 2003.

[120] Lanhom J. MTBE: A carrier for heavy oil transportation and viscosity mixing rule applicability[J]. Journal of Canadian Petroleum Technology, 1994, 33(4): 17-21.

[121] G E Browne1. Downhole emulsification: Viscosity reduction in creases production[J]. Journal of Canadian Petroleum Technology, 1996, 35(4): 25-31.

[122] Sharma K. Pipeline transportation of heavy viscous crude oil as water continunous emulsionin north Cambay basin (India)[Z]. SPE39537, 1998.

[123] Cregoli A. A low-temperature pipeline emulsion transportation enhancement [P]: US5156652, 1992.

[124] 崔迎春, 李家芬, 苏长明. 纳米技术在石油工业上游领域应用初探[J]. 钻井液与完井液, 2003, 20(6): 11-12.

[125] 孙慧, 张付生. 稠油化学降黏研究进展[J]. 精细与专用化学品, 2005, 13(23): 16-20, 30.

[126] 秦兵. 稠油乳化降黏剂结构与性能关系的研究[D]. 北京: 石油化工科学研究院, 2001.

[127] 赵素惠, 王永清, 赵田红. 稠油化学降黏法概述[J]. 化工时刊,2005, 19(8): 64-66.

[128] 赵国玺. 表面活性剂化学[M]. 北京: 北京石油大学出版社, 1984: 382-408.

[129] 郑秀娟, 刘东升, 林茂森. PS 降黏剂在稠油开采中的试验及应用[J]. 特种油气藏, 1995, 2(3): 49-53.

[130] 王克. 原油流动性改进剂[J]. 油田化学, 1993, 10(2): 183-187.

[131] 熊崇翔. 增黏剂的现状和发展趋势[J]. 石油炼制与化工, 1986(12): 34-42.

[132] 吴本芳, 郭金波. 稠油油溶性降黏剂研究进展概况[J]. 油气储运, 2003, 22(2): 1-6.

[133] 关德, 陈建武, 商利军, 等. 渤海绥中 36-1 油田化学吞吐降黏技术初探[J]. 中国海上油气, 2000, 12(1): 40-44.

[134] 肖然, 李兴辉, 许勇, 等. 化学吞吐工艺在孤东油田四区西部稠油块的应用[J]. 国外油田工程, 2003, 19(6): 53.

[135] 赵福麟, 王家印, 张贵才, 等. 化学剂吞吐与油井堵水的结合技术[J]. 石油大学学报, 2001, 25(6): 61-64.

[136] 才程, 岳湘安, 赵福麟. 化学剂吞吐与油井堵水结合技术研究[J]. 石油学报, 2006, 27(3): 70-74.

[137] 马广彦. 采油井地层深部结垢防治技术[J]. 石油勘探与开发, 2002, 29(5): 82-84.

[138] 马广彦. 油田难溶垢化学处理技术[J]. 油田化学, 2000, 23(5): 62-66.

[139] 刘涛, 赵明华, 童倚勤. 新型油井防垢工艺的研究与应用[J]. 内蒙古石油化工, 2003, (S1): 157-158.

[140] 赵风敏, 李希明. 微生物开采稠油技术研究进展[C]. 中国石油学会四省区第九次稠油开采技术研讨会论文集, 1998: 1-12.

[141] 武海燕, 张廷山, 兰光志, 等. 克拉玛依油田微生物吞吐矿场试验及效果分析[J]. 西南石油学院学报, 2005, 27(3): 57-59.

[142] 张廷山, 兰光志, 邓莉, 等. 微生物降解稠油及提高采收率实验研究[J]. 石油学报, 2001, 22(1): 54-57.

[143] 易绍金, 缪永霞. 稠油降粘菌的降粘作用研究及其现场应用[J]. 石油天然气学报, 2009, 31(1): 134-137, 394.

[144] 李牧, 杨红, 刘思贤. 微生物表面活性剂在稠油乳化降黏中的实验研究[J]. 特种油气藏, 1999, 6(4): 53-58.

[145] 于艳. 新颖的微乳技术[J]. 日用化学品科学, 1999, (2): 110-111.

[146] Jang L K, Yen T F. Biological alternative for heavy oil recovery[C]//Proceedings of 3rd International Conference on Heavy Crude and Tar Sands, Long Beach,1985.

[147] 易绍金, 佘跃惠. 石油与环境微生物技术[M]. 武汉: 中国地质大学出版社, 2002: 55-104.

[148] 黄世伟, 张廷山, 霍进, 等. 稠油微生物开采矿场试验研究[J]. 河南石油, 2006, 20(1): 46-49.

[149] 张廷山, 任明忠, 蓝光志, 等. 微生物降解作用对稠油理化性质的影响[J]. 西南石油学院学报, 2003, 25(5): 1-4.

[150] 周玲革, 佘跃惠, 冯庆贤, 等. 激活地层本源微生物提高稠油采收率[J]. 石油天然气学报(江汉石油学院学报), 2005, 27(1): 93-95.

[151] 向廷生, 冯庆贤, 佘跃惠, 等. 本源微生物驱在大港高温稠油油田的现场应用[J]. 特种油气藏, 2005, 12(5): 72-75.

[152] 郭茂雷, 黄春霞, 董小刚, 等. 延长油田致密砂岩油藏 CO_2 驱油机理研究[J]. 石油与天然气化工, 2018, 47(2): 69-75, 88.

[153] 艾尔-纳斯 M. 捕获二氧化碳和脱盐的方法[P]: CN108348849A, 2018.

[154] 李士伦, 周守信, 杜建芬, 等. 国内外注气提高石油采收率技术回顾与展望[J]. 油气地质与采收率, 2002, (2): 1-5.

[155] 张德平. CO_2 驱采油技术研究与应用现状[J]. 科技导报, 2011, 29(13): 75-79.

[156] Bon J, Sarma H, Theophilos A, et al. An investigation of minimum miscibility pressure for CO_2-rich injection gases with pentanes-plus fraction[C]//SPE International Improved Oil Recovery Conference in Asia Pacific, Kuala, Lumpu, 2005.

[157] Murray M D, Frailey S M, Lawal A S. New approach to CO_2flood: Soak alternating gas[C]//SPE Permian Basin Oil and Gas Recovery Conference, Midland, 2001.

[158] 刘忠运, 李莉娜. CO_2 驱油机理及应用现状[J]. 节能与环保, 2009, (10): 36-38.

[159] 刘炳官. CO_2 吞吐法在低渗透油藏的试验[J]. 特种油气藏, 1996, 3(2): 45-50.

[160] 刘学伟, 梅士盛, 杨正明. CO_2 非混相驱微观实验研究[J]. 特种油气藏, 2006, 13(3): 91-93.

[161] 张广东, 李祖友, 刘建仪, 等. 注烃混相驱最小混相压力确定方法研究[J]. 钻采工艺, 2008, 31(3): 99-102.

[162] 杨学锋. 油藏注气最小混相压力研究[D]. 成都: 西南石油学院, 2003.

[163] 高震环. 油田注气开采技术[M]. 北京: 石油工业出版社, 1994: 25-28.

[164] 郝永卯, 陈月明, 于会利. CO_2 驱最小混相压力的测定与预测[J]. 油气地质与采收率, 2005, 12(6): 64-66.

[165] 国家经济贸易委员会. 最低混相压力细管实验测定法: SY/T 6573-2003[S]. 北京: 中国标准出版社, 2003.

[166] 罗亚平, 杜志敏. 油气田开发工程[M]. 北京: 中国石化出版社, 2003: 231-233.

[167] 彭宝仔, 罗虎, 陈光进, 等. 用界面张力法测定 CO_2 与原油的最小混相压力[J]. 石油学报, 2007, 28(3): 93-95.

[168] 毛振强, 陈凤莲. CO_2 混相驱最小混相压力确定方法研究[J]. 成都理工大学学报(自然科学版), 2005, 32(1): 61-64.

[169] 赵明国, 周海菲, 王谦. 原油与 CO_2 驱最小混相压力预测方法研究[J]. 西部探矿工程, 2007, 12: 60-65.

[170] 李士伦, 孙雷, 郭平. 油气体系相态及凝析气田开发概论[M]. 成都: 西南石油学院, 1997.

[171] Ahmed T. A generalized methodology for minimum miscibility pressure[Z]. SPE 39034, 1997.
[172] 孙业恒，吕广忠，王延芳，等. 确定 CO_2 最小混相压力的状态方程法[J]. 油气地质与采收率，2006，13(1)：82-84.
[173] 杨学锋，郭平，王颖，等. 最小混相压力计算方法对比分析[J]. 低渗透油气田，2005，10(2)：15-18.
[174] 杨学锋，郭平，杜志敏. 应用系线解析法计算最小混相压力[J]. 天然气工业，2004，24(6)：98-102.
[175] 沈平平，江怀友，陈永武，等. CO_2 注入技术提高采收率研究[J]. 特种油气藏，2007，14(3)：1-4，11.
[176] 张广东，刘建仪，孙天礼，等. 关于注烃气非混相驱油藏筛选准则的探讨[J]. 钻采工艺，2008，31(2)：86-87，90.
[177] 孙娇鹏，程佳，王义海，等. 混相驱技术的可行性及前景分析[J]. 科技创新导报，2009，(4)：123.
[178] 张瑞成. CO_2 驱采油实现温室气体减排研究概述[J]. 石油规划设计，2007，(4)：28-29，48.
[179] 何云江，孙枢. 全球温室气体有处可存[EB/OL]. http://env.people.com.cn/GB/1072/4538470.html,2006-06-28.
[180] 吕广忠，伍增贵，栾志安，等. 吉林油田 CO_2 试验区数值模拟和方案设计[J]. 石油钻采工艺，2002，24(4)：39-41.
[181] 王志田，陈庆. 大庆油田二氧化碳驱油技术取得进展[J]. 国外测井技术，2009，(2)：75.
[182] 廖海婴. 腰英台 DB34 井区 CO_2 驱替油藏数值模拟研究[J]. 西安石油大学学报：自然科学版，2010，25(5)：50-53.
[183] 赵明国，刘崇江. CO_2 注入方式对芳 48 油藏开发效果的影响[J]. 新疆石油地质，2006，27(4)：449-451.
[184] 王丽，卜祥福，伍锐东. CO_2 混相驱提高原油采收率的研究现状及发展前景[J]. 石油化工应用，2010，29(2)：4-7.
[185] Mungon N E. 2006 worldwide EOR survey [J]. Oil and Gas Journal, 2006, 104(15)：45-57.
[186] 黄耀. 中国的温室气体排放、减排措施与对策[J]. 第四纪研究，2006，26(5)：722-732.
[187] 周玉衡，喻高明，周勇，等. 氮气驱机理及应用[J]. 内蒙古石油化工，2007，33(6)：101，102.
[188] 于广刚. 注氮气技术在小洼油田的应用及前景[J]. 石油化工应用，2011，30(10)：46-48.
[189] 龚智力. 陕北能源化工基地工业烟道气在石油开采中的应用前景[J]. 价值工程，2010，29(33)：318，319.
[190] 朱成林，行登恺，丁建民. 富集烟道气双注采油工艺试验研究[J]. 特种油气藏，2001，8(4)：56-58.
[191] 韩伯惠. 提高采收率方法的前景和问题[J]. 国外油田工程，1997，(10)：1-7.
[192] 陈荣灿，霍进，郭新和. 稠油注蒸汽和氮气吞吐试验研究[J]. 特种油气藏，1999，(3)：59-64.
[193] Srivastava R K，莫增敏，石家雄. 用 CO_2、产出气及烟道气提高重油采收率的效果对比[J]. 国外油田工程，2000，(2)：1-6.
[194] 岳清山，赵洪岩，马德胜. 蒸汽驱最优方案设计新方法[J]. 特种油气藏，1997，(4)：15，19-23.
[195] 李子丰，马兴瑞，黄文虎，等. 热采井套管柱力学分析[J]. 工程力学，1998，(2)：19-26.
[196] 刘斌. 辽河油田稠油采收率确定方法研究[J]. 石油勘探与开发，1996，(1)：55-58，104-105.
[197] 凌建军. 实用稠油热采工程[M]. 北京：石油工业出版社，1996.
[198] 张凯. 特超稠油改质降黏技术研究[D]. 青岛：中国石油大学(华东)，2011.
[199] 李艳芳，敬加强，李丹等. 改善稠油流动性的方法及应用[J]. 管道技术与设备，2009(3)：11-13.
[200] 杨光华. 稠油研究论文集[M]. 东营：石油大学出版社，1990.
[201] Dickie J P, Yen T F. Macrostructures of asphaltic fractions by various instrumental methods[J]. Analytical Chemistry,1967, 39(14)：1847-1857.
[202] 陈艳玲，王元庆，逯江毅. 稠油水热裂解催化降黏研究的进展[J]. 地质科技情报，2008，27(6)：53-57，62.
[203] Hyne J B, Greidanus J W. A quathermolysis of heavy oil[C]//2nd International Conference on Heavy Crude and Tar Sands, Caracas, 1982.

[204] Hyne J B. A quathermolysis-A synopsis work on the chemical reaction between water (steam) and heavy oil sands during simulated stimulation[R]. AOSTRA: Synopsis Report No. 50, 1986.

[205] GouldK A. Influence of thermal processing on the properties of cold lake asphaltene[J]. Fuel, 1983, 62(2): 370-372.

[206] JacobsonJ M, Gray M R. Use of IR spectroscopy and nitrogen titration date in structural group analysis of bitumen[J]. Fuel, 1987, 166(3): 749-752.

[207] Erdman J G, Dickie J P. Mild thermal alteration of asphaltic crude oils[J]. Preprints Division Petrol Chemistry (ACS), 1964, 9(2): 69-79.

[208] Hayashitani M, Bennion D W, Donnely J K, et al. Thermal cracking models for Athabasca oil sands oil[Z]. SPE 754626.

[209] Monin J C, Audlbert A. Thermal cracking of heavy-oil/mineral matri-x system[C]//SPE Reservoir Engineering November, 1988: 1243-1250.

[210] Payzant J D, Strausz O P. First progress report to AOSTR-A, Project#530. The role of sulfur in Alberta Heavy Crude Oils, as related to production[J]. Upgradin and Oxidation, 1986, 12(3): 23-25.

[211] Patel K M, Murthy A K S, Bekker A Y. Catalytic process for upgrading of light hydrocarbons by treatment of heavy hydrocarbons with water[P]: 4743357, 1988.

[212] Clough T J, Monica S. Process for recovering hydrocarbon[P]: 4846274, 1989.

[213] Babcock L M, Morrell D G, Kostas J N, et al. Flourinated solid acid as catalysts for the preparation of hydrocarbon resins[P]: 6281309 B 1, 2001.

[214] Rogel E, Leon O,Espidel Y, et al. Asphaltene stability in crude oils[J]. Production & Facilities, 2001, 16(2): 84-88.

[215] 姜嘉陵, 施晓乐, 房惠春. 单家寺热采原油性质的研究[C]//稠油热采技术论文集. 北京: 石油工业出版社, 1993: 32-35.

[216] 范洪富. 辽河稠油水热裂解反应研究与应用[D]. 大庆: 大庆石油学院, 2002.

[217] 范洪富, 梁涛. 催化剂对稠油水热裂解反应研究[J]. 工业催化, 2006, 14(2): 1-4.

[218] 范洪富, 刘永建, 赵晓非. 稠油在水蒸汽作用下组成变化研究[J]. 燃料化学学报, 2001, 29(3): 269-272.

[219] 范洪富, 刘永建, 赵晓非. 金属盐对辽河稠油水热裂解反应影响研究[J]. 燃料化学学报, 2001, 29(5): 430-433.

[220] 范洪富, 刘永建, 钟立国. 油层矿物对蒸汽作用下稠油组成与黏度变化的影响[J]. 油田化学, 2001, 18(4): 299-301.

[221] 范洪富, 张翼, 刘永建. 蒸汽开采过程中金属盐对稠油黏度及平均分子量的影响[J]. 燃料化学学报, 2003, 31(5): 429-433.

[222] 范洪富, 刘永建, 赵晓非, 等. 国内首例井下水热裂解催化降黏开采稠油现场试验[J]. 石油钻采工艺, 2001, 23(3): 42-45.

[223] 巩永刚, 王杰祥, 王小林. 水热裂解开采稠油技术[J]. 石油钻探技术, 2006, 34(2): 61-64.

[224] Clark P D, Hyne J B. Studies on the chemical reactions of heavy oils under steam stimulation condition[J]. AOSTRA Journal of Research, 1990, 6(29): 29-39.

[225] Clark P D, Hyne J B. Steam-oil chemical reactions: Mechanisms for the a quathermolysis of heavy oil[J]. AOSTRA Journal of Reach, 1984, 1: 15-20

[226] Clark P D, Clarke R A, Hyne J B, et al. Studies on the effect of metal species on oil sands undergoing steam treatments[J]. AOSTRA Journal of Research, 1990, 53(6): 53-64 .

[227] Hyne J B, Clark P D. Additive for inclusion in a heavy oil reservoir undergoing steam injection[P]: US4506733, 1989.

[228] Lumpur K. Improving hydrocarbon production rates through the use of formate fluids-A review[C]. SPE International Improved Oil Recovery Conference in Asia Pacific, Kuala, 2003.
[229] 秦文龙. 注蒸汽辅助催化剂对稠油的改质实验研究[J]. 钻采工艺, 2010, 33(3): 94-95, 108.
[230] 杨凯, 唐晓东, 刘付臣, 等. 稠油井下改质降黏技术的研究进展[J]. 石油与天然气化工, 2011, 40(5): 499-503.
[231] 刘永建, 钟立国, 范洪富, 等. 稠油的水热裂解反应及其降黏机理[J]. 大庆石油学院学报, 2002, 26(3): 95-98.
[232] 李彤, 黄凤兴. 水热裂解开采稠油技术研究进展[J]. 广州化工, 2009, 37(9): 29-31.
[233] Thomas J C. Process for recovering hydro carbon[P]: 4846274, 1989.
[234] 赵晓非, 刘永建, 范洪富, 等. 稠油水热裂解可行性的研究[J]. 燃料化学学报, 2002, (4): 381-384 .
[235] 陈尔跃, 刘永建, 梁敏, 等. 油溶性油酸镍对辽河稠油的降黏作用[J]. 大庆石油学院学报, 2010, 34(6): 68-71, 122.
[236] 李奉孝, 王鸿勋. AOSTRA 大学研究报告译文汇编(一)沥青化学[M]. 东营: 中国石油大学出版社, 1991: 134-153.
[237] 闻守斌, 刘永建, 宋下旺, 等. 硅钨酸对胜利油田超稠油的催化降黏作用[J]. 大庆石油学院学报, 2004, 28(1): 25-27.
[238] 张晓妮, 贺十忠, 闻守斌, 等. 磷钼酸对大庆外围杜——3 井稠油的裂解降黏作用[J]. 大庆石油学院学报, 2005, 29(4): 33-35.
[239] Koel M. Using neoterie solvents in oil shale studies[J]. Pure and Applied Chemistry, 2001, 73(2): 153-159.
[240] 邹长军, 刘超, 黄志宇, 等. 离子液体介质中沥青砂内重组分降解过程[J]. 化工学报, 2004(12): 2095-2098.
[241] 赵晓非. 超稠油水热裂解反应催化剂及其载体的研制[D]. 大庆: 大庆石油学院, 2005.
[242] Weissman J G. Down-hole catalytic upgrading of heavy crude oil[J]. Energy & Fuels, 1996, 10(2): 883-889.
[243] 梁涛. 离子液体对稠油的改质降黏实验研究[D]. 大庆: 大庆石油学院, 2007.
[244] 范洪富, 李忠宝, 王达, 等. 离子液体研究进展及其在石油工业中的应用[J]. 特种油气藏, 2007, (5): 17-20.
[245] 邹长军, 刘超, 黄志宇, 等. 离子液体介质中沥青砂内重组分降解过程[J]. 化工学报, 2004, (12): 2095-2098.
[246] 樊泽霞, 王腾飞, 何玉海. 离子液体对稠油的改质降黏作用影响因素研究[J]. 燃料化学学报, 2009, (6): 690-693.
[247] 范洪富, 李忠宝. 离子液体[bmim]Br • $FeCl_3$ 改质稠油实验研究[J]. 石油与天然气化工, 2007, (6): 475-477.
[248] 范洪富, 李忠宝, 梁涛. 离子液体催化改质稠油实验研究[J]. 燃料化学学报, 2007, (1): 32-35.
[249] 寇建益. 温度变化对原油低温氧化过程影响研究[D]. 北京: 中国科学院研究生院(理化技术研究所), 2008.
[250] 崔盈贤, 唐晓东, 孟科全, 等. 稠油石油酸盐及其对稠油乳化降黏应用研究[J]. 应用化工, 2008, (12): 1409-1412.
[251] 朱战军, 林壬子, 汪双清. 稠油主要族组分对其黏度的影响[J]. 新疆石油地质, 2004, (5): 512-513.
[252] 徐冰涛, 杨占红, 刘滨, 等. 吐哈盆地鄯善油田注空气实验研究[J]. 油气地质与采收率, 2004, (6): 67-75.
[253] 陈广明, 唐晓东, 魏三林, 等. 海相碳酸盐岩稠油注蒸汽-空气提高采收率技术研究[C]//2009 年油气藏地质及开发工程国家重点实验室第五次国际学术会议论文集. 成都: 西南石油大学出版社, 2009: 1077-1082.
[254] 唐晓东, 崔盈贤, 刘付臣, 等. 超深超稠海相碳酸盐岩油藏采油技术研究[C]. 2009 年油气藏地质及开发工程国家重点实验室第五次国际学术会议论文集, 2009: 1018-1021.
[255] 唐晓东, 崔盈贤, 何柏, 等. 辽河稠油注空气催化氧化降黏实验研究[J]. 油田化学, 2008, (4): 346-319.
[256] 唐晓东, 孟科全, 崔盈贤, 等. 环烷酸铜催化氧化海上稠油的试验研究[J]. 化学研究与应用, 2009, (3): 435-437.
[257] Wichert G C. In-situ upgrading of heavy oils by low-temperature oxidation in the presence of caustic additives[Z]. SPE30299: 529-536.
[258] 唐晓东, 崔盈贤, 张文, 等. 一种注空气低温氧化采油的方法及实验装置[P]: CN101725336A, 2010.
[259] 唐晓东, 何柏, 黄志宇, 等. 一种稠油注空气缓和催化氧化采油方法[P]: CN1987043, 2007.

第 4 章　超深稠油井筒降黏模拟技术

超深井超稠油生产中，采用自喷井、机抽井、电泵井等方式生产。由于在实际生产装置进行各种试验可能会存在试验风险，运行成本高。为了提高稠油降黏及解堵技术现场试验的成功率、可靠性和超深稠油井筒降黏解堵效果，根据超深井超稠油生产过程，研制了高温高压稠油生产自喷井、机抽井、电泵井井筒模拟装置，研究了超深井超稠油井筒举升流动规律，建立了适用于稠油油田实际生产条件下的稠油-气-水井筒举升流动模型和稠油开采软件，为稠油开采及工艺优化提供理论依据和技术指导。

4.1　超深稠油井筒流动基本规律

4.1.1　井筒中的能量分布

油层产出的油气混合物从井底上升时，历经散热、脱气及气体膨胀、析蜡等过程，产液的黏度、密度和产出气的体积、黏度等随着产液在井筒的流动相应的发生变化[1]，所以，有必要对产液在井筒的流动规律(即压力和温度的分布)进行精确计算。

在井筒上截取 dh 长的微元，并且坐标 h 的正方向向上，对其进行能量平衡的分析(图 4.1)。假设脱气及气体膨胀做功与油气的举升相抵消，又假设析蜡放出的热均匀分布于全井筒，并作为内热源，则可写出能量平衡方程式：

$$k\pi \mathrm{d}\left[\theta-\left(t_0'-ml\right)\right]\mathrm{d}l+\left(G_\mathrm{f}+G_\mathrm{g}\right)g\mathrm{d}l-\overline{q}\mathrm{d}l=-\left(G_\mathrm{f}C_\mathrm{f}+G_\mathrm{g}C_\mathrm{g}\right)\mathrm{d}\theta \tag{4.1a}$$

式(4.1a)又可简化为

$$k_1\left[\theta-\left(t_0'-ml\right)\right]\mathrm{d}l+\left(G_\mathrm{f}+G_\mathrm{g}\right)g\mathrm{d}l-\overline{q}\mathrm{d}l=-W\mathrm{d}\theta \tag{4.1b}$$

式中，k_1 为从油管中的流体至地层间单位管长的传热系数，W/(m·℃)；θ 为油管中油气混合物的温度，℃；t_0' 为井底原始地层温度，℃；m 为地温梯度，℃/m，通常，m=0.02～0.035 ℃/m；l 为从井底至井中某一深度的垂直距离；q 为通过油管的石油析蜡释放出的溶解热，W/m；G_f、G_g 为产出石油和伴生气通过油管的质量流率，kg/s；$(G_\mathrm{f}+G_\mathrm{g})g\mathrm{d}l$ 为油气混合物的举升功，实际上可忽略不计；W 称为水当量；C_f、C_g 相应为石油及伴生气的比热，J/(kg·℃)。

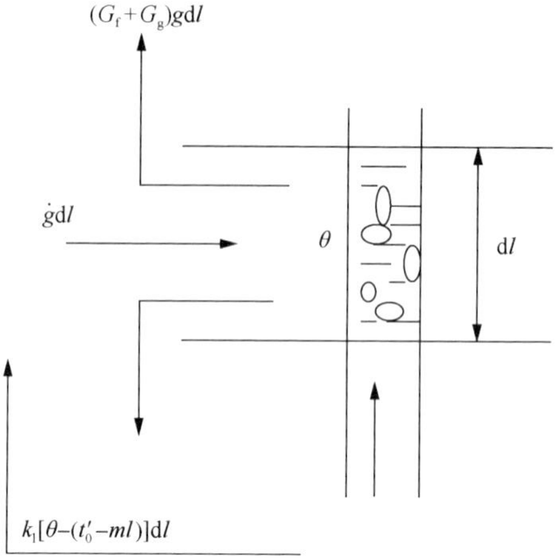

图 4.1　井筒微元的能量平衡[1]

在忽略举升功后，式(4.1b)的解为

$$\theta = C\mathrm{e}^{-\frac{k_1}{W}} + \left(t_0' - ml\right) + \frac{Wm + \overline{q}}{k_1} \tag{4.2a}$$

式(4.2a)的边界条件是，在井底，l=0，$\theta = t_0'$，而

$$C = \frac{Wm + \overline{q}}{k_1}$$

因此

$$\theta = \frac{Wm + \overline{q}}{k_1}\left(1 - C\mathrm{e}^{-\frac{k_1}{W}}\right) + \left(t_0' - ml\right) \tag{4.2b}$$

实际上，一般的原油中的含蜡量不超过 30%，析蜡的影响可忽略不计，得到

$$\theta = \frac{Wm}{k_1}\left(1 - \mathrm{e}^{-\frac{k_1}{W}}\right) + \left(t_0' - ml\right) \tag{4.2c}$$

对于斜直井，井筒中产出的流体温度分布仍按式(4.2a)计算，仍取垂直方向长度 l 为自变量，但同样垂直长度，倾斜的井筒散热表面积要比垂直的大，这可在传热系数上加以修正，即用 k_{L} 代替 k_1，这里 $k_{\mathrm{L}} = \dfrac{k_1}{\cos\beta}$，同理，水平井的弯曲段可以把它分为若干个倾斜的直线段，分段按斜直井的方法计算温度的变化。

4.1.2　井筒温度场计算模型

稳态传热是指温度场不随时间变化的物体内部所进行的热传递过程，基本假设条件是：在任一时间内，通过每个热阻的热量都相等，总温降等于各个热阻温降之和[2-4]。地层流体进入井筒以后，在垂直举升的过程中，注入流体、产出液和地层之间要不断进行热量交换，最终达到稳定状态。

假设油井井筒中流体与流体及流体与地层之间的热传递过程为稳态传热过程，井筒单元径向热流量 Q_s 与油管中流体温度 T_0 和套管外水泥环、地层交界面之间温度 T_h 的差值 T_0-T_h 成正比，也与该单元段长 Δl 形成的油管外表面积 $(2\pi r_{to}\Delta l)$ 成正比，即

$$Q_s = 2\pi r_{to} U_t \left(T_0 - T_h\right)\Delta l \tag{4.3}$$

式中，r_{to} 为油管外径，m；U_t 为油管中流体与水泥环外表面的总传热系数，W/(m²·℃)。

式(4.3)即为井筒径向传热热流方程。通过井筒油管壁、套管壁及水泥环的热流是以热传递方式发生的，根据多层圆筒壁传热原理，可以得到相应的热流量方程。

(1)通过油管壁的热流量：

$$Q_s = \frac{2\pi\lambda_{tub} U_t \left(T_{ti} - T_{to}\right)\Delta l}{\ln\dfrac{r_{to}}{r_{ti}}} \tag{4.4}$$

式中，r_{ti} 为油管内径，m；r_{to} 为油管外径，m；T_{ti} 为油管内壁温度，℃；T_{to} 为油管外壁温度，℃；λ_{tub} 为油管导热系数，W/(m²·℃)。

(2)通过套管壁的热流量：

$$Q_s = \frac{2\pi\lambda_{cas} U_t \left(T_{ci} - T_{co}\right)\Delta l}{\ln\dfrac{r_{co}}{r_{ci}}} \tag{4.5}$$

式中，r_{co} 为套管内径，m；r_{ci} 为套管外径，m；T_{ci} 为套管内壁温度，℃；T_{co} 为套管外壁温度，℃；λ_{cas} 为套管导热系数，W/(m²·℃)。

(3)通过水泥环的热流量：

$$Q_s = \frac{2\pi\lambda_{cem} U_t \left(T_{co} - T_h\right)\Delta l}{\ln\dfrac{r_h}{r_{co}}} \tag{4.6}$$

式中，r_h 为井径，m；λ_{cem} 为水泥环导热系数，W/(m^2·℃)。

(4)整个井筒传热系统的温度变化可表示为

$$T_o - T_h = (T_o - T_{ti}) + (T_{ti} - T_{to}) + (T_{to} - T_{ci}) + (T_{ci} - T_{co}) + (T_{co} - T_h) \tag{4.7}$$

由稳定传热假设，式(4.4)～式(4.6)中的 Q_s 应该相等，将方程式中的温差代入式(4.7)可得

$$T_o - T_h = \frac{Q_s}{2\pi\Delta l}\left[\frac{1}{r_{ti}h_f} + \frac{\ln\frac{r_{to}}{r_{ti}}}{\lambda_{tub}} + \frac{1}{r_{to}(h_r + h_c)} + \frac{\ln\frac{r_{co}}{r_{ci}}}{\lambda_{cas}} + \frac{\ln\frac{r_h}{r_{co}}}{\lambda_{cem}}\right] \tag{4.8}$$

单位面积井筒总传热系数可表示为

$$U_t = \left(\frac{r_{to}}{r_{ti}h_f} + \frac{r_{to}\ln\frac{r_{to}}{r_{ti}}}{\lambda_{tub}} + \frac{1}{h_r + h_c} + \frac{r_{to}\ln\frac{r_{co}}{r_{ci}}}{\lambda_{cas}} + \frac{r_{to}\ln\frac{r_h}{r_{co}}}{\lambda_{cem}}\right)^{-1} \tag{4.9}$$

式中，h_f 为油管中流体与油管壁间的传热系数，W/(m^2·℃)；h_r 为环空流体辐射传热系数，W/(m^2·℃)；h_c 为环空流体对流传热系数，W/(m^2·℃)。

其中，h_r、h_c 由 Paul、Willhtie 提出的传统计算方法计算：

$$\begin{aligned} h_r = F_{tci}\left(T_{to}''^2 + T_{ci}''^2\right)\left(T_{to}'' + T_{ci}''\right) = F_{tci}\left[(T_{to} + 273) + (T_{ci} + 273)\right]^3 \\ - 2(T_{to} + 273)^2(T_{ci} + 273) - 2(T_{to} + 273)(T_{ci} + 273)^2 \end{aligned} \tag{4.10}$$

$$\frac{1}{F_{tci}} = \frac{1}{\varepsilon_{to}} + \frac{r_{to}}{r_{ci}}\left(\frac{1}{\varepsilon_{ci}} - 1\right) \tag{4.11}$$

式中，F_{tci} 为由油管外壁表面向套管内表面的辐射散热有效系数，代表吸收辐射的能力；ε_{to}、ε_{ci} 为油管和套管表面黑度，取 0.9；T 为相应的热力学温度，K。

$$h_c = \frac{k_{hc}}{r_{to}\ln\frac{r_{ci}}{r_{to}}} \tag{4.12}$$

根据 Dropkin 等实验数据处理，在井筒条件下，环空流体的等效导热系数和视导热系数满足如下的关系式：

$$\frac{k_{\mathrm{hc}}}{k_{\mathrm{ha}}}=0.049\left(GrPr\right)^{0.333}Pr^{0.074} \tag{4.13}$$

其中

$$Gr=\frac{\left(r_{\mathrm{ci}}-r_{\mathrm{to}}\right)^{3}g\rho_{\mathrm{an}}^{2}\beta\left(T_{\mathrm{to}}-T_{\mathrm{ci}}\right)}{\mu_{\mathrm{an}}^{2}} \tag{4.14}$$

$$Pr=\frac{C_{\mathrm{an}}\mu_{\mathrm{an}}}{k_{\mathrm{ha}}} \tag{4.15}$$

式中，Pr 为普朗特数，是动量扩散厚度与热量扩散厚度之比的度量；Gr 为格拉晓夫数，是流体浮升力与黏性力之比的度量；k_{hc} 为环空流体的等效导热系数，W/(m·K)；k_{ha} 为环空流体的视导热系数，W/(m·K)；ρ_{an} 为环空流体在平均温度 T_{na} 及压力 p 下的密度，g/cm^3；μ_{an} 为环空流体在平均温度 T_{na} 及压力 p 下的黏度，mPa·s；β 为环空流体的体积膨胀系数；C_{an} 为环空流体在平均温度下的热容量，kJ/(kg·K)。

从而可以得到井筒传热热流量总方程式：

$$Q_{\mathrm{s}}=2\pi r_{\mathrm{to}}\left(T_{\mathrm{o}}-T_{\mathrm{h}}\right)\Delta l\left(\frac{r_{\mathrm{to}}}{r_{\mathrm{ti}}h_{\mathrm{f}}}+\frac{r_{\mathrm{to}}\ln\frac{r_{\mathrm{to}}}{r_{\mathrm{ti}}}}{\lambda_{\mathrm{tub}}}+\frac{1}{h_{\mathrm{r}}+h_{\mathrm{c}}}+\frac{r_{\mathrm{to}}\ln\frac{r_{\mathrm{co}}}{r_{\mathrm{ci}}}}{\lambda_{\mathrm{cas}}}+\frac{r_{\mathrm{to}}\ln\frac{r_{\mathrm{h}}}{r_{\mathrm{co}}}}{\lambda_{\mathrm{cem}}}\right)^{-1} \tag{4.16}$$

在单位长度下，地层产出液与地层间的传热系数 k_1 可表示为

$$k_1=\left[\frac{1}{r_{\mathrm{ti}}h_{\mathrm{f}}}+\frac{\ln\frac{r_{\mathrm{to}}}{r_{\mathrm{ti}}}}{\lambda_{\mathrm{tub}}}+\frac{1}{r_{\mathrm{to}}\left(h_{\mathrm{r}}+h_{\mathrm{c}}\right)}+\frac{\ln\frac{r_{\mathrm{co}}}{r_{\mathrm{ci}}}}{\lambda_{\mathrm{cas}}}+\frac{\ln\frac{r_{\mathrm{h}}}{r_{\mathrm{co}}}}{\lambda_{\mathrm{cem}}}\right]^{-1} \tag{4.17}$$

在单位长度下，油管中流体与环空中流体之间的传热系数 k_{11} 可表示为

$$k_{11}=\left[\frac{1}{r_{\mathrm{ti}}h_{\mathrm{f}}}+\frac{\ln\frac{r_{\mathrm{to}}}{r_{\mathrm{ti}}}}{\lambda_{\mathrm{tub}}}+\frac{1}{2r_{\mathrm{to}}\left(h_{\mathrm{r}}+h_{\mathrm{c}}\right)}\right]^{-1} \tag{4.18}$$

在单位长度下，环空中流体与地层之间的传热系数 k_{13} 可表示为

$$k_{13}=\left[\frac{1}{2r_{\text{to}}\left(h_{\text{r}}+h_{\text{c}}\right)}+\frac{\ln\dfrac{r_{\text{co}}}{r_{\text{ci}}}}{\lambda_{\text{cas}}}+\frac{\ln\dfrac{r_{\text{h}}}{r_{\text{co}}}}{\lambda_{\text{cem}}}\right]^{-1} \tag{4.19}$$

1. 常规生产时井筒温度场分布计算

稠油在常规生产时，地层流体在井筒流动的过程中，如果忽略井筒轴向导热、摩擦热损失及相变热损失。由能量守恒可以建立下面的微分方程：

$$-W\mathrm{d}\theta=k_1\left(\theta-t_{\text{e}}\right)\mathrm{d}l \tag{4.20}$$

微分方程的通解为

$$\theta=c\mathrm{e}^{-\frac{k_1 t}{W}}+m\frac{W}{k_1}+\left(t_{\text{ed}}-ml\right) \tag{4.21}$$

边界条件及解析解：当 l=0(在井底)时，$\theta=\theta_{\text{d}}$，由通解得

$$c=\left(\theta_{\text{d}}-t_{\text{ed}}\right)-m\frac{W}{k_1} \tag{4.22}$$

$$\theta=\left[\left(\theta_{\text{d}}-t_{\text{ed}}\right)-m\frac{W}{k_1}\right]c\mathrm{e}^{-\frac{k_1 t}{W}}+m\frac{W}{k_1}+\left(t_{\text{ed}}-ml\right) \tag{4.23}$$

当 $l=L$(在井口)时，$\theta=\theta_0$，由通解得

$$c=\left[\left(\theta_0-t_{\text{ed}}+mL\right)-m\frac{W}{k_1}\right]\mathrm{e}^{\frac{k_1 t}{W}} \tag{4.24}$$

$$\theta=\left[\left(\theta_{\text{d}}-t_{\text{ed}}+mL\right)-m\frac{W}{k_1}\right]c\mathrm{e}^{\frac{k_1}{W}(L-1)}+m\frac{W}{k_1}+\left(t_{\text{ed}}-ml\right) \tag{4.25}$$

式中，W 为产出液流量与比热之积，W/℃；θ 为产液温度，℃；k_1 为产出液与井筒外地层间的传热系数，W/m·℃；t_{e} 为地层温度，℃，$t_{\text{e}}=t_{\text{ed}}-ml$；$t_{\text{ed}}$ 为井底地层温度，℃；m 为地温梯度，℃/m；l 为从井底向上起算的距离，m；θ_{d} 为产液井底温度，℃；θ_0 为产液井口温度，℃。

2. 井筒掺流体温度场计算

在井筒掺流体的降黏工艺条件下，井筒温度场分布分为两段：第一段为流体

掺入点至油层中部，由于该段流体近似于常规井中流体流动，因此，可按常规井进行分析计算井筒温度分布。第二段为掺入液循环段，从井口至掺入点处，在掺入流体流向地层深处的过程中，由于导热、对流作用，一方面通过套管、水泥环，向地层传递热量，另一方面又要经过与地层产出液混合，进行热量传递。根据传热学知识，可以建立井筒掺流体工艺下的井筒温度场分布数学模型。下面对套管掺流体油管生产这种情况下的井筒温度场进行讨论。

在环空掺流体油管生产的方式下，由能量守恒定律可得

$$W_2 \mathrm{d}t = k_{11}\left(\theta - t\right)\mathrm{d}l \tag{4.26}$$

$$W \mathrm{d}\theta = k_{11}\left(\theta - t\right)\mathrm{d}l + k_{13}\left[\theta - \left(t_0 + ml\right)\right]\mathrm{d}l \tag{4.27}$$

边界条件为：$l=0$，$t=t_{\mathrm{i}}$，$l=l_{\mathrm{f}}$，$t=t_{\mathrm{f}}$

$$W_1\theta_{\mathrm{f}} + W_2 t_{\mathrm{f}} = W\theta_{\mathrm{f}} \tag{4.28}$$

方程的解为

$$t = C_1 \mathrm{e}^{r_1 l} + C_2 \mathrm{e}^{r_2 l} + t_0 + ml + \left(\frac{W - W_2}{k_{13}} - \frac{W_2}{k_{11}}\right)m \tag{4.29}$$

$$\theta = \left(1 + \frac{W_2 r_1}{k_{11}}\right)C_1 \mathrm{e}^{r_1 l} + \left(1 + \frac{W_2 r_2}{k_{11}}\right)C_2 \mathrm{e}^{r_1 l} + t_0 + ml + \frac{W - W_2}{k_{13}}m \tag{4.30}$$

式中 C_1 与 C_2 的值分别为

$$C_1 = \frac{\left[t_{\mathrm{i}} - t_0 - \left(\frac{W - W_2}{k_{13}} - \frac{W_2}{k_{11}}\right)\right]\mathrm{e}^{r_2 l_{\mathrm{f}}} + t_0 + ml_{\mathrm{f}} + \left(\frac{W - W_2}{k_{13}} - \frac{W_2}{k_{11}}\right)m - t_{\mathrm{f}}}{\mathrm{e}^{r_2 l_{\mathrm{f}}} - \mathrm{e}^{r_1 l_{\mathrm{f}}}} \tag{4.31}$$

$$C_1 = \frac{\left[t_{\mathrm{i}} - t_0 - \left(\frac{W - W_2}{k_{13}} - \frac{W_2}{k_{11}}\right)\right]\mathrm{e}^{r_1 l_{\mathrm{f}}} + t_0 + ml_{\mathrm{f}} + \left(\frac{W - W_2}{k_{13}} - \frac{W_2}{k_{11}}\right)m - t_{\mathrm{f}}}{\mathrm{e}^{r_1 l_{\mathrm{f}}} - \mathrm{e}^{r_2 l_{\mathrm{f}}}} \tag{4.32}$$

式中 r_1 与 r_2 的值分别为

$$r_1 = \frac{1}{2}\left[\left(\frac{k_{11} + k_{13}}{W} - \frac{k_{11}}{W_2}\right) + \sqrt{\left(\frac{k_{11} + k_{13}}{W} - \frac{k_{13}}{W_2}\right)^2 + \frac{4k_{11}k_{13}}{WW_2}}\right] \tag{4.33}$$

$$r_2 = \frac{1}{2}\left[\left(\frac{k_{11}+k_{13}}{W}-\frac{k_{11}}{W_2}\right)+\sqrt{\left(\frac{k_{11}+k_{13}}{W}-\frac{k_{13}}{W_2}\right)^2+\frac{4k_{11}k_{13}}{WW_2}}\right] \tag{4.34}$$

式中，W 为地面产出混合液体的水当量，W/℃；W_1 为油层产出液体的水当量，W/℃；W_2 为井筒注入液体的水当量，W/℃；t 为沿井深任一点处注入液体的温度，℃；θ 为沿井深任一点处混合液体的温度，℃；l 为由井口算起沿井筒的深度，m；l_f 为注入液体在井筒中的掺入深度，m；k_{11} 为油管中流体与环空中流体之间的传热系数，W/(m·℃)；k_{13} 为环空中流体与地层之间的传热系数，W/(m·℃)；t_0 为地表平均温度(即恒温层温度)，℃；t_i 为注入液在地面时的温度，℃；t_f 为掺入深度处注入流体的温度，℃；θ'_f 为在掺入深度处地层产出流体的温度，℃；θ_f 为在掺入深度处混合流体的温度，℃；m 为地温梯度，℃/m。

3. 电热杆加热井筒温度场计算

在电热杆加热的生产方式下，由能量守恒定律可得

$$-W\mathrm{d}\theta = k_{11}(\theta - t)\mathrm{d}l - q\mathrm{d}l \tag{4.35}$$

边界条件为：$l=L_{DL}$，$\theta=T_{DL}$。方程的解为

$$\theta = t_0 + ml + \frac{q}{k_{11}} + \frac{Wm}{k_{11}} + \left(T_{DL} + \frac{Wm}{k_{11}} - t_0 - L_{DL}\right)e^{\frac{Wm}{k_{11}}(t-L_{DL})} \tag{4.36}$$

式中，t_0 为地表平均温度(即恒温层温度)，℃；m 为地温梯度，℃/m；T_{DL} 为电热杆底端的流体温度，℃；L_{DL} 为电热杆的长度，m。

4.1.3 井筒降黏多相管流计算及举升摩阻分析

在不同的井筒降黏方式下，井筒温度场会发生相应的改变，从而导致地层流体流变特性的变化，影响地层流体黏度的计算[5-12]。所以，在井筒降黏的生产方式下，油井多相垂直管流计算必须考虑地层流体流变性及黏度变化的影响。

1. 多相管流压力梯度方程

当单相流体在倾斜管中稳定流动时，示意图如图 4.2 所示，倾斜管与水平方向的夹角为 θ，倾斜管轴线为 z 轴，正方向流体流动方向一致。如果沿 z 轴正方向上取一个长度为 dz 的管线作为独立的控制体，则流体在控制体中流动的为可压缩流体的一维稳定流动。

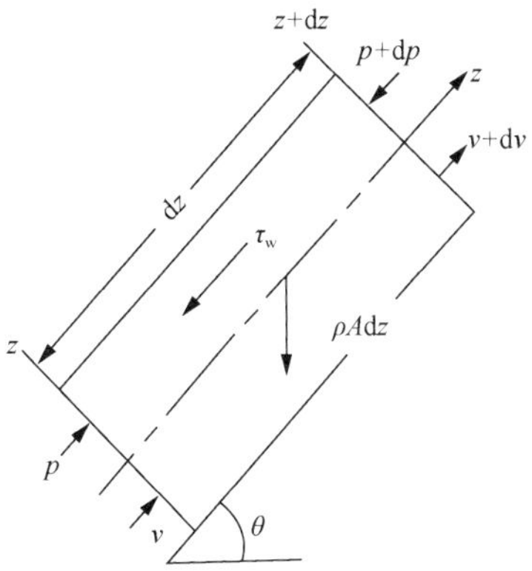

图 4.2　单相流体的一维稳定流动示意图

由动量定理可知，作用在控制体内流体的外力在轴向上的分力等于控制体内流体在轴向上的动量变化，即

$$\sum F_z = \rho A\mathrm{d}z\frac{\mathrm{d}v}{\mathrm{d}t} \tag{4.37}$$

式中，ρ 为流体密度，$\mathrm{kg/m^3}$；A 为斜管流动截面积，$\mathrm{m^2}$；$\mathrm{d}v/\mathrm{d}t$ 为加速度，$\mathrm{m/s^2}$。

作用在控制体上的轴向分力 $\sum F_z$ 包括质量力(重力)沿 z 轴的分力、压力和管壁摩擦阻力(与流体流动方向相反)。

质量力(重力)沿 z 轴的分力 F_g 可表示为

$$F_\mathrm{g} = -\rho gA\mathrm{d}z\sin\theta \tag{4.38}$$

控制体两端压强差引起的压力 F_p 可表示为

$$F_\mathrm{p} = pA-(p+\mathrm{d}p)A = A\mathrm{d}p \tag{4.39}$$

管壁摩擦阻力 F_f(与流体流动方向相反)可表示为

$$F_\mathrm{f} = -\tau_\mathrm{w}\pi D\mathrm{d}z \tag{4.40}$$

式中，θ 为管斜角，(°)；g 为重力加速度，$9.81\mathrm{m/s^2}$；p 为管内压强，Pa；D 为倾斜管内径，m；τ_w 为流体与管壁的摩擦应力(单位面积上的摩擦力)，Pa。

将上述三项分力表达式代入，整理得

$$\frac{\mathrm{d}p}{\mathrm{d}z} = -\rho g\sin\theta-\frac{\tau_\mathrm{w}\pi D}{A}-\rho v\frac{\mathrm{d}v}{\mathrm{d}z} \tag{4.41}$$

实验表明：管壁摩擦应力与单位体积流体所具有的动能成正比。引入摩擦阻力系数 f，即

$$\tau_{\mathrm{w}} = \frac{f}{4} \cdot \frac{\rho v^2}{2} \tag{4.42}$$

摩阻压力梯度下 τ_{f} 表示为

$$\tau_{\mathrm{f}} = \frac{\tau_{\mathrm{w}} \pi D}{A} = \frac{\tau_{\mathrm{w}} \pi D}{\pi D^2 / 4} = \frac{4\tau_{\mathrm{w}}}{D} = f \frac{\rho v^2}{2D} \tag{4.43}$$

所以，倾斜管流总压力梯度可以表示为

$$\frac{\mathrm{d}p}{\mathrm{d}z} = -\left(\rho g \sin\theta + f \frac{\rho v^2}{2D} + \rho v \frac{\mathrm{d}v}{\mathrm{d}z} \right) \tag{4.44}$$

单相流体的压力梯度方程仍适用于多相流动，对于水平管流，θ=0°，sinθ=0，对于垂直上升管流，θ=90°，sinθ=1。

2. 多相管流压降计算方法

由于多相管流流动形态的多变性及其机理的复杂性，因而很难获得一般的计算方法。不同的学者基于不同的实验、流动形态和分析方法得到了不同的计算方法，其准确程度受多种因素的影响，除了所选用的计算方法之外，关键是不同压力和温度下流体性质参数的计算。在实际应用过程中，应根据各油田高压物性试验资料对所选用的计算公式进行检验和必要的修正。在多相垂直管中，每相流体的高压物性都随压力和温度的变化而变化，从而决定了在垂直管中的沿程压力梯度并不是一个常数。因此，多相管流通常进行分段计算，且要求得到相应段的流体物性参数。然而，这些参数又是压力和温度的函数，压力是计算中涉及的未知数。所以，多相垂直管流压力梯度一般按压力或深度迭代进行计算。

3. 基本方程

Beggs-Brill 方法是贝格斯和布里尔基于均相流动能量守恒方程提出的，是一种可于水平、垂直和任意倾斜角度的气液两相流动计算的方法，它是目前用于倾斜井、向井和水平井井筒多相流动计算的一种精确度高、适应性好的方法。

Beggs-Brill 方法基本压降方程可以表示为

$$-\frac{\mathrm{d}p}{\mathrm{d}z} = \frac{\left[\rho_{\mathrm{l}} H_{\mathrm{l}} + \rho_{\mathrm{g}}\left(1 - H_{\mathrm{l}}\right)\right] g \sin\theta + \dfrac{\lambda_{\mathrm{l}} G v}{2DA}}{1 - \left\{\left[\rho_{\mathrm{l}} H_{\mathrm{l}} + \rho_{\mathrm{g}}\left(1 - H_{\mathrm{l}}\right)\right] v v_{\mathrm{sg}}\right\} / p} \tag{4.45}$$

式中，p 为压力，Pa；ρ_{l} 为液体密度，kg/m^3；λ_{l} 为气液两相流阻力系数；v 为混合

物的速度，m/s；H_l 为持液率；dp/dz 为压力梯度，Pa/m；ρ_g 为气体密度，kg/m^3；G 为混合物的质量流量，kg/s；v_{sg} 为气相的表现(折算)速度，m/s。

气液两相流动的雷诺数可以表示为

$$N'_{Re}=\frac{DV\left[\rho_l E_l+\rho_g\left(1-E_l\right)\right]}{\mu_w f_w+M\left[\exp\left(\exp\left(a-b\ln t\right)\right)-1\right]^N\left(1-f_w\right)E_l+\mu_g\left(1-E_l\right)} \tag{4.46}$$

式中，E_l 为无滑脱持液率；μ_w 为液体黏度，mPa·s；f_w 为产水率；M 为经验系数。

令

$$y=\frac{E_l}{\left[H_l(\theta)\right]^2}$$

$$S=\frac{\ln y}{-0.0523+3.18\ln y-0.8725\left(\ln y\right)^2+0.01853\left(\ln y\right)^4} \tag{4.47}$$

式中，$H_l(\theta)$ 为倾角为 θ 时气液两相流动的持液率。

当 $1<y<1.2$ 时

$$S=\ln\left(2.2y-1.2\right) \tag{4.48}$$

$$\lambda'=\left[2\lg\left(N_{Re}^{(4.5332\lg N'_{Re})'}\right)^{-2}\right] \tag{4.49}$$

式中，λ'为无滑脱气液两相流阻力系数。从而可以确定气液两相流动阻力系数：

$$\lambda_l=\lambda' e^S \tag{4.50}$$

即

$$\lambda_l=\left\{2\lg\left[\frac{\left(\dfrac{DV\left[\rho_l E_l+\rho_g\left(1-E_l\right)\right]}{\mu_w f_w+M\left[\exp\left(\exp\left(a-b\ln t\right)\right)\right]^N\left(1-f_w\right)E_l+\mu_g\left(1-E_l\right)}\right)}{4.5332\lg\left(\dfrac{DV\left[\rho_l E_l+\rho_g\left(1-E_l\right)\right]}{\mu_w f_w+M\left[\exp\left(\exp\left(a-b\ln t\right)\right)\right]^N\left(1-f_w\right)E_l+\mu_g\left(1-E_l\right)}\right)-3.8125}\right]\right\}^{-2} e^S \tag{4.51}$$

利用 Beggs-Brill 方法，在不同的流动形态下对应的持液率 $H_l(\theta)$ 可以分别进行计算，从而可以确定不同井段在不同流动形态下的两相阻力系数 λ_l，由式(4.51)可得

$$-\mathrm{d}p=\frac{\left[\rho_1 H_1+\rho_{\mathrm{g}}\left(1-H_1\right)\right]g\sin\theta+\dfrac{\lambda_1 G v}{2DA}}{1-\left\{\left[\rho_1 H_1+\rho_{\mathrm{g}}\left(1-H_1\right)\right]v v_{\mathrm{sg}}\right\}/p}\mathrm{d}z \tag{4.52}$$

从 l_1 到 l_2 积分可得

$$\int_{p_{\mathrm{wf}}}^{p_1}-\mathrm{d}p=\int_{l_1}^{l_2}\frac{\left[\rho_1 H_1+\rho_{\mathrm{g}}\left(1-H_1\right)\right]g\sin\theta+\dfrac{\lambda_1 G v}{2DA}}{1-\left\{\left[\rho_1 H_1+\rho_{\mathrm{g}}\left(1-H_1\right)\right]v v_{\mathrm{sg}}\right\}/p}\mathrm{d}z \tag{4.53}$$

式中，l_1 为计算井段的起点，m；l_2 为计算井段的终点，m；p_1 为计算井段起始点处的压力，Pa；p_{wf} 为井底流动压力，Pa。

4. 环空掺流体多相管流计算

假设油井在环空掺液条件下的产量为 Q_{m}，掺水量为 Q_{w}，掺入比(掺入流体与地层产出流体的体积之比)为 n，地层原油在生产的过程中没有形成油水乳化液；掺入流体、地层产出液和混合物的体积流量分别为 Q_1、Q_2、Q_{m}；掺入流体、地层产出液和混合物的密度分别为 ρ_1、ρ_2、ρ_{m}；环空掺入流体速度为 v_1；油管内径为 D_1，油管外径为 D_2，套管内径为 D_3；油层中部深度为 l_{d}，掺入点的深度为 l_{f}。由掺入比可得

$$Q_1=Q_{\mathrm{m}}\cdot n \tag{4.54}$$

$$Q_2=Q_{\mathrm{m}}\cdot(1-n) \tag{4.55}$$

$$Q_{\mathrm{m}}=Q_1+Q_2 \tag{4.56}$$

环空流体的速度为

$$v_1=\frac{Q_1}{A_1}=\frac{Q_1}{0.25\pi\left(D_3{}^2-D_2{}^2\right)} \tag{4.57}$$

5. 环空掺入流体沿程摩阻计算

当掺入流体在油套环空中流动时，雷诺数和沿程摩阻损失可以参照圆管相应的公式进行计算。

雷诺数表示为

$$Re=\frac{v_1 d_{\mathrm{e}}}{\mu} \tag{4.58}$$

式中，d_{e} 为油套环空当量直径。

沿程摩阻损失可以表示为

$$h_f = \lambda \frac{l_f}{d_e} \frac{v_1^2}{2g} \tag{4.59}$$

式中，λ 为掺入流体沿程摩阻损失系数。沿程摩阻损失系数 λ 的计算分以下四种情况分别进行计算：

(1) 当 $Re < 2320$ 时，流动属于层流区，λ 与管壁相对粗糙度无关，仅仅是雷诺数的函数，λ 表示为

$$\lambda = \frac{64}{Re} \tag{4.60}$$

(2) 当 $2320 < Re < 80\frac{1}{\bar{\Delta}}$，$\bar{\Delta}$ 为环空管壁的相对粗糙度，$\bar{\Delta} = \frac{\Delta}{d_e}$，其中，$\Delta$ 为环空管壁的绝对粗糙度，m。属于紊流光滑区：

①当 $Re < 10^5$ 时，由布拉休斯(Blasius)公式：

$$\lambda = \frac{0.3164}{Re^{0.25}} \tag{4.61}$$

②当 $Re > 10^5$ 时，由尼库拉则(Nikuradse)和卡门(Karman)公式：

$$\frac{1}{\sqrt{\lambda}} = 2\lg\left(Re\sqrt{\lambda}\right) - 0.8 \tag{4.62}$$

(3) 当 $80\frac{1}{\bar{\Delta}} < Re < 4160\left(\frac{1}{2\bar{\Delta}}\right)^{0.85}$，属于紊流粗糙区：

$$\frac{1}{\sqrt{\lambda}} = -2\lg\left(\frac{\Delta}{3.7d_e} + \frac{2.51}{Re\sqrt{\lambda}}\right) \tag{4.63}$$

(4) 当 $Re > 4160\left(\frac{1}{2\bar{\Delta}}\right)^{0.85}$，属于紊流阻力平方区：

$$\lambda = \frac{1}{\left[1.74 + 2\lg\left(\frac{d_e}{2\Delta}\right)\right]^2} \tag{4.64}$$

在油套环空中，取注入泵出口和掺入点上下两个截面，由伯努利工程流体力学方程可得

$$H+\frac{p_{\mathrm{b}}}{\rho_1 g}+\frac{v_1^2}{2g}=\frac{p_{下1}}{\rho_1 g}+\frac{v_1^2}{2g}+h_{\mathrm{f}} \tag{4.65}$$

式中，$p_{下1}$为掺入点环空流体压力，Pa；H为掺入流体相当于掺入点的水力压头，m；p_{b}为掺入流体泵压，Pa。所以

$$l_{\mathrm{f}}+\frac{p_{\mathrm{b}}}{\rho_1 g}=\frac{p_{下1}}{\rho_1 g}+h_{\mathrm{f}} \tag{4.66}$$

6. 局部阻力损失计算

当掺入流体由油套环空通过筛管进入油管时，存在局部阻力损失，可分为两部分。

(1) 掺入流体进入筛管入口处时，为断面突然收缩，局部阻力系数为

$$\xi_0=0.5\left(1-\frac{A_3}{A_1}\right) \tag{4.67}$$

式中，A_1为油套环空截面积，m^2；A_3为掺液器截面积，m^2。

(2) 掺入流体从筛管进入油管时，为断面突然扩大，局部阻力系数为

$$\xi_1=\left(\frac{A_2}{A_3}-1\right)^2 \tag{4.68}$$

式中，A_2为油管截面积，m^2。

由能量守恒方程可得

$$l_{\mathrm{f}}+\frac{p_{\mathrm{b}}}{\rho_1 g}+\frac{v_1^2}{2g}-\lambda\frac{H}{d_{\mathrm{e}}}\frac{v_1^2}{2g}-\xi_0\frac{v_{\mathrm{c}}^2}{2g}-\xi_1\frac{\left[Q_1/(0.25\pi D_1{}^2)\right]^2}{2g}=\frac{p_{下2}}{\rho_1 g}+\frac{\left[Q_1/(0.25\pi D_1{}^2)\right]^2}{2g} \tag{4.69}$$

式中，$p_{下2}$为掺入流体进入油管后的压力，Pa；v_{c}为掺液器中流体的流速，m/s。从而可以确定掺入流体进入油管以后的压力：

$$p_{下2}=p_{下1}-\rho_1\left[\xi_0\frac{v_{\mathrm{c}}^2}{2g}-\xi_1\frac{\left(Q_1/0.25\pi D_1{}^2\right)^2}{2g}-\frac{\left(Q_1/0.25\pi D_1{}^2\right)^2}{2g}\right] \tag{4.70}$$

7. 环空掺流体多相管流计算

(1) 在掺入点上方，混合物的黏度由黏温曲线回归可以表示为

$$\ln\ln\left(\mu_{\text{od}}+1\right)=a_1-b_1\ln t \tag{4.71}$$

式中，μ_{od} 为混合物的黏度，mPa·s。则掺稀混合物的含水率：

$$f_{\text{w}1}=\frac{Q_{\text{w}}}{Q_{\text{m}}} \tag{4.72}$$

掺稀混合物的密度：

$$\rho_{11}=\rho_{\text{m}}=n\rho_1+(1-n)\rho_2 \tag{4.73}$$

掺液点上方混合物摩阻系数：

$$\lambda_1=\left\{2\lg\left[\frac{\left(\dfrac{D_1v_{\text{m}1}\left[\rho_{11}E_{11}+\rho_{\text{g}}\left(1-E_{11}\right)\right]}{\mu_{\text{w}}f_{\text{w}1}+M\left[\exp\left(\exp\left(a_1-b_1\ln t\right)\right)\right]^N\left(1-f_{\text{w}1}\right)E_{11}+\mu_{\text{g}}\left(1-E_{11}\right)}\right)}{4.5332\lg\left(\dfrac{D_1v_{\text{m}1}\left[\rho_{11}E_{11}+\rho_{\text{g}}\left(1-E_{11}\right)\right]}{\mu_{\text{w}}f_{\text{w}1}+M\left[\exp\left(\exp\left(a_1-b_1\ln t\right)\right)\right]^N\left(1-f_{\text{w}1}\right)E_{11}+\mu_{\text{g}}\left(1-E_{11}\right)}\right)-3.8125}\right]\right\}^{-2}\text{e}^S \tag{4.74}$$

式中，$v_{\text{m}1}$ 为掺液点上方混合液的速度，m/s；E_{11} 为掺稀混合物的液相体积分数。

井筒温度分布：

$$t=\left(1+\frac{W_2r_1}{k_{11}}\right)C_1\text{e}^{r_1l}+\left(1+\frac{W_2r_2}{k_{11}}\right)C_2\text{e}^{r_1l}+t_0+ml+\frac{W-W_2}{k_{13}}m \tag{4.75}$$

式中，W 为地面产出混合液体的水当量，W/℃；W_2 为井筒注入液体的水当量，W/℃。C_1 与 C_2 的值分别为

$$C_1=\frac{\left[t_{\text{i}}-t_0-\left(\dfrac{W-W_2}{k_{13}}-\dfrac{W_2}{k_{11}}\right)\right]\text{e}^{r_2l_{\text{f}}}+t_0+ml_{\text{f}}+\left(\dfrac{W-W_2}{k_{13}}-\dfrac{W_2}{k_{11}}\right)m-t_{\text{f}}}{\text{e}^{r_2l_{\text{f}}}-\text{e}^{r_1l_{\text{f}}}} \tag{4.76}$$

$$C_1=\frac{\left[t_{\text{i}}-t_0-\left(\dfrac{W-W_2}{k_{13}}-\dfrac{W_2}{k_{11}}\right)\right]\text{e}^{r_1l_{\text{f}}}+t_0+ml_{\text{f}}+\left(\dfrac{W-W_2}{k_{13}}-\dfrac{W_2}{k_{11}}\right)m-t_{\text{f}}}{\text{e}^{r_1l_{\text{f}}}-\text{e}^{r_2l_{\text{f}}}} \tag{4.77}$$

r_1 与 r_2 的值分别为

$$r_1=\frac{1}{2}\left[\left(\frac{k_{11}+k_{13}}{W}-\frac{k_{11}}{W_2}\right)+\sqrt{\left(\frac{k_{11}+k_{13}}{W}-\frac{k_{13}}{W_2}\right)^2+\frac{4k_{11}k_{13}}{WW_2}}\right] \tag{4.78}$$

$$r_2=\frac{1}{2}\left[\left(\frac{k_{11}+k_{13}}{W}+\frac{k_{11}}{W_2}\right)+\sqrt{\left(\frac{k_{11}+k_{13}}{W}-\frac{k_{13}}{W_2}\right)+\frac{4k_{11}k_{13}}{WW_2}}\right] \tag{4.79}$$

从而，掺入点混合物的压力可以表示为

$$\int_{p_e}^{p_t}-\mathrm{d}p=\int_{t_o}^{t_f}\frac{\left[\rho_{l1}H_{l1}+\rho_g(1-H_{l1})\right]g\sin\theta+\dfrac{\lambda_1 G_1 v_{m1}}{0.5D_1^3}}{1-\{[\rho_{l1}H_{l1}+\rho_g(1-H_{l1})]v_{m1}v_{sg}\}/p} \tag{4.80}$$

式中，p_e 为地层压力，MPa；p_t 为井口压力，MPa；t_o、t_f 分别表示掺入流体的起始时间和结束时间。由伯努利方程可以确定掺入点地层产出液的压力为

$$p_{cc}=\rho_2\left(\frac{p_c}{\rho_m}+\frac{v_m^2}{2}-\frac{v_2^2}{2}-\frac{v_1^2}{2}-\frac{p_{下2}}{\rho_1}\right) \tag{4.81}$$

(2) 在掺入点下方，稠油的黏度可以表示为

$$\ln\ln\left(\mu_{od}+1\right)=a_2-b_2\ln t \tag{4.82}$$

地层产出液的含水率：

$$f_{w2}=\frac{Q_w}{Q_2}=\frac{Q_w}{Q_m(1-n)} \tag{4.83}$$

地层产出液的密度：

$$\rho_{l2}=\rho_2=\left(1-f_{w2}\right)\rho_0+\rho_w f_{w2} \tag{4.84}$$

掺液点下方混合物摩阻系数：

$$\lambda_2=\left\{2\lg\left[\frac{\left(\dfrac{D_2 v_{m2}\left[\rho_{12}E_{12}+\rho_g\left(1-E_{l2}\right)\right]}{\mu_w f_{w2}+M\left[\exp\left(\exp\left(a_2-b_2\ln t\right)\right)\right]^N\left(1-f_{w2}\right)E_{l2}+\mu_g\left(1-E_{l2}\right)}\right)}{4.5332\lg\left(\dfrac{D_2 v_{m2}\left[\rho_{12}E_{12}+\rho_g\left(1-E_{l2}\right)\right]}{\mu_w f_{w2}+M\left[\exp\left(\exp\left(a_2-b_2\ln t\right)\right)\right]^N\left(1-f_{w2}\right)E_{l2}+\mu_g\left(1-E_{l2}\right)}\right)-3.8125}\right]\right\}^{-2}\mathrm{e}^S \tag{4.85}$$

式中，E_{l2} 为地层产出液的液相体积分数；v_{m2} 为掺液点下方混合物的速度，m/s。

在掺入点的下方，沿井筒任意一点的温度分布：

$$t=\left[\left(t_c-t_{ed}+m\left(l_d-l_f\right)\right)-m\frac{W}{k_1}\right]\mathrm{e}\frac{k_1}{w}\left(l_d-l_f-1\right)+\left[t_{ed}-m\left(l_d-l_f\right)\right]+m\frac{W}{k_1} \tag{4.86}$$

从而可以确定井底流动压力的计算表达式为

$$\int_{p_{\mathrm{wf}}}^{p_{\mathrm{cc}}} -\mathrm{d}p = \int_{l_{\mathrm{d}}}^{l_{\mathrm{f}}} \frac{\left[\rho_{12}H_{12} + \rho_{\mathrm{g}}\left(1-H_{12}\right)\right]g\sin\theta + \dfrac{\lambda_2 G_2 v_{\mathrm{m2}}}{0.5D_3^{\,3}}}{1-\left\{\left[\rho_{12}H_{12} + \rho_{\mathrm{g}}\left(1-H_{12}\right)\right]v_{\mathrm{m2}}v_{\mathrm{sg}}\right\}/p}\mathrm{d}z \tag{4.87}$$

按照同样的原理可以建立油管掺稀环空生产以及环空掺化学剂油管生产和油扮管掺化学剂环空生产方式下的多相管流计算方程。

8. 气举井压力连续性计算

如果油藏提供的能量不足以将油气举升到地面时，通过外部能量，人为地把高压气体(天然气或空气)压入井筒内，从而将原油举升到地面的采油方法称为气举采油。

1)气举采油的机理

目前，关于气举采油机理没有统一的认识，主流意见认为气体的作用在于降低了混合流体的密度，同时降低了相间滑脱速度。泡状流被认为是滑脱速度最低的流动形态。苏联学者维尔斯斯鲁依斯、我国大庆石油学院陈家琅教授等认为气液两相铅直管流的能量来源除压能外，气体膨胀能是个很重要的方面，气举井主要依靠从地面供给的高压气体来举升液体，认为段塞流的膨胀能可以得到充分利用和发挥，而泡状流滑脱损失较大。

研究表明，混合液密度降低并不可以作为气体举液的充要条件，由气体与液体之间的充分能量交换是液体得以举升的根本原因。因此，在气举过程中，控制气体流量，使井筒内流型保持泡状流状态，是最有利于油气井生产的。

2)气举采油系统有关概念

启动压力：压缩气从环空注入，当环形空间内的液面下降到管鞋时，压缩机达到最大的压力。如果压缩机的额定工作压力小于气举时的启动压力，气举无法启动。启动压力的大小与气举方式、油管下入深度、静液面位置以及油、套管直径有关。

工作压力：气举井稳定生产时压缩机的压力。

气举阀：作用相当于在油管上开设了孔眼，高压气体可以从孔眼进入油管举出液体，降低管内压力，到一定程度之后，气举阀自动关闭，将孔眼堵死。

3)气举井压力连续性计算基本原理

气举井和自喷井相比有很多相似之处，只是气举井主要依靠外来高压气体的能量，而自喷主要依靠地层的能量。气举采油井筒压力连续性可以分为套管内的气柱、注气后的混合流体部分和注气前的混合流体部分(图 4.3)。

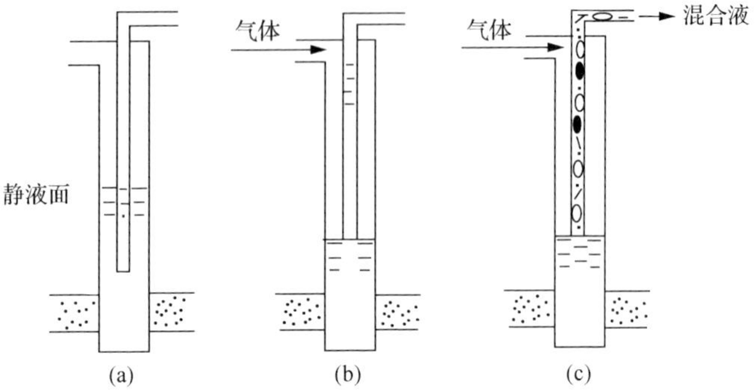

图 4.3 气举井采油过程示意图

(1)套管内的气柱静压力近似直线分布，即

$$p_g(h) = p_{co}\left(1 + \frac{\rho_{gsc} g T_{sc} h}{p_{sc} T_{av} Z_{av}}\right) \tag{4.88}$$

式中，$p_g(h)$为 h 处的气柱压力，(绝对)；p_{co}为井口压力，(绝对)；g 为重力加速度，m/s^2；h 为深度，m；T_{sc}为标准状况下的温度，K；p_{sc}为标准状况下的压力，MPa；T_{av}为平均温度，K；Z_{av}为气体压缩因子，小数；ρ_{gsc}为气体密度，g/cm^3。当注气量较小时，忽略气体在环空中的摩擦力。

(2)注气后的混合流体部分。外界高压气体的注入，使得混合流体的气油比发生变化，混合物的密度变小。

$$\rho_h = \frac{\rho_m V_m + \rho_{zg} V_{zg}}{V_m + V_{zg}} \tag{4.89}$$

式中，V_{zg}为注入气体的体积，m^3；V_m为混合流体的体积，m^3；ρ_h为注气后混合流体的密度，kg/m^3；ρ_m为注气前混合流体的密度，kg/m^3；ρ_{zg}为注入气体的密度，kg/m^3。其他过程和自喷井压力计算相似。

(3)注气前的混合流体部分。在注气点以下，没有外来气体的影响。流体靠地层压力产生的井底流压从井底被举升到注气点位置，这一过程和自喷井中从井底到井口的举升过程相同。该段压力连续性的计算方法和自喷井压力连续性计算相同。

9. 井筒-气液两相管流摩阻损失计算

目前国内外有许多关于计算井筒多相流动摩阻损失的研究，Beggs-Brill 方法认为井筒内油气水两相管流的压力降是摩擦损失、势能变化和动能变化的综合结果，即垂直多相管流的压力梯度，是三个压降之和：静水压力梯度、耗于摩阻的压力梯度以及耗于加速度的压力梯度。根据动量方程，其压力降是摩擦能量损失、位能变化和动能变化之和，压力降公式可表示为

$$-\frac{\mathrm{d}p}{\mathrm{d}z}=\left(\frac{\mathrm{d}p}{\mathrm{d}z}\right)_{\mathrm{g}}+\left(\frac{\mathrm{d}p}{\mathrm{d}z}\right)_{\mathrm{f}}+\left(\frac{\mathrm{d}p}{\mathrm{d}z}\right)_{\mathrm{a}} \tag{4.90}$$

式中，p 为压力，MPa；z 为井筒深度，m。

重力压降：

$$\left(\frac{\mathrm{d}p}{\mathrm{d}z}\right)_{\mathrm{g}}=\rho' g\sin\theta=\left[\rho_{\mathrm{L}}H_{\mathrm{L}}+\rho_{\mathrm{g}}\left(1-H_{\mathrm{L}}\right)\right]g\sin\theta$$

式中，H_{L} 为水力压头；ρ_{L} 和 ρ_{g} 为液体和气体的真实密度，$\mathrm{kg/m^3}$。

动能压降：

$$\left(\frac{\mathrm{d}p}{\mathrm{d}z}\right)_{\mathrm{a}}=\rho' v_{\mathrm{m}}\frac{\mathrm{d}v}{\mathrm{d}z}$$

摩阻压降：

$$\left(\frac{\mathrm{d}p}{\mathrm{d}z}\right)_{\mathrm{f}}=\lambda\frac{v_{\mathrm{m}}^2}{2D}\rho'=\lambda\frac{G_{\mathrm{m}}/A}{2D}v_{\mathrm{m}}$$

通过推导得到

$$-\frac{\mathrm{d}p}{\mathrm{d}z}=\frac{[\rho_{\mathrm{L}}H_{\mathrm{L}}+\rho_{\mathrm{g}}(1-H_{\mathrm{L}})]g\sin\theta+\dfrac{\lambda G v_{\mathrm{m}}}{2DA}}{1-\left\{\left[\rho_{\mathrm{L}}H_{\mathrm{L}}+\rho_{\mathrm{g}}(1-H_{\mathrm{L}})\right]v_{\mathrm{m}}v_{\mathrm{sg}}\right\}/p} \tag{4.91}$$

式中，ρ' 为气液两相真实密度，$\mathrm{kg/m^3}$；G_{m} 为气液两相质量流量，kg/s；D 为油管内径，m；v_{m} 为气液两相混合流速，m/s；v_{sg} 为气相的表观流速，m/s。

1967 年，Orkiszewski 提出了适用于多相垂直管流计算方法，认为此方法计算井筒流动摩阻损失比较精确，他提出了四种流型，即泡流、段塞流、过渡流及环状流，并针对每种流动形态提出存容比及摩擦损失的计算方法。图 4.4 是垂直井筒气液两相流的流动形态，可以更加直观地认识此类流动形态。

1) 气液两相在管段中流动形态的判断

Orkiszewski 方法对流动形态划分界限见表 4.1。

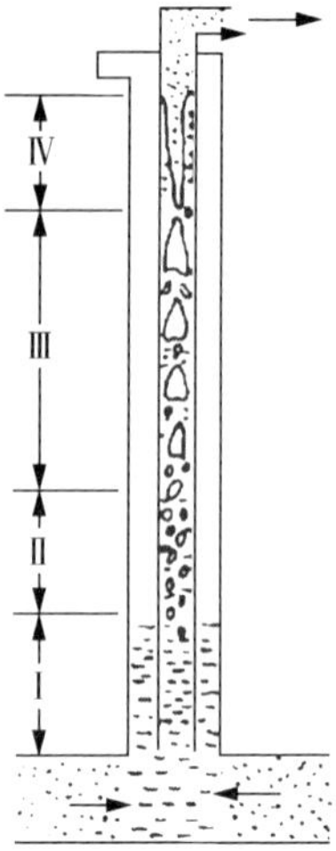

图 4.4　垂直井筒气液两相流的流动形态

Ⅰ-纯油流；Ⅱ-泡流；Ⅲ-段塞流及过渡流；Ⅳ-环状流

表 4.1　流动形态划分界限

流动形态	界限
泡流	$\frac{q_g}{q_t} < L_B$
段塞流	$\frac{q_g}{q_t} > L_B, \bar{\bar{v}}_g < L_S$
过渡流	$L_M > \bar{\bar{v}}_g > L_S$
雾流	$\bar{\bar{v}}_g > L_M$

注：$\bar{\bar{v}}_g$ 为气体流速，m/s；L_S、L_M、L_B 分别为段塞流、雾流和泡流的下限。

$$L_B = 1.701 - 0.7277 v_t^2 / D \tag{4.92}$$

$$L_S = 50 + 36\bar{\bar{v}}_g \frac{q_l}{q_g} \tag{4.93}$$

$$L_M = 75 + 84\left(\bar{\bar{v}}_g \frac{q_l}{q_g}\right)^{0.75} \tag{4.94}$$

$$\bar{\bar{v}}_g = \frac{q_g}{A_p}\left(\frac{\rho_l}{g\sigma}\right)^{1/4} \tag{4.95}$$

式中，q_l、q_g、q_t 为平均温度和压力下的液体、气体及总的体积流量；A_p 为管子流通截面积，m^2；v_t 为液体总流速，m/s。

2) 均相流摩擦损失梯度计算

均相流为井筒压力大于饱和压力时，井筒中的单相液流，压力损失为重力损失与摩擦阻力损失为主。

$$\tau_{\mathrm{t}}=\frac{2fv^2}{D}\rho_{\mathrm{l}} \tag{4.96}$$

式中，τ_{t} 为摩擦阻力梯度，Pa/m；f 为摩擦阻力系数；ρ_{l} 为液相密度，kg/m^3；D 为管子内径，m；v 为液相速度，m/s。

3) 泡状流摩擦损失梯度计算

泡状流为井筒压力低于饱和压力，溶解气从油中分离出来，气体以小气泡分散在液相中(图 4.5)。特点：气体是分散相，液体是连续相；重力损失为主，气体主要影响混合物密度，对摩擦阻力的影响不大，滑脱现象比较严重。

$$\tau_{\mathrm{t}}=f\frac{\rho_{\mathrm{l}}}{D}\frac{v_{\mathrm{LH}}^2}{2} \tag{4.97}$$

式中，v_{LH} 为液相真实流速，m/s。

液相真实流速 v_{LH} 的计算方法：

$$v_{\mathrm{LH}}=\frac{q_{\mathrm{l}}}{A_{\mathrm{p}}(1-H_{\mathrm{g}})} \tag{4.98}$$

式中，H_{g} 为管段中气相体积与管段容积之比值。

4) 段塞流摩擦损失梯度计算

段塞流时，混合物继续向上流动，压力逐渐降低，气体不断膨胀，小气泡合并成大气泡，井筒内将形成一段液一段气的结构(图 4.6)。大气泡拖着油柱向上流动，沿管壁还会有少许的油相对于气泡向下运动，虽然如此，在这种情况下，油气间的相对运动要比泡状流小，滑脱也小。一般自喷井内段塞流是主要的。特点：气体呈分散相，液体呈连续相；一段气一段液交替出现；气体膨胀能得到较好的利用；滑脱损失变小；摩擦损失变大。

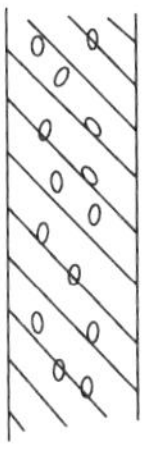

图 4.5　泡状流的流动形态

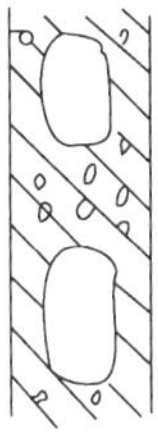

图 4.6　段塞流的流动形态

$$\tau_f = \frac{f\rho_l v_t^2}{2D}\left(\frac{q_l + v_s A_p}{q_t + v_s A_p} + \delta\right) \tag{4.99}$$

式中，v_s 为滑脱速度，m/s；δ 为流体分布系数，根据连续相的类别及气液总流速来选用计算公式。

滑脱速度 v_s 的计算方法：

$$v_s = C_1 C_2 \sqrt{gD} \tag{4.100}$$

查图 4.7 和图 4.8 得经验系数 C_1、C_2 值。

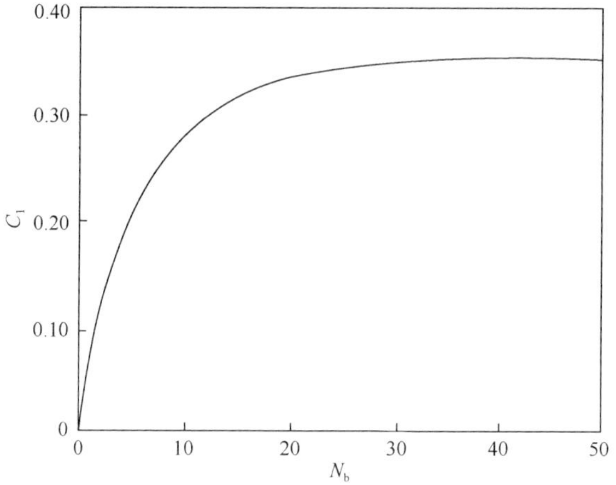

图 4.7　C_1-N_b 曲线

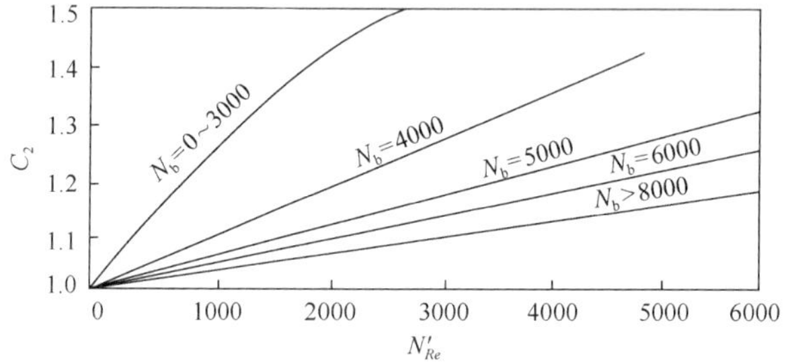

图 4.8　C_2- N'_{Re} 曲线

泡流雷诺数：

$$N_b = \frac{v_s D \rho_l}{\mu_l}\ （假设\ v_s）$$

雷诺数：

$$N'_{Re} = \frac{v_t D \rho_l}{\mu_l}$$

式中，μ_l 为液体黏度，mPa·s。

流体分布系数 δ 的计算方法见表 4.2。

表 4.2 δ 计算公式的选择

连续液相	v_t	计算 δ 的公式号
油	<3.048	式(4.101)
油	>3.048	式(4.102)

$$\delta = \frac{0.00236\lg(10^3\mu_l + 1)}{D^{1.415}} - 0.140 + 0.167\lg v_t + 0.133\lg D \tag{4.101}$$

$$\delta = \frac{0.00537\lg(10^3\mu_l + 1)}{D^{1.371}} + 0.455 + 0.569\lg D - X \tag{4.102}$$

$$X = (\lg v_t + 0.516)\frac{0.0016\lg(10^3\mu_l + 1)}{D^{1.571}} + 0.722 + 0.63\lg D \tag{4.103}$$

5) 过渡流摩擦梯度计算公式

过渡流时，压力继续下降，气泡从中间突破，油管中心是连续的气流，管壁为油环。其特点是气液两相都是连续相，气体举油作用主要是靠摩擦携带，滑脱损失变小，摩擦损失变大。过渡流的流动形态如图 4.9 所示。

$$\tau_t = \frac{L_M - \bar{\bar{v}}_g}{L_M - L_S}\tau_{SL} + \frac{\bar{\bar{v}}_g - L_g}{L_M - L_S}\tau_{Mi} \tag{4.104}$$

式中，τ_{SL} 为按段塞流计算的混合物的摩擦梯度；τ_{Mi} 为按雾流计算的混合物的摩擦梯度。

6) 雾流摩擦损失梯度计算公式

雾流时，压力进一步下降，气体体积流量足够大，占据整个油管，液体以液滴形式分散在气流中。其特点是，气体是连续相，液体是分散相；气体以很高的速度携带液滴喷出井口；气、液之间的相对运动速度很小；气相是整个流动的控制因素。雾流的流动形态如图 4.10 所示。

$$\tau_f = f\frac{\rho_l v_{sg}^2}{2D} \tag{4.105}$$

式中，ρ_l 为液体的密度，kg/m^3；v_{sg} 为气体表观速度，m/s；f 为根据气体雷诺数和液膜相对粗糙度得到。

图 4.9　过渡流的流动形态

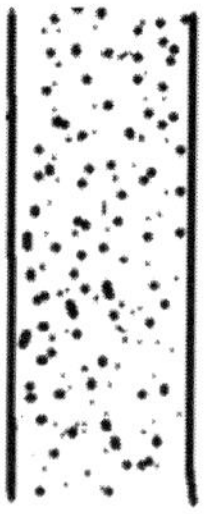

图 4.10　雾流的流动形态

4.1.4　建立井筒流动规律数学模型

按照前面给出的对油气水三相混合物在垂直井筒中的流动规律分析，为方便计算，对油气水三相流动的流型判别，摩擦压降和总压降随井深变化的计算编制了相应的程序，并基于该程序开展计算分析，该程序基于 Visual C++编写，它的主要功能是通过数值计算的方法对实际井筒中压力随井深的变化进行模拟计算，从而推算出流体在井筒中受到的摩阻大小。

1. 程序系统的组成

垂直井筒油气水三相混合物流动压降计算主要由基础数据、截面含气率的计算、深度计算、重位压降计算、摩擦压降计算、总压降计算和结果输出等主要部分构成，整个系统的组成如图 4.11 所示。

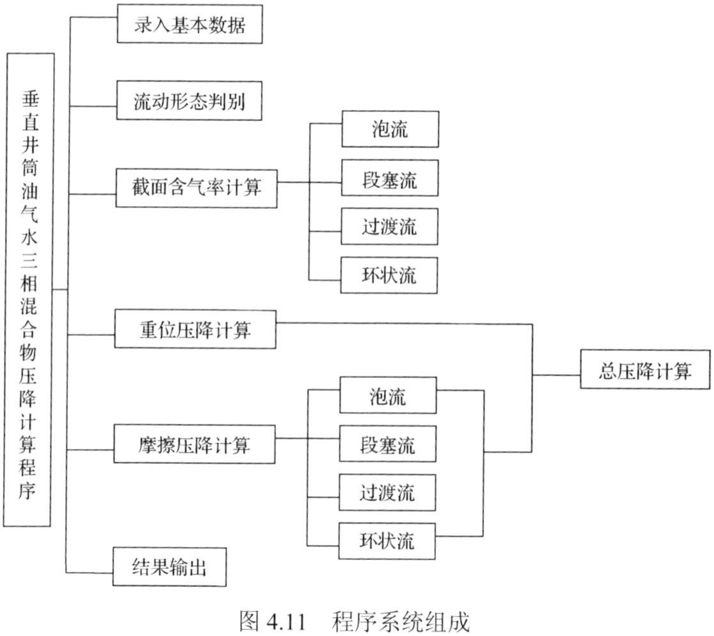

图 4.11　程序系统组成

2. 井筒压力分布计算流程图

本程序采用节点分析方法对井筒压力随井深分布进行计算，并通过井筒压力差分析举升摩阻，其计算流程如图 4.12 所示。

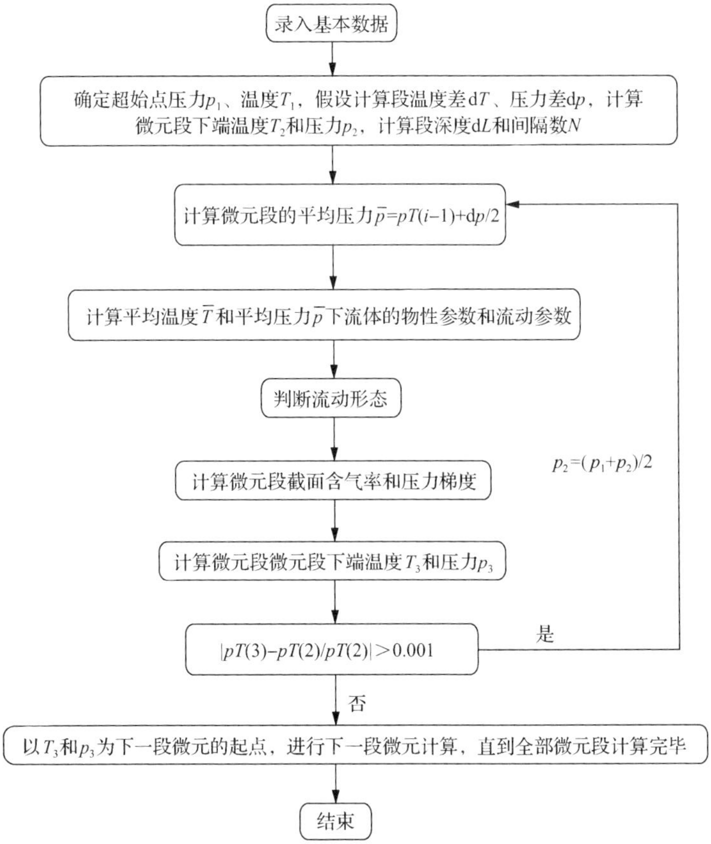

图 4.12 垂直井筒压力分布计算流程图

3. 实例计算

根据以上程序，采用 X 油井的基础数据和井筒降黏参数以及注气参数，计算 X 油井在常规生产时井筒压力场分布，并模拟 X 油井在井筒掺降黏剂降黏生产和注气生产这两种生产方式下井筒压力场分布，分析不同生产方式对原油在井筒举升过程中所受摩阻的影响。X 油井的基础数据见表 4.3。

1) 常规生产时井筒中压力场分布

利用所编写程序，计算得到 X 油井常规生产时井筒中压力场分布，如图 4.13 所示。

表 4.3　X 油井基础数据

项目	数据	项目	数据
油层中深/m	6005	脱气原油黏度/(mPa·s)	73561
油层中温/℃	135.86	油管内径/m	0.076
油压/MPa	4.5	井口温度/℃	45.85
套压/MPa	7.5	油管相对粗糙度/mm	0.0016
产油量/(m^3/d)	28	油嘴通径/mm	5
产气量/(m^3/d)	3150	含水/%	0

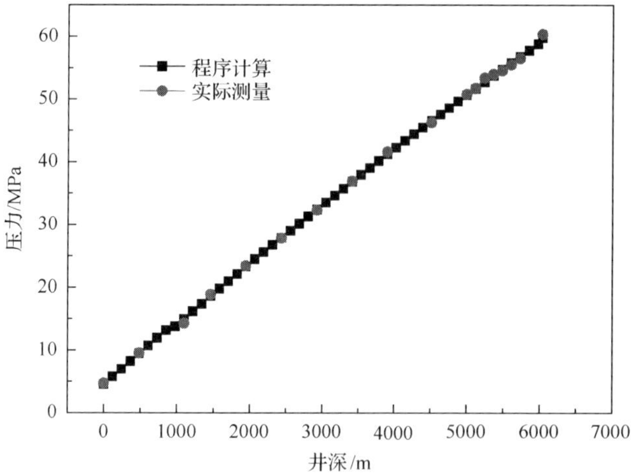

图 4.13　通过程序计算与实际测量所得 X 油井井筒压力分布结果对比

从图 4.13 可以看出，通过程序计算得到的压力分布与现场实际测量得到的压力分布对比后，发现平均相对误差为 0.5%，能够满足大部分工程计算的要求。

2) 模拟井筒掺复合降黏剂后压力场分布

通过所编写程序，模拟计算 X 油井掺复合降黏剂之后井筒中压力分布，并与常规生产对比，参数如表 4.4 所示，结果见图 4.14。

表 4.4　掺复合降黏剂降黏生产参数

项目	数据	项目	数据
降黏液相对密度	1	掺入深度/m	2500
降黏液黏度/(mPa·s)	1.6	掺入温度/℃	80
掺入浓度/%	0.5	采出液黏度/(mPa·s)	130
采出液含水/%	30	井口温度/℃	60

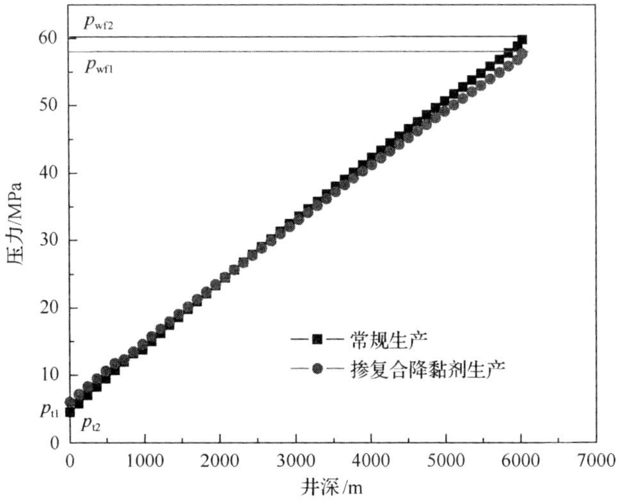

图 4.14 X 油井常规生产与掺复合降黏剂生产井筒压力分布对比

从图 4.14 可以看出，掺复合降黏剂降黏之后的 X 油井井底流压 p_{wf1} 小于常规生产时的井底流压 p_{wf2}，根据达西定律：

$$q_o = \frac{2\pi k_o h(\bar{p}_r - p_{wf})}{\mu_o B_o\left(\ln\frac{r_e}{r_w} - \frac{1}{2} + s\right)} a \tag{4.106}$$

式中，q_o 为油井产量(地面)，m^3/s；k_o 为油层有效渗透率；B_o 为原油体积系数，m^3/m^3；h 为油层有效厚度；μ_o 为油层油的黏度，mPa·s；$\bar{p}_r$ 为井区平均油藏压力，Pa；r_e 为油井供油边缘半径，m；r_w 为井眼半径，m；s 为表皮系数，与油井完成方式、井底污染或增产措施有关，可由压力恢复曲线求得；a 为采用不同单位制的换算系数，用流体力学达西单位及法定(SI)单位时 a=1，用法定实用单位，即 $q(m^3/d)$、$k(\mu m^2)$、μ(mPa·s)、h(m)、p(MPa)时，a=86.4，若压力的实用单位中用 kPa，则 a=0.0864。可知，在其他参数不变的情况下，当井底流压 p_{wf} 降低，生产压差增大，有利于油藏中的流体进入井底，增加产量。掺复合降黏剂之后的 X 油井油压 p_{t1} 大于常规生产时的油压 p_{t2}，根据多相流压降计算方法，原油从井底流至井口，由于受到摩阻损失和重力损失而损失的压力降 $\Delta p=p_{wf}-p_t$，由此可知掺复合降黏剂后原油在 X 油井井筒中损失的压降 Δp_1 远小于常规生产时损失的压降 Δp_2，说明井筒经复合降黏生产后，不仅能够降低原油在井筒中的流动阻力，还能够提高原油采收率。

4.2 井筒降黏生产模拟装置

4.2.1 基本原理

1. 相似原理概述

相似是指组成模型的每个要素必须与原型的对应要素相似，包括几何要素和物理要素，其具体体现为由一系列物理量组成的场对应相似[13-18]。对于同一个物理过程，若两个物理现象的各个物理量在各对应点上以及各对应瞬间大小呈比例，且各矢量的对应方向一致，则称这两个物理现象相似。流体力学相似指的是两个流场的力学相似，即在流动空间的各对应点上和各对应时刻，表征流动过程的所有物理量各自互呈一定的比例。在流动现象中若两种流动相似，一般应满足以下条件。

1）几何相似

几何相似是指模型与其原型形状相同，但尺寸可以不同，而一切对应的线性尺寸呈比例，这里的线性尺寸可以是直径、长度及粗糙度等。如用下标 p 和 m 分别代表原型和模型，则

线性比例常数可表示为

$$C_l=l_p/l_m$$

面积比例常数可表示为

$$C_A=A_p/A_m=C_l^2$$

体积比例常数可表示为

$$C_V=V_p/V_m=C_l^3$$

2）运动相似

运动相似是指对不同的流动现象，在流场中的所有对应点处对应的速度和加速度的方向一致，且比值相等，也就是说，两个运动相似的流动，其流线和流谱是几何相似的。

速度比例常数可表示为

$$C_v=v_p/v_m$$

由于时间的量纲是 l/v，因此时间比例常数

$$C_t=t_p/t_m=(l_p/v_p)/(l_m/v_m)=C_l/C_v$$

由此加速度比例常数

$$C_a=a_p/a_m=C_v/C_t=C_l/C_t^2$$

3) 动力相似

动力相似即对不同的流动现象，作用在流体上相应位置处的各种力，如重力、压力、黏性力和弹性力等，它们的方向对应相同，且大小的比值相等，也就是说，两个动力相似的流动，作用在流体上相应位置处各力组成的力的多边形是几何相似的。

一般来说，作用在流体微元上的力有重力 F_g、压力 F_p、黏性力 F_v、弹性力 F_e 和表面张力 F_t。如果流体是作加(减)速运动，则加上惯性力 F_i 后，上述各力就会组成一个力多边形，因此 $F_g+F_p+F_v+F_e+F_t+F_i=0$。

当然，在许多实际问题中，上述各力并非同等重要，有时有些力可能不存在或者小到可以忽略不计，如 F_e 和 F_t。如果在满足几何相似及运动相似的两个流动现象中，作用在任何流体微元上的力有 F_g、F_p、F_v 和 F_i 等，于是，如果这些力满足以下条件，则说明两个现象是动力相似的。

动力比例常数可表示为

$$C_f=F_{gp}/F_{gm}=F_{pp}/F_{pm}=F_{vp}/F_{vm}=F_{ip}/F_{im}=\cdots$$

满足以上相似条件时，两个流动现象(或流场)在力学上就是相似的。这三种相似条件中，几何相似是运动相似和动力相似的前提和依据，动力相似则是流动相似的主导因素，而运动相似只是几何相似和动力相似的表征；三者密切相关，缺一不可。

2. 相似准则

理论上，任意一个流动由控制该流动的基本微分方程和相应的定解条件唯一确定。两个相似的流动现象，为了保证它们遵循相同的客观规律，其微分方程就应该相同，这是同类流动的通解；此外，要求得某一具体流动的特解，还要求其单值条件必须相似。这些单值性条件包括：

(1) 初始条件，指非定常流动问题中开始时刻的流速、压力等物理量的分布；对于定常流动不需要这一条件。

(2) 边界条件，指所研究系统的边界上(如进口、出口及壁面处等)的流速、压力等物理量的分布。

(3) 几何条件，指系统表面的几何形状、位置及表面粗糙度等。

(4) 物理条件，指系统内流体的种类及物性，如密度、黏性等。

因此，如果两个流动相似，则作为单值性条件相似，作用在这两个系统上的惯性力与其他各力的比例应对应相等。在流体力学问题中，若存在上述 6 种力，且满足动力相似，则必须使下列各力间的比例对应相等：惯性力与压力(或压差)之比 F_i/F_p；惯性力与重力之比 F_i/F_g；惯性力与摩擦力之比 F_i/F_v；惯性力与弹性力之比 F_i/F_e；惯性力与表面张力之比 F_i/F_t。

上述 5 个公式分别引入了 5 个无量纲数，它们依次如下：

(1) 欧拉数 $Eu=2\Delta p/(\rho\cdot v_2)$，如以后经常用到的表示物体表面压力分布的压强系数，以及升力系数和阻力系数等。物理上，欧拉数表征了惯性力与压强梯度间的量级之比。

(2) 弗劳德数 $Fr=v^2/(L\cdot g)$，物理上，弗劳德数表征了惯性力与重力间的量级之比，是一个表征流速高低的无量纲量。

(3) 雷诺数 $Re=vL/\mu$，物理上，雷诺数表征了相似流动中惯性力与黏性力间的量级之比，流动的 Re 小，表示与惯性力的量级相比，黏性摩擦力的量级要大得多，因此可以忽略惯性力的作用；反之，Re 大则表示惯性力起主要作用，因此可以当作无黏流体处理。

(4) 马赫数 $Ma=v/c$，物理上，马赫数表征了惯性力与弹性力间的量级之比，是气体可压缩性的度量，通常用来表示飞行器的飞行速度或者气流的流动速度。

(5) 韦伯数 We，物理上，韦伯数表征了惯性力与表面张力间的量级之比。

可以看出，Eu、Fr、Re、Ma 和 We 都是无量纲数，在相似理论中称作相似准则或者相似判据，它们是判断两个现象是否相似的依据。因而，彼此相似的现象，其同名相似准则的数值一定相等。反之，如果两个流动的单值条件相似，而且由单值条件组成的同名相似准则的数值相等，则这两个现象一定相似。

3. 相似原理与模型试验

相似原理与量纲分析方法解决了模型试验中的一系列问题。要进行模型试验，首先遇到如何设计模型，如何选择模型流动中的介质，才能保证与原型(实物)流动相似的问题。根据相似第二定理，凡同一类物理现象，当单值条件相似且由单值条件中的物理量组成的相似准则对应相等时，这些现象必定相似。设计模型和选择介质必须使单值条件相似，而且由单值条件中的物理量组成的相似准则在数值上相等。

试验过程中需要测定哪些物理量，试验数据如何处理才能反映客观实质？相似第一定理表明，彼此相似的现象必定具有数值相等的相似准则。因此，在试验中应测定各相似准则中所包含的一些物理量，并把它们整理成相似准则。

模型试验结果如何整理才能找到规律性，以便推广应用到原型流动中去？由 Π 定理可知，描述某物理现象的各种变量的关系可以表示成数目较少的无量纲 Π 表示的关系式，各无量纲 Π 各种不同的相似准则，它们之间的函数关系式称为准则方程式。彼此相似的现象，它们的准则方程式也相同。因此，试验结果应当整理成相似准则之间的关系式，便可推广应用到原型中去。

4. 雷诺数相似法

雷诺数相似法是一种近似相似模型法。有许多实际流动，它们主要受黏性力、压力和惯性力的作用。如流体充满截面的管道流动，由于不存在自由面，因此，没有表面张力作用，即可不考虑韦伯相似准则；重力不影响流场，故可不考虑弗劳德相似准则；如果流速与声速相比很低，则压缩性影响也可以忽略不计，即不必考虑马赫相似准则。对于绕物体的低速气流或绕深水中潜艇的流体上的弹性力及相应的水流(这时没有水面波浪形成)的情况也是这样。

从力学相似的观点来看，若两个流场在对应点作用的同种力方向相同、大小呈同一比例，则满足动力相似。在仅考虑黏性力、压力和惯性力这三种力的情况下，要使力三角形相似，只需满足两条边呈比例且夹角相等，也就是说，在对应点上模型流动作用的惯性力和黏性力与实物流动作用的惯性力和黏性力呈同一比例，因此，只要在对应点满足雷诺数相等即可。从更具有普遍意义的相似定理来看，两个流动相似，则相似准则数对应相等，由 Π 定理得出的相似准则方程式也相同。在 $n-k$ 个相似准则中，其中 $n-k-1$ 个是独立相似准则，或称为决定性相似准则(相当于函数的自变量)，一个为非独立相似准则或非决定性相似准则(相当于函数的因变量)。对于仅考虑黏性力、压力和惯性力作用的流动情况，将雷诺准则和其他几何尺寸有关的准则看作独立准则，欧拉准则为非独立准则。

在几何相似的前提下，流动现象相似的决定性准则仅为雷诺准则，则模型试验必须遵守的相似称为雷诺相似。雷诺数计算公式为

$$Re = \frac{Du\rho}{\mu} \tag{4.107}$$

式中，Re 为雷诺数；D 为管内径，m；u 为流速 m/s；ρ 为流体密度，g/mL；μ 为流体黏度，mPa·s。

5. 弗劳德数相似法

弗劳德数是流体力学中表征流体惯性力和重力相对大小的一个无量纲参数，记为 Fr。它表示惯性力和重力量级的比，即：$Fr = v^2/(gL)$，式中 v 为物体运动速度；g 为重力加速度；L 为物体的特征长度。

在惯性力和重力起重要作用的流动中，欲使两几何相似的物体(相似比为 $n=L_p/L_m$，下标 p 代表实物，m 代表模型)满足动力相似条件，必须保证模型和实物的弗劳德数相等。在水动力学中，重力加速度取作常数，要使弗劳德数恒定。模型缩小 n 倍，流体流动速度就必须缩小 $\sqrt{n}$ 倍。

在模拟试验中，也可以引入以容积排水量定义的弗劳德数 Fr_{∇} 和物体“肥瘦系数”φ。它们分别定义为

$$Fr_{\nabla}=\frac{v}{\sqrt{g\sqrt[6]{\nabla}}} \tag{4.108}$$

$$\varphi=\frac{L}{\sqrt[3]{\nabla}} \tag{4.109}$$

式中，∇ 为容积排水量。

在许多用有黏性的实际流体(其动力黏性系数为 μ)进行的水动力学实验中，如在水面上以 v 速度作定常直线运动的船舶，它受到的阻力 R 可写成：

$$R=f\left(\varphi,Re,Fr_{\nabla}\right)\rho Sv^{2} \tag{4.110}$$

式中，ρ 为水的密度；S 为船舶的横截面积。式(4.110)表明确定物体阻力时，密度和黏度都是重要参数。因此，在模拟试验时，为了实现动力相似，必须要求弗劳德数相等，弗劳德数相等即模型和实物几何相似。

$$\frac{L_{\mathrm{p}}}{\sqrt[3]{\nabla_{\mathrm{p}}}}=\frac{L_{\mathrm{m}}}{\sqrt[3]{\nabla_{\mathrm{m}}}},\quad \frac{v_{\mathrm{p}}L_{\mathrm{p}}p_{\mathrm{p}}}{\mu_{\mathrm{p}}}=\frac{v_{\mathrm{m}}L_{\mathrm{m}}p_{\mathrm{m}}}{\mu_{\mathrm{m}}} \tag{4.111}$$

$$\frac{v_{\mathrm{p}}}{\sqrt{g\sqrt[6]{\nabla_{\mathrm{p}}}}}=\frac{v_{\mathrm{m}}}{\sqrt{g\sqrt[6]{\nabla_{\mathrm{m}}}}} \tag{4.112}$$

4.2.2 模拟自喷井、机抽井、电泵井实验装置的设计

1. 自喷井

该实验装置可通过将混合液在循环泵驱动下沿管路做循环流动，并控制流速，从而模拟混合液在自喷井中的流动规律[19-22]。

2. 电泵井

通过在混合液初始循环时加入搅拌器，模拟电泵对流体的搅拌与剪切，电泵井通常为多级电泵，因此，在试验时需要考虑多级电泵的剪切搅拌，可通过控制电泵搅拌的次数模拟多级电泵剪切。

3. 机抽井

通过控制循环泵的启动、停止，并在循环管路上添加落球模拟机抽模式下混

合液在井筒中的流动。

由于油井产油过程中，流体从井底向地面方向在井筒中垂直流动，其温度、压力应逐渐降低(塔河油田每举升 100 m，温度下降 1.2 ℃；每举升 100 m，压力下降 2.2 MPa；各油田温度、压力降低幅度不同)，因此模拟井筒管中的温度、压力应可控，使得混合液在循环过程中温度、压力逐渐降低。

(1)控温系统：采用类似冷凝管的结构进行控温。用外有套管的循环管，循环管与套管之间装有加热循环油，系统温度由循环油槽进行控温，可由电脑通信设定温度，可加热、制冷双向控温。

(2)控压系统：在循环管路中连接加压泵，通过加压泵控制整个系统的压力，可加压、降压双向控压，加压泵工作压力达到 70 MPa。

装置中不仅设置自喷井、电泵井、机抽井，还考虑设置在线电阻测量仪以及压差传感器，以便对井筒内流体上升过程中相关参数进行分析。在循环管路中设置有取样口，以便实时取样观察井筒中混合液的流动状态，并配套有高速摄像装置，可随时观测流体流动状态，以便分析不同含水、不同流速、降黏方式、混合距离、混合强度以及在不同温度和压强下黏度的变化规律，从而寻求最优工艺参数。

4.2.3 模型管内流体黏度的测定

在运用上述相似模拟时，需要测定黏度 μ，实验室测定黏度的方法主要有旋转黏度计、落球黏度计或流变仪，此类测量方法不便、数据处理麻烦，使得上面给出的相似准则使用时较困难，并且稠油和稀油在井筒中的流动和混合是一个动态过程，稀油不断分散稠油中的沥青分子，因此，采用现有的测量手段和分析方法难以有效描述稠油掺稀过程中黏度的动态变化和对举升摩阻的影响，故采用在线黏度测量装置。

在线黏度测量原理如下：

对于一半径为 R、长度为 L 的直圆管，假定流体是黏性不可压缩的，垂直管道轴线没有流速，均相流体以流量 q 通过圆管，在两端面形成压差 p_2-p_1。

由 Hagen-Poiseuille 定律可得流量 q 和两端压差 p_2-p_1 的关系为[22]

$$q=\frac{\pi r^4\left(p_2-p_1\right)}{8\mu L} \tag{4.113}$$

变形可得

$$\mu=\frac{\pi r^4\left(p_2-p_1\right)}{8qL} \tag{4.114}$$

式中，μ 为黏度，mPa·s；r 为模型管半径，m；q 为流量，m^3/d；p_1 为入口端压力，

MPa；p_2为出口端压力，MPa；L为所取圆管长度，m。

根据式(4.113)和式(4.114)，通过压差传感器实时测量循环管路前后压差变化，可随时观测模型管中流体黏度的变化。

4.2.4 差压测量方法简介

1. 油气水多相流主要参数

油气水多相流的基本参数主要分为浓度场参数和速度场参数两种[23-28]。浓度场参数主要有持率、含率、干度三个参数；速度场参数主要有相速度、表观速度(折算速度)、混合速度、滑脱速度(相对速度)、滑动比、漂移速度等参数。表观速度(折算速度)定义为单位时间内管道截面上通过的某一相的体积与总的管截面积比；滑脱速度(相对速度)、滑动比定义为两个分相流体的实际速度的差和商；漂移速度定义为分相实际速度与混合速度之差。分相持率表示在管道上的某一流动截面上，某相所占的截面积与总流通面积的比值，如油气水多相流中的持油率可表示为

$$y_o = \frac{A_o}{A_o + A_w} \tag{4.115}$$

式中，A_o为油相所占的管截面积；A_w为水相所占的管截面积。

分相含率表示某相体积流量与多相混合物体积流量的比值，如含油率表示为

$$k_o = \frac{Q_o}{Q_w + Q_o} \tag{4.116}$$

式中，Q_o为油相的流量；Q_w为水相的流量。

在单相流体流动过程中，一个速度参数就可以描述流体的流动速度。而在油气水多相流流动过程中，速度参数除了表征油水混合流体的整体流动速度(混合流速)外，还必须要有相对速度、分相实际速度比等几个主要参数。显而易见，单位时间内通过管道截面的两相流体的总体积与管截面积的比值即为混合速度。分相实际速度定义为单位时间内管道截面上通过的某一相的体积与其所占的管截面积之比，油、水实际速度可分别表示为

$$v_o = \frac{Q_o}{A_o},\ v_w = \frac{Q_w}{A_w},\ v_g = \frac{Q_g}{A_g} \tag{4.117}$$

式中，v_o为油相速度；v_w为水相速度；v_g为气相速度；Q_g为气相的流量；A_g为气相所占的管截面积。

2. 差压测量方法的基本原理

差压测量方法具有设备简单、成本低廉、对两相流流动无干扰等优点，适用于化工及石油开采等工业生产领域，开发潜力很大。利用差压测量流量是单相流中一个传统的方法，而差压式的流量测量装置有文丘里管、孔板等。这些测量单元具有成本低、测量准确可靠的优点。但是，这些方法也存在明显的缺点，那就是差压信号不容易提取，同时又会对流体流动过程有影响，改变流体本来的流场。

采用高精度的差压传感器，具有不干扰流场和信号输出标准且易传输的优点。差压波动信号直接反映着油水混合物的平均密度变化，而且还蕴涵着很多其他的流动信息。实验过程中所测量的压力信号是取自垂直上升管壁的两个取压孔，通过直接测量得到。

根据单相流体力学中的伯努利方程，由图 4.15 可知，差压传感器测得的两个取压孔(图 4.15 中 a、b 两点)之间总压力降为

$$\Delta p_{ab} = \Delta p_h + \Delta p_f + \Delta p_{acc} + \Delta p_j \tag{4.118}$$

式中，Δp_{ab} 为总压力降；Δp_h 为由重力产生的引压液与混合流体之间的压力降；Δp_f 为两个取压孔之间的摩阻压力降；Δp_{acc} 为两个取压孔之间动能损失压力降；Δp_j 为局部阻力压力降。

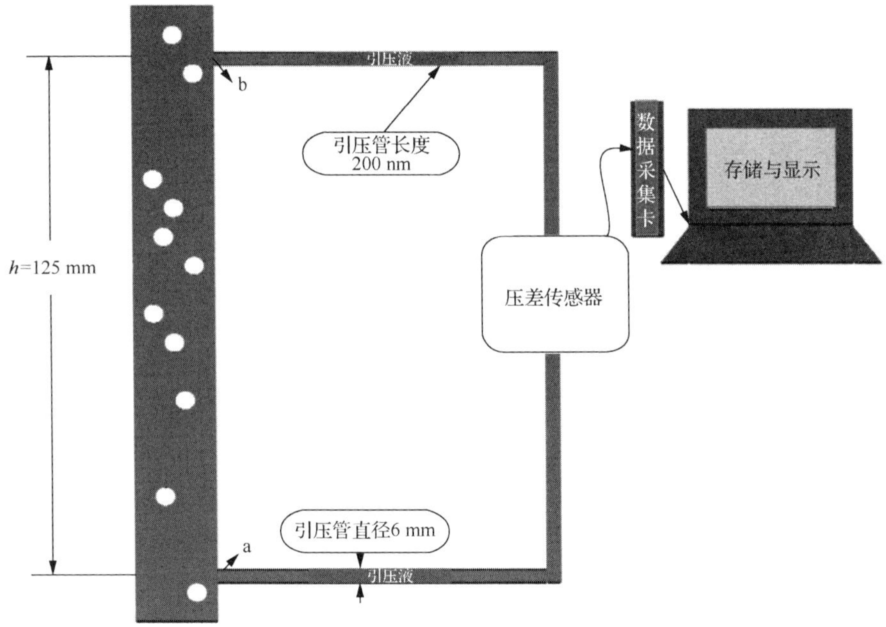

图 4.15 差压测量方法基本原理

在差压测量系统的构建过程中，由于两个取压孔之间的间距比较小，动能损失非常小，所以 Δp_{acc} 项可忽略不计。同时，整个实验系统是基于非集流式传感器的设计思想，无论是电导传感器还是差压传感器都对管道中的流动情况没有干扰，而且管道内径十分均匀，不存在局部部件的影响。所以阻力压降取为 0。于是，式(4.118)可简化为

$$\Delta p_{ab} = \Delta p_h + \Delta p_f \tag{4.119}$$

于是得到差压传感器测得的压力降 Δp：

$$\Delta p = \left(\rho_y - \rho_m\right)gh - \Delta p_f \tag{4.120}$$

式中，ρ_y、ρ_m 分别为引压液的密度和油水两相混合后的平均密度；g 为重力加速度；h 为两个取压孔之间的垂直高度差。

在油气水多相流流动的过程中，相界面不断地变化，导致在测试段之内的油气水混合物的平均密度不断变化，造成两点间的压力信号的波动，这就形成了要测量的差压信号的来源。而管段内平均混合密度波动反映的是管道内平均持率波动。实验管段内的油气水多相流动由于受到管壁摩擦阻力的作用，从而产生摩阻压降。

4.2.5 高温高压井筒模拟装置建立

根据流动相似性原理和相似准则，中国石油大学(北京)自主设计发明了耐温 180 ℃、耐压 70 MPa 的高温高压井筒模拟装置[29]，能模拟井深 7000 m 自喷、机抽、电泵井开采方式的稠油井筒举升过程(图 4.16)，利用该设备，可以开展井筒流动规律、注气开采、井筒结蜡规律、工艺优化等方面的研究，目前未见国内外相关报道。

图 4.16　高温高压井筒流动规律模拟装置图

1. 超深稠油高温高压井筒流动规律

由化工流体力学中的范宁公式计算单相垂直管流摩阻，如式(4.121)所示[7]：

$$\Delta p_{\mathrm{f}} = f \cdot \frac{l}{d} \cdot \frac{\rho v^2}{2} \tag{4.121}$$

式(4.121)为计算圆形直管内阻力损失的通式。式中，f 为摩擦系数，无因次，与管壁作用于流体四周表面上的内摩擦应力 τ 成正比；v 为流速；ρ 为流体密度，kg/m^3；d 为管直径，m；l 为管长。在计算阻力损失 Δp_{f} 时，关键是求得摩擦系数 f。在层流状态下，根据 Hagon-Poiseuille 公式[8,10,11]：

$$\Delta p_{\mathrm{f}} = \frac{32\mu l v}{d^2} \tag{4.122}$$

可见，流体在圆管内层流时，阻力损失与流速 v、黏度 μ 的一次方成正比。将式(4.121)与式(4.122)相比，可得层流时的摩擦系数为

$$f = \frac{64\mu}{dv\rho} = \frac{64}{Re} \tag{4.123}$$

由式(4.123)可以看出，层流时摩擦系数 f 仅是雷诺数 Re 的函数，与管壁的粗糙度无关。

可以得到单相流下，总的压力梯度为

$$\frac{\Delta p}{\Delta h} = \frac{\bar{\rho} g + \tau_{\mathrm{t}}}{1 - \dfrac{MQ_{\mathrm{w}}}{A^2 \rho}} \tag{4.124}$$

式中，Δp 为管段的总压差，Pa；Δh 为管段高度，m；$\bar{\rho}$ 为该管段内油水混合物的密度，kg/m^3；τ_{t} 为管段的摩阻压力梯度，Pa/m；M 为油水混合物的质量流量，kg/s；Q_{w} 为在该管段的平均压力和温度下水相的体积流量，m^3/s；A 为管段的横截面积，m^3。

单相液流，重力损失与摩擦阻力损失为主。

$$\tau_{\mathrm{t}} = \frac{2fv^2}{D} \rho_{\mathrm{o}} \tag{4.125}$$

式中，τ_{t} 为摩擦阻力梯度，Pa/m；f 为摩擦阻力系数；ρ_{o} 为油相密度，kg/m^3；D 为管子内径，m；v 为油相速度，m/s。

因此可以得到单相流情况下的压降模型：

$$\frac{\Delta p}{\Delta h}=\bar{\rho}g+\frac{2f\mu_{o}v}{D^{2}} \tag{4.126}$$

式中，μ_o 为当前温度和压力下的油相黏度。

式(4.126)即为液相流动压降计算公式，该模型主要考虑流速与黏度对摩阻梯度的影响，而没有考虑流体本身的性质，式(4.126)适用于模拟牛顿型流体，但对于非牛顿型流体，缺少对流体性质在流动过程中会剪切变稀性质以及压力使原油本身黏度增大的考虑，因此，在 Hagon-Poiseuille 公式的基础上，添加了流速和压力对流体黏度的影响项，模型如式(4.127)所示：

$$\Delta p=\rho_{o}g+\frac{a\cdot v\cdot\mu_{o}\left(\mu_{o}+b\cdot v+c\cdot v^{2}\right)\cdot p^{d}}{D^{2}} \tag{4.127}$$

式中，μ_o 为油相黏度，Pa·s；v 为流速，m/s，D 为管径，m；ρ_o 为油相密度，kg/m^3；a、b、c 为修正系数。

在 120 ℃、100 ℃、80 ℃下，控制压力分别为 0.2 MPa、5 MPa、10 MPa、20 MPa、40 MPa，测定塔河 T5 原油黏度(图 4.17)和不同流速下的举升压力梯度，并采用式(4.127)所示模型，对实际测量得到压力梯度进行拟合，与 Hagon-Poiseuille 公式对比，如图 4.18 所示。

如图 4.17 所示，塔河 T5 原油在 50 ℃、70 ℃、100 ℃下黏度分别为 10001 mPa·s、1820 mPa·s、253.9 mPa·s。

从图 4.18 可以看出，单相流情况下，原油在垂直井筒中举升压差随压力和流速的增加而增大，这是因为压力增加，原油黏度增大，使原油受到管壁的摩擦阻

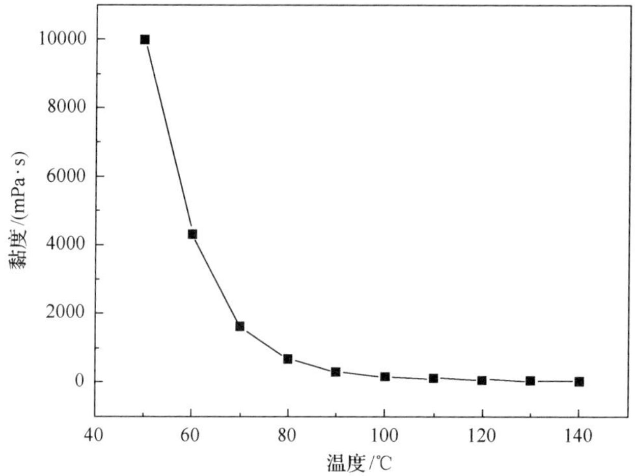

图 4.17　塔河 T5 原油的黏温关系

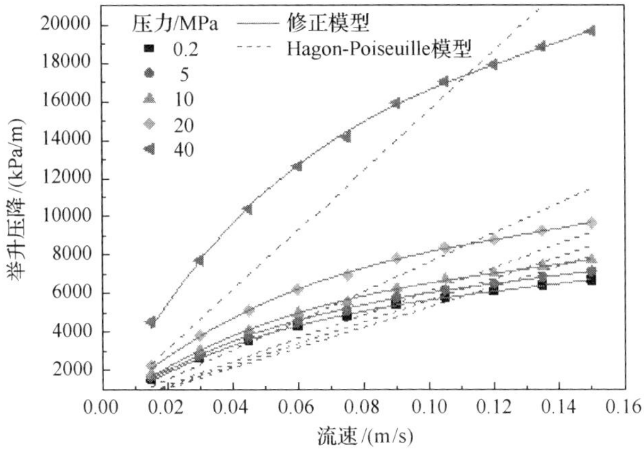

(a) 温度80 ℃

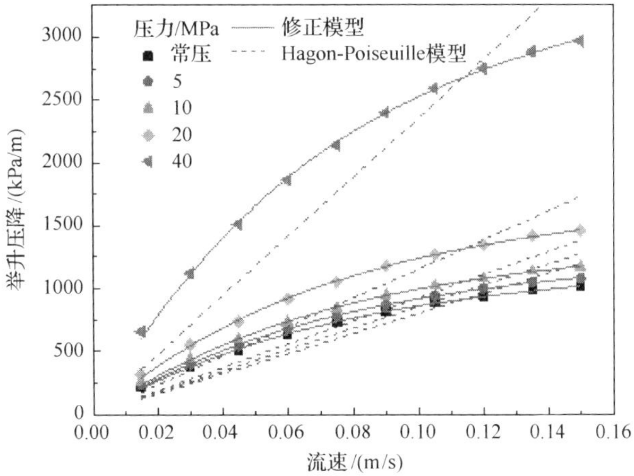

(b) 温度100 ℃

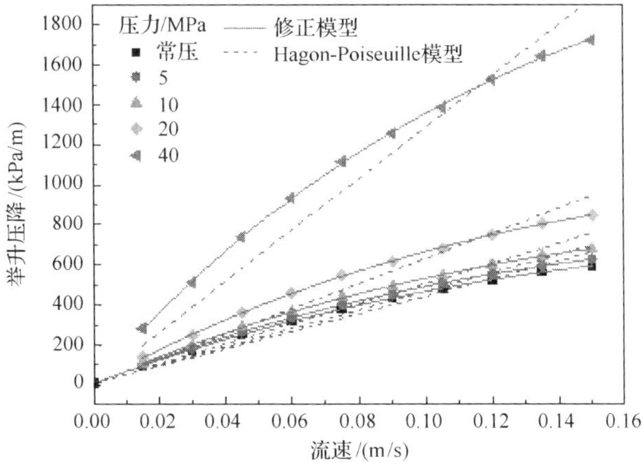

(c) 温度120 ℃

图 4.18　塔河稠油不同压力下举升压降随流速的变化

力增大，流速增加，原油与管壁摩擦造成的动力损失增大，从而使举升压降增加；但随流速增大过程中，举升压降增大趋势渐缓，分析其原因，原油为非牛顿型流体，具有剪切变稀的特征，原油流速越大，受到管壁与阀件的剪切作用越强，剪切变稀现象越明显，举升摩阻增大幅度减小。

添加了压力和流速对流体黏度影响的修正系数后，修正模型更能拟合实际测量得到的压力梯度值，将两种模型中的各参数和相对误差率总结，见表4.5所示。

表4.5　两种模型参数以及相对误差率对比

温度	压力/MPa	Hagon-Poiseuille模型		修正模型				
		f	R^2	a	b	c	d	R^2
120 ℃（253 mPa·s）	常压	2.53×10^{-4}	0.9564	0.00468	−94.37	92.28	−2.95	0.9998
	5	2.67×10^{-4}	0.9339	0.00391	−95.50	102.39	−1.13	0.9996
	10	2.89×10^{-4}	0.9331	0.00350	−97.12	109.69	−0.70	0.9996
	20	3.62×10^{-4}	0.9311	0.00341	−100.88	126.67	−0.45	0.9996
	40	7.39×10^{-4}	0.9270	0.00444	−108.35	160.39	−0.24	0.9995
100 ℃（1063 mPa·s）	常压	4.60×10^{-4}	0.7747	1.30×10^{-4}	−5477.3	11293	−6.68	0.9991
	5	4.90×10^{-4}	0.7739	1.08×10^{-4}	−5492.5	11366	−2.72	0.9990
	10	5.32×10^{-4}	0.7729	9.59×10^{-5}	−5510.3	11452	−1.81	0.9990
	20	6.64×10^{-4}	0.7705	9.46×10^{-5}	−5552.0	11654	−1.31	0.9990
	40	1.35×10^{-3}	0.7656	9.31×10^{-5}	−5636.6	12062	−0.93	0.9988
80 ℃（7312 mPa·s）	常压	0.0031	0.7099	3.91×10^{-5}	−45730	117956	−7.41	0.9987
	5	0.0033	0.7098	3.72×10^{-5}	−45742	118015	−3.21	0.9987
	10	0.0035	0.7096	3.22×10^{-5}	−45756	118084	−2.15	0.9986
	20	0.0044	0.7091	2.95×10^{-5}	−45790	118247	−1.55	0.9987
	40	0.0089	0.7083	4.35×10^{-5}	−45860	118582	−1.17	0.9987

由表4.5可以看出，在黏度为253 mPa·s时，采用Hagon-Poiseuille模型得到的相对误差率R^2为0.9270～0.9564，且压力越低，相对误差率越接近1，而黏度大于1000 mPa·s后，R^2为0.7083～0.7747，拟合度低，这也说明Hagon-Poiseuille模型只适用于低黏牛顿型流体；采用修正模型后，253～7312 mPa·s，R^2的范围为0.9987～0.9998，均在0.998以上，拟合度好，说明此修正模型适用于低黏牛顿型流体和高黏非牛顿型流体，且高压环境下依然适用。修正模型中各参数值随流体基本性质与流动条件变化，同一温度条件下，各参数随压力变化幅度较小，变化幅度低于0.01%。在同一温度条件下，模型中各参数可取不同压力下得到的平均值，代入通用模型后模拟其他压力时流动压降。

2. 超深稠油黏度与井深的关系

塔河稠油在井筒举升过程中，随着温度降低，原油黏度和流动阻力越来越大，以至于在一定深度无法流动(图 4.19)。

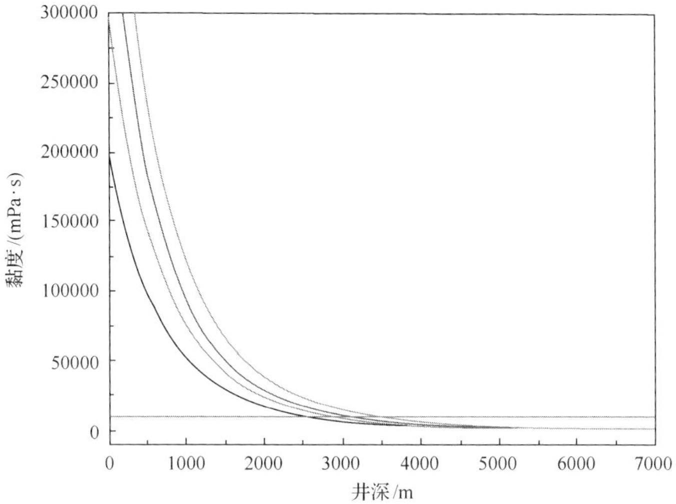

图 4.19 井深与黏度的关系

4.3 井筒降黏模拟技术

4.3.1 降黏前超深稠油井筒流动摩阻影响因素

1. 温度的影响

温度是影响稠油黏度最主要的因素之一，原油黏度随温度降低呈指数增加，而黏度增加又是稠油举升摩阻增加的重要因素之一。在井筒中，从井底到井口，温度逐渐降低。不同地区，地温梯度有所不同，对于超深井，井底温度可达到 140 ℃以上，而井口温度只有 40～50 ℃，温度相差大。往往稠油在井底具有良好的流动性，但举升到井筒中某处时，由于温度降低黏度增大而逐渐失去流动性，摩阻压力损失急剧增大(图 4.20)。

2. 压力的影响

当压力高于饱和压力(即 $p>p_b$)时，压力的增加引起原油的压缩，油的密度增大，原油的黏度相应增大，液层间以及原油与管壁的摩擦阻力也增大。

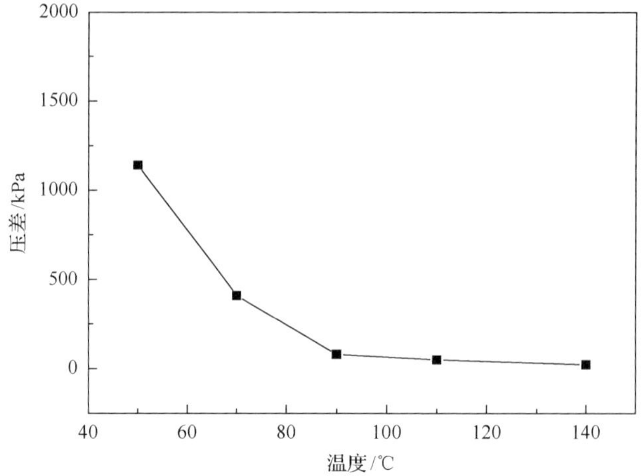

图 4.20　温度对压差的影响

利用井筒模拟装置，固定流量 950 mL/min，恒定温度 90 ℃，分别在不同系统压力 0.5 MPa、6.6 MPa、11.1 MPa、15 MPa、19.9 MPa、25.2 MPa 下，模拟原油在井筒中的举升过程，运行相同一段时间后，根据压差传感器示数的变化，分析系统压力对原油在井筒举升过程中所受到流动阻力的影响规律。系统压力与模型段压差的关系曲线如图 4.21 所示。

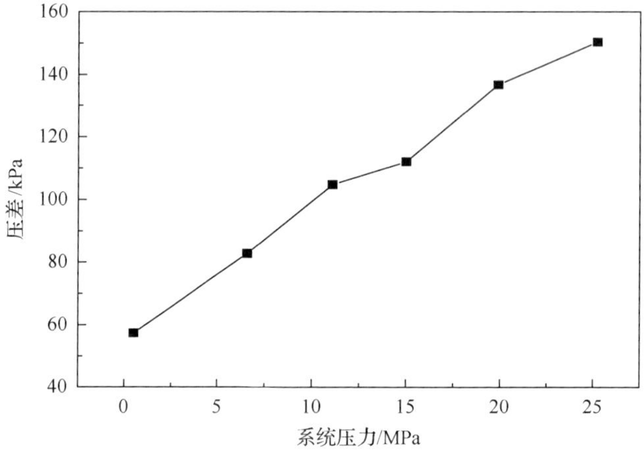

图 4.21　系统压力与模型段压差关系曲线

由图 4.21 可以看出，井筒模型段两端压差随系统压力的增加呈明显上升趋势。在实际井筒中，压力从井底到井口逐渐降低，超深井(井深 7000 m)井底压力可达到 60 MPa 以上，因此，在井底位置，压力对原油举升摩阻的影响远远大于井口处，与温度的影响规律恰好相反。

3. 温度和压力的影响对比

在井筒中，原油从井底被举升至井口的过程中，压力和温度起着相反的作用。以温度和压力对压差影响的增长幅度百分比为横坐标，温度和压力为纵坐标，分析温度和压力对压差影响幅度的大小，如图4.22所示。

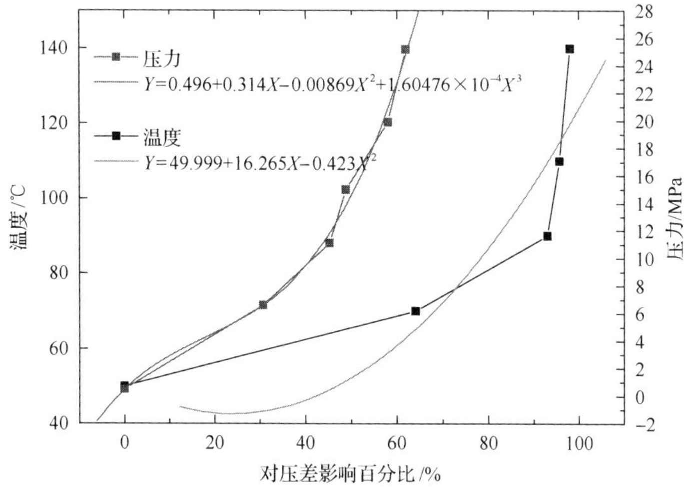

图4.22 温度和压力对压差影响幅度的大小对比

由图4.22可以看出，当原油为均相流时，随着温度和压力增加，温度使压差降低的幅度远大于压力使压差增加的幅度，即在井筒举升过程中，温度对流动阻力的影响大于系统压力的影响。此规律符合现场实际，在大于原油泡点压力的井筒深度处，在越深的井下，原油流动性越好。

4. 含水率的影响

当含水率较小时，一般形成以油为外相(连续相)，水为内相(分散相)的混合液，油水两相物性以油为主体，作为分散相的水的液滴间隔较大，它们之间的相互作用只有通过连续相(油)速度场的相互作用才能表现出来。此时随着含水率的增加，稠油W/O型乳状液的表观黏度变化不大。当含水率增大到一定程度时，水组分物性作用逐渐显现，连续相(油)中的分散液滴(水)急剧增多，这时的相接触表面增大。由于油水两相界面作用增强，两相间表面活化能增加以及在液流中发生液滴间的相互碰撞和相对滑动，导致表观黏度的迅速上升。在含水率接近临界值的情况下发生转相，液滴发生形变，此时水逐渐成为连续相，形成以水为外相、低含水油为内相的复杂乳状悬浮液，由于影响含水原油黏度的主要因素是连续相黏度，所以原油黏度又大幅度减小。

稠油中沥青质、胶质以及黏土等物质均具有界面活性，这些天然的 W/O 型乳化剂容易富集在液滴油水界面上，形成坚硬的膜，从而不利于形成 W/O 型稠油乳状液。一般密度大和黏度高的原油，含胶质和沥青质等天然的 W/O 型乳化剂较多，吸附在油水界面上的厚度和强度较大，从而有利于更多的水滴形成分散体。当原油中的水含量增加到足以破坏油-水界面膜时，此时水滴可以聚结形成连续相，从而引起乳液体系转相(图 4.23)。

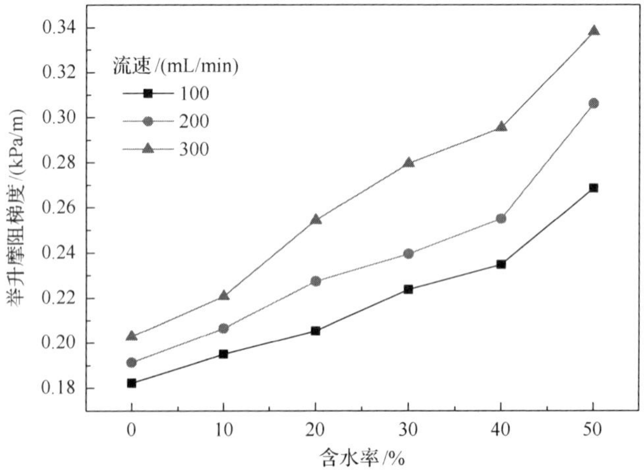

图 4.23　不同含水率原油举升摩阻

从图 4.23 可以看出，当含水率从 0%～50%改变时，举升摩阻随含水率增大而增加，这是由于原油与水在井筒流动过程中，形成了 W/O 型乳状液，从而使黏度大大增加，导致摩阻增加。在相同含水率下，举升摩阻随流速增加，呈指数性增大，这说明含水原油形成 W/O 型乳状液对于油井开采是非常不利的，且当形成 W/O 型乳状液之后，开采速度越大，越不利于 W/O 型乳状液的流动。

5. 流速的影响

在地层压力不变的情况下，随着流速的增加，原油在井筒中摩阻损失梯度增加，原油举升到井口的剩余压力降低，由沿程摩阻损失公式：

$$h_{\mathrm{f}} = \lambda \frac{l_{\mathrm{f}}}{d_{\mathrm{e}}} \frac{v_1^2}{2g} \tag{4.128}$$

可知，摩擦阻力损失 h_{f} 与流速 v_1 的二次方成正比，流速增加，摩阻损失将大幅度增加(图 4.24)。因此，在保证正常开采的前提下，应合理选择开采速度，避免开采速度过大造成能耗损失增加。

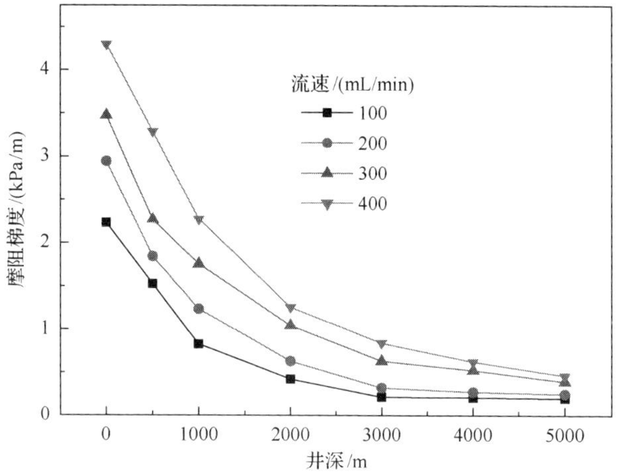

图 4.24　原油在不同流速下摩阻梯度随井深变化曲线

6. 气油比的影响

当原油中含有溶解气后，流变性与其他一些物理化学性质也会发生相应的改变，气体溶入原油中后，使原油体积膨胀，气体分子进入原油分子结构中，使原油分子间距离增大，原油重组分分子之间相互摩擦概率减小，使其黏度降低；但随着注入气体体积继续增加，系统压力也随之增加，当压力大到一定程度后，溶解气对原油黏度的降低作用小于压力对原油的增黏作用，继续溶解气体后，原油黏度增大。图 4.25 显示了不同气油比下原油的黏度曲线。

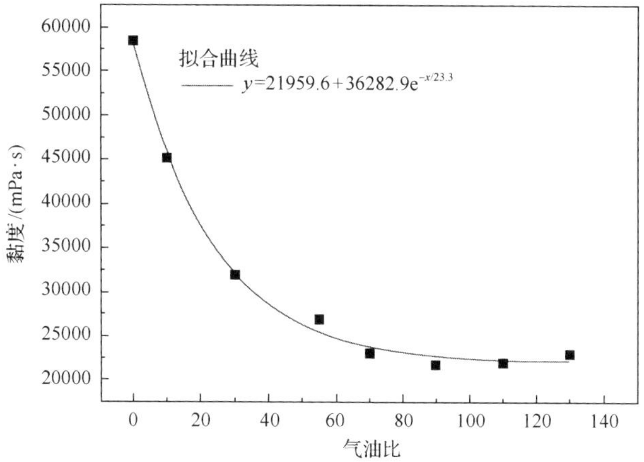

图 4.25　不同气油比原油在 50 ℃下的黏度

从图 4.25 可以看出，随着原油中溶入甲烷气体体积的增加，原油黏度呈非线性降低趋势，说明原油中溶入甲烷气体，有降低黏度的作用，但当气油比大于 90

后，降黏作用逐渐降低。

在井筒举升过程中，随着压力的降低，原油中的溶解气不断析出，分别形成泡状流、段塞流、环状流和雾流四种气液两相流动形态，气体在析出的过程中，会发生体积膨胀，气体的膨胀能会转化为原油的动能，有利于原油举升；并且气体析出后，使气液混合物的密度降低，有利于减小重力压降损失；当气体达到一定量之后，能够形成原油液滴在气体中分散的雾流，此时气体与管壁接触，摩阻损失大大降低，如图 4.26 所示。

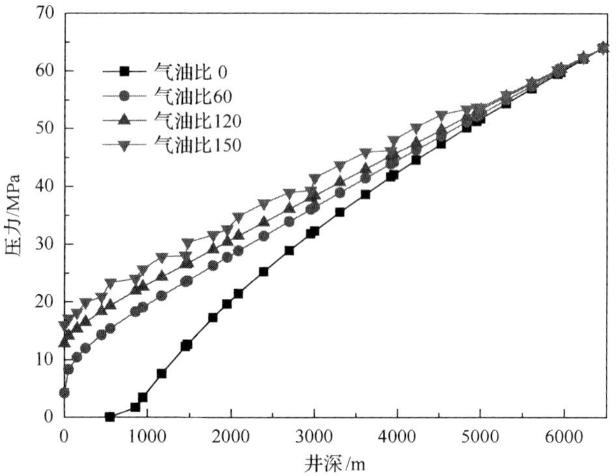

图 4.26 不同气油比原油在井筒中压力分布

从图 4.26 可以看出，随着气油比的增加，稠油到达井口的剩余压力增加，说明气油比增大，有利于减小原油在井筒中的举升压力降损失。

4.3.2 降黏后超深稠油井筒流动规律研究

井筒化学降黏技术是通过向井筒流体加入化学药剂，从环空加入油溶性、水溶性或复合降黏剂，降黏剂与稠油在井筒中混合，降低流体在井筒举升中的黏度和流动摩阻。

1. 加油溶性化学降黏剂井筒流动规律研究

利用井筒模拟装置，考察加入油溶性降黏剂后，原油在井筒中的黏度和流动摩阻分布，如图 4.27 所示。

如图 4.27 所示，向井筒中加入不同量的油溶性降黏剂后，原油黏度有较大幅度降低，在越靠近井筒的位置处，降黏效果越优，且加入油溶性降黏剂后，原油黏温骤增的转折点由井下 3500 m 上升至井下 1500 m 处，说明油溶性降黏剂具有较好的井筒降黏效果。

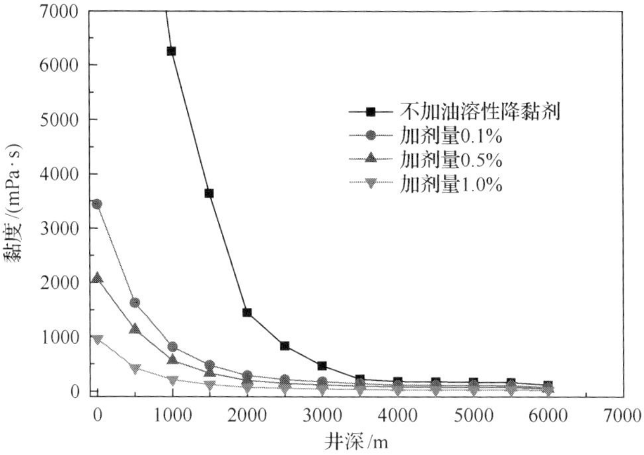

图 4.27　加油溶性降黏剂的井筒降黏效果

从图 4.28 可以看出，当低流速为 50～100 mL/min 时，加剂量为 0.1%基本对减阻没有太大的作用，而加剂量为 0.5%和 1.0%时，可使摩阻力略微有所降低，当流速大于 300 mL/min 时，随流速增大，油溶性降黏剂的减阻作用变得尤其明显，这是由于原油中加入油溶性降黏剂后，其剪切变稀性质增强，随流速增加，流体受到的剪切作用增大，从而使摩阻降低幅度增大。

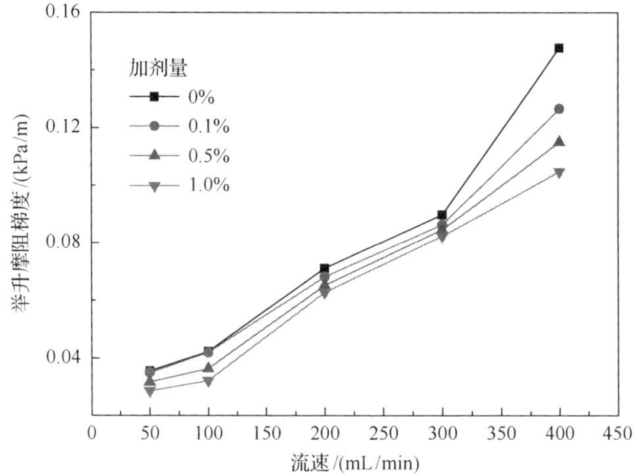

图 4.28　不同油溶性降黏剂加剂量对举升摩阻的影响

由能量守恒方程可知，井筒能量损失减小，使井筒中温降梯度减小，井口温度升高，原油黏度增大幅度相对减小，有利于原油开采以及管输，油溶性降黏剂适用于低含水油井(含水率≤10%)的降黏开采。

2. 加复合降黏剂井筒流动规律研究

利用井筒模拟装置，考察加入复合降黏剂水溶液后，原油在井筒中的流动摩阻分布情况，并对比掺复合降黏剂、油溶性降黏剂和掺稀油条件下井筒举升摩阻梯度大小，如图 4.29 所示。

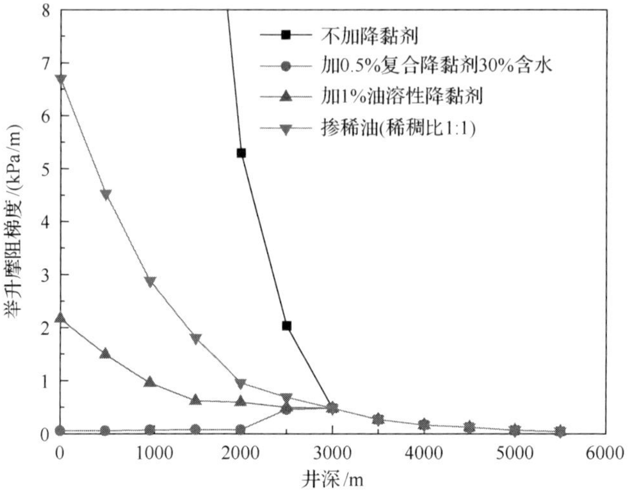

图 4.29　掺稀生产与加入复合降黏剂生产后井筒举升摩阻梯度对比

从图 4.29 可以看出，不加降黏剂条件下，原油在井下 3000 m 左右举升摩阻急剧增加，因此选择在井下 3000 m 处添加降黏剂进行降黏生产，当采取不同降黏方式生产时，原油的井筒举升摩阻大幅度降低，这是由于加入降黏剂后原油黏度大大降低，其降低幅度大小为复合降黏剂＞油溶性降黏剂＞掺稀降黏，说明复合降黏剂降黏效果最好，这是因为掺复合降黏剂使原油与水形成了外相是水、内相是油的 O/W 型乳状液，而掺油溶性降黏剂和稀油是通过增强对胶质、沥青质的分散作用、降低原油中极性组分和表面活性组分的界面张力以及稀释作用，达到降黏效果，仍然是油相与油管壁发生摩擦，而水相与油管壁的摩擦阻力远小于原油与油管壁的摩擦阻力，因此复合降黏剂降黏减阻效果最好。

从图 4.30 看出，不采取任何降黏措施条件下，在沿程摩阻与重力势能的作用下，井筒沿程压力在井下 3000 m 以上下降幅度急剧增大，在井下 860 m 处井筒沿程压力降至 0，表明此时原油无法继续举升；采取降黏措施后，在掺入点后，井筒沿程压力降低趋势渐缓，对比不同降黏方式，掺稀油、掺油溶性降黏剂、掺复合降黏剂条件下原油流至井口的压力分别为 0.72 MPa、1.86 MPa、4.59 MPa，说明采取井筒降黏措施后，由于原油井筒流动摩阻降低，使其更易从井底流至井口，使稠油井恢复正常开采。掺复合降黏剂后井筒举升摩阻最小，更有利于井筒举升。

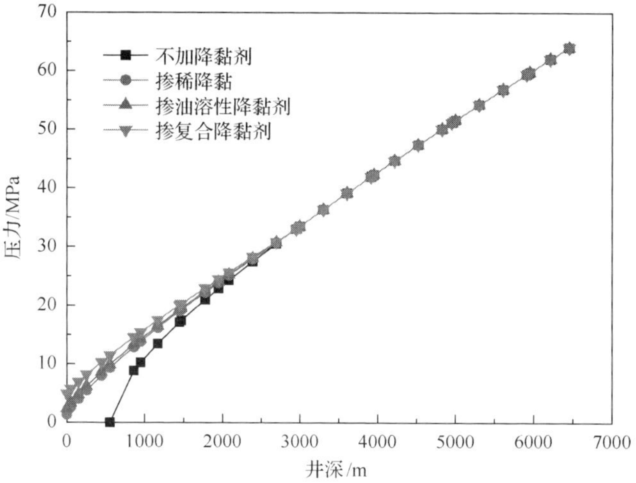

图 4.30 不同降黏方式塔河原油在井筒中压力分布

参考文献

[1] 张素青, 张祖国, 柯文奇. 新疆深层稠油井筒掺稀降黏举升摩阻分析[J]. 石油钻采工艺, 2013, 35(6): 92-94.

[2] 刘明君. 稠油油藏机采井井筒温度场分布研究[D]. 大庆: 大庆石油学院, 2008.

[3] 王谊. 特超稠油井井筒温度场计算与分析[D]. 青岛: 中国石油大学(华东), 2008.

[4] 汪崎生, 张柏年. 垂直多相管流同时计算压力和温度梯度的新方法[J]. 江汉石油学院学报, 1987, (3): 59-73.

[5] 喻西崇, 冯叔初. 多相管流中沿程摩阻系数分析[J]. 油气田地面工程, 2001, 20(2): 3-4.

[6] 任怀建. 多相流条件下压力连续性计算及应用研究[D]. 北京: 中国石油大学(北京), 2007.

[7] 梁尚斌. 塔河油田深层稠油掺稀降黏技术研究与应用[D]. 成都: 西南石油大学, 2006.

[8] 吴芒, 林琪. 一种计算多相垂直管流井底流压的新方法[J]. 钻采工艺, 2001, 24(3): 22-24.

[9] 郭烈锦. 两相与多相流动力学[M]. 西安: 西安交通大学出版社, 2002.

[10] 连桂森. 多相流动基础[M]. 杭州: 浙江大学出版社, 1989.

[11] 李海青. 两相流参数检测及应用[M]. 浙江: 浙江大学出版社, 1991.

[12] Murdock J W. Two-phase flow measurement with orifices. [J]. Journal of Fluids Engineering, Transactions of the ASME, 1962, 84(4): 419-433.

[13] 林宗虎. 气液固多相流测量[M]. 北京: 中国计量出版社, 1988.

[14] 金宁德. 伞集流油气水三相流涡轮流量计统计模型研究[J]. 测井技术, 2007, 30(1): 4-9.

[15] 项贻强, 吴孙尧, 段元锋. 基于刚度相似原理的斜拉桥模型设计方法[J]. 实验力学, 2010, (4): 70-76.

[16] 肖凯. 基于刚度相似原理的斜拉桥缩尺模型的设计研究[D]. 武汉: 武汉理工大学, 2012.

[17] 李宜强, 孙连荣, 杨凤波, 等. 三元复合驱物理模拟相似原理[J]. 东北石油大学学报, 2003, 27(2): 89-92.

[18] 刘其成, 程海清, 张勇, 等. 火烧油层物理模拟相似原理研究[J]. 特种油气藏, 2013, 20(1): 111-114.

[19] Yang Y Q, Guo J X, Ren B, et al. Oil-Water flow patterns, holdups and frictional pressure gradients in a vertical pipe under high temperature/pressure conditions[J]. Experimental Thermal and Fluid Science, 2019, 100: 217-291.

[20] Guo J X, Yang Y Q, Zhang S, et al. Heavy oil-water flow patterns in a small diameter vertical pipe under high temperature/pressure conditions[J]. Journal of Petroleum Science and Engineering, 2018, (17): 1350-1365.

[21] Guo J X, Yang Y Q, Zhang D S, et al. A general model for predicting apparent viscosity of crude oil or emulsion in laminar pipeline at high pressures[J]. Journal of Petroleum Science and Engineering, 2018, (160): 12-23.

[22] 任波, 郭继香, 张登山, 等. 超深稠油高温高压井筒降黏举升摩阻的实验研究[J]. 科学技术与工程, 2018, 18(5): 1-6.

[23] 陈杰, 孙红彦, 梁志鹏, 等. 水平管内油水两相流流型的实验研究[J], 油气储运, 2000, 19(12): 27-31.

[24] 张琪. 采油工程原理与设计[M]. 东营: 中国石油大学出版社, 2004.

[25] 陈之航, 曹柏林, 赵在三. 气液两相流动和传热[M]. 北京: 机械工业出版社, 1983.

[26] 郭海敏, 戴家才, 蔡军, 等. 抽油机井三相流动优化解释处理方法[J]. 石油学报, 1996, 17(1): 60-70.

[27] 金宁德. 油井多相流测量系统模型建立及分析方法研究[D]. 杭州: 浙江大学, 1996.

[28] 周淑华, 王俊, 杨金山, 等. 同轴线相位法找水仪的应用[J]. 大庆石油学院学报, 2005, 12(6): 93-95.

[29] 郭继香, 杨矞琦, 赵海洋, 等. 一种高温高压井筒模拟装置[P]: 201410852548. 9, 2014.

第 5 章　超深稠油井筒降黏技术

我国东部油田(如胜利油田和辽河油田等)油藏埋深通常在 3000 m 以下，地层温度相对较低，原油在地层条件下原油黏度大，在油藏条件下难以流动，属于浅层稠油，浅层稠油开采需要解决的是稠油地层流动性问题。而西部油田(如塔河油田、塔里木油田)油藏埋深在 5300～7000 m，属于超深井超稠油，地层温度高(120～140 ℃)、稠油在地层条件下流动性较好，但在井筒举升过程中由于温度降低，稠油举升至 3000 m 后逐渐失去流动性，深层/超深层稠油开采需要解决的是井筒流动性的问题，需要采取井筒降黏措施开采此类稠油。

国内外浅层稠油开采主要采用蒸汽吞吐、蒸汽驱等技术，这些技术不适合超深井超稠油的开采。对于超深井超稠油的开采主要采用井筒降黏方法，目前国内外提出的稠油井井筒降黏法主要有热法(包括伴热电缆、电加热抽油杆、导热油加热法等)、轻油稀释法、乳化降黏法等。在这些方法中，热法降黏技术比较成熟、效果较好，但用电量大、成本高；掺稀油法对采出液后处理无影响，但造成了稀油资源的浪费，且采油成本高，稀油短缺。化学降黏法施工简单、运行成本较低，是有应用前景的井筒降黏技术，关键是开发高效的降黏剂。

5.1　井筒稀释降黏技术

超深稠油油田流体的流动具有其特殊性。该类油田油层埋藏深，地层温度高，原油在储层中具有较好的流动性。但是，当原油沿井筒向地面流动的过程中，随着井筒温度的降低，原油黏度增大，原油在井筒中将逐渐失去流动性[1-3]。大部分中深稠油油井的开采需要采取井筒降黏的辅助措施，而掺稀工艺在各种降黏工艺中应用效果最好，其适用性最广。在稠油中掺入适量稀油后其黏度将明显降低，混合液密度下降，可以改善井筒流动环境[4,5]。但是稀油与稠油在井底仅仅依靠泵的抽吸作用来混合，基本上是在静态工况下与稠油混合，其混合均匀程度低[6-8]。轻质稀油不仅有好的降黏效果，还能增加产油量，并对低产、间隙油井输送更有利。在油井含水升高后，总液量增加，掺输管可改作出油管，能适应油田的变化。

掺稀油降黏工艺是将一定比例的低黏度、高流动性的稀原油掺入稠油中，使混合油黏度达到输送要求。该工艺的优点是适用范围广(适合任何类型的稠油)，效果可靠且易于实施；缺点是受到稀油量限制，且需要建设专门的掺稀管网，成本较高。同时，由于稠油产量增长幅度高于稀油的增长，稀油很快将不能满足掺稀开采需要，必须研究选择其他降黏方案。

5.1.1 掺稀降黏基本原理

利用相似相溶原理和稀释作用，通过掺入黏度小的轻质油或其他有机溶剂来降低重质组分(主要为沥青质和胶质)含量，进而达到降黏和提高其流动性的目的[9]。通常，当所掺入稀油组分的黏度指数与混合油的黏度指数近似时，掺稀后稠油的动力黏度满足下式：

$$\lg\lg\mu_{\rm h} = x\lg\lg\mu_{\rm x} + (1-x)\lg\lg\mu_{\rm c} \tag{5.1}$$

式中，x 为添加稀油的质量分数；$\mu_{\rm h}$、$\mu_{\rm x}$ 和 $\mu_{\rm c}$ 分别为相应的掺稀后混合油、稀油和稠油在相同条件下的动力黏度，mPa·s。

Lederer[10]提出了一个类似于修正后的 Arrhenius 经验表达式，用以计算掺稀后混合油的黏度，其可适用于任一条件，从式(5.2)可以看出，混合油的黏度取决于稀油和稠油的黏度，具体公式如下：

$$\lg\mu_{\rm h} = \left(\frac{\alpha V_{\rm c}}{\alpha V_{\rm c}+V_{\rm x}}\right)\lg\mu_{\rm c} + \left(1-\frac{\alpha V_{\rm c}}{\alpha V_{\rm c}+V_{\rm x}}\right)\lg\mu_{\rm x} \tag{5.2}$$

式中，$V_{\rm c}$、$V_{\rm x}$ 分别为稠油和稀油的体积分数；α 为经验常数，取 0～1。

Shu[11]提出一个可计算经验值 α 的表达式，混合油的 α 取决于稀油和稠油的黏度比以及其密度，具体公式如下：

$$\alpha = \frac{17.04(\rho_{\rm c}-\rho_{\rm x})0.523\rho_{\rm c}^{3.2745}\rho_{\rm x}^{1.6316}}{\ln\left(\dfrac{\mu_{\rm c}}{\mu_{\rm x}}\right)} \tag{5.3}$$

式中，$\rho_{\rm c}$、$\rho_{\rm x}$ 分别为稠油和稀油的密度，kg/L。

为了验证上述两个公式的合理性，Argillier 等[12]将樟脑油掺入委内瑞拉稠油中进行降黏实验，得到了混合油黏度随所含樟脑油质量分数的变化曲线，从曲线中推算得 α 为 0.418，而采用式(5.3)可得出 α 为 0.407，这一结果证实了式(5.2)和式(5.3)的科学性。

稠油的降黏效果与掺入稀油的黏度、密度及掺入量密切相关，稀油的黏度和密度越小，掺稀后稠油降黏效果越好。在一定范围内，掺稀后稠油的黏度与稀油的掺入量成反比，但并非稀油加入量越多越好，因为稀油的主要成分为烷烃，当混合油中出现过量的稀油时，会破坏胶质分子包围的沥青质为核心形成的胶体，这将引起沥青质的絮凝或沉积现象，而不利于开采和运输。

在稠油的降黏过程中，稀油的掺入不仅降低了稠油中重质组分的含量，同时极大地削弱了重质组分之间的相互作用，阻碍其形成大分子聚集体，从而有利于输送。常见的用于稠油输送降黏的稀油有从天然气中分离出的冷凝物、石脑油、煤油、轻质油等。近年来，有机溶剂也常被用于稀释剂，常见有机溶剂有醇类、甲基叔丁基醚及叔戊基甲基醚，使用这些稀释剂可提高辛烷在汽油中的含量；醇可以和沥青质形成氢键，较多氢键作用位点和极性大的溶剂稀释作用都可有效降低稠油黏度。然而实验中发现，拥有较多氢键作用位点的醇降黏效果弱于烃类，只有那些有少量氢键作用位点的极性溶剂有更好的降黏效果。

掺稀过程中需充分考虑稀油与稠油的配伍性、掺稀比及掺稀温度等因素，这些都会对掺稀效果有直接的影响。配伍性是指在稠油与稀油的混合及调和过程中，各自性质的差异导致混合油体系不稳定，出现絮凝甚至沉淀现象。柴静等[13]开展了甲苯和 93#汽油对新疆某油田中超稠油配伍性的研究，发现甲苯对超稠油有显著的降黏效果；而 93#汽油的降黏效果与甲苯相差甚远，当 93#汽油的掺稀比较低时，甚至有沉淀出现。上述现象可能是由于汽油中芳烃含量较低，因为原油中可形成以沥青质和胶质的缔合物为核心的胶核，胶核的示意图如图 5.1 所示。胶核优先吸附部分强极性的胶质(含有杂原子，能够形成氢键)，其他组分按照一定的质量分数梯度和芳香性依次分布在分散介质中形成胶体分散体系，这样沥青质便以一种基于动态平衡的胶体胶束形式存在，胶质、芳香烃对沥青质起到分散稳定剂的作用，是沥青质溶于原油中的胶溶剂，而当其周围环境发生变化时，其稳定性受到破坏就会有絮凝或沉积现象的发生。芳香族化合物易被沥青质吸附，对沥青质有很好的胶溶作用，这些说明了甲苯优于 93#汽油改善稠油黏度的原因。

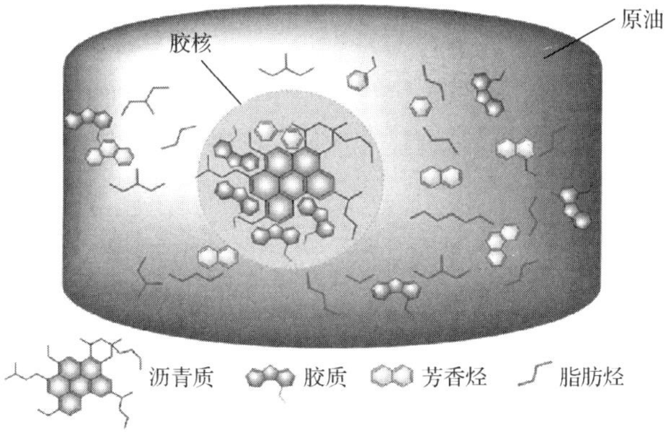

图 5.1 原油中以沥青质和胶质的缔合物为核心的胶核示意图

掺稀比可直观地反映开采过程中掺入的稀油量，适当的掺稀比既要满足开采中稠油在井筒中具有一定的流动性这一举升条件以及正常的输送作业，又要最大可能地降低稀油用量以提高经济效益。在一定的掺稀比范围内，混合油黏度随着掺稀比的增加而降低。

1. 注蒸汽掺稀油吞吐机理

利用稀油黏度低、流动性好、热膨胀系数大、在高渗油层中扩散面积大、携热能力强的特点，提高蒸汽利用率，降低原油黏度，改善超稠油开发效果。该工艺主要是以湿饱和高温蒸汽为载体，将热量和稀油注入地层，与地层稠油充分融合后，原油黏度及流动阻力大大降低，使其能顺利流入井筒，被抽入泵筒。稀油对稠油中的胶质、沥青质有较强的溶解能力，而且有的稀油具有较强的挥发性。如果在注入蒸汽的过程中掺入稀油，注入井底的稀油就会随着蒸汽的移动而向前缘流动。这样既可以抑制黏性指进，又可开辟更长的蒸汽渗流通道，加热更大的油藏体积。另外，当稀油到达油藏较冷地带时，会凝结并与稠油汇合，在油藏的加热带及未加热带之间形成一个低黏度液体带。当油井生产时，这一过渡带改善了地层原油的流度比和波及状态，降低残余油饱和度，从而提高原油采收率[14,15]。

2. 井筒掺稀降黏工艺原理

掺稀油降黏工艺是指通过油管或套管向井内注入热轻质油，与井内稠油混合，稀释从地层流入井筒的原油，使稠油黏度降低，从而实现稠油开采的目的。实施掺稀油工艺依据为稠油在高温下有较好的流动性，能够与稀油很好的混合；稠油掺稀油后能大幅度降低黏度，减小井筒流动阻力。稠油黏度具有良好的温度敏感性，温度升高，原油黏度降低，超深稠油在沿井筒向上流动的过程中，由于降压脱气和散热降温而使原油黏度显著增加，将逐渐失去流动性，堵塞管线，严重影响原油的生产运行，不能顺利进行正常试油作业。采用常规试油和普通稠油试油工艺无法满足对这类稠油井的试油要求，不能真实、准确地认识和评价油气藏。超深稠油在井筒掺入轻质油降黏进行井筒降黏是目前主要开采方法之一。

5.1.2 掺稀介质优选及掺稀比优化

1. 掺稀介质优选技术

稠油掺稀开采过程中，掺稀介质选择不当不仅会影响降黏效果，甚至会造成油井沥青质析出而使油井无法正常生产。针对塔河稠油高含沥青质的特点[16]，基于胶体平衡稳定理论，对掺稀降黏时不同掺稀介质的分子活化能、Zeta 电位及掺稀时溶解焓的理论及实验分析结果，随着掺稀油密度增大，分子活化能在密度为 0.91 g/cm^3 之后开始迅速增大，降黏效果明显降低；而 Zeta 电位值呈先增大后减小的趋势，并在密度为 0.90～0.91 g/cm^3 时出现最高值，表明中质油密度在 0.90～0.91 g/cm^3 原油胶体体系最稳定；掺稀油溶解焓的测定结果表明，中质油密度在 0.91 g/cm^3 附近溶解焓最低，此时掺稀降黏最有利。林涛[17]提出了中质油掺稀的理念，提高了稠油掺稀混合油稳定性，为不同区块稠油掺稀介质的选择，提供了基础技术支撑。

2. 掺稀比优化

在稠油井掺稀生产过程中，在外输黏度一定的情况下，掺稀比是稠油降黏的关键参数，掺稀比除了与稠油黏度、掺稀油黏度有关外，还与产量、含水及外输黏度之间存在一定关系。通过对影响掺稀稀稠比因素分析，确定影响掺稀比的主要因素为原油黏度、产量、含水。将此三个参数分别按不同的级别进行筛选，拟合曲线，形成了掺稀比优化图版[18]，塔河油田实现了掺稀参数优化的标准化、规范化和科学化，实施掺稀优化 15534 井次，有效率为 85.05%。

朱国等[19]设计了一种可以计算出油井掺稀比最佳值的理论计算模型，并利用该模型对塔河油田中的某稠油井的节点进行了系统分析。掺稀量并非越大越好，每口井都有其最佳的掺稀比，当稀油掺入量超过最佳值时，从油井中得到的原油以稀油为主，而过多的稀油将占用井筒的有效空间，使得油井的泵效降低，这直接导致油井产量的急剧下降。因此，在实际生产中，需要根据室内实验评价，结合不同油井的实际情况，设定掺稀比。

5.1.3 稠油掺稀举升技术

(1) 研制了具有侧向进油阀设计加大进油通道、大小柱塞配合增大有效容积、实心柱塞设计提高承载强度、短过流通道设计与泵间隙优化提高稠油适应性等特点的新型稠油举升泵，研发了过桥加大掺稀深度的配套新工艺，形成了适用深层普通稠油、超稠油、特稠油等不同条件的大排量抽稠泵深抽特色技术[15]，有效缓解了超稠油区块掺稀生产有杆泵排量与泵挂矛盾导致提液受限而电泵成本高的问题；实现了排量 100 m^3/d、深度 2800 m 的稠油有杆泵深抽，运行周期延长 392 天，单井平均提液 5.4 m^3/d，相比同排量电泵成本降低 30%。

(2) 研发了具有大通径诱导搅拌增压吸入口、泵轴高扭矩承载、大功率耐高温电机、双护套绝缘散热动力电缆、多级复合式保护器、防腐耐磨处理技术等特点的稠油专用电泵，首创国内电泵尾管悬挂配套工艺[20]，形成了适用深层超稠油复杂条件的多级排量、多级扬程的抗稠油电泵深抽技术；解决了特超稠油区块高黏、高摩阻、高腐蚀介质等复杂工况导致电泵运行周期不足 300 天的难题；运行周期平均延长 120 天，创造了 50 m^3 电泵下至 5030 m 的电泵深抽记录。

5.1.4　掺稀系统效率方法优化

针对常规系统效率评价模型无法有效评价掺稀井技术指标、机采井运行管理尚不完善等问题，引入地面掺稀系统能耗，建立了掺稀井系统效率评价模型[21]，有效指导了工艺设计、参数优化，配套试验井系统效率提升了 3 个百分点；采用节点分析方法，建立了超深、超稠油机械采油井运行管理办法，实现了运行的科学化、标准化、规范化；创新集成了远程监控信息化系统，覆盖率达 70%，实现了现场异常处理及时有效，保障了油井安全生产。

5.1.5　生产方式

掺稀工艺对于稠油开采有良好的辅助作用，目前常用的掺稀方式有环套掺稀、旁管掺稀、水力喷射泵掺稀。

(1)环套掺稀：环套掺稀的方式对于地层能量的不足没有任何弥补作用，甚至有反作用；稠油和稀油的界面比较清晰，混合界面为套管和泵之间的环套截面，混合效果不好，当上层稀油压力小于泵吸入口压力时，稀油除进入泵吸入口外，还对稠油产生下推和压缩作用，此时表现为稀油打循环，无产量。尾管掺稀方式也属于环套掺稀的方式；电泵加倒流罩(护罩)也属于环套掺稀的方式。

(2)旁管掺稀：是较为理想的掺稀方式，旁管(掺稀管)一般在泵的下端，混合均匀，不用充满整个套管，能保持稳定的动液面，但工艺复杂且受套管尺寸的限制。

(3)水力喷射泵掺稀：水力喷射泵使用稀油做动力液，在喷嘴和喉管处混合，高压环境和射流搅拌，使掺稀效果非常理想，但是喉管尺寸一般较小，易堵。

据室内实验及理论分析，掺稀油降黏工艺效果的影响因素有掺稀油的注采比、掺稀后的降黏率、掺入稀油的密度及产液的含水率、掺入深度等[16]。

采用掺稀方法大规模地开采稠油时，因为稀油来源广泛，可提供的数量大，也带来一些问题。首先，稀油掺入前，必须经过脱水处理，而掺入后，又变成混合含水油，需再次脱水，这就增加了能源消耗；其次，稀油作为稀释剂掺入稠油后，降低了稀油的物性。稠油与稀油混合共管外输时，增加了管道运输量，并对炼油厂工艺流程及技术设施产生不利影响；此外，鉴于稠油与稀油在价格等方面存在的差异，采用掺稀油降黏存在经济方面的损失。因此，高黏原油加稀油进行降黏集输，并非完善的方法，应综合考虑其经济性、可行性。

5.1.6　稠油掺稀工艺优化分析软件及应用

采用中国石油大学(北京)研制的高温高压井筒流动规律模拟装置，以塔河油田为例研究了超深井稠油举升流动规律，建立了掺稀井井筒压力场、温度场计算和掺稀工艺优化软件，为稠油掺稀方案优化设计提供了理论基础。

1. 软件界面及主要功能

图5.2是软件运行的主界面，它的主要功能如下：

(1)用于计算不同流态下温度、混合相密度、黏度、压力的求解。

(2)软件对输入参数范围进行了设定，还具备数据识别功能，对于输入非法数据将提示报错，需要重新输入数据。

(3)软件界面含清零功能，便于再输入运算。

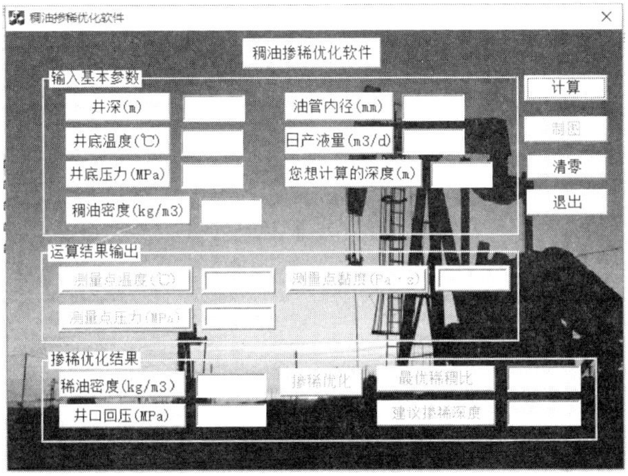

图5.2 软件运行主界面

2. 掺稀工艺优化

通过掺稀井井筒压力场和温度场软件计算，输入稠油黏度等参数后，以稠油顺利举升至井口的油压≥回压，50 ℃混合油黏度2000 mPa·s为标准，从混合油井口黏度、掺入点深度等方面，优化设计了掺稀井工艺参数，为稠油掺稀方案优化设计提供理论基础(表5.1)。

表5.1 现场油井掺稀掺稀优化方案

井号	现场掺入深度/m	现场井口黏度/(mPa·s)	现场稀稠比	软件计算深度/m	建议稀稠比(50 ℃混合油黏度2000 mPa·s)		
					稀油80 mPa·s	稀油150 mPa·s	稀油200 mPa·s
TH1	5498	1380	2∶1	4600	0.95∶1	1.25∶1	1.45∶1
TH2	5806	1420	2∶1	4300	0.73∶1	0.97∶1	1.12∶1
TH3	3123	1320	2∶1	3100	0.83∶1	1.10∶1	1.27∶1
TH4	5004	1080	1.5∶1	3900	0.26∶1	0.35∶1	0.40∶1

续表

井号	现场掺入深度/m	现场井口黏度/(mPa·s)	现场稀稠比	软件计算深度/m	建议稀稠比(50 ℃混合油黏度 2000 mPa·s)		
					稀油 80 mPa·s	稀油 150 mPa·s	稀油 200 mPa·s
TH5	5819	440	2.5∶1	3500	0.30∶1	0.40∶1	0.46∶1
TH6	3802	1360	2∶1	3600	0.86∶1	1.14∶1	1.32∶1
TH7	2217	1852	1.3∶1	2000	0.28∶1	0.37∶1	0.42∶1
TH8	2318	7082	1.6∶1	2100	0.31∶1	0.40∶1	0.46∶1

从表 5.1 可以看出，通过软件计算现场 8 口掺稀油井建议稀稠比和掺稀深度，在保证稠油顺利举升至井口且不影响管输的情况下，软件计算稀稠比和掺稀深度均低于现场稀稠比，说明在更为节约资源的情况下能够维持油井正常开采，为现场掺稀优化方案的制订奠定了理论基础。

5.2 油溶性化学降黏技术

油溶性降黏剂降黏技术[22-24]是在降凝剂技术的基础上发展起来的一种新型降黏技术，油溶性降黏剂分子通过改变胶质和沥青质的聚集体结构，形成有降黏剂分子参与的新的聚集体，从而降低稠油黏度。油溶性降黏技术适用于低含水稠油的开采及管输，特别是含水量小于 15%的稠油[25]。不同地区稠油组成和结构性质不同，降黏效果不同。油溶性降黏剂一般可分为三种类型：缩合物型、不饱和单体的均聚物和共聚物型、高分子表面活性剂型。油溶性降黏剂可以直接加剂降黏，使用油溶性降黏剂可以避免采用乳化降黏法时产生的后处理问题，开发前景良好。但目前还存在不少问题，如降黏率不高，油溶性降黏剂价格较高，且药剂用量大，导致使用成本高，单独使用很难达到生产要求，特别是对于特稠油、超稠油，由于黏度基数非常大，即使油溶性降黏剂的降黏率很高，也不能满足降黏的生产要求，须与其他工艺配合使用，需要开发新型高效油溶性稠油降黏剂。

5.2.1 油溶性降黏剂分子结构设计

油溶性降黏剂的降黏性能与其结构密切相关[26]。降黏剂分子由两部分组成，即长链烷基和极性基团，长链烷基结构单元可以在侧链上，也可以在主链上，或者是两者兼有。影响稠油降黏效果的主要因素为长烷基链长度及碳数分布、极性基团的含量及其极性大小、支化度、分子量大小、降黏剂在油中的形态等。根据稠油结构性质设计分子结构适宜的油溶性降黏剂。以破坏稠油中胶质沥青质的层状结构以及破坏稠油中石蜡低温析出时的空间网络结构为出发点，合成具有梳状结构和一定含量极性基团、柔链、分子量适度的油溶性共聚物[27]。在分子骨架上引入具有极性或表面活性的侧链，利用极性基团和表面活性剂基团的空间效应和降低固液界面张力的能力，提高对蜡晶、胶质、沥青质的分散作用以降低黏度[28,29]。

1) 考虑分子结构特征的影响

从目前已经应用过的降黏剂和降凝剂的分子结构看，多采用各类酯型结构。文献[27]用现代分析方法分别研究了酯型聚合物的分子结构与其降黏降凝性能的关系、酯型聚合物与胶质沥青质相互作用后对胶质沥青聚集体结构的影响，证实了酯型聚合物与稠油中各组分间会发生一些特殊的作用，可以达到降黏的目的。设计降黏剂基本特征为烯类单体与极性单体的多元共聚物。

2) 考虑分子极性的影响

在酯型聚合物结构上引入一些极性官能团或极性较高的单体，可以增强降黏剂分子与胶质、沥青质中的极性基团形成的氢键，提高降黏效果。选用具有较高极性的单体甲基丙烯酸高级酯和马来酸酐，通过在大分子链上接入极性链段增加聚合物分子的极性[29]。

降黏剂的极性大小对改性效果也有较大的影响。降黏剂中极性基团极性强或表面活性高，可以增加蜡晶粒子相互间及沥青质粒子间的相互排斥，因此，与降黏剂结合的蜡晶不易相互结合形成大的晶体，提高其分散性和抗沉积能力，在宏观上表现出对原油具有良好的降凝、降黏和抗剪切性能，从而改善原油的低温流动性；但活性太高，分子极性太强，会造成降黏剂在原油中的溶解度下降，即在原油中的溶解性变差，也就会影响降黏剂降凝降黏效果。

3) 考虑酯链长度的影响

酯型聚合物的酯链长度及其支化度对油溶性降黏剂的降黏效果有很大影响。一般认为降凝剂的酯链长度最好与原油中的蜡(特别是正构烷烃)的碳数分布接近一致，但稠油降黏剂的作用更多考虑的是降黏剂分子与胶质、沥青质分子间的缔合作用，所以具有适当的长酯链即可(形成溶剂化层等)。过长的酯链会降低聚合物分子的极性，增加卷曲程度和空间位阻，设计酯链为含有长链和短链、直链与支链的混合[30]。

油溶性降黏剂的研究思路：以破坏稠油中胶质沥青质的层状结构为出发点，合成具有梳状结构和一定含量极性基团、柔链、分子量适度的油溶性共聚物。在分子骨架上引入具有极性或表面活性的侧链，提高对胶质、沥青质的分散作用以降低黏度。在降黏剂合成中，苯乙烯的加入使分子的柔性和油溶性增加；马来酸酐的加入使共聚物的极性增加，拆散沥青质胶质结构的能力增强，并使聚合物对蜡晶的生长有抑制作用，酸酐基对沥青质胶质中的极性部分亲和力加强；更为重要的是，合成的降黏剂结构应能够与稠油结构相似。

5.2.2 油溶性降黏剂效果评价

1. 油溶性降黏剂对稠油降黏效果

将质量分数为 0.15%的降黏剂加入不同稀稠比(0.1∶1、0.2∶1、0.3∶1、0.4∶1、0.5∶1、0.6∶1)稠油中，混合均匀，在同一剪切速率 25 s^{-1} 分别考察测定不同稀稠比的稠油加入降黏剂后的黏温曲线，结果如图 5.3 和图 5.4 所示。

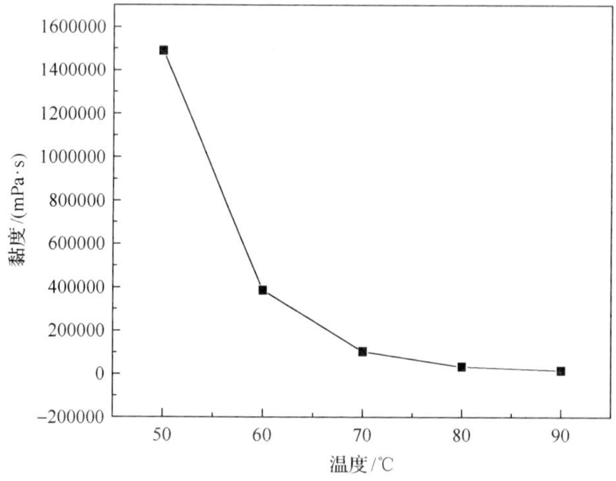

图 5.3 塔河 T6 稠油的黏温曲线

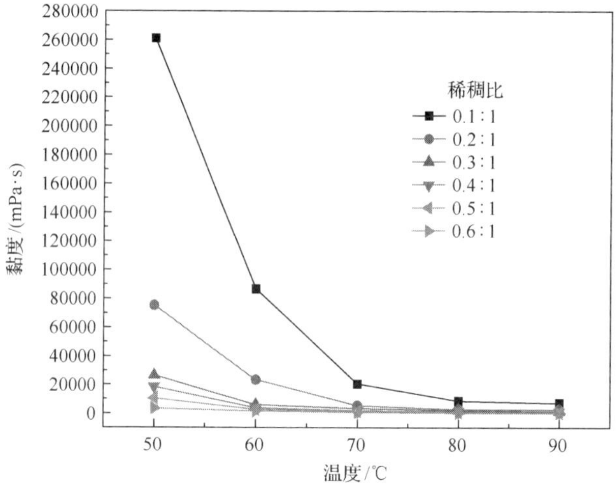

图 5.4 稀稠比对塔河 T6 黏温曲线的影响

由图 5.3 和图 5.4 看出，稀稠比对稠油黏度影响很大，稀稠比增大，稠油黏度降低。稠油黏度随温度的升高明显降低，50～70 ℃降低幅度较大，大于 70 ℃时稠油黏度随温度的变化相对较平缓。在 90 ℃时不同稀稠比下的黏度差别已经不明显。降黏剂在较高温度下(如 80 ℃)已具有较好的降黏性能，说明降黏剂并不是依靠改善蜡晶的结晶性能而发挥作用的，而是因为降黏剂分子通过与稠油体系中的胶质-沥青质超分子结构发生作用，改变了稠油各组分的内部微观结构，从而直接影响分子间和稠油微粒间的相互作用力，降低稠油黏度。

2. 与市售降黏剂对比

根据测试黏度计算出降黏率，降黏率计算如下：

$$\varepsilon_{\mu}\% = \frac{\mu_1 - \mu_2}{\mu_1} \times 100 \tag{5.4}$$

式中，$\varepsilon_{\mu}\%$为降黏率；μ_1 为原油表观黏度，mPa · s；μ_2 为改性原油表观黏度，mPa · s。

将不同降黏剂配方在系统条件进行效果对比，测定温度 50℃时降黏剂对 T10 稠油的降黏效果，结果见表 5.2。

表 5.2 不同降黏剂配方对塔河 T10 稠油的降黏效果

油溶性降黏剂	m(稀油)：m(稠油)	黏度/(mPa·s)	降黏率/%
配方 1	1：1	3025	79.83
配方 2	1：1	2250	85.00
配方 3	1：1	1290	91.40
配方 4	1：1	1810	87.93
市售降黏剂 A	1：1	2450	83.67
市售降黏剂 B	1：1	3090	79.40

注：测定稀释后原油黏度 15000 mPa · s。

由表 5.2 看出，不同降黏剂配方降黏效果有差异。配方 3 在稀稠质量比为 1：1、降黏剂用量为 1%时，稠油黏度明显小于市售油溶性降黏剂，说明研制的配方 3 降黏剂降黏效果优于市售降黏剂 A 和 B。

5.2.3 油溶性降黏剂降黏机理

油溶性降黏剂降黏机理[30-32]主要从降黏剂分子与稠油中各组分的相互作用进行解释。降黏剂分子中含有极性基团侧链及高碳烷基主链，高碳烷基可使降黏剂分子很好地溶于油中，侧链的极性基团可与胶质、沥青质中的极性基形成更强的氢键，通过分散、渗透作用进入胶质及沥青质的片状分子之间，部分拆散平面重叠堆砌而成的聚集体结构，形成片状分子无规则堆砌，使结构变松散，并降低了聚集体中的胶质、沥青质分子数目，降低了原油的内聚力，起到了降黏的作用。

有关油溶性降黏剂的降黏机理研究，目前多借鉴降凝剂的降凝机理，主要从降黏剂的溶剂化作用、胶质、沥青质分子与降黏剂分子的相互作用、石蜡与降黏剂分子的相互作用方面，采用 XRD 等方法研究稠油和胶质、沥青质加入降黏剂前后的谱图变化，分析、探讨降黏剂分子与稠油中各组分的相互作用，探讨降黏机理。

1. 加降黏剂前后 X 射线衍射结果

分别考察加降黏剂前后的 X 射线衍射图谱见图 5.5、图 5.6。

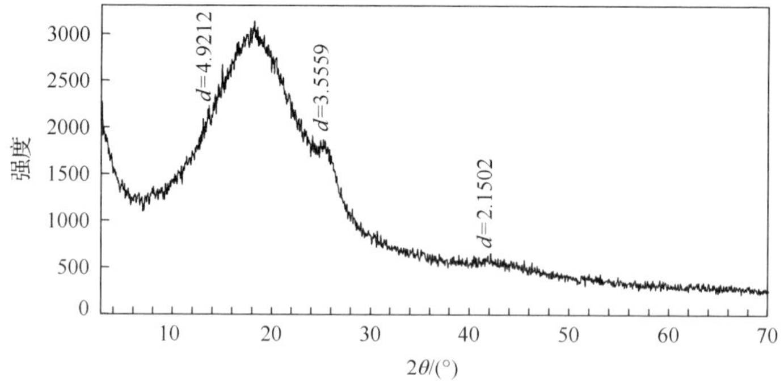

图 5.5　塔河 T6 稠油的 X 衍射图谱

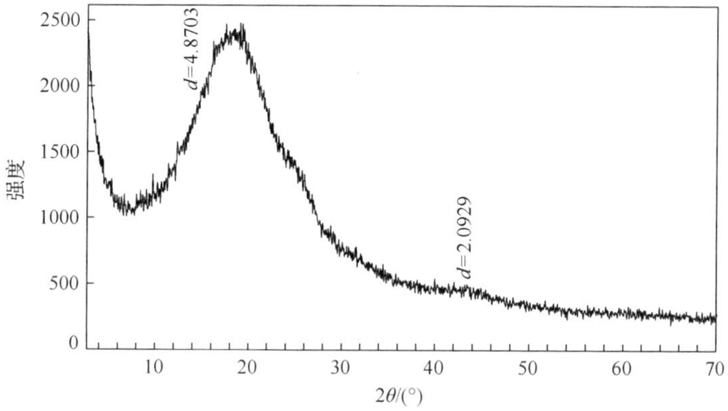

图 5.6　塔河 T6 稠油加降黏剂的 X 衍射图谱

由图 5.5、图 5.6 看出，加入降黏剂后，峰形变平坦，25°～28°峰基本消失。降黏剂的极性和非极性基团与稠油中的胶质、沥青质等形成新的聚集状态，使稠油的聚集团结构以及稠环分子间的叠合度发生变化，降低稠油黏度。

由于稠油主要组分中胶质、沥青质都是非晶体，蜡属于晶体。由图 5.5、图 5.6 可知，经过降黏剂处理后整个峰形变得更平坦，5°～24°以及 42°～44°峰的相对强度也发生了变化，甚至 25°～28°峰已经消失。这进一步证明了降黏剂利用自身所带的极性基团以及非极性基团与稠油中的胶质、沥青质等形成新的(氢键)聚集状态，可渗透、分散进入稠油中的胶质、沥青质片状分子之间，从而使稠油中胶质、沥青质等的聚集状态的有序性发生改变，平面相互重叠堆砌成的结构受到某种程度的破坏，达到降低黏度的目的。而对于蜡晶，如果降黏剂仅作为结晶中心或吸附在稠油各组分的活性中心，很难引起如此变化。降黏剂既有极性基团又有非极性基团，它与稠油中的各成分结构既有相似也有不同，只有其与各成分发生共晶，降黏剂分子进入稠油尤其是沥青质的晶格中并取代蜡分子，才会导致蜡晶结构发生变化。这还需进一步研究证明。

2. 加降黏剂前后扫描电镜分析结果

采用荷兰生产的 FEI Quanta 200FEG 场发射环境扫描电子显微镜(SEM)，分别考察加降黏剂前后的 SEM 图，结果见图 5.7、图 5.8。

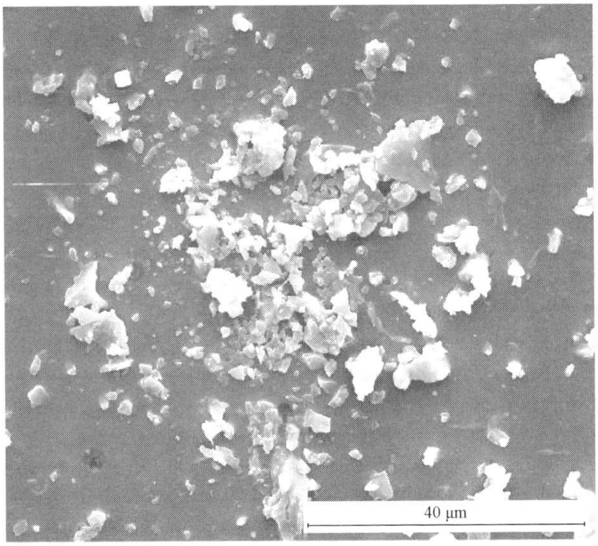

图 5.7　(沥青质+正戊烷)体系 SEM 图

$w(\mathrm{As})=1\%$

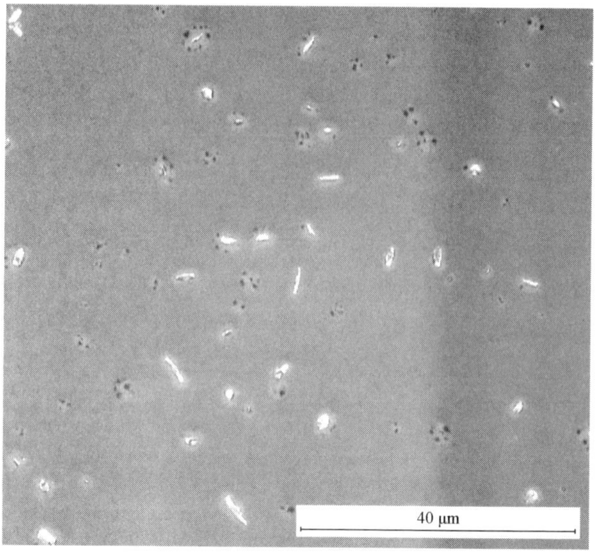

图 5.8 (沥青质+正戊烷+降黏剂)体系 SEM 图
w(As)=1%，w(降黏剂)=0.1%

由图 5.7、图 5.8 可以看出，加入降黏剂后体系的沥青质聚集体数量明显减少，聚集体尺寸明显变小。可能的机理分析如下：降黏剂分子借助较强的形成氢键的能力和渗透、分散作用进入沥青质片状分子之间，部分拆散平面重叠堆砌而成的聚集体，形成了片状分子无规则堆砌、结构比较松散、有序程度较低、空间延伸度不大、有降黏剂分子参与(形成新的氢键)的聚集体，剩余的平面重叠堆砌聚集体包含的沥青质分子数目减少。可以使稠油体系中的超分子结构尺寸减小，分散相体积减小，连续相体积增加，从而可以大幅度降低稠油的黏度。

3. 加降黏剂前后的动态光散射结果

以塔河 T10 稠油和沥青质为溶质，以正戊烷做溶剂，用超声波振荡器混合均匀，分别考察在上述体系中加入质量分数为 0.5%的油溶性降黏剂前后的动态光散射，结果见图 5.9～图 5.12(图中 $\overline{D}$ 表示平均粒径，k 表示分散系数)。

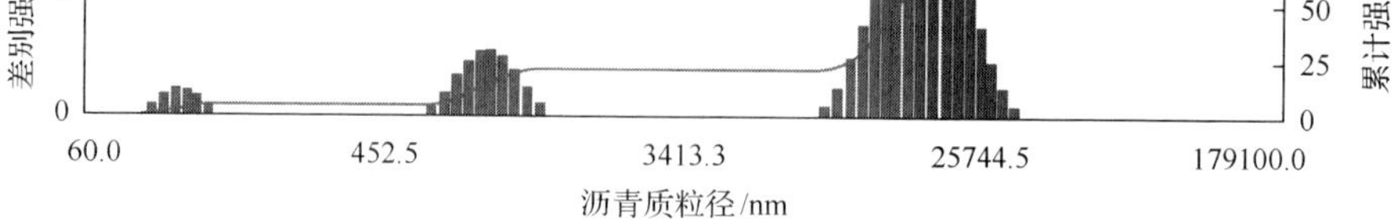

图 5.9 (沥青质+正戊烷)体系 DLS 图
$\overline{D}$ =5418.5 nm；k=0.843；w(As)=0.5%，25 ℃

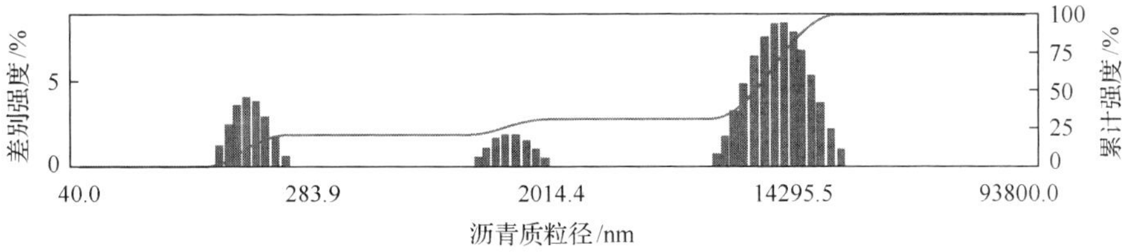

图 5.10 (沥青质+正戊烷+降黏剂)体系 DLS 图

$\overline{D}$ =3281.0 nm；k=0.630；w(As)=0.5%，w(剂)=0.5%，25 ℃

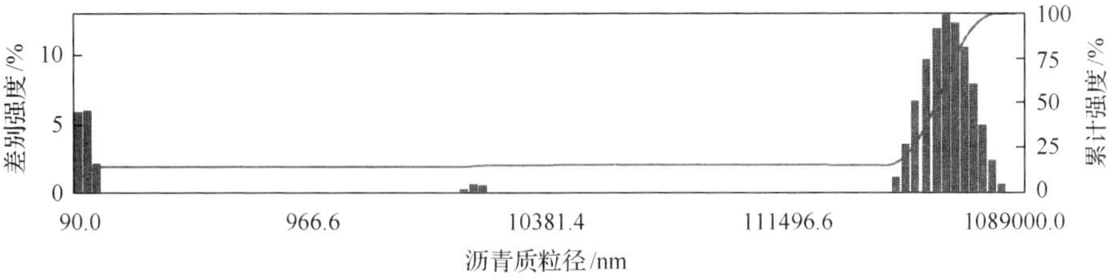

图 5.11 (沥青质+正戊烷)体系 DLS 图

$\overline{D}$ =16424 nm；k=3.392；w(As)=1%，25 ℃

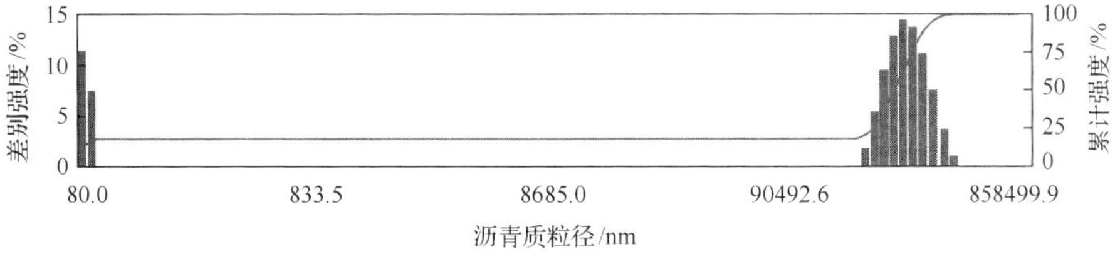

图 5.12 (沥青质+正戊烷+降黏剂)体系 DLS 图

$\overline{D}$ =13829.2 nm；k=2.973；w(As)=1%，w(剂)=0.5%，25 ℃

比较图 5.9、图 5.10 可以看出，加入降黏剂前，0.5%的沥青质在正戊烷溶液中的粒径主要分布在 25000 nm 左右，平均粒径为 5418.5 nm，体系分散系数为 0.843；加入降黏剂粒径主要分布在 14000 nm 左右，平均粒径为 3281 nm，体系分散系数为 0.630。

由图 5.11、图 5.12 可以看出，加入降黏剂前后，1%的沥青质在正戊烷溶液中的粒径中值由 16424 nm 降低到 13829.2 nm，分散系数由 3.392 减小到 2.973。在正戊烷体系中，由于正戊烷主要溶解石油中的烃类组分，对沥青质组分几乎不溶解，降黏剂的加入，使粒径变小，分散系数减小，表明降黏剂能够提高沥青质在正戊烷中的分散程度。

比较图 5.9～图 5.12 可以看出，沥青质质量分数增加，沥青质颗粒在正戊烷中的粒径增大，分散度减小。

4. 油溶性降黏剂对油水界面张力的影响

界面张力的测定是研究界面活性组分界面性质不可缺少的手段之一。油水界面张力与油相、水相中溶质在界面上的吸附有关。油水界面张力的大小反映了界面活性组分在油水界面的吸附情况。采用德国 Dataphysics 公司的 DCAT-21 型表面张力和接触角仪，用挂片法测定油/水两相的界面张力和表面张力。

将 1%的油溶性降黏剂加入 10%稠油模拟油中，搅拌均匀，以上述混合液作油相，以地层水作水相，25 ℃下分别考察加降黏剂前后对油水界面张力的影响，结果见图 5.13。

由图 5.13 看出，加入降黏剂后，稠油模拟油与地层水体系的界面张力明显降低，说明降黏剂具有较高的界面活性，可以使油水界面张力降低。加入降黏剂后，降黏剂能够从油相扩散到油水界面上，顶替油水界面上稠油中扩散到油水界面上的大分子界面活性物质，形成新的界面膜，使界面张力发生降低。

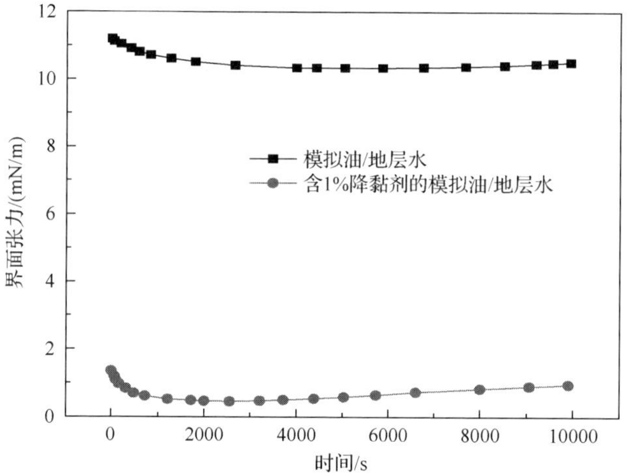

图 5.13　油溶性降黏剂对稠油模拟油/地层水界面张力的影响

考察质量分数为 0.15%油溶性剂加入前后，掺稀稠油塔河 T7 黏温曲线，结果如图 5.14 所示。

对稠油样品加剂前后的黏温曲线进行回归分析，发现均能很好地符合 Arrhenius 方程：

$$\eta = A\mathrm{e}^{\frac{\Delta E}{RT}} = A\mathrm{e}^{\frac{B}{T}} \tag{5.5}$$

式中，η 为表观黏度，Pa·s；A 为常数；R 为气体常数；T 为热力学温度，K；ΔE 为活化能，J/mol；$B=\Delta E/R$ 为常数。

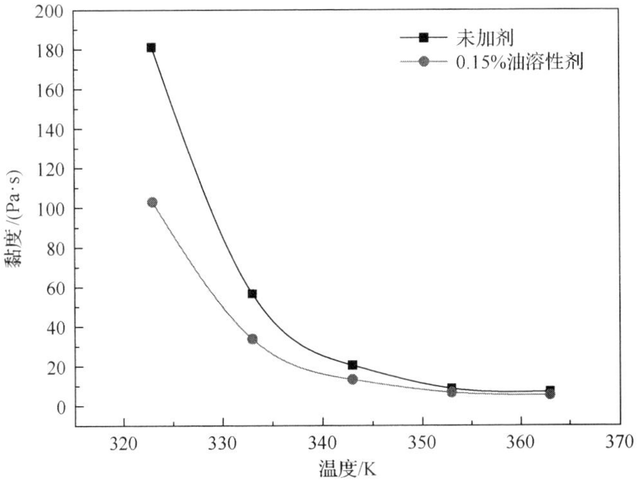

图 5.14 油溶性降黏剂加入前后塔河 T7 黏温曲线

对稠油加剂前后的黏温曲线回归，得到式(5.6)、式(5.7)：

$$\eta = 7.04 \times 10^{-15} \mathrm{e}^{\frac{12204}{T}} \tag{5.6}$$

$$\eta = 6.19 \times 10^{-12} \mathrm{e}^{\frac{10114}{T}} \tag{5.7}$$

$\Delta E/R$ 值可以表示活化能的相对大小。活化能指流体开始流动前在分子旁形成足够大的空穴以供该分子移动所必须克服的能垒，流体分子间内摩擦力大小的量度，取决于流体分子的极性、分子量大小和分子的构型。从式(5.6)和式(5.7)可以看出，油溶型降黏剂加入前后，$\Delta E/R$ 值为 12204 和 10114，表明油溶性降黏剂加入后，流体分子流动所必须克服的能垒减少，流体分子量减少所致。即加入油溶性降黏剂后，能减小沥青质-胶质的分子大小，使其溶解、分散在稠油中，降低油相黏度。

5.2.4 油溶性降黏剂现场应用效果评价

研制的油溶性降黏剂在塔河油田进行了现场试验，加剂量为 5000 mg/L，平均节约稀油率为 44.7%，结果见表 5.3。

表 5.3 油溶性降黏剂现场试验结果

井号	试验前基值		试验期间		
	日产油/t	掺稀量/(t/d)	日产油/t	掺稀量/(t/d)	节约稀油率/%
T5	38.6	122.34	37.6	69.0	43.6
T6	21.0	30.63	24.8	17.0	44.5
T7	64.1	89.93	71.7	51.8	42.4

续表

井号	试验前基值		试验期间		
	日产油/t	掺稀量/(t/d)	日产油/t	掺稀量/(t/d)	节约稀油率/%
T8	44.9	27.82	51.0	14.8	46.8
T9	31.2	43.38	40.5	25.2	47.2
T10	33.4	52.50	36.3	32.3	43.9
平均	39.9	62.82	45.1	35.56	44.7

5.3 水溶性降黏技术

乳化降黏开采稠油技术是20世纪60年代发展起来的一项提高稠油采收率的新技术，它是将原油中掺加一种含有少量表面活性剂的水溶液，使稠油由W/O型乳状液转为O/W型乳状液，表面活性剂水溶液的润湿作用，减少了液流流动阻力，形成表面活性剂在壁上的水膜，使原油与管壁的摩擦变成了表面活性水溶液与管壁的摩擦，从而大幅度地降低稠油的表观黏度。

5.3.1 水溶性乳化剂的乳化降黏机理

表面活性剂降黏机理通常归结为三种：①乳化降黏，即在表面活性剂作用下使W/O型乳状液反相成为O/W型乳状液而降黏，要求乳状液稳定，但又不能影响破乳脱水，这种乳状液的黏度远低于稠油的黏度；②破乳降黏，即活性剂使W/O型乳状液破乳而生成游离水，根据游离水量和流速，形成“水套油心”“水漂油”“悬浮油”而达到降黏目的；③吸附降黏，即活性剂分子吸附于管壁上或油层间而减少摩擦阻力[33]。这三种降黏机理一般同时存在，相互作用，因条件不同，起主导作用的降黏机理也有所不同。形成O/W型乳状液的三个条件：

(1)油水两相。通常乳状液形成一定油水比例，含水量太少，降黏效果不明显，含水量过高，表面活性剂消耗量大，产油量减少。

(2)乳化降黏剂。乳化作用时，需要溶解充分，温度有利于溶解，提高乳化剂在油水中的溶解分散，更好地形成O/W型乳状液。

(3)搅拌条件。实验室可以机械搅拌，在井筒中也存在搅拌的条件。其一，溶解气从稠油中释放出来时产生的涡流作用；其二，泵的混合紊流作用；其三，整个油井流体在油管内的混合流动作用。

形成乳状液的类型与乳化降黏剂性质、乳化温度以及搅拌条件相关。研究发现温度越低越容易形成O/W型乳状液，如果升高乳化温度则有利于形成W/O型乳状液。乳化降黏剂性质也影响乳状液的形成，一般认为 HLB 为 7～18 的乳化降黏剂有利于 O/W 型乳状液的形成；在相同条件下升高剪切速率会导致体积含量高的一相成为外相。稠油乳化降黏的技术关键是筛选或合成性能优异的表面活性剂。选择乳化降黏用表面活性剂的原则：表面活性剂的亲油基结构与稠油组分的结构有一定的相似性，其 HLB 值与稠油的值接近；具有良好的乳化稳定性及易破乳性，降黏效率高；很好的适应性和配伍性，环保不伤害地层；成本低，效果好，要满足几种化学剂复配的稳定性使用。

要使稠油乳化后能够达到降黏效果，要求对稠油乳化后能形成水包油型乳状液，而且油在乳状液中所占的体积分数不能太大。如果稠油含水，油层水的矿化度高，乳化剂的用量就要多一些。一般来说，油水比为 70∶30 或 80∶20 比较合适。乳化原油所用的水量要适中，不能太少，水量太少，可能对乳状液的形成有影响。

高度支链化兼有极性和非极性端的两性表面活性分子，不仅易溶于水，还具有很强的表面活性，在很低浓度下，能够大幅度降低油水界面张力。利用表面活性剂分子的渗透作用，竞争吸附到油水界面，破坏胶质、沥青质分子结构排布聚集状态，紧密度降低，排布更松弛，空间延展度降低，改善 O/W 型乳状液的分散情况，使稠油易于形成 O/W 型乳状液。主要表现为以下几个方面：

(1) 降低油相之间的内摩擦力。乳化降黏剂能够降低油水界面张力，形成热力学不稳定的 O/W 型乳状液，水作为连续相，原油黏度降低，阻力降低。

(2) 降低拟乳状液体系与管壁之间的黏附作用。乳化降黏剂牢固地吸附在原油表面，使原油表面形成一层比较牢固的改性水膜，减小了油相之间的相互作用以及原油与管道壁的摩擦，同时包在水内部的油滴之间相互排斥，不利于乳状液的聚集沉积，保持管壁表面光滑，边界层出阻力损失随之降低。

(3) 有效改善油水乳状液混合状态。乳化降黏剂中的高分子聚合物能有效提高水相的黏度，能有效改善油水乳状液混合状态，使油水混合物均匀流动，增强水相对稠油的分散作用，同时增加降黏剂作用时间和作用距离。

5.3.2　水溶性降黏剂类型及研究进展

1. 水溶性降黏剂类型

水溶性乳化降黏剂常由表面活性剂组成。表面活性剂常用类型按溶解后解离出的电荷可分为阴离子型、阳离子型、两性离子型和非离子型。按表面活性剂所带官能团可分为脂肪酸盐类(阴离子型)、石油磺酸盐类(阴离子型)、聚氧乙烯烷基酚醚类(非离子型)等。不同类型的表面活性剂都有各自的优缺点。

近几年来，对于乳化降黏剂配方的研究十分活跃，这些乳化降黏剂多是根据协同作用原理，对表面活性剂进行改性复配，使其同时包含非离子型表面活性剂和离子型表面活性剂。部分原油乳化降黏剂配方中还加入碱、C_1—C_4醇、生物聚合物等[34,35]。加入碱的目的是使其与高酸值原油中的酸性物质反应生成表面活性剂，降低外加表面活性剂的用量，而加入生物聚合物可抑制油滴凝聚，对 O/W 型乳状液具有稳定作用。如果水相中金属阳离子含量较高，可在原油乳化降黏剂配方中加入聚乙二醇、聚乙烯醇和聚乙烯基吡咯烷酮等亲水聚合物以降低金属阳离子对阴离子表面活性剂的影响。因此，不同表面活性剂和不同助剂构成了种类不同的稠油降黏剂[36]。

2. 水溶性乳化剂的研究进展

1) 非离子-阴离子两性表面活性剂

一般首选阴离子表面活性剂是因为地层黏土通常带有负电荷，磺酸盐类和羧酸盐类阴离子表面活性剂在稠油乳化降黏中应用最多。这些阴离子表面活性剂原料来源广，耐温性好，但存在抗矿盐性差的致命缺点，特别是石油磺酸盐很容易与高价阳离子形成沉淀物，或被黏土表面吸附，这些缺点限制了其广泛应用；非离子表面活性剂界面活性好，在水中不电离，具有抗多价阳离子的优点，但其不耐高温、稳定性差等缺点严重限制了在采油中的单独使用。为此，将非离子亲水基团和阴离子亲水基团设计到一个分子中得到的新型两性表面活性剂：非离子-阴离子两性表面活性剂。

国内从 20 世纪 90 年代开始这类表面活性剂的研究。磺基琥珀酸单酯钠盐类表面活性剂由于同时具有磺酸盐、羧酸盐阴离子表面活性剂和聚氧乙烯类非离子表面活性剂的某些优良性能，因此用途广泛[37]。马文辉等[38]分别对壬基酚聚氧乙烯醚硫酸酯钠盐和松香酸聚氧乙烯酯磺基琥珀酸单酯二钠盐两种表面活性剂的乳化降黏效果进行了研究，并对大庆黑帝庙稠油进行乳化降黏，单剂降黏率超过 80%。吴本芳[39]用壬基酚聚氧乙烯醚羧酸盐作耐温稠油降黏剂，采用氯乙酸法，由烷基酚聚氧乙烯醚与氯乙酸、氢氧化钠反应合成了系列烷基酚聚氧乙烯醚羧酸盐，其中壬基酚聚氧乙烯醚乙酸盐的降黏能力最好。

2) Gemini 型表面活性剂

Gemini 型表面活性剂是目前研究比较多的种类。具有较高的表面活性，其流变性和相行为区别于常规表面活性剂。国外从 20 世纪 90 年代初，已相继出现 Gemini 型表面活性剂的界面性质、增溶性质和表面活性等方面的研究报道。到 2010 年，合成产率较高的双子表面活性剂技术在国外基本成熟[40]。

我国双子表面活性剂的研究与应用起步都较晚，在油田应用方面，韩利娟等[41]

研究了阳离子表面活性剂在 60 ℃对大庆、中原原油的界面张力的影响，发现所研发的 Gemini 型表面活性剂的两款混合物在无碱剂下可使油水界面张力降至超低。张永明等[42]利用磺酸盐类很好的抗温性结合 Gemini 分子优良性通过实验得出了以 α-十四烯为原料合成磺酸盐型 Gemini 表面活性剂，并认为磺酸盐型 Gemini 表面活性剂-PS 二元复合体系之间具有很好的协同效应，有助于稠油降黏。高进锋[43]由长链的脂肪醇、环氧丙磺酸和乙二胺合成了另一种磺酸盐型 Gemini 表面活性剂，在胜利油田试用，将油井中黏度为 15987 mPa·s 稠油降至 484.9 mPa·s。

3) 两亲聚合物表面活性剂

两亲性聚合物具有两亲性，是由于聚合物链上含有一定长度亲水链段和一定长度疏水链段，分子量一般为几千或数万级，又名高分子表面活性剂。两亲性聚合物的亲水链段一般为羧酸根、磺酸根等亲水离子基团，也可以是类似于环氧乙烷的亲水链锻；疏水基团一般为带有长碳链的烷基基团或者带有苯环结构的基团。国外研究两亲聚合物形态、胶束等性质较多。以对羟基苯甲酸钠为阴离子单体[44]，壬基酚聚氧乙烯醚为非离子单体通过共缩聚得到二元共缩聚物，用对羟基苯磺酸、对羟基苯甲酸和壬基酚聚氧乙烯醚通过共缩聚反应得到三元共缩聚物，其抗矿盐能力及乳状液的稳定性都得到提高。制备大量丙烯酰胺类两亲无规聚合物[45]，并对其制备工艺、溶液中聚集行为受外界因素影响等方面进行了更为深入的研究。对丙烯酰胺与自制的两亲功能单体进行了无规共聚[46]，合成了两亲高分子稠油降黏剂 APVR，在温度为 50 ℃时，降黏效果良好，对胜利油田稠油降黏率高达 96%以上。以丙烯酰胺、疏水烷基丙烯酰胺、丙烯酰胺基烷基氯化铵季铵盐和非离子聚醚丙烯酸酯四元无规共聚，研制了一种耐温耐盐的水溶性两亲聚合物[47,48]，在 50～150 ℃条件下对降黏剂进行耐温测试，结果表明对稠油具有极好的亲和性及亲疏水润湿性作用。

5.3.3 水溶性降黏剂在塔河油田的应用

化学降黏剂的使用受稠油物性、地层条件和水质矿化度的影响较大，适用于超高矿化度水质(抗盐达 200000 mg/L)的乳化降黏剂很少。塔河油田一般油层深度为 5000～6000 m，地层水矿化度高达 220000 mg/L 以上，其中 Ca^{2+}、Mg^{2+}质量浓度为 13000 mg/L，因而，目前市售乳化降黏剂在塔河使用较少，主要原因有两个，一是由于乳化用水含盐太高，破乳容易乳化难；二是加剂量过大，使用成本较高。针对塔河油田稠油油藏温度高、原油黏度大、地层水矿化度高的特性，针对塔河稠油性质和地层水特点，开发了系列耐温耐盐水溶性稠油降黏剂，并进行了现场试验，目前形成了普通乳化降黏、分散减阻降黏和流动改进降黏三套配方。

乳化降黏配方解决了 3×10^4 mPa·s 以下稠油水溶性降黏问题，累计现场试验和推广应用 29 井次，累计节约稀油 2.83 万 t；分散减阻剂降黏配方解决了 5×10^5 mPa·s 以下稠油水溶性降黏问题，累计现场试验和推广应用 41 井次，累计节约稀油 4.67×10^4 t；阴非离子流动改进剂降黏配方，实现了对 8×10^5 mPa·s 以下稠油的水溶性降黏，现场试验 7 井次，累计节约稀油 3800 t。

5.3.4 国内外水溶性稠油降黏的发展趋势

乳化降黏技术具有降黏幅度大、工艺简单、投资少、见效快等优点。但是乳化降黏用表面活性剂由于原油性质不同具有一定的选择性[49-51]。比如，在高温高盐油藏要用抗温抗盐型表面活性剂。否则，不能起到良好的乳化降黏效果，而且使用时加量要适当，否则会给原油的后处理带来困难。由于乳状液稳定性难以控制，稳定性太好，将会加大后续的原油脱水难度；稳定性太差，在输送中容易破乳脱水，就失去了降黏的意义[52,53]。因此，研发高效、耐温耐盐、普适性强的水溶性降黏剂是今后的发展方向。

虽然乳化降黏法施工简单、运行成本低，目前研究水溶性降黏剂的配方很多，但水溶性降黏剂的乳化降黏技术也存在许多缺点：①掺水量大(至少 30%以上，对超稠油则超过 50%)，加大了后续污水处理设备的负荷，处理工艺难度增加；②乳状液稳定性难以控制，稳定性太好，将会加大后续的原油脱水难度；稳定性太差，在输送中容易破乳脱水，就失去了降黏的意义；③O/W 型乳状液的腐蚀问题不容忽视；④脱出的含油和含各种化学剂的污水量大，增加了对污水进行杀菌、缓蚀、阻垢、絮凝和过滤等处理的负担，大大增加了药剂、设备和运行的费用等[54]。而且由于稠油组成的差异，乳化剂对稠油的选择性强；稠油组成如何影响乳化降黏效果，乳化降黏剂的结构与其性能关系如何，没找到确切答案。因此，研发高效、廉价、耐温耐盐、普适性强的水溶性降黏剂是今后乳化降黏技术的一个重要方向。

5.4 油溶-水溶复合化学降黏技术

油溶性降黏剂是在同一个油相内降黏，稠油、特稠油呈胶体状，其中轻油含量低，连续相黏度很高，远远高于水的黏度，而胶体表观黏度与连续相黏度成正比，因此油溶性降黏剂降黏幅度远远达不到以水为连续相的乳化降黏的降黏率。油溶性降黏剂降黏具有一定的局限性，为了提高降黏幅度可以结合乳化降黏等降黏技术共同达到降黏目的。

许多研究人员提出了一些新的研究思路和方法[55-58]，如用具有特定表面活性的乳化剂将油溶性降黏剂配成乳状液，将这种乳状液注入井中，乳状液破乳后油溶性降黏剂与稠油作用，降低稠油黏度，黏度降低的稠油易被乳化，因而可望达到很高的降黏效率。该复合降黏的作用机理既不同于油溶性降黏机理，又有别于乳化降黏机理，其基本特征是乳化剂加量极少，水外相比例低，油溶性降黏剂加量影响内相黏度，形成的乳状液既非 O/W 型，也非 W/O 型，而是介于二者之间的过渡型，即类乳液。利用胶体流变学、胶体化学、非电解质理论进行综合作用改变原油均相分布，使原油形成非匀相胶体，形成轻质馏分油包围蜡晶和胶质聚集体以降低黏度也是值得关注的一个新构想。

现有水溶性降黏剂稠油降黏适用范围窄(适用于稠油黏度小于 6.0×10^5 mPa·s、混合液含水高＞30%，以及清水或低矿化度水配制溶液)，且水溶性降黏技术使用后带来的破乳困难的问题，严重制约了现有水溶性降黏剂的发展和应用，对于黏度大于 6.0×10^5 mPa·s 的稠油开采用目前水溶性降黏剂无法开采。针对高黏稠油，开展复合降黏技术研究，解决高黏稠油开采难题。

5.4.1 油溶-水溶复合降黏剂作用原理

复合降黏剂的水溶液加入油相中时，胶束破坏，油溶基团具有亲油性，与稠油中的沥青质作用，使稠油沥青质溶解、分散在油相中；水溶性基团作用在油水界面，复合降黏剂在溶解水中时，油溶性部分增溶在水相，如图 5.15 所示，复合降黏剂形成了胶束并分散在水中，增加了油溶性部分在水中的溶解度，形成相对稳定的体系。在剪切作用下，使油水混合体系形成相对稳定的 O/W 型乳状液，降低整个体系的黏度。

原油乳状液的黏度可用 Richarson 公式表示：

$$\mu = \mu_0^{\Psi\kappa} \tag{5.8}$$

式中，μ_0 为乳状液黏度，mPa·s；μ 为外相黏度，mPa·s；Ψ 为内相所占体积分数；κ 为常数，取决于 Ψ，当 $\Psi \leqslant 0.74$ 时 κ 为 7，$\Psi \geqslant 0.74$ 时 κ 为 8。

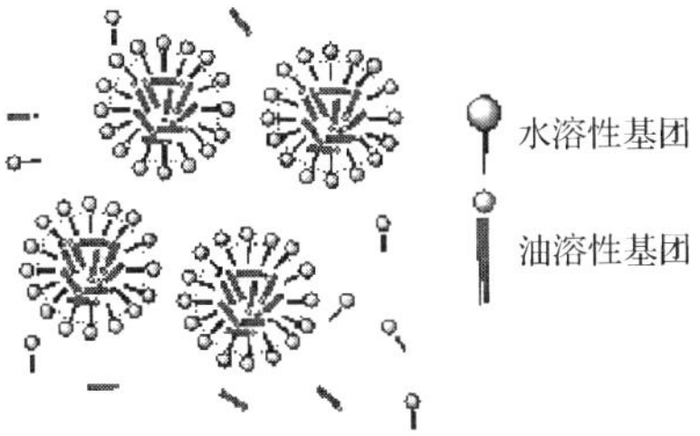

图 5.15 复合降黏剂在水中形成的胶束图

由式(5.8)可以看出，对于 W/O 型乳状液，由于乳状液的黏度与油的黏度成正比，并随含水率的增加而呈指数增加，所以含水原油乳状液的黏度远远超过不含水原油的黏度；而 O/W 型乳状液，由于乳状液的黏度与水的黏度成正比，与原油含水率的增加成反比，而水在 50 ℃的黏度仅为 0.55 mPa·s，远远低于原油的黏度，而且含水越高，原油乳状液黏度越小。所以如果能设法将 W/O 型乳状液转变成 O/W 型乳状液，则乳状液的黏度将大幅度降低。

5.4.2 复合降黏剂分子结构设计

复合降黏剂分子中含有亲油基团和亲水基团。亲油基团极性侧链和高碳烷烃主链，二者在原油降黏过程中的作用不同，它们共同作用才能有效地降低原油的黏度，其中主碳链要有一定的长度，才具有良好的空间伸展作用和屏蔽效应。分子中的极性基与胶质、沥青质中的极性基团形成更强的氢键，以破坏胶质、沥青质分子的平面堆砌，形成无规则堆砌，结构变得松散，有序化程度降低，有降黏剂分子参加的聚集体，便达到降黏效果。亲水基团作用增强了降黏剂分子在原油中的分散性、增溶性、渗透性，使降黏剂分子在原油中更好地溶解和分散。其良好的接触状态，是发挥降黏剂效果的保证。根据塔河稠油性质可设计复合降黏剂结构示意图(图 5.16)，中国石油大学(北京)研制适合超稠油降黏的新型复合降黏剂 SDG-2，这种结构的复合降黏剂汇集了水溶性和油溶性降黏剂的优点。

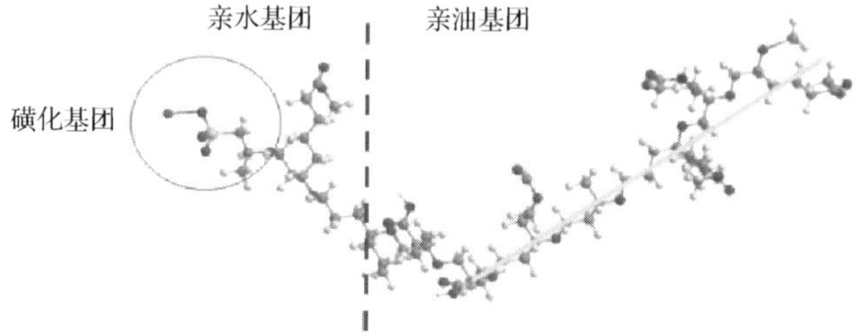

图 5.16 复合降黏剂分子结构示意图

5.4.3 复合降黏剂降黏效果评价

1. 复合降黏剂与常规水溶性降黏剂对比

针对塔河油田稠油在 w(稠油)∶w(水)=7∶3 混合体系，对比常规水溶性降黏剂与复合降黏剂在加入质量分数为 1%、50 ℃下的黏度，结果见图 5.17、图 5.18 和表 5.4。常规水溶性降黏剂不能乳化高黏稠油，复合降黏剂可以与稠油形成相对稳定的 O/W 型乳状液，黏度仅为 56 mPa·s。

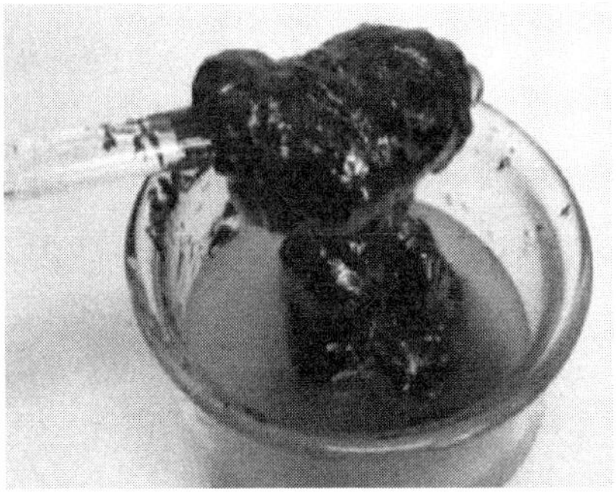

图 5.17 水溶性降黏剂降黏效果图

图 5.18 复合降黏剂降黏效果图

表 5.4 高温剪切乳化后溶解效果

降黏剂	掺稀比	降黏剂质量分数/%	总体系含水率/%	溶解情况	黏度(50 ℃)/(mPa·s)
水溶性	0.25	1	40	油水分离	
复合	0.25	1	40	均匀无颗粒	56.0

将复合体系乳化后的原油用 DWY-1A 型多功能原油脱水试验仪加电场 90 ℃脱水 2 h，取出后静置冷却 48 h，在 50 ℃测得其黏度，见表 5.5。脱水后，与未用复合剂降黏剂乳化的原油黏度相比，降黏率达 36%。说明复合降黏剂具有分散稠油中胶质、沥青质等重质组分的作用，不含水时可起到油溶性降黏剂的降黏效果，在一定含水率条件下可起到水溶性降黏剂乳化降黏的作用，而常规水溶性降黏剂脱水后不能降低原油黏度。

表 5.5 脱水前后黏度变化情况

原油	未乳化前	乳化脱水后
黏度/(mPa·s)	9370	6000

2. 复合降黏剂对不同黏度稠油的适用性研究

考察不同稠油黏度 2.0×10^5 mPa·s、8.0×10^5 mPa·s、1.46×10^6 mPa·s 在加剂量 0%、0.5%、1%条件下，含水量分别为 0%、10%、20%、30%、40%、50%、60%时所形成乳状液黏度，结果见图 5.19～图 5.21。

由图 5.19～图 5.21 看出，不加降黏剂体系的乳状液黏度随含水率的增加而增大，形成 W/O 型乳状液；加降黏剂后原油乳状液类型由 W/O 型乳状液转变为 O/W 型乳状液，黏度明显降低，随着加剂量的增大黏度降低，综合含水应大于 20%，复合降黏剂可适用于不同黏度范围的稠油降黏。

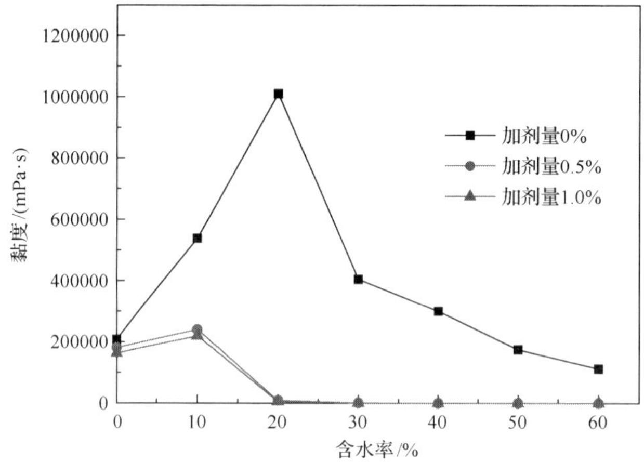

图 5.19　不同加剂量时 2.0×10^5 mPa·s 原油形成乳状液黏度

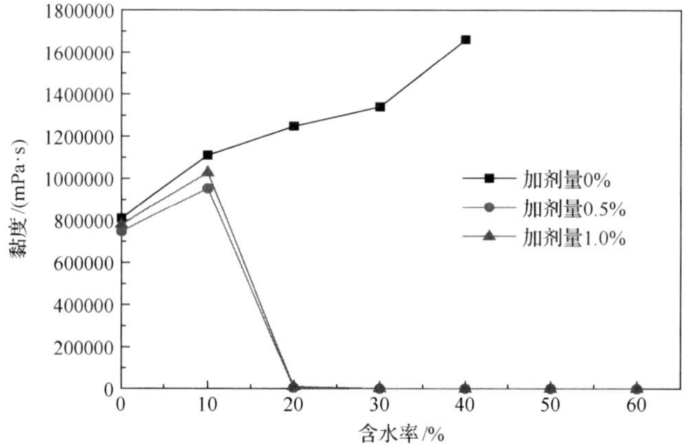

图 5.20　不同加剂量时 8.0×10^5 mPa·s 原油形成乳状液黏度

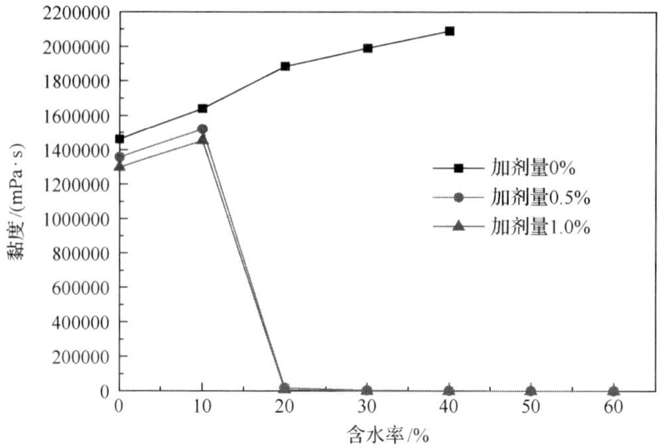

图 5.21　不同加剂量时 1.46×10^6 mPa·s 原油形成乳状液黏度

3. 界面张力

在塔河超稠油中加入不同质量分数油溶性降黏剂、水溶性降黏剂和复合降黏剂后，稠油与地层水(矿化度 2.2×10^5 mg/L)之间的界面张力如图 5.22 所示。超稠油-水界面张力随加入降黏剂的质量分数增加而降低，复合降黏剂、水溶性降黏剂和油溶性降黏剂质量分数分别为 0.2%、0.6%和 0.8%时油水界面张力降低幅度急剧减小，继续增大质量分数，界面张力几乎不变，说明此时达到临界胶束浓度。复合降黏剂使超稠油-水界面张力由 27 mN/m 降低至 0.32 mN/m，而水溶性降黏剂和油溶性降黏剂使其降低至 5.2 mN/m 和 12.7 mN/m，说明复合降黏剂能更有效地降低超稠油-水界面张力，界面活性远高于常规水溶性降黏剂和油溶性降黏剂，有利于 O/W 型乳状液的形成。根据界面张力数据可以推测，复合降黏剂不仅能够通过分子间作用力和空间位阻作用使胶质、沥青质分子的层状聚集体分散溶解在油相中，并且，降黏剂的亲水能力大于亲油能力，它比沥青质的界面活性更高，分子扩散力更大，取代沥青质后亲水基团包裹稠油分子，在油水界面形成活性水膜，使油水界面张力明显降低。

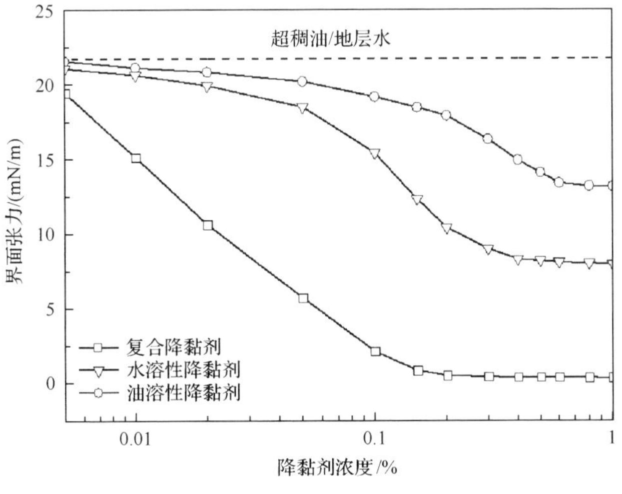

图 5.22 不同降黏剂对超稠油-水界面张力的影响对比

5.4.4 超深稠油井筒化学降黏井筒流态特征

井筒化学降黏技术是通过向井筒流体加入化学药剂，从环空加入油溶性降黏剂、水溶性降黏剂或复合降黏剂，降黏剂与稠油在井筒中混合，降低流体在井筒举升中的黏度。

利用高温高压井筒流动模拟装置，考察加入不同降黏剂对稠油井筒流态特征的影响，原油在井筒中的黏度和流动摩阻分布情况见图 5.23。

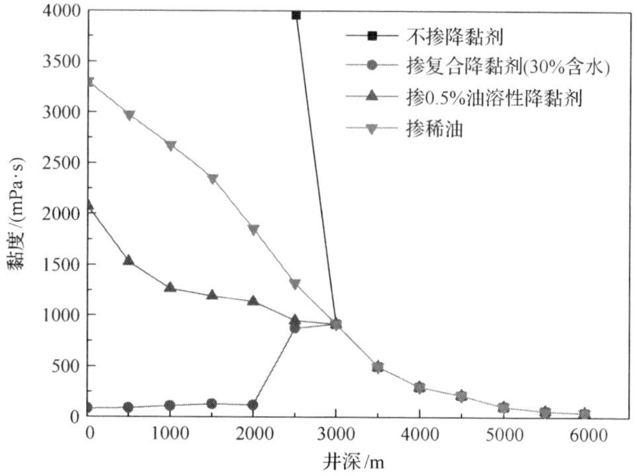

图 5.23　掺稀生产与加入复合降黏剂生产后井筒流态特征对比

从图 5.23 可以看出，掺稀油和掺复合降黏剂生产时，原油的井口黏度大大降低，由 80000 mPa·s 分别降到 3300 mPa·s 和 95 mPa·s，且随着原油黏度的降低，原油在井筒中流动摩阻损失大大减小，由能量守恒方程可知，井筒能量损失减小，使井筒中温降梯度减小，井口温度升高，原油黏度增大幅度相对减小，有利于原油开采以及管输。

从图 5.24 可以看出，不加降黏剂时，随含水量增加，举升摩阻增大，主要是形成了 W/O 型乳状液而造成黏度增大；加复合降黏剂后，复合降黏剂分散极性组分与降低表面张力的作用，使油水形成外相是水、内相是油的 O/W 型乳状液，从而大大降低流动阻力。说明加复合降黏剂可具有很好的降黏作用，降低举升摩阻，有利于稠油举升。

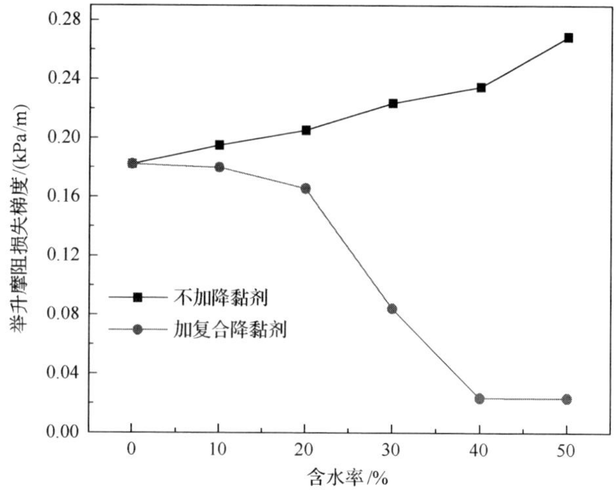

图 5.24　加复合降黏剂前后不同含水率原油举升摩阻

5.4.5　复合降黏剂现场应用效果评价

研发的分散-乳化为一体的高效复合化学降黏剂SDG-2，在塔河油田T11、T12、T13、T14 和 T15 五口井开展了现场试验，突破了常规技术适应范围窄、难破乳的技术难题，耐温 140 ℃，耐盐 2.4×10^5 mg/L，使 50 ℃时黏度 1.80×10^6 mPa·s 的稠油降低至黏度 96 mPa·s，攻克了特高黏度超稠油化学降黏的技术难题。

1. 注入参数

根据室内评价，降黏剂浓度占总液量的 0.5%～1%。确保总液量综合含水大于 30%，利于乳状液形成，同时不影响分水效果。

2. 注入工艺

降黏剂由环空掺入，封隔器隔开掺入液与地层产液，通过泵上的掺稀单流阀进入油管与稠油混合形成 O/W 型乳状液后采出地面。这种管柱设计的优点为不影响地层生产压差；环空液体直接进入油管，不过泵，节省泵排量。

对地面流程有以下几点要求：

(1) 能够实现复合降黏剂和稀油加热到 50 ℃以上。

(2) 能够实现复合降黏剂和稀油的充分混合。

(3) 能够实现将降黏剂和稀油混合液注入井筒内。

(4) 能够储备一定掺稀用油和复合降黏剂，且能够单井计量产量。

根据上述要求，设计了一套单井复合降黏地面配套流程，示意图如图 5.25 所示。

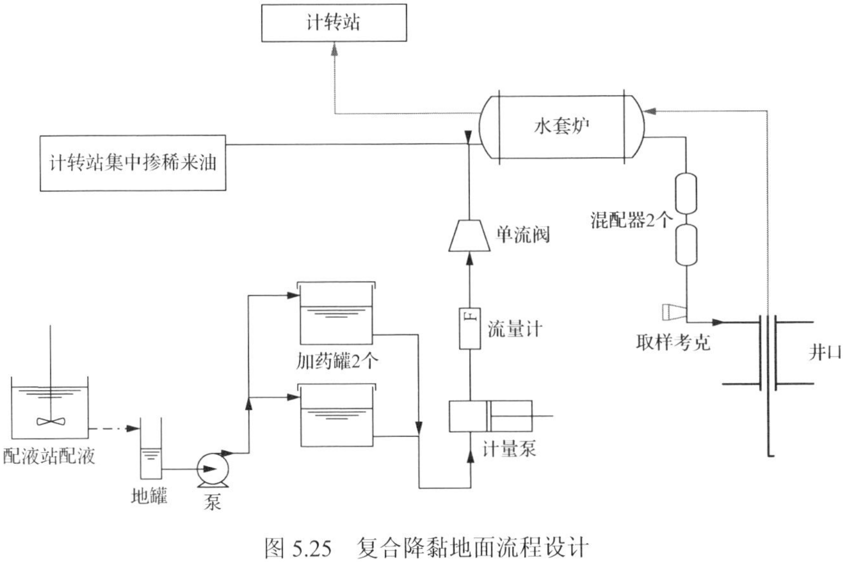

图 5.25　复合降黏地面流程设计

由表 5.6 看出，保证产量不降且略有上升的前提下，稳定生产期间复合降黏剂节约稀油率均大于 50%，投入产出比 1∶1.8，经济效益显著。

表 5.6　复合降黏剂试验期间数据

井号	试验前基值		试验期间			
	日产油/t	掺稀量/(t/d)	日产油/t	掺稀量/(t/d)	累计节约稀油量/t	节约稀油率/%
T11	13.5	45.6	12.9	21.9	782.1	51.9
T12	17.6	47.5	16.8	19.7	583.8	58.5
T13	12.2	29.8	14.2	14.8	240	50.3
T14	15.3	48.6	16.5	19.2	580	60.5
T15	17.3	41.5	19.5	12.9	207.2	68.8

5.4.6　井筒降黏技术综合评价与决策分析

1. 模糊数学法

1) 综合评价因素

降黏方式竞争力分析采用三级模糊综合评价法。模糊综合评价是对受多种因素影响的事物做出全面评价的一种十分有效的多因素决策方法，其特点是评价结果不是绝对的肯定或否定，而是以一个模糊集合来表示[59,60]。许多事情的边界并不十分明显，评价时很难将其归于某个类别，于是我们先对单个因素进行评价，然后对所有因素进行综合模糊评价，防止遗漏任何统计信息和信息的中途损失，这有助于解决用“是或否”这样的确定性评价带来的对客观真实的偏离问题(图 5.26)。

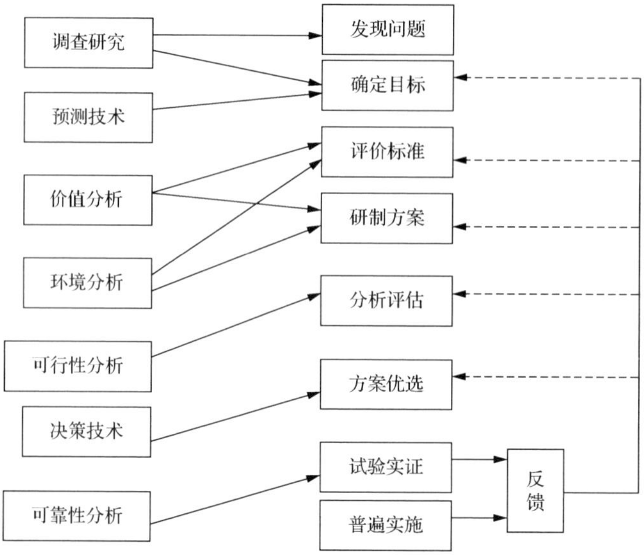

图 5.26　科学决策程序图

井筒降黏方式综合评价是在确定出不同降黏方式以及不同油井开发阶段的生产技术指标的基础上，综合考虑经济、技术、设备、生产条件等各种因素后对不同降黏方式做出的评价。评价中考虑的各级因素如图 5.27 所示。

$$B = A \cdot R = A\begin{bmatrix} A_1\begin{bmatrix} A_{11} & R_{11} \\ A_{12} & R_{12} \\ \vdots & \cdots & \vdots \\ A_{1n} & R_{1n} \end{bmatrix} \\ A_2\begin{bmatrix} A_{21} & R_{21} \\ A_{22} & R_{22} \\ \vdots & \cdots & \vdots \\ A_{2n} & R_{2n} \end{bmatrix} \\ A_m\begin{bmatrix} A_{m1} & R_{m1} \\ A_{m2} & R_{m2} \\ \vdots & \cdots & \vdots \\ A_{mn} & R_{mn} \end{bmatrix} \end{bmatrix}$$

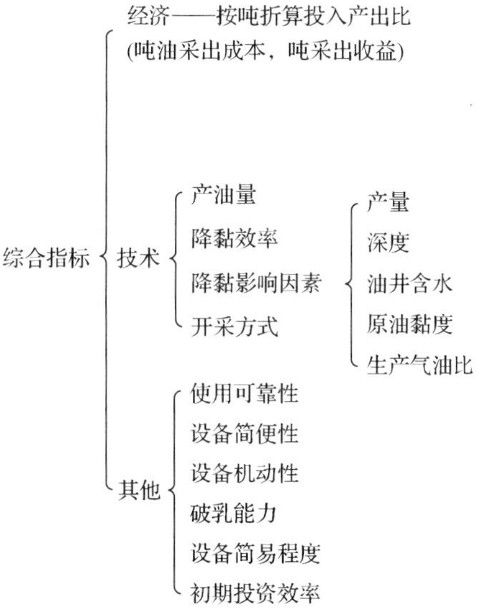

图 5.27　综合评价因素

2) 三级综合评判模型

三级综合评判将众多因素分为三个层次，首先，全部因素分为 m 大类，构成因素集 U：

$$U=\{u_1,u_2,\cdots,u_m\} \tag{5.9}$$

其中每一个因素子集$U_i(i=1,2,\cdots,m)$又分为n细类，即

$$U_i=\{u_{i1},u_{i2},\cdots,u_{im}\} \tag{5.10}$$

各大类中的细类数目可能不同，即对不同的i可以有不同的n。然后各类又分为多个元素，并构成三个层次的因素集。

模型中，A为各大类的权重集：

$$A=(a_1,a_2,\cdots,a_m) \tag{5.11}$$

在第i大类中，各细类的权重集为A_i

$$A_i=(a_{i1},a_{i2},\cdots,a_{in})\ (i=1,2,\cdots,m) \tag{5.12}$$

备择集是以总评判的各种可能的结果为元素所组成的集合，表示为

$$V=\{v_1,v_2,\cdots,v_p\} \tag{5.13}$$

模型中的$R_{ij}(i=1,2,\cdots,m;j=1,2,\cdots,n)$为一级模糊综合评判矩阵，它是由第$i$大类、第$j$细类中各因素在级上的隶属度构成的评判矩阵。模型中$R$为二级模糊评判矩阵。$B$为三级模糊评判集：

$$B=(b_1,b_2,\cdots,b_p) \tag{5.14}$$

评判指标处理。在得到评判指标$b_j(j=1,2,\cdots,n)$之后，使用加权平均法选择最优评判对象。评判结果为

$$E=\frac{\sum(b_j\cdot v_j)}{\sum b_j} \tag{5.15}$$

在降黏方式优选中，评判对象有掺稀降黏、油溶性降黏剂降黏、复合降黏剂降黏。在各评判对象中评判结果E值最大者便为最佳降黏方式。

2. 降黏方式综合评价与决策的基本模式

1) 降黏方式综合评价与决策系统的概念框图

(1) 系统目标。在进行各种降黏方式对该油井适应性和完成油井开发总体方案中油藏工程设计产量指标的可行性分析的基础上，选择技术上可行、经济上合理的采油方式[61,62]。

(2) 系统范围。从油井或区块的整体范围出发，针对处于不同开发阶段的各类油井考虑所有可能采取的降黏方式。

(3) 系统环境(约束条件)。油藏地质特征和油藏工程设计的油田开发指标，以及油井与地面条件和举升设备工作参数指标的许用值。

(4) 系统组成。降黏方式综合评价与决策是油井开发总体方案中采油工程方案的一个子系统，其组成如图 5.28 所示。

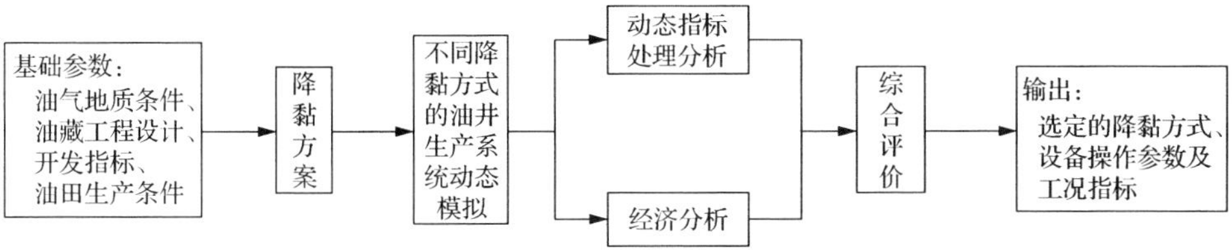

图 5.28 降黏方式综合评价与决策基本模式

2) 油井生产系统生产过程动态模拟

建立油井生产系统动态预测模型和确定计算方法；应用节点分析方法预测和分析不同降黏方式的油井生产动态指标。

3) 综合评价与决策

建立包括经济、技术和管理等多因素、多层次的综合评价体系和应用模糊评判方法进行综合评价的决策模型。

3. 层次分析法优选最佳降黏方式

采用层次分析法，可对不同降黏方式在多因素影响下进行决策优选。本节通过给出改进层次分析法的计算步骤来描述该方法。

改进层次分析法的计算步骤为：①构建层次递阶结构；②获取方案层属性值；③属性值规范化；④构建决策矩阵；⑤构建准则层判断矩阵；⑥层次单排序及一致性检验；⑦层次总排序及一致性检验；⑧群组决策。

以下以三层次递阶模型为例分别给出各步骤的内容。

1) 构建层次递阶结构

构建层次递阶结构是层次分析法的基础，层次递阶结构的正确构建决定最优方案的确定。以三层次模型为例，包含目标层(Goal-G)、准则层(Criterion-C)和方案层(Alternative-A)。图 5.29 显示了三层次模型的层次结构以及元素间的递阶关系。

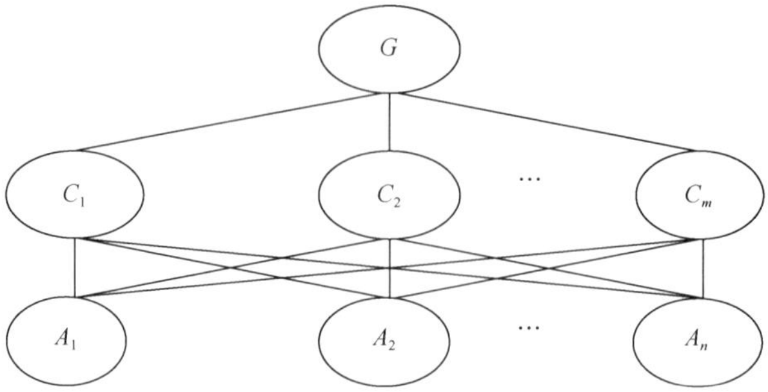

图 5.29　三层次递阶模型

在建立层次递阶结构模型的同时，需要识别出评价指标，从而构成准则层。建议由项目设计者提出评价指标列表作为合理化建议，通过相关专家的讨论、论证，最终确定评价指标。需要注意的是，评价指标不宜超过 9 个，因为在后续步骤中本书采用 1-9 标度法构建准则层的判断矩阵。

2) 获取方案层属性值

方案层属性值往往通过表格的形式给出。由项目设计者从备选方案中获取指标信息。其中，定量指标直接将方案中相关具体数值作为方案层属性值，定性指标由项目设计者根据方案信息做出非常好、好等的判断，将其作为方案层属性值。

3) 属性值规范化

属性值规范化包括定性指标定量化以及定量指标的无量纲化、无导向化：①采用 Bipolar 法对定性指标进行标度，该方法的使用同时实现了无量纲化与无导向化。②采用线性变换法对定量指标进行无量纲化、无导向化。

4) 构建决策矩阵

由规范化后的方案层属性值构成如下所示的决策矩阵：

$$\begin{bmatrix} r_{11} & r_{12} & \cdots & r_{1n} \\ r_{21} & r_{22} & \cdots & r_{2n} \\ \vdots & \vdots & & \vdots \\ r_{m1} & r_{m2} & \cdots & r_{mn} \end{bmatrix} \tag{5.16}$$

5) 构建准则层判断矩阵

为了获得评价指标的权重，采用 1-9 标度法构建准则层判断矩阵。具体来说，将每一评价指标与同一层全部指标进行逐一两两比较，以 1-9 来描述其重要性，将其值构成判断矩阵。判断矩阵 $\boldsymbol{C}=(c)_{ij}$ 是互反矩阵，即 $c_{ji}=\dfrac{1}{c_{ij}}$，同时 $c_{ii}=1$。

1-9 标度法如表 5.7 所示。

表 5.7 1-9 标度法

重要性标度	定义	解释
1	同等重要	因素 i 和因素 j 同等重要
3	稍微重要	因素 i 比因素 j 稍微重要
5	较重要	因素 i 比因素 j 较重要
7	很重要	因素 i 比因素 j 很重要
9	绝对重要	因素 i 比因素 j 绝对重要
2,4,6,8	重要性介于相邻的奇数之间	

6) 层次单排序及一致性检验

判断矩阵层次单排序及一致性检验采用传统的层次分析法中的层次单排序及一致性检验方法进行，因此，对其进行简单说明。本书采用特征向量法进行层次单排序。根据式(5.17)，求得最大特征值以及相应的特征向量：

$$\boldsymbol{A}\cdot\boldsymbol{W}=\lambda_{\max} \tag{5.17}$$

式中，$\boldsymbol{A}$ 为判断矩阵；$\lambda_{\max}$ 为最大特征值；$\boldsymbol{W}$ 为最大特征值相应的特征向量。采用幂法求解最大特征值及其相应的特征向量。

层次单排序一致性检验，通过计算一致性比率 CR 获得，计算公式如下：

$$R=\frac{\mathrm{CI}}{\mathrm{RI}} \tag{5.18}$$

$$I=\frac{\lambda_{\max}}{n-1} \tag{5.19}$$

式中，I 为重要性指数；CI 为一致性指标；RI 为随机一致性指标，可由表 5.8 查得。

表 5.8 不同阶数 n 对应的 RI 值

阶数	1	2	3	4	5	6	7	8	9
RI	0	0	0.59	0.9	1.12	1.24	1.32	1.41	1.45

若 CR<0.1，认为判断矩阵具有满意的一致性。然后，经过归一化处理，$\boldsymbol{W}$ 即为准则层相对于目标层的权重。否则，需要回到第(5)步，重新构建准则层判断矩阵。

7) 层次总排序及一致性检验

基于三层次递阶模型，层次总排序即为求方案层相对于目标层的权重。若准则层有 n 个评价指标，C_1、C_2、⋯、C_n，准则层相对于目标层的权重为 c_1、c_2、⋯、c_n；方案层有 m 个备选方案，A_1、A_2、⋯、A_m，方案层相对于准则的权重为 a_1、a_2、⋯、a_m，那么，方案层相对于目标层的权重可由下式计算：

$$g_i=\sum_{j=1}^{n}c_j a_{ij}, \qquad i=1,2,\cdots,m \tag{5.20}$$

传统的层次分析法层次总排序一致性检验按下式进行：

$$CR=\frac{\sum_{j=1}^{n}a_j CI_j}{\sum_{j=1}^{n}a_j RI_j} \tag{5.21}$$

4. 工程实例分析

假设一生产油井 Y，其生产参数见表 5.9。

表 5.9 油井 Y 的生产参数

项目	参数	项目	参数
日产液量/t	30	生产方式	机抽
含水/%	20	井深/m	7000
生产气油比	150	油藏静压/MPa	66.7
50℃黏度/(mPa·s)	5000	井底温度/℃	143.5

此实例为 4 层递阶结构模型，4 层递阶结构模型比 3 层递阶结构模型多一个次目标层 B，计算方法除了多算一步次目标层，其余与 3 层递阶结构模型相似。

(1) 首先根据以上生产参数建立 4 层递阶结构模型，如图 5.30 所示。

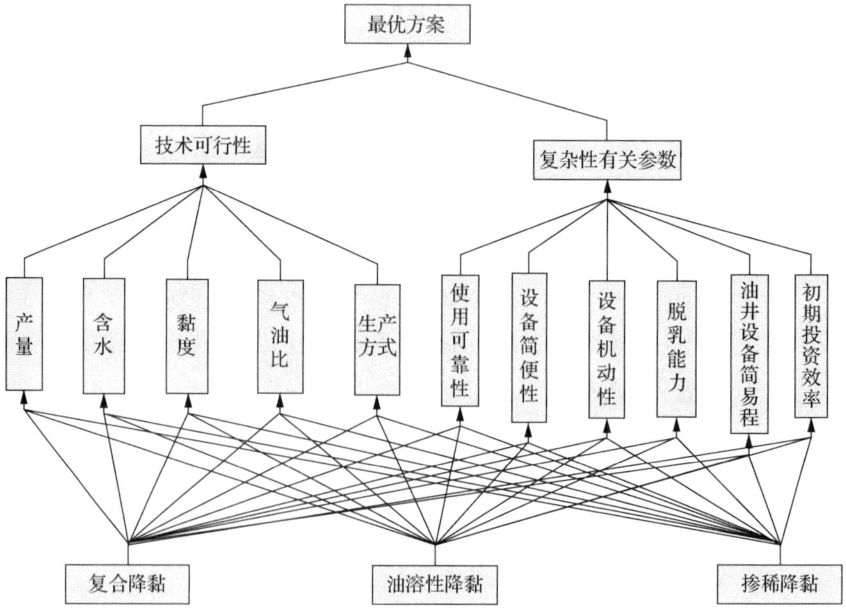

图 5.30 工程实例 4 层递阶结构模型

其中目标层为最优方案 G，次目标层为技术可行性 $\boldsymbol{B}_1$ 和复杂性有关参数 $\boldsymbol{B}_2$，准则层为以上 11 个评价指标，依次以 C_1、C_2、…、C_{11} 表示，方案层为提出的三个备选方案，依次以 A_1、A_2、A_3 表示。

(2) 获取方案层的属性值。根据各备选方案，以表 5.10、表 5.11 给出各评级指标下的方案属性值。

表 5.10 技术可行性 $\boldsymbol{B}_1$ 有关的方案属性值

评价指标	备选方案		
	A_1	A_2	A_3
C_1	1	2	3
C_2	3	2	1
C_3	3	2	1
C_4	3	2	1
C_5	3	3	2

表 5.10 中各指标值全部是基于本章之前所做过的各个影响因素分析结果来决定。

与复杂性有关参数的各指标没有相应计算公式或规律可循，采用人为评定的方式，给出各评级指标下的方案属性值，如表 5.11 所示。

表 5.11 与复杂有关参数 B_2 的方案属性值

评价指标	备选方案		
	A_1	A_2	A_3
C_6	3	2	1
C_7	1	2	3
C_8	2	2	3
C_9	2	3	3
C_{10}	2	2	3
C_{11}	4	3	2

(3) 构建决策矩阵。基于 Bipolar 法和线性变换法，方案层的决策矩阵如下所示。

与技术可行性 $\boldsymbol{B}_1$ 有关的决策矩阵：

$$\begin{bmatrix} 1 & 1/2 & 1/3 \\ 1 & 2/3 & 1/3 \\ 1 & 2/3 & 1/3 \\ 1 & 2/3 & 1/3 \\ 1 & 1 & 2/3 \end{bmatrix}$$

与复杂性参数 $\boldsymbol{B}_2$ 有关的决策矩阵：

$$\begin{bmatrix} 1 & 2/3 & 1/3 \\ 1/3 & 1/2 & 1 \\ 2/3 & 2/3 & 1 \\ 2/3 & 1 & 1 \\ 2/3 & 2/3 & 1 \\ 1 & 3/4 & 1/2 \end{bmatrix}$$

(4)构建判断矩阵。基于 1-9 标度法，获得准则层的判断矩阵如下所示。

与技术可行性有关的准则层的判断矩阵 $\boldsymbol{B}_1$-(C_1—C_5)：

$$\begin{bmatrix} 1 & 1/2 & 1/4 & 1/3 & 2 \\ 2 & 1 & 1/2 & 1/2 & 3 \\ 4 & 2 & 1 & 3 & 3 \\ 3 & 2 & 1/3 & 1 & 2 \\ 1/2 & 1/3 & 1/3 & 1/2 & 1 \end{bmatrix}$$

经归一化处理后得到

$$\begin{bmatrix} 0.2449 & 0.1225 & 0.0612 & 0.0816 & 0.4898 \\ 0.2857 & 0.1429 & 0.0714 & 0.0714 & 0.4286 \\ 0.3077 & 0.1538 & 0.0769 & 0.2308 & 0.2308 \\ 0.3600 & 0.2400 & 0.0400 & 0.1200 & 0.2400 \\ 0.1875 & 0.1250 & 0.1250 & 0.1875 & 0.3750 \end{bmatrix}$$

与复杂性参数有关的准则层的判断矩阵 $\boldsymbol{B}_2$-(C_6—C_{11})：

$$\begin{bmatrix} 1 & 1/3 & 1/2 & 1/2 & 1/2 & 1/4 \\ 3 & 1 & 2 & 2 & 3 & 1/2 \\ 2 & 1/2 & 1 & 1/2 & 1/2 & 1/2 \\ 2 & 1/2 & 2 & 1 & 2 & 1/2 \\ 2 & 1/3 & 2 & 1/2 & 1 & 1/2 \\ 4 & 2 & 2 & 2 & 2 & 1 \end{bmatrix}$$

经归一化处理后得到

$$\begin{bmatrix} 0.1500 & 0.0500 & 0.0750 & 0.0750 & 0.1500 & 0.5000 \\ 0.2609 & 0.0870 & 0.1739 & 0.1739 & 0.2609 & 0.0430 \\ 0.4000 & 0.1000 & 0.2000 & 0.1000 & 0.1000 & 0.1000 \\ 0.2500 & 0.0625 & 0.2500 & 0.1250 & 0.2500 & 0.0630 \\ 0.3158 & 0.0526 & 0.3158 & 0.0789 & 0.1579 & 0.0790 \\ 0.377 & 0.1538 & 0.1539 & 0.1539 & 0.1538 & 0.0770 \end{bmatrix}$$

次目标层的判断矩阵 ***G*-*B***

$$\begin{bmatrix} 1 & 2 \\ 1/2 & 1 \end{bmatrix}$$

(5) 方案层层次单排序。根据层次分析法，将决策矩阵进行归一化处理，即得到方案层相当于准则层的权重。

方案层相当于与技术可行性有关的准则层的权重 $\boldsymbol{B}_1$-A

$$\begin{bmatrix} 0.54545 & 0.27273 & 0.18182 \\ 0.99010 & 0.00660 & 0.00330 \\ 0.99010 & 0.00660 & 0.00330 \\ 0.74627 & 0.00498 & 0.24876 \\ 0.98361 & 0.00984 & 0.00656 \end{bmatrix}$$

方案层相当于与复杂性参数有关的准则层的权重 $\boldsymbol{B}_2$-A

$$\begin{bmatrix} 0.50000 & 0.33333 & 0.16667 \\ 0.18182 & 0.27273 & 0.54545 \\ 0.28571 & 0.28571 & 0.42857 \\ 0.25000 & 0.3500 & 0.37500 \\ 0.28571 & 0.28571 & 0.42857 \\ 0.44444 & 0.33333 & 0.22222 \end{bmatrix}$$

(6) 准则层层次单排序以及一致性检验。使用特征向量法，并经过归一化处理，得到准则层相当于目标层的权重，如表 5.12～表 5.14 所示。

表 5.12　与可行性有关准则层相当于次目标层 $\boldsymbol{B}_1$ 的权重

判断矩阵	权重
$\boldsymbol{B}_1$-(C_1—C_5)	[0.10576,0.18707,0.39454,0.22712,0.08551]

经计算得到 λ_{max}=4.0837；CI=0.0279；CR=0.031＜0.1，因此，可行性有关准

则层判断矩阵一致性良好。

表 5.13　与复杂性有关准则层相当于次目标层 B_2 的权重

判断矩阵	权重
B_2-（C_6—C_{11}）	[0.2330,0.0672,0.0978,0.1610,0.1160,0.325]

经计算得到 λ_{max} =4.132；CI=0.044；CR=0.049＜0.1，因此，复杂性有关准则层判断矩阵一致性良好。

表 5.14　次目标层相当于目标层的权重

判断矩阵	权重
G-B	[0.6667,0.3333]

经计算得到 λ_{max} =2；CI=0；CR=0＜0.1，因此，复杂性有关准则层判断矩阵一致性良好。

准则层相当于目标层的权重即为表 5.12～表 5.14 所示结果。

(7) 层次总排序。设与可行性有关准则层相当于次目标层 B_1 的权重矩阵为 R_1

$$R_1=[0.10576,0.18707,0.39454,0.22712,0.08551]$$

与复杂性有关准则层相当于次目标层 B_2 的权重矩阵为 R_2

$$R_2=[0.2330,0.0672,0.0978,0.1610,0.1160,0.325]$$

次目标层相当于目标层的权重矩阵为 R_3

$$R_3=[0.6667,0.3333]$$

求方案层相对于次目标层 B_1 的权重：

$$W_1=R_1\cdot B_1=[0.10576,0.18707,0.39454,0.22712,0.08551]\cdot\begin{bmatrix}1 & 1/2 & 1/3\\ 1 & 2/3 & 1/3\\ 1 & 2/3 & 1/3\\ 1 & 2/3 & 1/3\\ 1 & 1 & 2/3\end{bmatrix}$$

$$W_1=[1,0.6775,0.3618]$$

求方案层相对于次目标层 B_2 的权重：

$$W_2=R_2\cdot B_2=[0.2330,0.0672,0.0978,0.1610,0.1160,0.325]\cdot\begin{bmatrix}1 & 2/3 & 1/3\\ 1/3 & 1/2 & 1\\ 2/3 & 2/3 & 1\\ 2/3 & 1 & 1\\ 2/3 & 2/3 & 1\\ 1 & 3/4 & 1/2\end{bmatrix}$$

$$W_2=[0.8303,0.7362,0.6822]$$

求方案层相对于目标层 $\boldsymbol{G}$ 的权重：

$$G=R_3\cdot\begin{bmatrix}W_1\\ W_2\end{bmatrix}=[0.6667,0.3333]\cdot\begin{bmatrix}1 & 0.6775 & 0.3618\\ 0.8303 & 0.7362 & 0.6822\end{bmatrix}=[0.9434,0.6971,0.4686]$$

经过归一化处理之后得到最终方案层相当于目标层的权重，如表 5.15 所示。

表 5.15　方案层相当于目标层的权重

方案	复合降黏 A_1	油溶性降黏 A_2	掺稀降黏 A_3
权重	0.4556	0.3030	0.2414

由于 CR=0，不需要进行一致性检验。因此，降黏方式平面布置备选方案的排序为 A_1、A_2、A_3。显然最优方案是 A_1，即加复合降黏剂降黏。

根据以上计算思路，采用层次分析法，可对不同生产概况油井的最优降黏方案进行汇总。

5.5　电加热井筒降黏技术

稠油黏温特性实验研究结果表明，稠油具有温敏性强的特点，随着温度升高，温度每提高 10 ℃，黏度可降低一半。因此，采用加热提高井筒流体温度，可以实现大幅度降低稠油黏度从而提高其流动性[62-65]。针对这一原理，稠油开采过程中形成了包含电加热、热流体循环在内的多种井筒加热降黏工艺，并优选其中效果较好的工艺进入现场试验。针对前期常规物理加热降黏技术存在的电能利用率低、加热降黏节约稀油成本高等问题，创新形成了矿物绝缘电缆电加热及双空心杆闭式热流体循环井筒加热技术，以提高井筒加热降黏工艺在塔河超深超稠油井的工艺适应性。

5.5.1 双空心杆加热降黏技术

1. 工作原理

双空心杆闭式热流体循环稠油开采技术在国内应用范围较为广泛，其主要原理(示意图见图 5.31)为通过采用空心杆内加入隔热管实现热介质密闭循环，提高井筒内温度，保持井筒温度的相对恒定，达到降低原油黏度，减少原油举升过程中的流动阻力，满足稠油、高凝油和高含蜡井的开采要求，最终实现降低掺稀油用量的目的。

整个循环系统由三部分组成，即地面加热系统、地面循环系统和井筒内循环系统，其主要特点包括：

(1)热载体形成独立的闭路循环系统。

(2)热载体不与原油和空气接触，杜绝了热载体的消耗和泄漏问题，消除了环境污染。

(3)热载体不进入原油中，对原油的计量、输送和后处理都不会造成影响；

(4)能耗小，运行费用低。

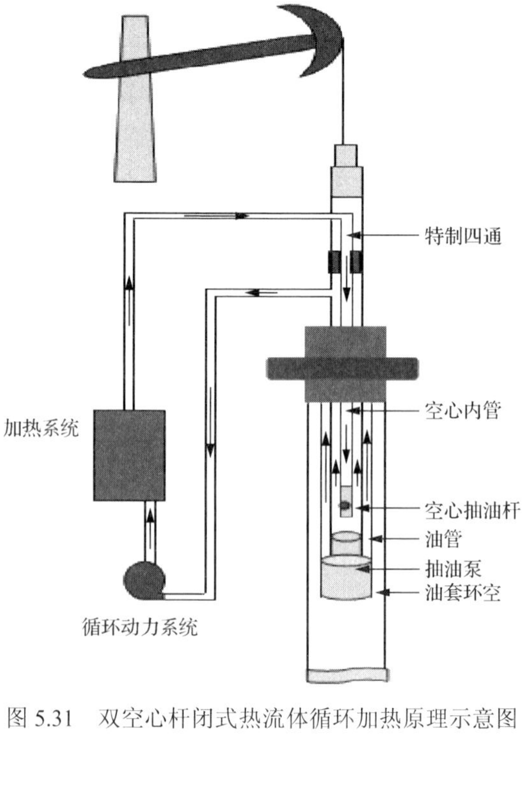

图 5.31 双空心杆闭式热流体循环加热原理示意图

2. 工艺设计

1) 双空心杆设计

通过技术调研分析认为，双空心杆循环加热降黏技术在塔河油田应用面临以下几个方面的难点。

(1) 循环深度问题：塔河油田 6、7、10、12 区油藏埋深 5400～6700 m，常规稠油黏度 2×10^4～50×10^4 mPa·s(50 ℃)，部分井黏度高于 50×10^4 mPa·s (50 ℃)，原油黏度拐点深度为 2500～3000 m，而目前试验井双空心杆最大下深 1300 m。

(2) 循环水量与循环水温度问题：塔河油田稠油混合产液量高，换热量大，所需循环水量大，同时循环压力及循环速度增加，循环水换热时间减少，无法达到最高循环水温度。

(3) 油流通道问题：塔河油田稠油井混合产液量高，但使用双空心杆(36 mm、42 mm、45 mm)后，油管与双空心杆环形空间流道面积变小，原油流动摩阻变大。

针对以上三个方面的问题，以井筒温度变化规律研究为基础，对循环深度、循环温度、地面配套、井下管杆优化组合、油井产液量等进行研究，对现有双空心杆进行优化设计。优化后双空心杆参数见表 5.16～表 5.18。

表 5.16 改进后双空心杆参数对比表

主要参数	指标参数
外管外径/mm	50
外管内径/mm	40
外管接箍/mm	63
内管外径/mm	23/31
保温材料厚度/mm	4
内管内径/mm	21
内孔截面积/cm^2	3.5033
耐温/℃	180
本体自重/(kg/m)	6
极限下深/m	2000
循环量/(m^3/h)	3.5
循环流速/(m/s)	2.2

表 5.17　试验采用的双空心杆技术参数

项目	参数	项目	参数	项目	参数	项目	参数
材质	35CrMo	强度等级	D	接箍外径/mm	Φ63mm	最大抗外挤/MPa	35
断面收缩率	≥45%	抗拉强度	793～965MPa	外管密封强度	≥35MPa	最大抗拉吨位/t	55.9
单杆长度	8.3m	屈服强度	≥620MPa	内管密封强度	16MPa	千米容积	≈800L

表 5.18　双空心光杆技术参数详表

材质	杆体直径/mm	截面积/mm^2	接箍外径/mm	接箍长度/mm	光杆长度/mm	每米质量/kg	屈服强度 δ_s/MPa	抗拉强度 δ_b/MPa
35CrMo	50	707.3	63	110	7000～10000	6.3	≥620	793～965

2) 加热循环装置设计

加热循环装置包括加热炉、离心泵、储液罐的主要加热循环设备及其阀门、管线等附件，主要技术参数见表 5.19。

表 5.19　地面加热循环装置设备技术参数

项目		参数
同轴式双空心抽油杆循环加热装置 RT-DGN-50	热负荷	200 kW
	加热深度	2000 m
	出口温度	180 ℃
	循环流量	4 m^3/h
	电源电压	380 V
	最大输入功率	7.2 kW
	最大输入功率	7.2 kW
注入介质离心泵	泵型	QDLF4 型离心泵
	流量	15 m^3/h
	耐温	120 ℃
	扬程	200 m
	功率	3 kW
	耐压	5 MPa
其他附件	储液罐容积	300 L
	储液罐承压	常压
	加热炉出口闸门	4 MPa
	循环水进(回)水软管	8(16)MPa

在前期试验的基础上，对以下部分地面循环加热装置进行了改进，以适应更

高温度级别。

(1) 高压软管：耐温等级提高至 180 ℃。

(2) 硬管线：壁厚 2.5～4 mm，耐压 25 MPa。

(3) 储液罐：材质由搪瓷改为不锈钢，工作压力 0.5 MPa，容积 310～380 L，结构示意图如图 5.32 所示。

(4) 加热炉出口闸门：公称压力 1.6～4 MPa，耐温 150～180 ℃。

(5) 循环泵：采用两套循环注入泵(共四套，用两套，备用两套)串联，实现小时注入量 3.5 m^3。

(6) 增加管线换热器：掺稀管线、混合产液管线各 1 套，降低回水温度，避免回水温度高而汽化，同时提高掺稀油及外输油的温度，换热器结构示意图如图 5.33 所示。

图 5.32　储液罐结构示意图

图 5.33　换热器井场示意图

3. 配套工艺

1) 机抽井井口优化配置

与常规机采井口相比，闭式热水循环抽油机井口主要有两个功能：一是实现采油功能；二是实现热水在井筒中的密闭循环加热功能。因此，需对现有机抽井口进行改造，配套改进后的井口密封装置和特制井口四通。

(1) 密封装置。

对原有机抽井口的双闸板防喷器及光杆密封器进行结构改进，适应直径 50 mm 的双空心光杆的密封要求(表 5.20)。

表 5.20　常规、新型双闸板防喷器主要参数

序号	技术参数	常规双闸板防喷器	双空心杆专用新型双闸板防喷器
1	型号	2SFZ65-21	2SFZ65-21
2	闸板内径	1"(Φ25 mm)、1.1"(Φ28 mm) 1 1/2"(Φ38 mm)	50 mm
3	通径/mm	65	65
4	额定工作压力/MPa	21	21

(2)特制四通。

提供一种井筒双空心杆闭式循环加热装置特制四通，既能保证高分子/不锈钢高温隔热连续管与空心光杆连接的牢固性、抗拉性，又能保证内管进水和内外管环空面积回水的密封性结构，减少组件，降低成本。主要结构如图 5.34 所示。

2)自喷井井口配套

为确保双空心杆闭式热流体循环降黏工艺生产运行安全，有效防止井喷事故发生，同时避免井口污染，需配套井口密封装置，参考自喷井电加热杆降黏工艺井口密封技术经验，采用双闸板防喷器，实现双空心杆闭式循环自喷井口密封。双闸板上端通过变扣连接自喷井特制井口吊封装置，用来悬挂双空心光杆。顶部连接特制四通，提供热水循环通道。

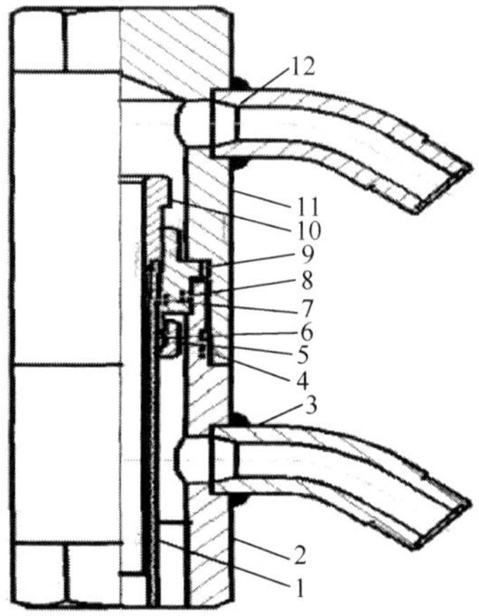

图 5.34　特制井口四通结构示意图

1-热水导管；2-四通下体；3-出水管；4、7、8-O 形橡胶密封圈；5-锁箍；6-紧箍帽；9-锁紧体；10-胀管；11-四通上体；12-进水管

闸板防喷器要有四处密封起作用才能有效地密封井口，即闸门顶部与壳体的密封、闸板前端与管子的密封、壳体与侧门的密封、闸板轴与侧门的密封。由于顶部密封和前封为耐压橡胶，受挤压后，将防喷器上腔密封完全。

闸板的密封过程分为两步：一是在丝杆的推动下，闸板轴推动闸板前密封胶心挤压变形密封前部，顶部密封胶芯与壳体间过盈压缩，密封顶部从而形成初始密封；二是在井内有压力时，井压从闸板后部推动闸板前密封进一步挤压变形，同时井压从下部推动闸板上浮贴紧壳体上密封面，从而形成可靠的密封。

手动闸板防喷器结构示意图如图 5.35 所示。手动闸板防喷器主要技术参数、结构组成以及材质见表 5.21 和表 5.22。

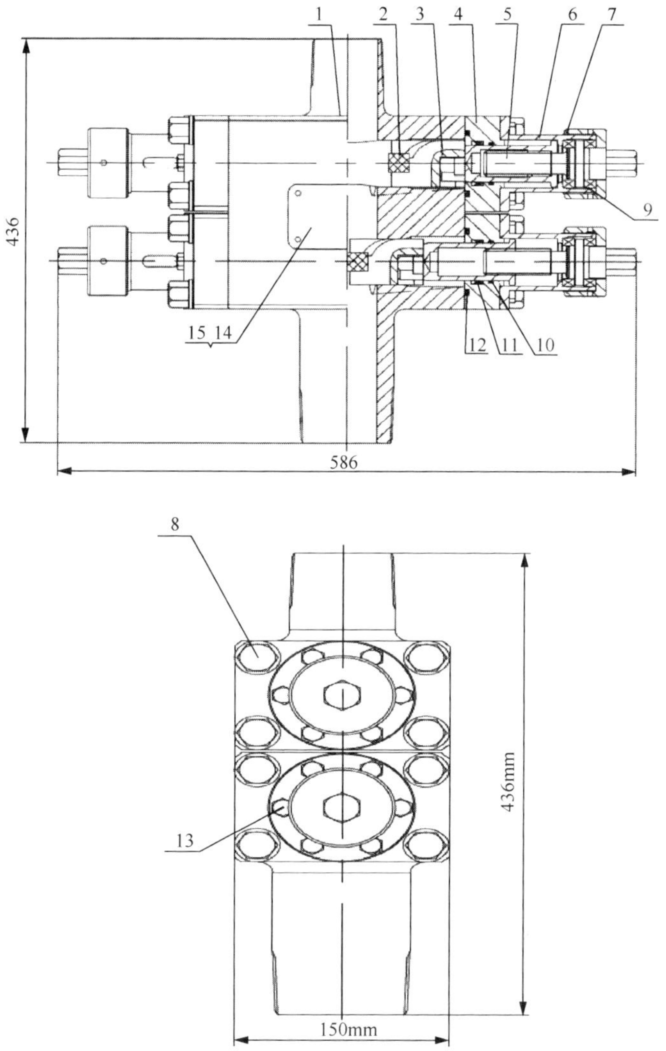

图 5.35　手动闸板防喷器结构示意图

具体组成见表 5.21

表 5.21　手动闸板防喷器结构组成及材质表

序号	名称	材质
1	2SFZ6.2-21A5 壳体	25CrNiMo
2	闸板总成	35CrMo
3	闸板轴	35CrMo
4	侧门	35CrMo
5	丝杠	35CrMo
6	护罩	35CrMo

续表

序号	名称	材质
7	背帽	35CrMo
8	侧门螺栓	36CrMo
9	轴承	标准件
10	O 形橡胶密封圈	耐油橡胶 1-3
11	YX 形密封圈	耐油橡胶 1-4
12	O 形橡胶密封圈	耐油橡胶 1-3
13	M10 六角螺栓	标准件
14	铆钉	标准件
15	2SFZ6.2-21 标牌	不锈钢

表 5.22　手动闸板防喷器主要技术参数

项目	参数值
工作压力/MPa	21
强度试验压力/MPa	42
通径/mm	65
行程	47
闸板规格	1"(Φ25 mm)、11/8"(Φ28 mm) 1 1/2"(Φ38 mm)、Φ50 mm 全封
上、下连接型式	3 1/2"TBG
金属材料的温度等级	PU(−29～121℃)

特制四通的结构原理与抽油机井的井口配套相同。前期设计自喷井专用井口如图 5.36 所示，双闸板上端通过变扣连接特制四通，但实际作业过程中，考虑自喷井没有抽油机、抽油杆等配置，将特制四通改为三通，三通上端为循环水入口，如图 5.37 所示。

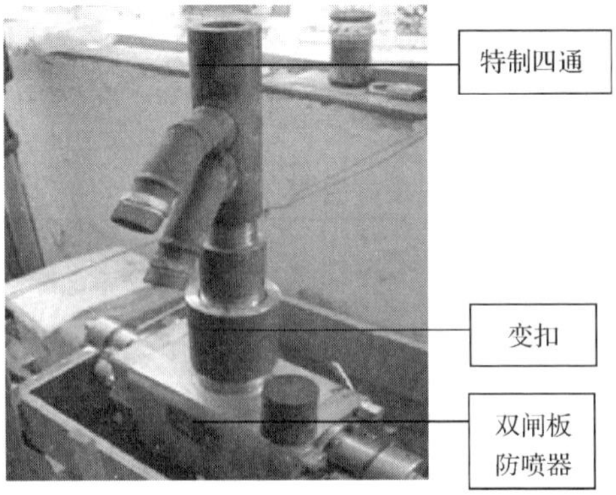

图 5.36　自喷井专用井口配套

图 5.37　自喷井口

3) 井场地面布置方案

双空心杆闭式热流体循环降黏工艺井场布置流程如图 5.38 所示。

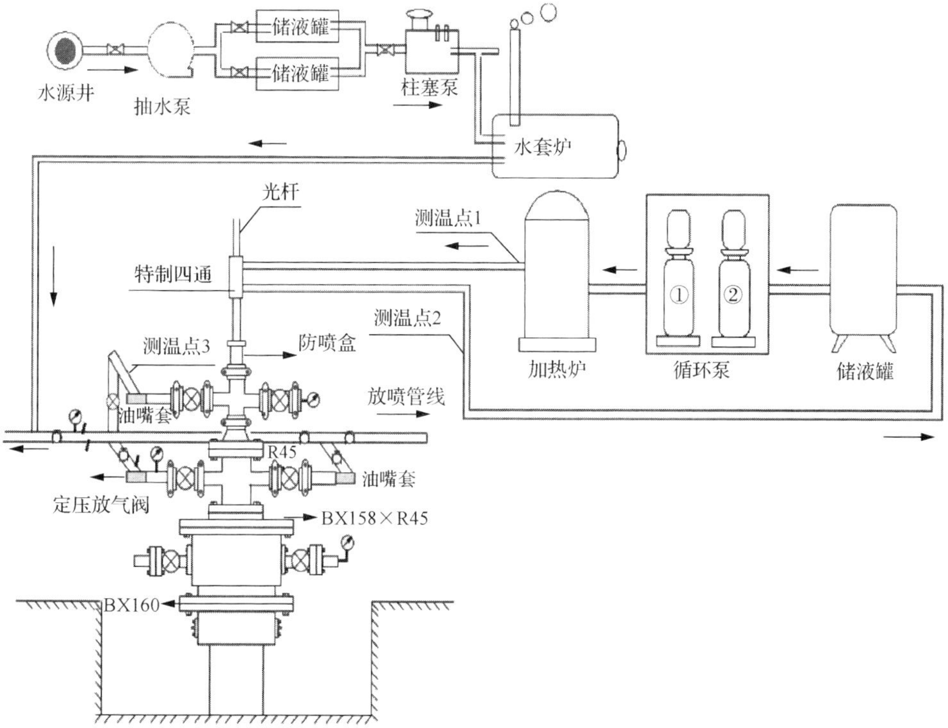

图 5.38 闭式热水循环系统井口及地面流图布置图

4. 参数设计

双空心杆闭式循环加热技术现场应用参数主要包括流体、井筒和循环三类参数。流体参数包括油井产量、含水、黏度；井筒参数包括套管、油管型号尺寸；循环参数包括热载体类型、循环量、加热深度和热载体进出口温度、产出液出口温度等。对于稠油热采井，影响循环加热效果的因素主要包括热载体介质、循环深度、循环温度和循环注入量。

1) 热载体的选择

热载体的选择对降黏工艺有较大的影响，闭式热流体循环常用的热流体为循环水和导热油，其物性参数见表 5.23，导热油的比热小于水的比热，导热油的黏度大于水的黏度。

表 5.23 循环水与导热油物性参数

热载体	密度/(kg/m^3)	比热/[kJ/(kg·K)]	黏度/(mPa·s)
循环水	1000	4.2	1.0
导热油	870	2.1	2.3

相同产液量、相同热载体循环量和相同隔热内管下深情况下，选用不同热载体时的产热温度见表 5.24。

表 5.24 热载体对降黏效果影响

热载体	循环载体流量/(m^3/h)	隔热内管深度/m	循环压力/MPa	产液温度/℃	黏滞力载荷/kN
水	0.8	2000	2.48	75.39	13.35
导热油	0.8	2000	3.97	73.05	17.67

由于导热油的比热小于水的比热，在相同循环流量携带到的热量较少，所以导热油的降黏效果较差，产出液温度低于循环水的温度，黏滞载荷较大；由于导热油的黏度大于水的黏度，因此循环压力损失较大，所需循环压力较高。当然导热油在常压下可加热到较高温度，而采用循环水则需要带压运行，地面设备选择有一定的差异。但综合各方面因素，作业过程中的损失以及热载体更换成本、能耗等问题，导热油价格明显高于循环水，虽然循环水需要带压运行，但低压力就可以满足需要，同时考虑腐蚀与结垢等问题，推荐选用软化水作为密闭循环热载体。

2) 循环深度的确定

热载体循环加热深度不需要从井底开始，所需加热深度因原油物性和油井产量等因素而定，也与热载体循环量和入口温度等有关。通过模拟计算，以单井产量 35 t/d、混合产液 63 t/d 油井流温为例，循环水量 84 m^3/d(目前注入最大排量为 3.5 m^3/h)，按注入温度 130℃计算，油井在 2500 m 处开始隔热管出口水温与原油温度相同，继续往下，隔热管出口水温低于原油温度，达不到加热原油的目的。

当采用不同循环点深度时，降黏效果不同，详见表 5.25。随着循环点深度增大，产出液井口温度升高，黏滞力载荷逐渐降低，但循环水注入压力增大。

表 5.25 循环深度对降黏效果的影响

隔热内管深度/m	循环水压力/MPa	产液温度/℃	黏滞力载荷/kN
600	1.13	55.56	15.58
800	1.44	56.63	14.83
1000	1.75	57.35	14.31
1200	2.06	59.68	14.02
1400	2.21	61.37	13.95

续表

隔热内管深度/m	循环水压力/MPa	产液温度/℃	黏滞力载荷/kN
1600	2.42	62.20	13.82
1800	2.60	64.81	13.68
2000	2.82	67.01	13.57
2200	3.01	71.23	13.40
2400	3.22	73.50	13.20

在选择隔热内管下深时，由于稠油黏温曲线、循环水温度及井温等诸多因素的影响，可以选择不同的下深，但最好根据热采末期确定下深可满足各个阶段的要求。不同井况下深不同，过深不但成本增加，而且循环水从产液中吸热后再放热意义不大，因此建议在现场方案设计中将双空心杆下到 2000～2500 m 位置，具体数值可根据实际井况计算得出。

3) 循环温度的确定

在循环注入量一定(3.5 m^3/h)的条件下，模拟计算不同产液量、不同注入介质温度条件下，出口介质温度如表 5.26 所示。

表 5.26　不同混合产液量条件下不同循环量介质出口温度模拟测算

混合产液量/(m^3/d)	注入介质温度/℃	预计出口介质温度/℃
80	110	71
	120	82
	150	105
	180	120
60	110	73
	120	84
	150	107
	180	125
40	110	75
	120	87
	150	110
	180	130

由表 5.26 可以看出，相同产液量的情况下，注入介质温度越高，出口介质温度越高；同样注入介质温度的情况下，混合液量越低，出口介质温度越高。

在循环注入量一定(3.5 m^3/h)的条件下，模拟计算不同产液量、不同注入介质温度条件下，加热后原油出口温度如表 5.27 所示。

表 5.27　不同混合产液量条件下原油出口温度计算

混合液量/(m^3/d)	井口注入介质温度/℃	预计加热后原油出口温度/℃
80	110	60
	120	65
	150	70
	180	76
60	110	62
	120	67
	150	72
	180	78
40	110	64
	120	69
	150	74
	180	80

由表 5.27 可以看出，相同产液量的情况下，注入介质温度越高，出口原油温度越高；同样注入介质温度的情况下，混合液量越低，出口原油温度越高。

因此，产液量越低，井口注入介质温度越高，加热后井口混合液的温度越高，降黏效果越好。提高热载体入口温度可提高井筒内的产出液温度水平，降低产出液的流动阻力，但往往要多消耗一部分燃料，同时考虑地面设备耐温条件，因此，一般不强调采用过高的热载体入口温度。

考虑到塔河原油的可流动温度较高，初步确定进水温度应在 110 ℃以上。

4) 循环水注入量的确定

水比热为 4.2 kJ/(kg·℃)，设定注入温度 150 ℃，计算不同混合液条件下循环水注入量，具体见表 5.28。

表 5.28　不同混合液条件下循环水注入量

混合液量/(m^3/d)	井口注入介质温度/℃	出口介质温度/℃	原油出口温度/℃	加热后原油出口温度/℃	注入量/(m^3/d)
50	150	120	50	78	1.91
100	150	120	55	78	3.14
150	150	120	59	78	3.89

当循环量增加时，沿井筒的平均温度升高，这将有效降低产出液在井筒流动过程中的黏度，减少沿井筒的流动阻力，改善举升效果。因此，增加热载体的循环量对加热效果的影响是明显的。当然循环水量受到双空心抽油杆尺寸和隔热内管尺寸的影响，以及地面压力的限制，双空心杆和隔热内管的匹配至关重要，因

此要根据循环水泵的额定工作压力进行选择循环水流量。

5. 矿场试验

双空心杆闭式循环工艺先后进行了 6 井次的现场试验，其中机采井 4 井次，自喷井 2 井次，现场试验总体情况见表 5.29。

表 5.29 双空心杆现场试验总体情况

序号	井号	生产方式	掺稀减少 /(m^3/h)	循环水入口温度 /℃	井温升高 /℃	日增油 /t	稀稠比降低幅度/%	累增油 /t	累节约稀油/t
1	D55-1	机采井	1	130	29	3.7	68.7	355.6	1949.7
2	D55-2		0.6	125	34	7.7	33	1701.1	270
3	D55-3		0.8	160	30	10.9	69.1	498.6	1679.1
4	D55-4		0.2	130	37	4	100	408.7	285.6
5	D55-5	自喷井	1.6	170	12	10.4	22.3	14948.6	379.3
6	D55-6		0.6	150	32	10	22	357.1	498.2
合计			0.8	144	29	7.8	52.5	18269.7	5061.9

试验期间，井口温度平均提高 29 ℃，稀稠比最高降低幅度 100%，累增油 18269.7 t，累节约稀油 5061.9 t。

5.5.2 矿物绝缘电缆电加热降黏技术

1. 工作原理

矿物绝缘电缆以铜作为发热导体，不锈钢为护套，导体与护套之间填充矿物材料形成绝缘层。其结构如图 5.39 所示。

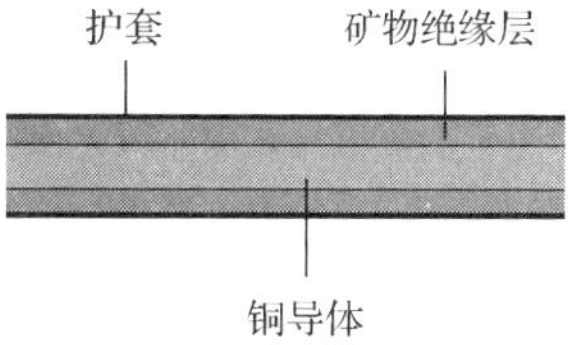

图 5.39 矿物绝缘加热电缆结构示意图

矿物绝缘电缆为整体式连续电缆，工作时，铜导体通电后，依靠导体自身电阻产生热量，热量通过耐高温矿物绝缘层和不锈钢护套传递给原油，从而实现加热降黏。

2. 矿物绝缘电缆工艺设计

1) 发热导体设计

作为加热电缆，常用的发热导体(电阻材料)主要有铜、铜镍合金(NC005、NC010、NC015、NC020、NC025、NC030、康铜等)及镍铬合金(Cr20Ni80)。加热电缆常用发热导体的电阻率及电阻温度系数见表 5.30。

表 5.30　常用电阻材料电阻率及电阻温度系数

品种类别	牌号	电阻率(20 ℃)/(μΩ·m)	电阻温度系数/K
铜	T2	0.0168～0.0172	0.004
铜镍合金	NC005	0.05	<0.001
	NC010	0.10	<0.0006
	NC012	0.12	<0.00057
	NC015	0.15	<0.0005
	NC020	0.20	<0.00038
	NC025	0.25	<0.00025
	NC030	0.30	<0.00016
	NC035	0.35	<0.00010
	6J40	0.48	—
镍铬合金	Cr20Ni80	1.13	0.0001(200 ℃)

根据导体电阻计算公式为

$$R = \rho L / S \tag{5.22}$$

式中，ρ 为电阻率；L 为导体长度；S 为导体截面。

可得，导体截面公式为

$$S = \rho L / R \tag{5.23}$$

即在电阻相同的情况下，电阻率越大，导体截面越大。在保证电缆下深、强度及发热功率的条件下，电缆截面积越小，对油管内流体节流作用越小，因此优选电阻率较低的 T2 铜作为绝缘导体。

2) 矿物绝缘层设计

(1) 绝缘材料选用。

电缆的用途不同，其采用的矿物绝缘材料也不同，矿物绝缘电缆常用的绝缘材料有氧化镁粉、氧化铝粉及硅微粉。用于电力和控制信号传输及电加热使用的矿物绝缘电缆绝缘材料为氧化镁；高辐射场合控制信号传输的矿物绝缘电缆选用的绝缘材料为氧化铝或硅微粉；用于高温、高辐射场合射频信号输送的矿物绝缘电缆一般选用硅微粉作绝缘材料。

(2) 绝缘厚度设计。

根据国家标准《额定电压 750 V 及以下矿物绝缘电缆及终端第 1 部分：电缆》(GB/T 13033.1—2007) 规定，额定电压 750 V、标称截面 1～150 mm^2 的电缆绝缘标称厚度为 1.3 mm。

根据国家标准《额定电压 300/500 V 生活设施加热和防结冰用加热电缆》(GB/T 20841—2007)规定，矿物绝缘加热电缆的绝缘标称厚度为 0.7 mm。

选用的矿物绝缘加热电缆为 3 根单芯成组安装，单根电缆的实际工作电压为 660 V，出于更高的可靠性考虑，绝缘标称厚度按 1.5 mm 设计。

(3)绝缘性能设计。

参照《额定电压 750 V 及以下矿物绝缘电缆及终端第 1 部分：电缆》(GB/T 13033.1—2007)及《额定电压 300/500 V 生活设施加热和防结冰用加热电缆》(GB/T 20841—2007)规定，绝缘电阻与电缆长度的积应部小于 1000 MΩ·km，当电缆长度小于 100 m 时，测量的绝缘电阻应不低于 1000 MΩ；电缆经 2320 V($2U_0$+1000V)、持续时间 1 min 的电压试验应不击穿。

3)护套设计

(1)护套材料选型。

矿物绝缘加热电缆常用护套材料为 TP2 磷脱氧铜、SUS304 不锈钢及 SUS321 不锈钢。

TP2 铜护套矿物绝缘加热电缆不适用于直接加热原油。

304 不锈钢是应用最为广泛的一种铬-镍不锈钢，作为一种用途广泛的钢，具有的优点为：①优良的不锈耐腐蚀性能和较好的抗晶间腐蚀性能以及耐热性能。②低温强度和机械特性。③冲压、弯曲等热加工性好，无热处理硬化现象，使用温度–196～800℃。④具有较强的抗腐蚀性。室内实验表明，在浓度≤65%的沸腾温度以下的硝酸中，304 不锈钢具有很强的抗腐蚀性；对碱溶液及大部分有机酸和无机酸具有良好的耐腐蚀能力。耐大气腐蚀，广泛使用于工业和家具装饰行业及食品医疗行业。

321 不锈钢是 Ni-Cr-Ti 型奥氏体不锈钢，其性能与 304 不锈钢非常相似，但是由于加入了金属钛，使其具有了更好的耐晶界腐蚀性及高温强度。添加金属钛，使其有效地控制了碳化铬的形成。具有的优点为：①具有优异的高温应力破断(stress rupture)性能及高温抗蠕变性能(creep resistance)，应力机械性能都优于 304 不锈钢；②在不同浓度、不同温度的有机酸和无机酸中，尤其是在氧化性介质中具有良好的耐磨蚀性能，主要应用于抗晶界腐蚀性要求高的化学、煤炭、石油产业的野外露天机器，建材耐热零件及热处理有困难的零件。

(2)护套厚度及外径设计。

根据国家标准《额定电压 750 V 及以下矿物绝缘电缆及终端第 1 部分：电缆》(GB/T 13033.1—2007)，额定电压 750 V、相近规格 1 芯 6 mm^2 电缆铜护套平均厚度为 0.48 mm，1 芯 10 mm^2 电缆铜护套平均厚度为 0.50 mm。

根据国家标准《额定电压 300/500 V 生活设施加热和防结冰用加热电缆》(GB/T 20841—2007)，规定的矿物绝缘加热电缆铜套厚度平均值应不小于测得的铜套外径的 7%，最小值为 0.25 mm。按此计算，矿物绝缘加热电缆不锈钢套厚度应不小于 0.5 mm。

考虑电缆的机械强度及腐蚀余量，不锈钢套厚度按不锈钢套外径的 10%设计，电缆外径为 7.8 mm，护套标称厚度为 0.78 mm。

根据国家标准《流体输送用不锈钢无缝钢管》(GB/T 14976—2002)规定，SUS321 不锈钢(国标牌号 1Cr18Ni9Ti)抗拉强度 $\sigma_b \geqslant 520$ MPa、屈服强度 $\sigma_p \geqslant$ 205 MPa。

3. 杆柱强度校核

为保证油井生产安全对电加热入井杆串进行强度校核，根据不同下深计算结果，下深 5000 m 时其负载系数为 0.60，满足安全要求(表 5.31)。

表 5.31　矿物绝缘电缆加热杆柱强度校核

H 级抽油杆	下深 2000 m			下深 3000 m			下深 5000 m		
	长度/m	重量/(kg/m)	负载系数	长度/m	重量/(kg/m)	负载系数	长度/m	重量/(kg/m)	负载系数
Φ22	2000	8830.5	0.23	3000	13245.8	0.34	5000	22076.3	0.57
Φ19	2000	6898.5	0.24	3000	10347.8	0.36	5000	17246.3	0.6

电加热杆入井后，由于节流作用会对油井生产产生一定影响。对采用 Φ22 mm 或者 Φ19 mm 实心杆作为辅助入井工具进行节流影响分析。结果表明，采用 Φ19 mm 抽油杆，其最大节流点在电缆扶正器位置，过流面积为 66.1%，节流影响可以通过放大生产制度弥补(表 5.32)。

表 5.32　节流影响分析

位置	型号规格	内/外径/mm	扶正器截面/mm^2	电缆截面/mm^2	总截流面积/mm^2	有效过流面系数/%
油管	3 1/2	76	4536.5	—	—	—
抽油杆本体位置	19mm	19	283.5	150.7	434.2	93.8
	22mm	22	380.1	150.7	530.9	91.6
扶正器位置	65-19	65	—	150.7	2082.2	54.1
	65-22	65	—	150.7	2178.9	52
抽油杆接箍位置	65-19	42	1385.4	150.7	1536.2	66.1
	65-22	46	1661.9	150.7	1812.6	60

4. 井筒加热参数设计

矿物绝缘电缆采用三根电缆作为三相电流通道，终端采用星形连接形成回路。加热降黏工艺流程如图 5.40 所示。

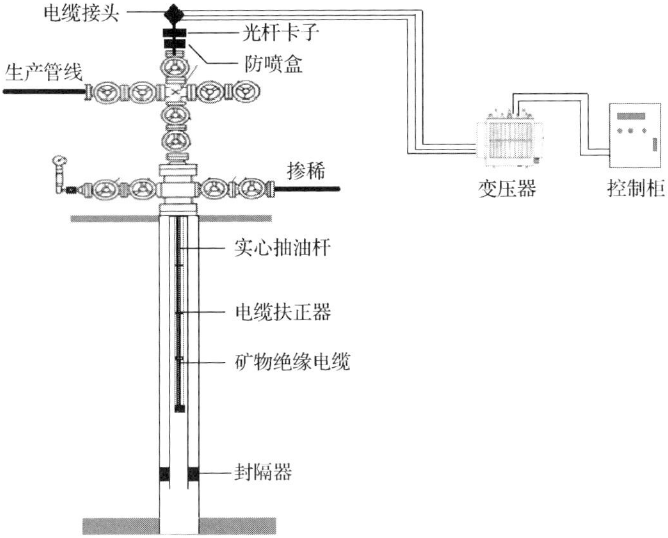

图 5.40 矿物绝缘电缆电加热流程

加热深度一般要考虑原油黏温拐点深度，一般要求加热深度处于黏温拐点以下。缝洞型碳酸盐岩稠油黏温拐点均在 80 ℃以上，根据图 5.41 稠油井井温-井深曲线可知，对应井深均在 2000 m 以上，因此为保证降黏效果，电缆加热深度应大于 2000 m。

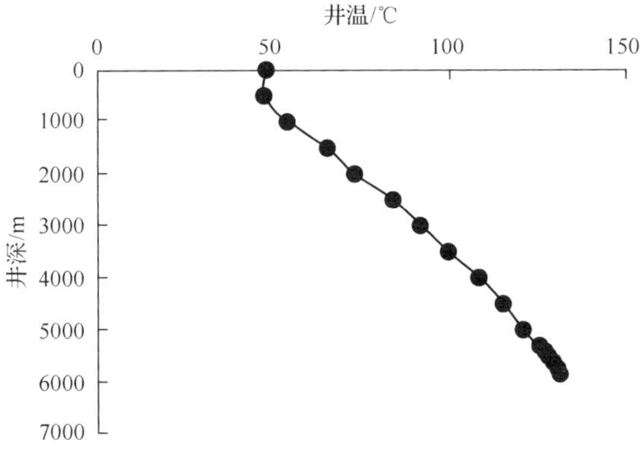

图 5.41 稠油井井温-井深曲线

加热功率以维持混合产液温度保持在黏温拐点温度 80 ℃以上，加热功率按式(5.24)计算

$$Q_{总} = Q_{升} + Q_{散} \tag{5.24}$$

式中，$Q_{总}$ 为电缆发热量；$Q_{升}$ 为产液升温所需热量；$Q_{散}$ 为井筒散热量，取 2.5 kJ/(kg·K)。

油井温度计算公式如式(5.25)所示，单位为 K：

$$Q_{升} = 0.01157 \times m \times c(T_y - T_0) \tag{5.25}$$

式中，m 为产油量，t/d；c 为原油比热容，取 2.5 kJ/(kg·K)；T_y 为加热区平均油温，℃；T_0 为加热区平均岩层温度，按梯度 2.2 ℃/100 m、年平均气温 11 ℃取值。

油井散热计算如式(5.26)所示：

$$Q_{散} = \frac{2\pi\lambda h(T_y - T_0)}{\ln(D + 2\sigma) - \ln D} \tag{5.26}$$

式中，λ 为加热区岩层综合导热系数，W/(m·K)；h 为加热区长度，m；D 为油井套管直径，mm；σ 为岩层计算厚度，mm；

设油井综合散热系数 k 计算公式如下，单位为 W/(m·K)

$$k = \frac{2\pi\lambda}{\ln(D + 2\sigma) - \ln D} \tag{5.27}$$

则油井散热计算公式如(5.28)所示：

$$Q_{散} = k \times (T_y - T_0) \times h \tag{5.28}$$

5. *矿场试验*

矿物绝缘电缆在 D55-7 和 D55-8 井开展现场试验 2 井次，2 口试验井平均降黏率为 68.1%，掺稀比降低幅度为 42.1%，累计节约稀油 8335.3 t，增油 2588.6 t。矿物绝缘电缆总体试验情况见表 5.33。

表 5.33 矿物绝缘电缆总体试验情况

井号	阶段	生产情况					累计增油/t	累节约稀油/t
		井温/℃	产油/(t/d)	掺稀/(t/d)	掺稀比	井口黏度/(mPa·s)		
D55-7	加热前	38	18.7	33.2	1.70	4900	1590.1	5338
	加热后	68.4	25.8	16	0.62	1860		
	差值	30.4	7.1	−17.2	−1.08	−3040		
D55-8	加热前	23	24.9	39.6	1.59	4800	1001.5	3002.7
	加热后	63.6	24.6	30.8	1.25	1238		
	差值	40.6	−0.3	−8.8	−0.34	−3562		
合计							2588.6	8335.3
平均		35.5	3.4	−13	−0.71	−3301		

参考文献

[1] 张斌, 高秋英, 常启新, 等. 塔河油田两种主要稠油井筒降黏技术的分析与评价[J]. 精细石油化工进展, 2008, 9(11): 11-14.

[2] 张怀智, 李开兴, 徐子彬, 等. 超稠油注蒸汽掺柴油降黏技术及其现场试验[J]. 特种油气藏, 2000, 7(2): 36-38.

[3] 赵海洋, 王世杰, 李柏林. 塔河油田井筒降黏技术分析与评价[J]. 石油钻探技术, 2007, 35(3): 82-84.

[4] 梅春明, 李柏林. 塔河油田掺稀降黏工艺[J]. 石油钻探技术, 2009, 37(1): 73-76.

[5] 裴海华, 张贵才, 葛际江, 等. 塔河油田超稠油混合掺稀降黏实验研究[J]. 特种油气藏, 2011, 18(4): 111-113, 120, 141.

[6] 杨亚东, 杨兆中, 甘振维, 等. 掺稀采油在塔河油田的应用研究[J]. 西南石油学院学报, 2006, 28(6): 53-55.

[7] 曲占庆, 邢建华, 张红玲, 等. 深层稠油掺稀油举升方法研究[J]. 油气采收率技术, 2000, 7(3): 26-28.

[8] 罗立新. 塔河油田超稠油掺轻油降黏可行性研究[J]. 石油地质与工程, 2010, 24(1): 107-109, 112.

[9] 曹畅, 艾克热木, 牙生, 等. 稠油高黏机理及掺稀降黏技术进展与展望[J]. 油气储运, 2018, 37(3): 248-255.

[10] LEDERER E. Viscosity of mixtures with and without diluents[J]. Processing World Petrol Congress London, 1933(2): 5246-528.

[11] Shu P. Viscosity correlation for mixtures of heavy oil,bitumen, and petroleum fractions[J]. Society of Petroleum Engineers Journal, 1984. SPE-11280(1): 277-282.

[12] Argillier J, Henaut I, Gateau P, et al. Heavy oil dilution[C]//SPE International Thermal Operations and Heavy Oil Symposium, Calgary, 2005.

[13] 柴静, 彭雅娟, 洪金庆, 李清彪. 采用掺稀降粘法探索新疆超稠油的应用[J]. 石油化工应用, 2009, 28(01): 41-45.

[14] 李牧, 马达波, 边芳霞. 冷家堡油田稠油蒸汽加溶剂吞吐试验[J]. 特种油气藏, 1995, 2(2): 48-53.

[15] 满江红, 陈雷. 掺稀降黏工艺在塔河油田试油开采中的应用[J]. 石油钻探技术, 2002, 30(4): 65.

[16] 林长志, 赵海洋, 李宗田, 等. 塔河超深井稠油掺稀降粘影响因素分析[C]//中国工程热物理学会(多相流), 厦门, 2010.

[17] 林涛. 碳酸盐岩缝洞型油藏开发工程工艺技术(卷八)[M]//碳酸盐岩缝洞型油藏开采机理及提高采收率基础研究丛书. 青岛: 中国石油大学出版社, 2017.

[18] 孙磔磝. 塔河油田超深稠油掺稀井机采举升优化技术[J]. 油气田地面工程, 2013, 32(5): 1-2.

[19] 朱国, 李颖川, 刘兴国. 稠油掺稀井系统分析研究与应用[J]. 石油天然气学报, 2013, 35(10): 8, 112-115.

[20] 彭振华, 张园, 丁雯, 等. 塔河油田超深超稠油油藏人工举升技术[J]. 石油钻探技术, 2018, (4): 84-90.

[21] 秦飞, 金燕林, 李永寿, 等. 塔河稠油电泵掺稀开采系统效率测试分析评价[J]. 特种油气藏, 2012, 19(4): 145-148, 158.

[22] 张明阳. 新型稠油油溶性降粘剂的合成与评价[D]. 济南: 山东大学, 2014.

[23] Thomas S, 徐雅莉, 邸秀莲. 稠油开采的化学方法[J]. 特种油气藏, 2003, 10(2): 95.

[24] 董本京, 穆龙新. 国内外稠油冷采技术现状及发展趋势[J]. 钻采工艺, 2002, 25(6): 18-29.

[25] Campos R E, Hernandez J A. Viscosity reduction of heavy hydrocarbon in enhanced oil recovery[P]: US5314615-A, 1994.

[26] 朱万雨. 稠油化学降黏技术对比及发展方向[J]. Industry BBS, 2014, 33(6): 10-11.

[27] Guo J X, Wang H Y, Chen C G, et al. Synthesis and evaluation of an oil-soluble viscosity reducer for heavy oil [J]. Petroleum Science, 2010, 7(4): 536-540.

[28] 全红平, 李鹏飞, 黄志宇, 等. 一种小分子油溶性降黏剂的合成及降黏性能评价[J]. 现代化工, 2019, 39(10): 150-155.
[29] 李向博. 稠油油溶性降粘剂的合成与评价[D]. 北京: 北京化工大学, 2016.
[30] 陈秋芬, 王大喜, 刘然冰. 油溶性稠油降黏剂研究进展[J]. 石油钻采工艺, 2004, 26(2): 45-48.
[31] 张付生, 王彪. 几种原油降凝降黏剂作用机理的红外光谱和 X 射线衍射研究[J]. 油田化学, 1995, 12(4): 345-352.
[32] 陈艳玲, 胡江, 张巧莲. 垦西特稠油化学降黏机理的研究[J]. 地球科学: 中国地质大学学报, 1998, 23(6): 605-609.
[33] 吴本芳, 郭金波. 原油乳化降黏研究进展[J]. 洛阳师范学院学报, 2002, (5): 47-52.
[34] 冯涛, 吴迪, 林森, 等. 原油乳化输送技术的进展[J]. 油气田地面工程, 1999, 18(3): 5-7.
[35] 宋世晶. 稠油降粘剂的合成与评价[D]. 青岛: 中国石油大学(华东), 2008.
[36] 毛金成, 刘佳伟, 李勇明, 等. 超稠油化学降黏剂研究与进展[J]. 应用化工, 2016, 45(7): 1367-1371.
[37] 裴海华, 张贵才, 葛际江, 等. 塔河油田超稠油乳化降黏剂的研制[J]. 油田化学, 2010, 27(2): 137-140.
[38] 马文辉, 邢凤兰, 梁梦兰, 等. 松香酸聚氧乙烯酯磺基琥珀酸单酯二钠盐的合成及性能[J]. 精细石油化工进展, 2004,(4): 4-6,9.
[39] 吴本芳. 河南高凝原油和特稠油降凝降黏研究[D]. 上海: 华东理工大学, 2011.
[40] 葛际江, 李德胜, 张贵才. 新型耐温稠油降黏剂的制备与评价[J]. 西南石油大学学报, 2007,(5): 112-115, 206.
[41] 韩利娟, 陈洪, 罗平亚. 双子表面活性剂的黏度行为[J]. 物理化学学报, 2004,(7): 763-766.
[42] 张永明, 朱红, 夏建华, 等. 磺酸盐型 Gemini 表面活性剂的合成及在三次采油中的应用研究[J]. 北京交通大学学报, 2007,(3): 100-104.
[43] 高进锋. Gemini 稠油乳化降黏剂 GMS-1 的合成及应用性能[J]. 油田化学, 2008, 25(1): 13-16
[44] 秦冰, 彭朴, 景振华. 羧酸盐在稠油乳化降黏中的作用[J]. 石油炼制与化工, 2002, (3): 1-4.
[45] 王世虎, 田仲强, 杜永欣, 等. 烷基酚聚氧乙烯-聚氧丙烯醇醚用于稠油乳化降黏的研究[J]. 油田化学, 2003, (1): 7-9, 42.
[46] 周继柱, 时武龙, 付增华, 等. 一种抗温耐盐型水溶性两亲聚合物稠油降黏剂的合成及性能研究[J]. 应用化工, 2014, 43(10): 1843-1846.
[47] 徐晓慧, 张健, 崔盈贤, 等. 两亲聚合物 ICJN 对原油的乳化与降黏作用研究[J]. 油田化学, 2016, 33(3): 456-461.
[48] 胡敏, 董国君, 史学峰, 等. 两亲高分子的乳化与降黏性质研究[J]. 应用化工, 2010, 39(9): 1289-1292.
[49] 刘义刚, 王艳萍, 王秋霞, 等. 耐温抗盐型乳化降黏剂 AFOP 的合成及性能[J]. 油田化学, 2019,(4): 717-723.
[50] 朱宗奎, 葛圣松. 稠油乳化降黏剂研究进展[J]. 石油化工腐蚀与防护, 2007,(6): 5-8.
[51] 张帆, 赵培晔, 曹艳秋, 等. 稠油乳化降黏剂研究应用进展[J]. 化学工程师, 2017,(11): 52-61.
[52] 陈玉祥, 陈军, 潘成松, 等. 沥青质/胶质影响稠油乳状液稳定性的研究[J]. 应用化工, 2009,(2): 43-49.
[53] 于洪喜, 林立, 刘敏. 稠油乳状液稳定性实验研究[J]. 油气田地面工程, 2007,(10): 20-21.
[54] 李崎, 王晓冬, 李秋叶, 等. 稠油降黏技术研究进展及发展趋势[J]. 化学研究, 2018, 29(5): 441-454.
[55] 郭继香, 杨矞琦, 张江伟, 等. 超稠油复合降黏剂 SDG-3 的研究和应用[J]. 精细化工, 2017, 34(3): 341-348.
[56] Yang Y, Guo J, Yang Z, et al. New composite viscosity reducer with both asphaltene dispersion and emulsifying capability for heavy and ultraheavy crude oils[J]. Energy Fuels, 2017, 31: 1159-1173.
[57] 陈朝刚. 超稠油致黏机理及降黏技术研究[D]. 北京: 中国石油大学(北京), 2014.
[58] 单朝玉, 胡海平. 河南油田复合降黏工艺试验成功[J]. 中国石油和化工, 2015, 296(10): 31.
[59] 张跃. 模糊数学方法及其应用[M]. 北京: 煤炭工业出版社, 1992.

[60] 王雪. 基于 AHP-熵权法和模糊数学的城市生态系统健康评价研究[D]. 上海: 华东师范大学, 2016.
[61] 李丹. 超深井超稠油降黏技术综合效益评价[D]. 北京: 中国石油大学(北京), 2016.
[62] 李万开. 井筒电加热技术在稠油开采中的应用研究[J]. 化工管理, 2019, (6): 180-181.
[63] 王诗中, 余血星, 郑南方. 超稠油岛温降黏降阻技术及其应用[J]. 石油钻采工艺, 2002, 24(3): 62-65.
[64] 冯学军. 双空心杆电加热井筒降黏技术[J]. 油气田地面工程, 2010, (11): 49-50.
[65] 刘红兰, 王富, 陈俊. 新型井下电加热降黏技术在埕岛油田的应用[J]. 中国海上油气, 2005, 17(1): 48-51.

第 6 章　井筒沥青质堵塞解堵技术

油气体系中胶质沥青质的沉积一直是石油工业界所面临的严峻问题，它一直伴随着石油生产和加工的各个环节，在油气藏储层、开采设施、技术管道及加工设备中都会出现沥青质沉积现象。近年来，随着石油和天然气的勘探、开发和石油加工向纵深方向迅速发展，研究和解决胶质沥青质沉积问题的紧迫性和重要性更加突出。

原油在井筒举升过程中胶质沥青质不断析出，在井筒内堆积导致井筒堵塞，严重影响油井正常生产。目前并无有效的预防井筒堵塞手段，对于已经发生堵塞的油井，主要的解堵作业手段是机械清蜡，该方法作业效率低，有效期短。由于深井超深井沥青质堵塞位置常常发生在 3000 m 以下，常规的机械刮蜡片无法下放至堵塞位置作业，甚至刮蜡片在油管中造成钢丝卡断，发生更加严重的堵塞。针对油田沥青质井筒堵塞难题，研发出适合高效沥青分散解堵剂，形成预防和解决沥青质堵塞的有效技术措施，对于提高油田的开采效益具有重要意义。

6.1　沥青质的化学组成及结构

6.1.1　沥青质的概念

沥青质作为石油的四大组分之一，其经典定义来自于石油渣油/沥青在各种溶剂中的溶解性质[1,2]。沥青质一词最早在 1837 年由法国学者 Boussingault 提出。他在研究一些天然沥青的组成时，发现蒸馏残渣中有可溶于松节油而不溶于乙醇的固体，将其称为“沥青质(asphaltene)”。在沿用 Boussingault 提出的 asphaltene 这个词及其按溶解度分离方法的基础上，1931 年 Marcusson 加以改进，把不溶于石油醚而溶于苯的沥青组分定义为沥青质。

现在在概念上沥青质被认为是一类不溶于低级正构烷烃(戊烷—辛烷)而溶于苯的溶解度类物质[3,4]。溶解度不能反映化学本质，不同来源用不同方法得到的沥青质在组成结构上也有差别，因此在使用时必须注明沥青质的来源及分离方法。目前使用较多的是戊烷沥青质和庚烷沥青质。由于大多数石油中庚烷沥青质的含量较低，为了研究方便常使用戊烷沥青质。沥青质是原油体系中极性最强的物质。这是由于沥青质分子含有大量的芳香结构，其中的 π—π、π—σ 和 σ—σ 键作用造成了芳香平面间的堆积；同时含有大量的金属和杂原子成分，如 N、S、O、Fe 等，芳核体系内的杂原子会导致芳香平面电荷不平衡，在沥青质分子内产生永久偶极，增大了分子极性[5]，而在芳香环和芳香环侧链上的杂原子以其孤对电子参与了芳环体系氧键等化学键的形成，增进了芳香平面间的作用力。沥青质的强极性是促使其易在固体表面黏附的重要因素之一。

6.1.2　沥青质的化学组成

不同来源的沥青质在组成上可能相差无几，也可能大相径庭。一般地，石油沥青质的 C、H 含量变化不大，但杂原子含量差别较大。这些杂原子虽然和 C、H 相比含量不高，但对石油及其组分的性质却有很大的影响[6]。

沥青质中氧的存在是引起沥青质缔合及具有表面活性的主要原因。沥青质中氧的含量和沥青质的来源、经历的变化等条件密切相关。由于空气中的氧很容易结合到沥青质中去，因此沥青质中的氧含量常变化不定而且难以准确测定，给确定沥青质中氧的存在形态和分布造成困难。

石油中的氮大部分集中在胶质和沥青质组分中，而且绝大部分存在于环状结构(五元环吡咯型、六元环吡啶型)中，特别在高沸点石油组分中更是如此。沥青质的热反应结果表明其中的氮绝大部分处于热稳定的杂环芳香环系结构中，这也是加氢脱氮比加氢脱硫难的原因之一。

石油中已发现的硫类型包括元素硫、硫化氢、硫醇、硫醚、多硫化物、环状硫醚、噻吩类化合物、亚砜等。胶质和沥青质中还有同时含 S、O、N、金属等杂原子的更复杂的化合物。

石油中的金属(如镍、钒等)90%以上都存在于胶质和沥青质组分中[7]。这些金属对催化剂往往产生严重的毒害作用。石油中金属的含量分布可用各种元素分析方法加以定量表征，目前研究可知的金属存在状态多为卟啉类络合物，有关石油中金属卟啉的分析报道也有许多。

6.1.3　沥青质的分子结构

虽然学者利用各种物理和化学的方法对沥青质结构进行了大量的研究，但其化学结构至今仍是石油化学领域中的一个谜，大多结果都是推测性的，无法得出确切的分子结构[8-11]。

关于沥青质分子结构的推测最早是由 Nellensteyn 提出的沥青胶体结构[8]，他认为沥青质胶束的核由微晶石墨粒子组成。而 Marcusson 则认为沥青质的核是芳香性的。1937 年 Hilman 和 Barnet 提出了胶质和沥青质的多环核的链状缩合结构，渺位缩合环数在 3～6 变化，胶质和沥青质的差别在于核的大小不同，杂原子处于两个不同核间的连接结构中。

到了 1940 年，Pfeiffer 和 Saal 提出了著名的沥青胶体结构模型[10,11]，并认为作为胶束核的沥青质可能由以芳香性为主的高分子烃组成。在该模型中，沥青质处在胶束中心，其表面或内部吸附有可溶质；可溶质中分子量最大芳香性最强的分子质点最靠近胶束中心，其周围又吸附一些芳香性较低的轻质组分。依次类推，逐渐且几乎连续地过渡到胶束间。

Pfeiffer 等研究沥青质和可溶质形成胶体体系的能力以及它们之间的平衡，得出：①化学组成和粒子大小与形状是沥青质的重要性质。通常，H/C 高时形成的胶束比 H/C 低时的大得多，这是因为 H/C 高时沥青质容易被溶剂化，形成的溶剂化保护层比较坚固。②可溶质的胶溶能力主要取决于其中含芳香环的可溶质组分的含量和分子量。含芳香环的可溶质组分含量高时形成溶胶体系，反之则形成凝胶体系。③当沥青质浓度较高或沥青状胶质不充足时，形成胶束的部分作用力无法通过吸附胶质得到补偿，这时胶束相互吸引形成絮凝状胶束直至形成凝胶结构。胶体体系的三种存在状态——溶胶型、溶胶-凝胶型、凝胶型取决于沥青质分散相和可溶质分散介质的浓度和化学组成。三者的基本结构单元都是胶束，三者之间具有互变可逆性。沥青胶束在油相中的分散状态取决于胶质的含量。

20 世纪 50 年代开始，各种物理仪器分析方法如红外光谱检测(IR)、核磁共振(NMR)、X 射线衍射(XRD)等大量应用于沥青质结构的研究中，但仪器分析方法只能给出关于沥青质平均的结构信息，无法获得沥青质的分子结构细节信息，化学意义有限。60 年代，根据对一系列固体沥青质的 XRD 测定结果，Dickie 和 Yen 提出了著名的沥青质粒子假象结构。70 年代，各种化学降解的方法开始用于沥青质化学结构的研究。化学降解分析提供组成沥青质分子的各种结构碎片，据此可以推断沥青质分子结构的某些细节。

人们一直试图根据各种物理和化学的分析数据综合某些假定，以尽可能准确的方式描述沥青质的化学结构，因此各种表示沥青质结构的模型相继出现。这些模型根据 Yen[9]的观点可以分为两个层次：与短化学键相对应的微观结构(0.05～2 nm)以及和分子间作用力有关的宏观结构(2～200 nm)。图 6.1 所示为各阶段根据不同的物理、化学研究结果提出的沥青质平均分子结构模型。

图 6.1(a)是早期根据溶解度、黏度测定等研究推测的可能的沥青质结构。它们反映了沥青质存在缩合芳香结构等某些侧面信息。图 6.1(b)是 Ignasiak 等[12]根据还原烷基化等化学手段降解 Athabasca 沥青质提出的以硫醚桥相连的聚合物模型，提出了沥青质可由小缩合芳香结构组成的观点。与此相对的图 6.1(c)[9]是早期根据核磁共振氢谱计算得出的含有较大缩合芳香结构的沥青质模型。图 6.1(d)是 Strausz 等[13]提出的 Athabasca 沥青质的假想结构，包含了用各种物理、化学方法从 Athabasca 戊烷沥青质中检测到的结构碎片，代表了沥青质的某种程度上的聚集体结构。各种研究表明，沥青质是具有不同分子量、不同组成和结构的分子组成的复杂混合物，无法用一个简单的结构来代表。

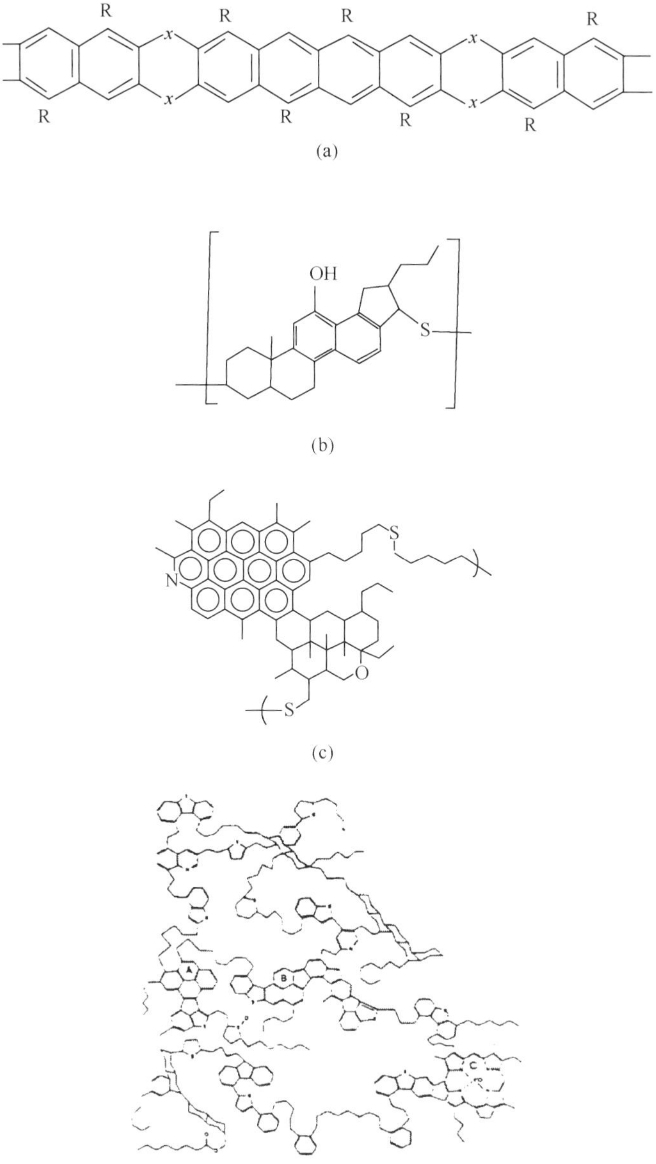

(a)

(b)

(c)

(d) A、B、C表示较大的芳香核

图 6.1 沥青质的平均分子结构模型

Yen 等[14]应用多种物理方法研究了沥青质的结构，在总结其他研究者成果的基础上，系统地提出了沥青质分子的宏观结构模型。图 6.2 是沥青质的宏观结构模型，这一结构模型将沥青质分子视为由缩合的芳环单元组成的芳香片，并把沥青质的存在状态分为平面上、垂向上与宏观上三个层次。

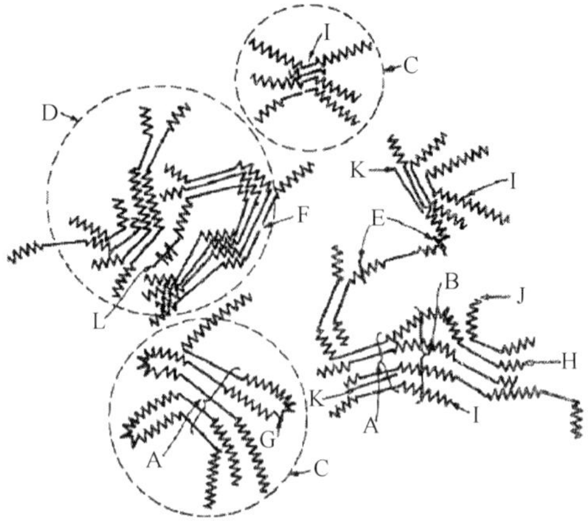

图 6.2　沥青质的宏观结构模型

A-晶粒；B-侧链；C-微粒；D-胶束；E-弱键；F-空穴；G-分子内堆集；H-分子间堆集；I-胶质；J-单层；K-石油卟啉；L-金属

(1) 稠环芳香薄片：图 6.3 是沥青质主要的基本结构单元模型。沥青质的基本结构单元是由缩合芳环组成的芳香片，烷基官能团、杂原子官能团(含氧、氮、硫官能团)为取代基；芳香片直径为 0.85～1.5 nm，其分子量为 600～1000；微粒由 3～5 层薄片叠置而成，直径为 2～2.5 nm，层间距为 0.35～0.37 nm，分子量约为几千，胶粒由两个以上微粒构成，其分子量为几万至几十万，直径为 10～30 nm，在电子显微镜下可直接观察到大小不同的沥青质胶粒。沥青质薄片间主要靠大芳香环间的 π—π 相互作用，可以是不同薄片间的，也可以是同一薄片不同芳香核之间的。

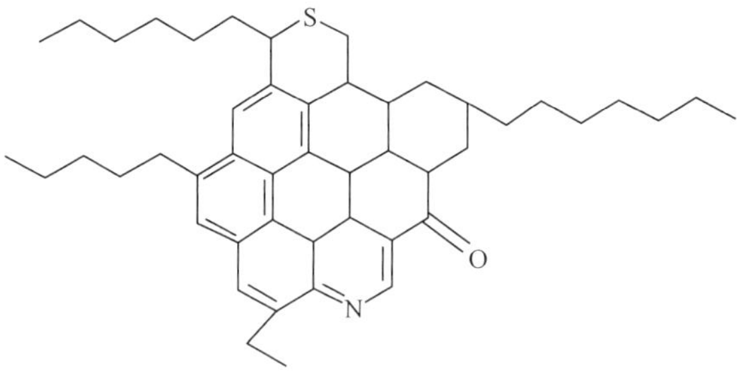

图 6.3　沥青质主要的基本结构单元模型

(2) 微粒：几个沥青质芳香片结构通过分子间力和分子内的物理化学作用，在垂直芳香片二维结构的方向上叠加，构成了颗粒或微晶的三维结构。

(3) 胶粒：沥青质颗粒相互作用构成集合体或胶束。

在原油中的沥青质颗粒往往通过相互聚集来增大分子量和分子大小，小角度的中子散射和小角度的 X 射线衍射表明这种松散无规则的聚合体的粒径大小为 3～25 nm。若使用沉淀剂促使沥青质沉淀，那么沥青质聚集体的大小在 200～4500 nm[15,16]。使用良好的沉淀剂得到的沥青质分子量通常在 800～3000，由于沥青质的多分散性和自缔合作用，分子量的大小通常与体系浓度和温度有关，一般重油中的沥青质的平均分子量在 1800。通过沥青质甲苯溶液间接测定纯沥青质的密度[16]通常在 1.13～1.2 g/cm^3。

Evdokimov 等[17]研究了沥青质在甲苯溶液中的聚集行为，当沥青质浓度较低时呈单分子形式存在，浓度升高沥青质之间的缔合行为明显，大部分以二聚体或者二聚体的团聚体存在。沥青质的化学结构、浓度、温度、溶剂等因素都会影响沥青质的缔合状态[18,19]。

中国石油大学(北京)采用傅里叶变换离子回旋共振质谱仪，对塔河原油和沥青质进行分析，得到沥青质的主要杂原子类型和对应的 DBE 分布情况，如图 6.4 所示。

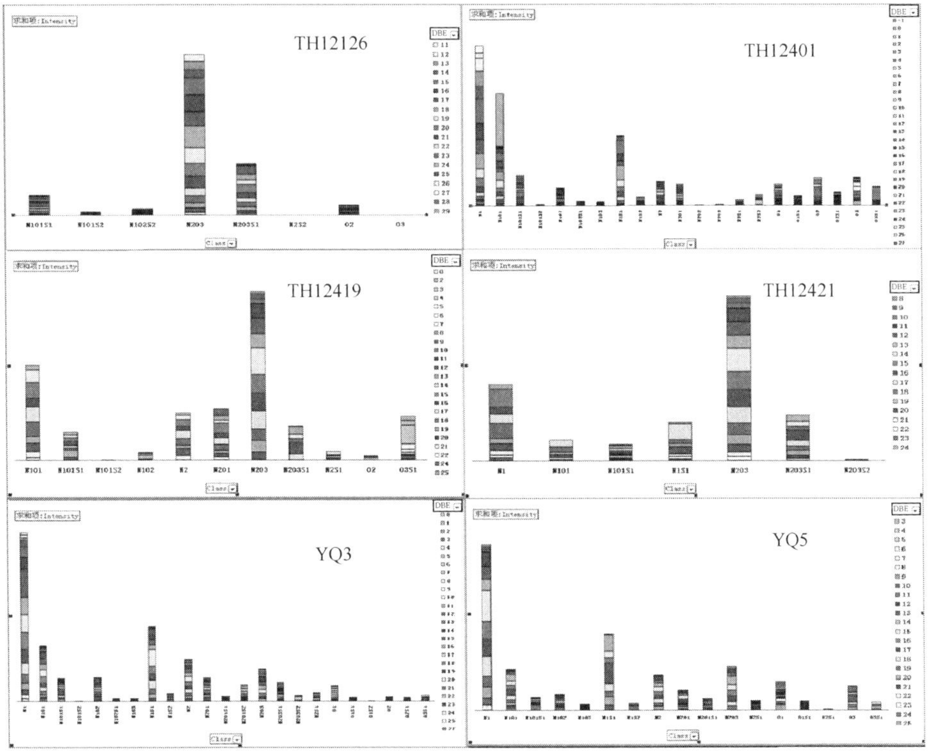

图 6.4　不同沥青质杂原子类型和 DBE 值分布情况

通过比对各样品中典型化合物的 DBE 值，得到几类主要的极性化合物类型及其结构式，如图 6.5 所示。

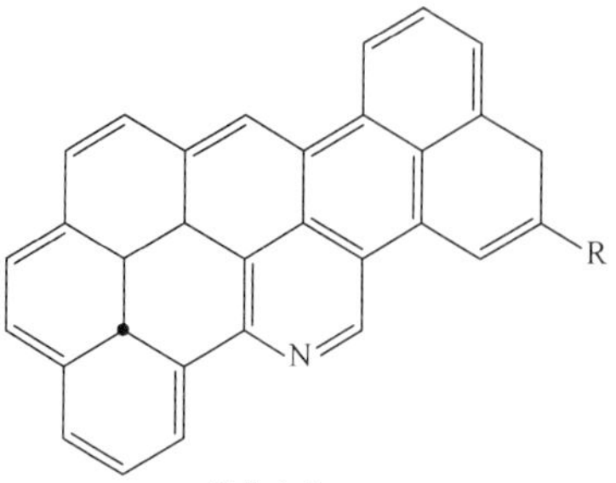

N_1类化合物 DBE=23

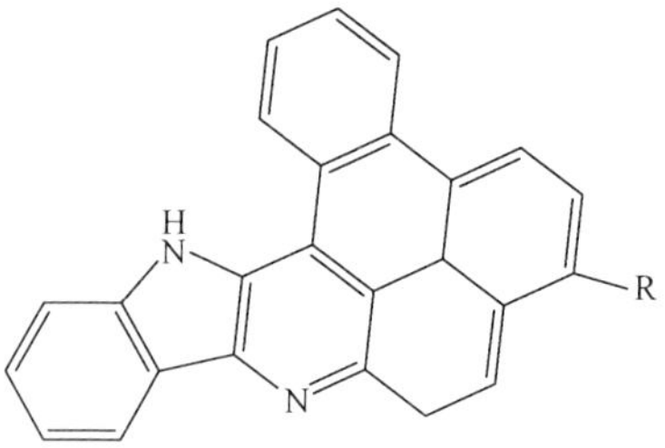

N_2类化合物 DBE=19

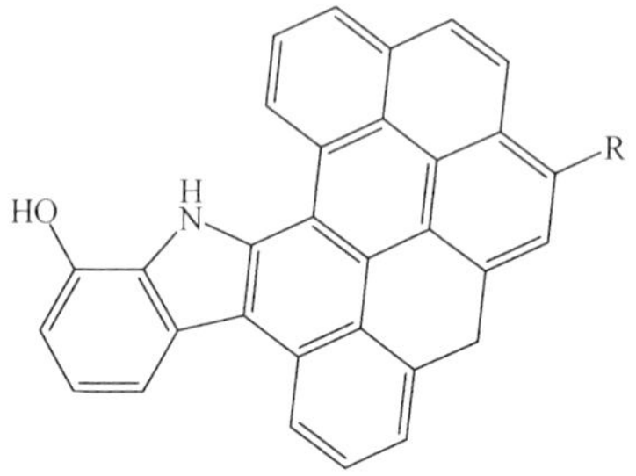

N_1O_1类化合物 DBE=24

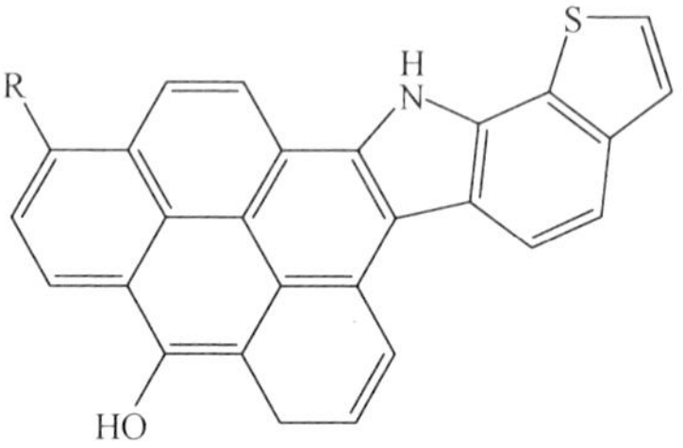

$N_1O_1S_1$类化合物 DBE=21

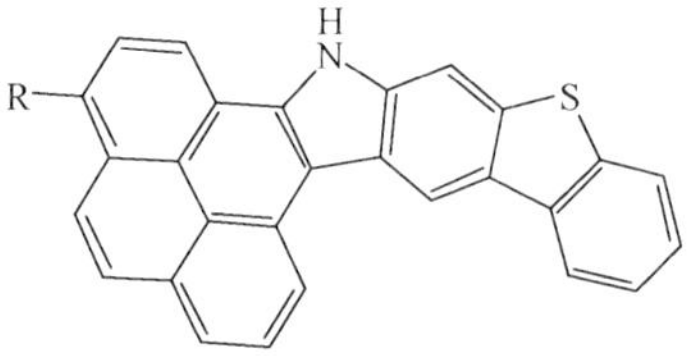

N_1S_1类化合物 DBE=22

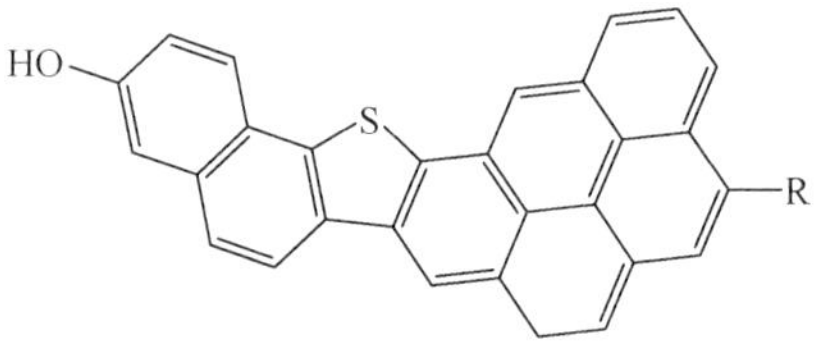

O_1S_1类化合物 DBE=22

图 6.5　塔河沥青质主要极性化合物的结构图

在沥青质中，存在着众多以这六种结构为主体，但支链不同、缔合体数目不同的混合体，这些相对分子量较小(大多小于 1000)的化合物通过氢键、π—π 共轭作用以及其他化学作用力缔合在一起，就形成了通常意义上的沥青质结构。

中国石油大学(北京)在前人对沥青质结构研究的基础上，考虑了极性基团的影响，建立了塔河沥青质结构模型(图 6.6)，其中的 R 为烷基侧链，长度不定，主体结构是由通过高分辨质谱检测出来的塔河沥青质中六种主要的极性化合物缔合组成的。图中的沥青质结构模型，主要含有氮化物、氧化物及硫化物，当然还包含了塔河原油中含量较高的金属化学物的结构，即金属钒的初卟啉结构。本书中的沥青质结构模型，是利用傅里叶变换离子回旋共振质谱仪，对沥青质结构进行分析并推测出的结构模型。

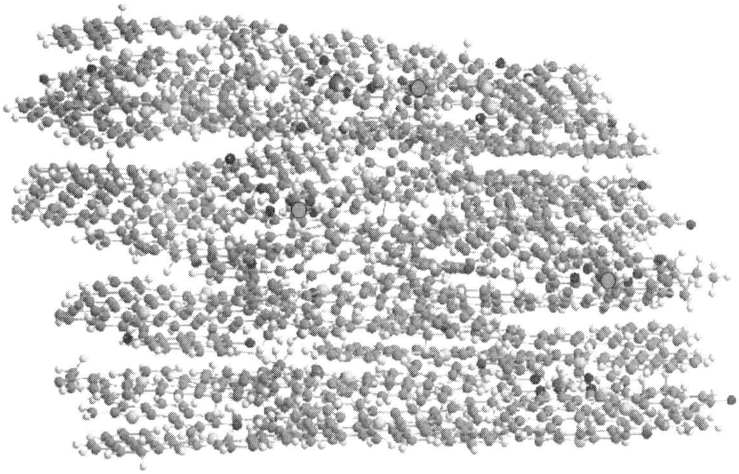

图 6.6　塔河超稠油沥青质结构模型

红色 O 原子，蓝色 N 原子、黄色 S 原子、深灰 C 原子、浅灰 H 原子、绿色为金属原子如钒卟啉，详见二维码内容

沥青质对稠油黏度、流变性、胶体状态、分子量等物理参数的影响都取决于沥青质的化学组成和分子聚集。这种聚集主要是氢键、π—π 电子相互作用、电荷转移而形成的络合物等非共价键相互作用所致，但每种作用对分子的聚集能力各不相同。

在强极性溶剂或热能的作用下，π—π 相互作用以及氢键所形成的分子聚集将依次被破坏，而络合作用形成的配位络合物在一般条件下仍将稳定存在，除非在具有更强配位能力的配位体竞争下，原来较不稳定的络合物转为更稳定的络合物。这也表明有可能通过加入竞争配位体的方法达到分散沥青质聚集度和降低稠油黏度的目的。

6.2　沥青质沉积的危害

关于沥青质的沉积引起生产问题的报道始于 20 世纪 60～70 年代，国外许多大石油公司开始重视并开展了这方面的研究工作[20-22]。在石油开采及运输过程中，沥青质等重组分的沉淀既可发生于油藏构造及井筒中，又可发生于设备中，程度轻的使生产操作困难，重的可使油井报废，甚至使油藏受到永久性破坏。如果沉淀发生在油藏中，析出的沥青质往往被岩石的表面吸附，改变岩石的润湿性。井眼附近的沥青质沉淀可以造成地层孔喉的堵塞。在注 CO_2 驱油的过程中，CO_2 也可引起石油中的重有机质沉淀。在石油炼制过程中，沥青质不仅因其分子量高、芳香度高、杂原子含量高而难以加工，更为重要的是，沥青质是焦炭的主要前身物，沥青质沉积会导致设备结焦，降低生产效率。在过去的几十年中，经过不懈努力，人们对沥青质相分离的危害有了越来越清晰的认识。

6.2.1 沥青质沉积在原油开采过程中的危害

在采油过程中，沥青质的沉积将对油田正常生产造成诸多问题，沥青质在地层中的沉积现象会对原油储层造成很大的危害，包括以下几种方式：

(1)填积孔隙，沥青质沉积，使储层表面的孔道被填满。

(2)沥青质碎屑在储层狭小的缝隙，即“喉道”处形成“橡皮式”堵塞，这种堵塞有别于颗粒桥堵，轻者缩小喉道，重者把喉道堵死，严重地伤害储层物性。

(3)沥青质沉积可以附着于岩石表面，使润湿性发生反转，导致岩石由亲水变为亲油，影响水驱采收率。

(4)稠油被过热蒸汽裂解的凝絮状沥青，可在油层中随意流动并产生沉积，在井底或生产管柱上形成所谓的“油泥”，轻则影响抽油，重则堵死油层，导致油井产量大幅度衰减乃至停产。

6.2.2 沥青质沉积在井筒举升过程中的危害

原油的两种自然沉积的组分是蜡和沥青质。蜡主要由碳原子和氢原子组成，带有碳链长度由 $C_{18\text{-}20}$ 到 C_{70} 甚至更高。虽然蜡通常是直链烃类，但是有时也包含一些支链的烷基或环状基团。沥青质是杂环不饱和的大分子，主要由碳和氢组成，也包含一些微量组分，如硫、氧、氮和多种重金属。在正常的储层条件下，原油中这些高分子量的组分处于平衡状态。在原油生产过程中，这种平衡被一系列因素打破：温度下降、压力降低、添加混相气体和液体、酸化、热采以及其他的油田生产措施。蜡沉积的主要机理是热量的损失，温度的降低会促进蜡的析出。沥青质沉积的主要机理是压力的下降和不兼容流体的引进。在井筒举升过程中，当外界条件的改变使原油失去平衡时，可能会导致沥青质沉积物堵塞井筒现象的发生，严重影响正常生产甚至造成停产。

6.2.3 沥青质沉积在原油储运过程中的危害

重油最大的特点莫过于黏度高，这就给管道运输带来很大的困难。用管道运输高黏度原油的方法主要有加热法、稀释法、乳化降黏法等。稀释法即用轻质馏分油与重油调和减小其黏度后再运输，然而，运输距离远，周期长，沥青质沉积会使调和油的安定性变差，沥青质在管线中沉积，造成输送困难。即使轻微的沥青质沉积也会使生产操作变得困难，降低生产运行效率，沉积严重时会导致管道堵塞。例如，East Venezuela 北部地区生产的原油沥青质成分的含量较高，原油在管道中流动，随着温度和压力的降低，沥青质沉积在管道底部，严重影响了管道的输油效率。为了防止管道堵塞，必须加入沥青质清除剂或进行清管操作，使生产维修费用大幅提高[23]，并严重影响了管道的正常运营。

6.2.4 沥青质对重油提炼过程的影响

沥青质沉积的直接结果是生焦，影响正常生产。沥青质是原油中分子量最大，极性最大的组分，也是最容易生成焦炭的组分。焦炭的生成，是制约原油(特别是重油)加工深度的主要原因。焦炭的生成造成管线堵塞、催化剂中毒等诸多问题，使开工周期缩短，生产成本增加。

6.3 沥青质沉积的影响因素

影响石油沥青质沉淀的因素有原油的组成、温度和压力、石油所处的状态、地层孔隙特征等。其中最重要的是石油的组成特征，只有当原油中沥青质、胶质、芳香烃、烷烃的含量相匹配时，系统才能稳定存在[24]。温度和压力对沥青质的沉淀也有较大的影响，但是影响作用很复杂，对于不同组成和性质的石油，同样温度的影响可能刚好相反，压力的影响也不相同[25,26]。

6.3.1 堵塞物成分分析方法

常用的分析检测手段主要有堵塞物族组分分析、有机物与无机物含量测定、无机物矿物组成分析、扫描电镜和能谱分析、高温模拟蒸馏碳数分析、高分辨质谱分析等。

1. 井筒堵塞物族组分分析

由于堵塞物主要成分是有机物，故采用棒状薄层色谱定量分析仪测定井筒堵塞物样品的四组分含量，以判别堵塞物类型。

根据石蜡(P)含量与胶质(R)和沥青质(A)总含量的比值，可以把沥青质-胶质-石蜡沉积堵塞物(ARP)分为三种类型：如果 $P/(A+R)<1$，那么 ARP 就是沥青质型；如果 $P/(A+R)>1$，那么就是石蜡型；如果 $P/(A+R)\approx 1$，就是混合型。

2. 有机物和无机物含量分析

采用高温灰化法测定井筒堵塞物样品中的有机物、无机物含量。取干燥坩埚，称取一定量的堵塞物样品，设定马弗炉温度为 750 ℃，高温灰化 8 h，冷却后取出称灰分的质量，计算各堵塞物的有机物和无机物百分含量。

3. 无机物矿物组成分析

取适量的井筒堵塞物，经索氏抽提处理去除有机物，将得到的无机物残渣洗涤、干燥，采用 X 射线衍射法对无机物进行矿物组成分析，为分析无机物的来源和成因提供理论指导。

4. 扫描电镜及能谱分析

取井筒堵塞物小片喷金制样，在 QUANTA 200F 场发射扫描电镜下观察其微观形态特点，相关的程序还可做扫描电镜照片上的某一点处的能谱分析，对具有代表性的部位进行能谱分析，得到其元素组成及含量数据。

5. 高温模拟蒸馏测碳数分布

采用 Agilent-6890 型双通道模拟蒸馏色谱仪测定堵塞物样品中烃类碳数分布。测定条件：初始炉温 140 ℃，升温速率 5 ℃/min，终止炉温 370 ℃，保持时间 30 min；进样口采用炉温跟踪，始终比炉温高 3 ℃；FID 检测器 370 ℃，辅助气体空气 330 mL/min，燃气氢气 25 mL/min，载气为纯氢气，流速 5 mL/min，进样量为 0.2 mL。

6. 高分辨质谱分析

选取具有代表性的井筒堵塞物的沥青质，在负离子模式下对其进行高分辨质谱分析。利用傅里叶变换离子回旋共振质谱仪极高的分辨率(ESI 与 FT-ICR MS)，测定出低浓度下的堵塞物沥青质组分的极性结构，确定非金属杂原子氮、氧、硫等及其同位素存在的结构形态，在元素组成层次上探究石油结构[27]，ESI 与 FT-ICR MS 联用是目前分析重油极性官能团的先进手段之一[28]。

6.3.2 沥青质沉积内在因素

原油组成是影响石油沥青质沉淀的内在因素。石油胶体是以沥青质薄片聚集体为胶核，吸附在沥青质表面溶剂化的胶质作为稳定剂，而分散介质主要由油分和少量的胶质构成，具有较强的热力学不稳定性[27]。沥青质对胶质强烈的吸附作用保证了沥青质稳定存在。

沥青质作为原油中组分最重、极性最强的族组分，集中了原油中绝大多数的杂原子和金属元素，具有较强的极性，沥青质分子可以以氢键或者 π—π 键缔合在一起形成超胶束、簇状物和絮状物等。但是，沥青质含量不是影响其稳定性的决定性因素，如阿尔及利亚 Hassi Messaound 油田原油中沥青质含量仅为 0.062%，但仍出现了沥青质沉积问题[29,30]。

Lian 等[31]发现，天然的胶质是很好的胶溶试剂。因为胶质的极性馏分中含有表面活性物质，能够形成沥青质的空间稳定层，起到沥青质胶溶剂的作用。有研究认为[32]，具有双亲特性的表面活性剂分子具有和胶质类似的稳定沥青质的功能，即通过表面活性剂分子在沥青质上的吸附，起到胶溶沥青质的作用。Sivaraman 发现，当轻烃组分增加时，吸附在沥青质表面的一部分胶质分子会从沥青质表面脱离，溶解到轻烃组分中，沥青质胶束将聚集形成超胶束，随着轻烃组分的不断增加，将不断形成簇状物、絮状物，并最终产生沉淀[33]。所以，胶质作为石油胶体体系的胶溶剂，能有效增加原油的稳定性，当胶质含量高于临界胶束浓度(CMC)时，沥青质分子表面被胶质分子充分覆盖，石油胶体体系处于稳定状态。当轻烃组分增加时，相当于降低了胶质的浓度，吸附在沥青质表面的部分胶质分子会发生脱附，重新溶解到轻烃组分中去，石油胶体体系稳定性降低。

鉴于胶质对于沥青质稳定性的这种作用，有学者提出，可用 $m_{(芳香组分)}/m_{(沥青质)}$ 来度量原油的稳定性，小于 0.35 时体系稳定，否则不稳定[34]。例如，在中轻质原油中，沥青质的含量是较低的，但其中胶质含量也是很低的，所以中轻质原油出现沥青质沉积的可能性往往比稠油还要大。由于胶质本身也可聚集成沉淀，因此胶质浓度也不能太高。另外，油分含量的改变对体系的稳定具有与胶质相反的影响，因为当增加轻烃组分含量时，相当于降低了其中的胶质含量[35,36]。油分芳香度越高，整个体系越稳定。Mclean 和 Kilpatrick[37]的实验结果表明，当原油的芳香度低于 40%时，沥青质就会以聚集体或颗粒形式析出并沉积。可见，胶质含量是决定原油中沥青质是否析出的一个重要因素，胶质在非烃中的比例则决定沥青质稳定性，原油稳定应有足够的稳定剂和足够芳香度的分散介质，且只有当沥青质、胶质、分散介质的相对含量相匹配时，稳定状态才能得以保持。当非烃含量相对较高而胶质含量较低时，原油中的沥青质易析出。

也有学者提出用胶质不稳定指数 CII 来表征石油胶体体系的稳定性：

$$\mathrm{CII}=\frac{\omega_{\mathrm{saturates}}+\omega_{\mathrm{asphaltene}}}{\omega_{\mathrm{resins}}+\omega_{\mathrm{aromatics}}} \tag{6.1}$$

式中，ω 为饱和分(saturates)、沥青质(asphaltene)、胶质(resins)和芳香分(aromatics)在原油中的质量分数。CII 值小于 0.7 时体系稳定，为 0.7～0.9 时不确定，大于 0.9 时体系不稳定[37]。

有关沥青质沉积絮凝点，国内外学者提出了多种方法，包括黏度法、表面张力法、电导率法、光透射法、微观观察法等。中国石油大学(北京)采用浊度法[38]测定正庚烷/稠油的沥青质絮凝变化，通过曲线可以确定原油沥青质絮凝初始点，结果见图 6.7 和图 6.8。浊度单位为 NTU，相当于 1L 水中含有 1mg 二氧化硅时所产生的浑浊程度为 1NTU。1NTU=1mg/L 的白陶土悬浮体。

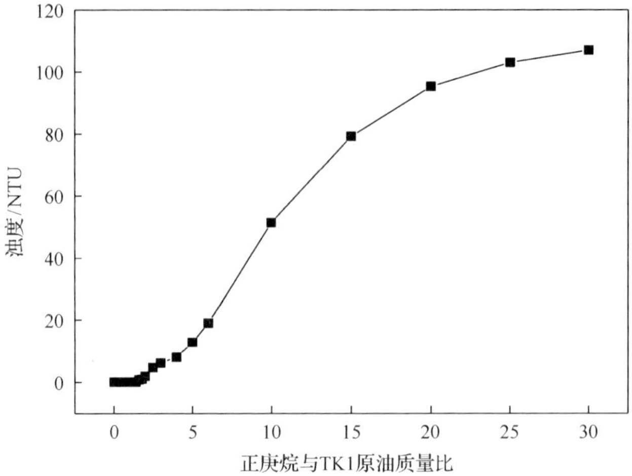

图 6.7　浊度随正庚烷与 TK1 的质量比变化曲线

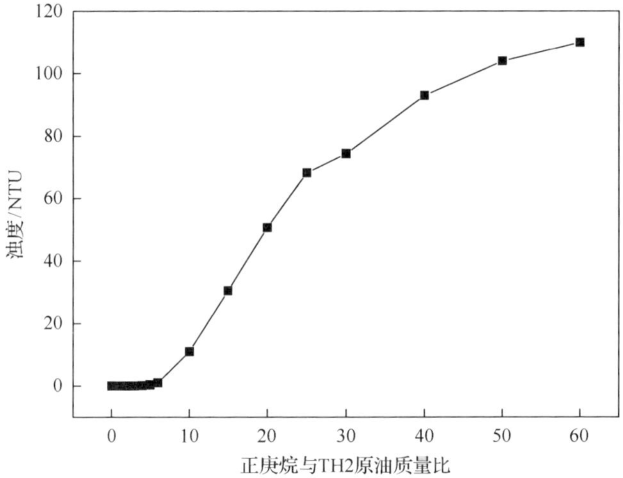

图 6.8　浊度随正庚烷与 TK2 原油的质量比变化曲线

从图 6.7 和图 6.8 可以看出，正庚烷与原油质量比 2.5∶1 为 TK1 原油沥青质絮凝初始点；正庚烷与原油质量比 6.0∶1 为 TK2 原油沥青质絮凝初始点。在正庚烷低质量比条件下，原油的胶体结构难以被破坏，整个体系浊度值较低；但当正庚烷与原油质量比达到一定值时，浊度值开始大幅增加，这是因为此时原油中沥青质开始大量絮凝出来，导致整个体系浊度值增加。因此，可认为当体系浊度值大幅度增加时对应的正庚烷与原油质量比为该原油沥青质絮凝初始点。

另外，卢贵武等[39]应用分子力学和分子动力学方法构建了溶剂-沥青质分子相互作用体系的周期性结构模型，研究了硝基苯、喹啉、吡啶、二溴甲烷、苯等不同溶剂对沥青质聚沉过程的影响。研究表明，范德华相互作用能在沥青质聚合体内占据主导地位，静电相互作用能相对较小；分子间的 π—π 相互作用是促使沥青质聚合最主要的驱动力，杂原子的存在可能是促使沥青质分子聚合的主要原因之一，氢键相互作用对沥青质分子聚合的贡献较小，并且证明了溶剂苯和硝基苯是抑制沥青质聚沉和清除沥青质沉积的最佳溶剂。

6.3.3 沥青质沉积外在因素

沥青质析出不仅与原油组成有关，还受温度、压力等因素影响。

1. 温度

温度并不对沥青质沉积产生直接影响，而是通过作用于促使原油稳定的各种因素，间接地使原油失稳[40]。升高温度能增大原油对沥青质的溶解度，但是温度升高原油的密度减小，轻烃的体积分数增加，胶质的有效浓度降低，胶质对沥青质溶剂化作用降低，沥青质分子间由于缺少胶质的保护，会发生碰撞、絮凝、沉积。温度对原油稳定性的影响具有两面性，需要结合原油组成和性质来分析。塔河油田及塔里木不同原油温度对沥青质沉积的影响[41,42]见图 6.9。

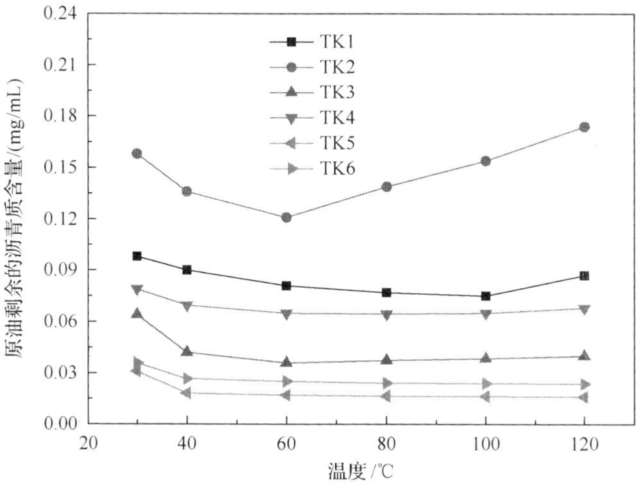

图 6.9 温度对原油沥青质析出的影响

从图 6.9 可以看出，温度对原油的影响大致可以分为三类：

(1) TK2 井原油随着温度升高，原油中剩余的沥青质含量先快速降低，然后上升，说明存在一个温度区域，原油中沥青质沉积趋势最大；

(2) TK1、TK3、TK4 井原油随着温度升高，原油中剩余的沥青质含量逐渐降低，但是当温度超过 100 ℃后，原油中剩余的沥青质含量略有升高；

(3) TK5、TK6 井原油随着温度升高，原油中剩余的沥青质含量逐渐降低，并且变化越来越小。

通常温度升高有利于沥青质本身在油中的溶解。但是，体系温度升高时原油密度减小，沥青质和胶质间的相互作用力减弱，导致沥青质表面部分胶质分子解吸，而使沥青质失去部分保护。失去部分保护的沥青质质点，通过布朗运动发生非弹性碰撞，从而聚集和絮凝，可能引发沉淀。因此，温度对沥青质沉淀行为的影响要视石油本身的组成和性质而定，对于不同的原油，沉淀的温度点可能提前也可能滞后，沉淀量可能增加也可能减少，主要看温度升高时，是沥青质分散溶解还是它的碰撞聚集占优势。

对于随着温度升高，原油中剩余沥青质含量逐渐降低的油井，沥青质沉积受举升过程中的温度变化影响较小，因为在从井底到井口的举升过程中，温度是逐渐降低的，相当于原油对沥青质的溶解能力是增大的；而对于随着温度升高，原油中剩余沥青质含量逐渐降低，超过一定温度又略有升高的油井，在井筒深部存在原油因温度变化而出现沥青质析出的可能性；对于随着温度升高，原油中剩余的沥青质含量先快速降低，然后又快速上升，说明存在一个温度区域，对应一定的井深，在该井深范围内，原油因温度变化而出现沥青质沉积。

2. 压力

压力是影响沥青质析出的重要因素，相关研究表明，沥青质只在一定的压力范围内才会析出，在絮凝沉淀压力范围之外不会发生沥青质析出。Burke 等[42]从溶解度的角度研究了压力对沥青质沉淀的影响，当体系压力高于泡点压力时，随着压力降低原油的密度降低，原油的溶解度参数也降低，沥青质容易析出；而当体系压力在泡点压力之下，当压力降低时气体从原油中逸出，导致体系重组分的含量相对增加，液相体系的溶解度参数增大，沥青质的稳定性增加。研究表明，沥青质开始沉积总是发生在压力高出泡点时，在泡点压力附近沉积量最大[43]。

中国石油大学(北京)采用自主研发的高温高压井筒模拟装置研究了压力的影响，选用塔河油田原油油样和天然气气样，选用在温度 50 ℃、气油比 60、流量 50 mL/min 低速条件下运行，使油样和气样在高压(泡点压力之上)下运行 4 h，当油样和气样达到相平衡后缓慢降压，观察不同压力下管路两端压差变化，见图 6.10。

由图 6.10 可见，管内压力在泡点压力附近，即 15.3 MPa$<p<$18.8 MPa 范围内时，随着管内压力的降低，管路压降迅速增大；当压力增加到 18.8 MPa$<p<$27.4 MPa 范围时，管路压降稳定在较低值；当压力低于 15.3 MPa 后，压力继续降低，管路压降几乎不变。

这是因为只有压力在相应的范围内才会发生沥青质沉淀。在压力远高于泡点压力(18.8 MPa$<p<$27.4 MPa)时，气液两相达到相平衡状态，液体体积膨胀，原油中轻组分和溶解气较多，原油密度降低，但是此时原油的溶解度参数大于沥青

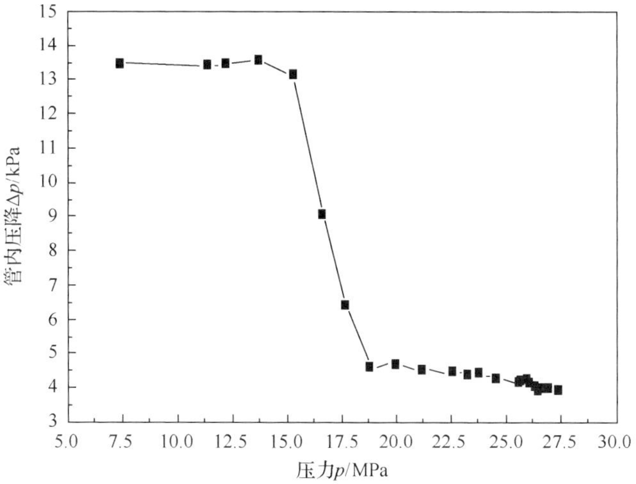

图 6.10 压力变化对管路压降变化曲线

质的溶解度参数，所以沥青质不发生析出沉积；当压力继续降低至泡点压力附近（15.3 MPa＜p＜18.8 MPa）时，原油的溶解度参数低于沥青质的溶解度参数，低密度占主导地位，导致流动过程中沥青质容易从体系析出，表现为管路压降迅速降低；当压力低于泡点压力（p＜15.3 MPa）时，随着管内压力降低，越来越多轻组分和气体从混合物中释放，原油中正构烷烃的浓度降低，沥青质的溶解度增加，沉积量减少。有利于沥青质在液相中的稳定，所以管路压差不大。因此，沥青质开始沉积总是发生在压力高出泡点时，在泡点压力附近沉积量最大。

由此推测现场模拟井筒举升过程中，随着压力的变化，油气两相在井筒中不同位置有着不同混合状态及密度，所以开采条件变化对井筒原油流动参数的影响很大。通过合理控制井口压力可以调整井筒内流体流动状态参数，从而合理控制生产压差和开采速度，以满足稳产增产的生产要求，为生产实际提供理论支撑。此井筒模拟过程与原油 PVT 实验结果一致，结论相符，进一步验证了压力变化对沥青质沉积的影响。

3. 注二氧化碳

注 CO_2 能够显著降低原油的黏度和界面张力，并可通过溶胀作用进一步提高原油采收率，因此被认为是最有效地提高采收率的技术。但是在生产实践中发现，注 CO_2 极易引发沥青质析出，这是因为大量进入地层的 CO_2 占据了沥青质表面空间，和胶质进行了竞争吸附，使沥青质表面的胶质浓度相对减少，导致胶束的溶剂化层厚度变薄，沥青质分子间相互缔合聚集，从而产生沥青质絮凝和沉积。研究发现，CO_2 注入压力越高，沥青质析出越明显，当 CO_2 和原油形成混相时，CO_2 在原油中的溶解量达到最大，石油胶体体系稳定性最差，继续注 CO_2 会逐步形成

富 CO_2 气，富 CO_2 气对原油中的轻质组分有较强的抽提作用，相当于胶质的浓度增加，沥青质的沉淀趋势会降低[44]。

1) 富气

富气驱替开发的油井主要是通过降低 C/H 来破坏沥青质的溶解-析出平衡，影响沥青质的析出。

2) pH 的改变

CO_2、矿物酸或天然存在的以及细菌产生的有机酸都会引起 pH 的改变。在油井操作条件下，pH 的改变可以改变原油在储层条件下的平衡状态，从而释放出天然酸、表面活性成分或其他物质，影响沥青质的析出。

3) 不兼容的有机化学品

异丙醇、甲醇、丙酮，甚至一些乙二醇、乙醇或表面活性剂，这些化学品不含有芳香成分却可以选择性地溶解软沥青或胶质，从而降低沥青质的溶解度。

6.4 井筒沥青质解堵方法

目前国内外对油田堵塞的治理对策有很多，但都有相应的适用条件。目前堵塞控制技术主要有机械解堵法、物理解堵法、化学解堵法、微生物解堵法及热化学解堵法等。当前油田生产实际中应用比较普遍的是机械解堵法和化学解堵法。机械解堵法不适用于清除地层或深井超深井中的堵塞物，此时，化学处理方法更占优势，最常用的方法是注入溶剂或分散剂。

6.4.1 机械解堵法

机械解堵法主要是针对井筒的堵塞物，利用钻井工具和专用设备来消除积垢。机械刮削技术包括抽油杆刮削及钢丝刮削两类，主要工具有抽油杆刮削器、钢丝刮削刀片等。机械刮削是利用抽油杆或钢丝带动刮削器上、下运动，实现油壁胶结物刮削，刮下的胶结物被油流带出井筒。机械解堵法具有施工设备简单、无污染、工艺简单易行、成本低廉的优点，但是效率低且不能清除近井地层内的垢物。

6.4.2 物理解堵法

物理解堵法由于施工操作简便、效果显著，而且成本较低、对地层无二次污染，近年来得到了较快的发展。目前，现场应用比较成熟的有高能气体压裂技术、蒸汽吞吐解堵技术、电磁加热技术、电潜泵涂层技术、改进采油技术、高强声激波处理技术、永磁分散解堵技术等[45]。

1. 高能气体压裂技术

利用火药或推进剂等在井筒内的快速燃烧，释放出大量高温高压气体，且压力迅速上升，作用于井壁岩石上，形成径向裂缝体系，沟通天然微裂缝，而且由于过程中产生的热化学等作用，可解除近井地带各种作业措施引起的有机堵塞，提高近井地层的渗流能力等[46]。

2. 蒸汽吞吐解堵技术

蒸汽吞吐解堵技术[47]是在地面利用加热装置加热水，将水蒸气注入堵塞物层段，热量会使有机堵塞物升温，流动性增强，清除堵塞物。目前，对蒸汽吞吐解堵技术进行了改进，添加了一些辅助化学剂如降黏剂、防膨剂等以进一步增强解堵效果。该方法适用于有机沉积引起的近井地带堵塞的清除。缺点是热能利用率低，解堵有效期短。

3. 电磁加热技术

电磁加热技术解堵是利用电磁加热原理对储层加热使有机堵塞物升温，流动性增强而达到解堵的目的。该技术的优点是施工简便、见效快，缺点是有效期短。

4. 电潜泵涂层技术

电潜泵内涂层可以防止沥青沉积，它可减小电潜泵组件间的缝隙，防止形成涡流，降低流动势，消除沥青质吸附位置。最常用的含氟聚合物薄膜涂层是聚四氟乙烯(PTFE)和六氟丙烯(FEB)，尤其是 PTFE 具有特殊的抗井下设备沥青沉积能力。

5. 改进采油技术

对采油技术的改进包括控制原油采出速度、井底流动压差及泵的抽吸压力、调整生产程序等，以尽量减少沥青质沉积；降低流动电势，从沥青油中清除与其不相容的物质，使采油设备中的压降降低到最小，同时提高完井技术标准。完井后通过增加叶轮间的高度，泵内加涂层，减小泵入口的压降等，也是有效的方法。

6. 高强声激波处理技术

高强声激波处理技术是利用声激仪产生的高强声激波震掉和击碎松散的垢物，然后由液流带出地面，当垢物致密而坚硬时，这种方法并不奏效。

6.4.3 化学解堵法

化学解堵法是指利用专业设备向井筒或地层中挤入能够溶解、携带或破坏堵塞物存在的解堵剂而达到解堵目的，油田生产中应用比较广泛的有溶剂处理法、化学试剂解堵法等。

1. 溶剂处理法

通常用溶剂处理沥青质堵塞物是有利的，因为溶剂既可稀释原油，又能降低沥青质沉积趋势[48,49]。通过非生产管柱(如套管)注入芳烃类溶剂，当溶剂与有机沉积物接触时，便能连续不断地溶解沉积物，直到溶液饱和为止，并及时从井中排除。如果没能及时排出，那已被溶解的沥青质可能会重新析出，有可能造成更严重的堵塞。

2. 注入分散剂

分散剂虽然不能溶解沥青质沉积物，但可以通过表面活性剂作用将沥青质分散在油或水中，因而达到清除沥青质沉积物的目的[34]。分散剂用在胶质和沥青质比值较低的原油中时，阻止沥青质絮凝特别有效。通常，使用时把分散剂添加到油或水中后再注入。为了增加对沥青质的溶解能力，可加入极性组分，提高体系的稳定性。

3. 离子液体

刘艳升等[50]采用离子液体来溶解清除沥青质沉积物，而且离子液体可以进行再生，实现重复利用。其中溶剂包括有机阳离子和阴离子，有机阳离子主要包括吡啶类和喹啉类，阴离子包括氯离子、溴离子及碘离子等。制备离子液体溶剂时可选择任意一种阳离子和任意一种阴离子组合，如选择正丁基喹啉阳离子、阴离子时选择氯离子组成为丁基喹啉氯化物离子液体，能有效溶解清除原油开采、集输、加工过程中沥青质沉积物。该溶剂不挥发、用量小，对操作人员无毒害，对环境无污染。

4. 馏分油

可以清除胶质、沥青质堵塞物的溶剂中大多都是含有表面活性剂物质、含有羟基、脂基及硝基等物质的脂肪烃、芳香烃和环烷烃的混合物。包含这些混合物的馏分一般有沸点 40～180 ℃的汽油馏分，沸点 37～140 ℃的己烷馏分，沸点 180～230 ℃的煤油、苯及其同系物，如乙基苯馏分、丁基苯馏分以及含有 70%～86%芳香烃的热解液态产物等[51]。石油炼制得到的 80～350 ℃馏分油，包含饱和烃以及缩合度不同的芳烃，如果组成适宜，可能是合适的清除沥青质沉积的工业溶剂。

5. 复合解堵剂

使用由有机溶剂、表面活性剂、混合酸、缓蚀剂、分散剂、络合剂及其他助剂等多种物质组成的复合解堵剂[52-54]，其中表面活性剂使沉积的有机质从岩石表面有效剥离，使岩石裸露出来；混合酸组分与分散剂、络合剂等发生协同作用，溶蚀岩石碎屑及无机沉积物，扩大岩石孔隙，提高地层渗透性；解堵后吸附于岩石上的部分有效解堵剂物质可缓慢释放，阻止堵塞物的生成，从而延长解堵有效期。

原油生产过程中沥青质的沉淀会造成各种伤害，如堵塞岩石孔隙、井筒和地面设施管线等。为清除沥青质沉积物，必须充分考虑沥青质沉积物的物理化学结构和性质。由于沥青质分子结构特征除具有芳香结构外，还具有极性官能团等。为增强溶剂对沥青质的溶解能力，可在芳烃溶剂中添加一些极性组分，如醇类、酮类、胺类等，根据它们的极性作用力、氢键力、分散力的溶解度参数配制合适的溶解沥青质的混合溶剂。

6.4.4 微生物解堵法

微生物解堵法是利用含有 N、P 盐的充气水在地层中创造出微生物繁殖生活适宜的环境，微生物通过降解作用将长链烃类大分子转化为小分子，降低黏度；或通过代谢作用产生表面活性剂形成亲水膜，降低原油与井壁作用力，减轻碎屑对岩石孔道的堵塞，降解石蜡等物质，从而达到解堵的目的[55,56]。

微生物解堵具有解堵效率高、成本低、安全无害和可实现生物降解的特点[54]。但由于微生物在高温、高重金属离子含量条件下易被破坏，并且微生物不易培养，所以该方法的应用受到了一定的限制。因此，需要开发耐温、耐盐、耐重金属离子的微生物，才能进一步提高微生物解堵技术在油田的应用。

6.4.5 热化学解堵法

热化学解堵技术[57]是目前应用最广泛的沥青质联合解堵技术。其工作原理为利用两种工作液体系发生化学反应放出的热量用于溶解和移除有机垢，或反应生成酯和表面活性剂作为溶解和分散垢的溶剂。Singh 等[58]发现地热化学体系能产生高达 200 ℃的高温，在高热量和可生成酯类等有机溶剂的共同作用下，体系能高效地溶解、分散、松脱以及移除近井地带和生产管线内有机垢的沉积物。该体系成功应用于马来西亚 20 余口油井的沥青质和石蜡清除工作，提高油井的平均产量高达 100%，每口井节约大概 10 万美元的解堵成本。

6.5 化学解堵剂在油田的应用

沥青质井筒沉积是采油工艺面临的一大难题，油井单纯结蜡问题目前通过热洗、定期刮蜡、投放清防蜡剂可以有效解决，但是沥青质在井筒管柱中一旦析出沉积，由于沉积物硬度大，与管柱内壁结合紧密，常规的机械刮蜡无法有效清除，堵塞严重的油井刮蜡片甚至无法下放，常规的热洗作业温度小于 100 ℃，很难融化沥青质，并且沥青质析出具有不可逆性，采取热油洗也很难实现溶解。在伊朗雅达油田、巴什托油气田、塔河油田、塔里木油田等开发过程中均出现了不同程度的沥青质沉积堵塞井筒的现象。面对超深井沥青质井筒沉积堵塞难题，采用化学处理方法更占优势。

6.5.1 沥青分散解堵剂配方设计

解决超深井筒中胶质、沥青质沉积引起的堵塞问题，不能仅靠机械方法或简单的溶剂清洗。设计分散解堵剂配方要从分散剂、溶剂、助剂以及溶解速度等方面考虑。适用于现场应用的分散解堵剂选择原则包括以下几个方面：

(1) 分散解堵剂对堵塞物应具有较强的溶解能力和较快的溶解速度。

(2) 分散解堵剂不能含有机氯等对设备、管线造成腐蚀的成分。

(3) 分散解堵剂的安全性，包括闪点和毒性。为避免现场应用时的安全隐患，对分散解堵剂的闪点有一定要求；同时也应避免分散解堵剂给环境和操作人员等造成伤害。

(4) 分散解堵剂不能影响原油的破乳脱水等后续处理，应与原油有较好的配伍性。

(5) 成本问题。由于处理时解堵剂的用量可能较大，必须考虑解堵剂的成本，合成配方时要尽量采用易得廉价的原材料，同时要高效，尽量应用时以较低的浓度就能达到较好的解堵效果。

针对堵塞物的物性以及沥青质的析出原因研制的分散解堵剂不仅能分散沥青质，还对沥青质还要有极强的溶解能力，使分散的沥青质溶解后能稳定存在而不会发生再沉积。分散解堵剂分子需具有较高的溶解度参数和介电常数，不仅对沥青质具有较强的溶解能力，还能与沥青质分子形成氢键，因而阻止沥青质分子之间的相互聚集。将分散解堵剂加入到油井中，可以将堵塞物分散，使其颗粒变小无法相互结合。

1. 分散剂的选择

分散剂一般选择具有表面活性的物质，它可以分散在油中，包围沥青质分子，与胶质作用原理类似，从而阻止沥青质分子之间的相互接触发生聚集、沉积。有些分散剂分子还可以优先吸附在矿物等表面，从而避免了沥青质在矿物表面的吸附，防止沥青质发生沉积堵塞。

分散剂的推荐结构如图 6.11 所示，其中分散剂分子可以通过 A 吸附在沥青质分子的表面，而长的烃基链伸入油分子中，形成空间稳定层，维持沥青质分子的稳定性。因此，在设计合成分散剂分子时应考虑在分子骨架上引入具有极性或表面活性的侧链和芳环，形成同时具有环和长链结构的分子。

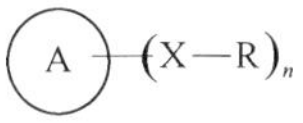

图 6.11　分散剂推荐结构

2. 溶剂的选择

选择分散解堵剂配方中的溶剂要本着高效、低毒、高沸点、高闪点以及低成本的原则，溶剂不仅能较好地溶解分散剂，还能溶解井筒堵塞物，选择要求是溶解速率高、溶解能力强、不污染环境、安全环保。

通常认为，溶剂的溶解能力与其分子之间的引力成正比，而溶剂的密度、表面张力、汽化热等性质参数与分子间的引力联系紧密。Ibrahim 和 Idem[59]提出了两个溶解度参数 δ_1 及 δ_2，它们的定义如式(6.2)及式(6.3)。δ_1 和 δ_2 可表征溶剂的溶解能力。

$$\delta_1 = \gamma V^{-1/\alpha} \tag{6.2}$$

$$\delta_2 = \left(\frac{\Delta_r H - RT}{V}\right)^{1/2} \tag{6.3}$$

式中，γ 为表面张力；V 为分子体积；$\Delta_r H$ 为汽化热。

由定义式可知，溶解度参数 δ_1 及 δ_2 的值均与溶剂密度、表面张力及汽化热成正比。溶解度参数能很好地表征溶剂的溶解能力，通常 δ_1 和 δ_2 越大，溶剂的溶解能力越强。

此外，选择的溶剂不仅要具有尽量大的溶解度参数，具有强的形成氢键的能力也是必不可少的要求之一。因为沥青质在岩石、矿物等表面的单层吸附中有大量的氢键存在。

可以参考以上原则，筛选适合高含沥青质油井分散解堵的溶剂，优选具有较大溶解度参数同时又能形成较强氢键能力的溶剂。为防止对设备管线等造成腐蚀，溶剂中应不含易产生腐蚀的元素。

3. 其他助剂

为增加沥青质的稳定性，在分散解堵剂配方中可加入一些极性组分，如醇类、胺类、酮类等，可以加快对堵塞物的溶解，使体系的稳定性增强[60-63]。还可加入渗透剂，使溶剂快速进入固态半固态堵塞物内部，形成通道，使解堵剂与堵塞物快速接触充分，从而提高解堵效率。因此，分散解堵剂中助剂可选择加入极性组分或渗透剂。根据上述分散解堵剂的选择原则，可对高含沥青质油井分散解堵配方进行筛选和优化。

6.5.2 分散解堵剂油田现场工艺

对于由于沥青质析出堵塞造成产量下降的油井、沥青质完全堵住井筒而导致停产的油井需采取解堵措施。针对要防堵的油井，采用防堵加药工艺，加药主要利用已有的单井流程进行改造，加药工艺简单，加药方便。

1. 工艺流程

具体加药流程为在掺稀流程喂油泵前的过滤网压盖上面加装入口，通过加药泵将药剂挤入掺稀流程，与稀油一起进入井筒，从而预防沥青质井筒堵塞。加药工艺流程图如图 6.12 所示。

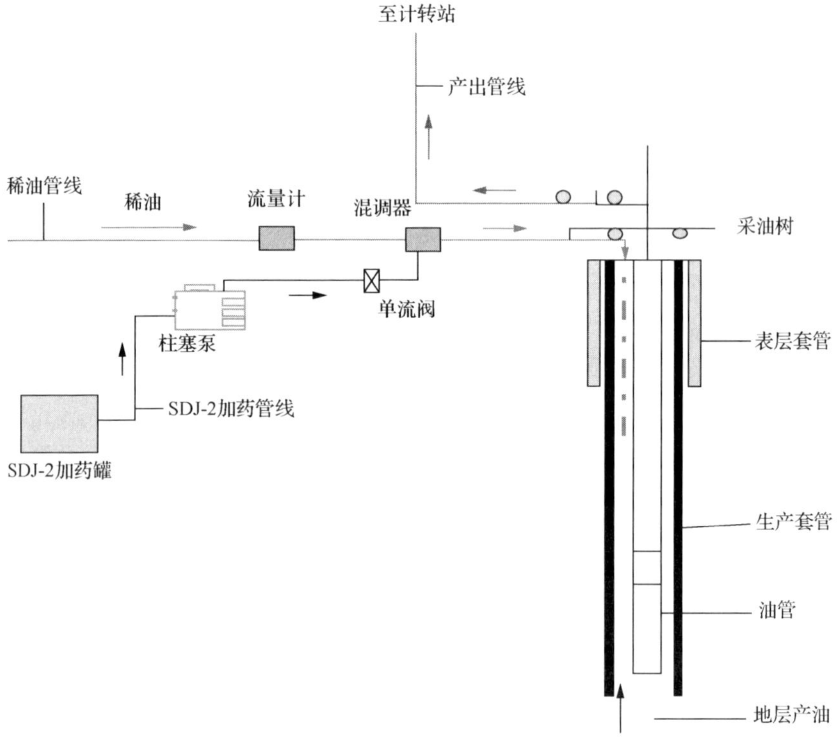

图 6.12 加药工艺流程图

2. 施工的一般步骤

对正常生产的油井施工时一般不动管柱，连接泵车与井口管线，将配制好的解堵剂从油套环空挤入。挤入后关井 2 h，返排后即可开井生产。堵塞严重时可增加剂量。

对作业施工过程油井，一般按以下步骤实施：

(1) 起出井下管柱，下入施工管柱。

(2) 装好井口，试压，井口不刺不漏为合格。

(3) 挤入分散解堵剂。

(4) 关井 2 h，开井放喷、排液。

(5) 生产。

6.5.3 分散解堵剂油田现场的应用

有关化学解堵剂研究很多[64-67]，中国石油大学(北京)与中国石化西北油田分公司和中国石油塔里木油田合作，研发了 SDJ-2 型沥青分散剂，该沥青分散剂不含有机氯检，对破乳无影响，各项试验指标检验均合格。SDJ-2 型沥青分散剂已成功应用于塔河油田和塔里木油田。截至目前，在塔河油田采油三厂应用 317 井次、顺北 30 井次、塔里木 110 井次，成功解决了超深井井筒举升过程中的沥青质堵塞技术难题。

(1) 针对主要成分为致密、强极性、大分子的沥青质堵塞物，优选合适的极性渗透剂、芳烃助溶剂、表面活性剂以及支链聚合物等组分，通过分散、溶解、包裹及共晶作用研发了不含有机氯的沥青质清、防堵一体化配方，具有明显抑制沥青质析出，高效解决沥青质解堵问题。

(2) 针对超深、沥青质析出堵死井解堵难题，开展沥青质解堵工艺技术研究，首次应用“连续油管+高效沥青质解堵剂”复合循环解堵，实现了 4500 m 沥青质沉积堵塞的高效解堵。为优化循环解堵加药参数，采用插管循环溶解和密闭循环模型开展了沥青质解堵工艺研究，为不同堵塞程度和生产方式油井经济高效解堵提供技术指导。

(3) 针对塔河油田沥青质析出油井加药井口压力高，排量小不易控制的难题，西北油田分公司研制出高压井口连续加药装置，该装置已获国家实用新型专利授权[68]，可实现井口压力＜3 MPa、排量 5～60 L/d 的机抽井加药防堵。

参 考 文 献

[1] Pelet R, Behar F, Monin J C. Resins and asphaltenes in the generation and migration of petroleum[J]. Organic Geochemistry, 1986, 10(1): 481-498.

[2] Leontaritis K J, Mansoori G A. Asphaltene deposition: A survey of field experiences and research approaches[J]. Journal of Petroleum Science and Engineering, 1988, 1(3): 229-239.

[3] Speight J G. The Chemistry and Technology of Petroleum[M]. 2nd ed. New York: Marcel Dekker, 1991.

[4] Speight J G. Latest thoughts on the molecular nature of petroleum asphaltenes[J]. American Chemical Society, 1989,(1): 34.

[5] Wattana P, Fogler H S, Yen A, et al. Characterization of polarity-based asphaltene subfractions[J]. Energy & Fuels, 2005, 19(1): 101-110.

[6] 王子军. 石油沥青质的化学和物理—II 沥青质的化学组成和结构[J]. 石油沥青, 1996,(1): 26-36.

[7] Zaki N S, Barbooti M M, Baha S S. Determination of trace metals and their distribution in heavy crude oil distillates (35℃+) by atomic absorption spectrophotometry[J]. Applied Spectroscopy, 1989, 43(7): 1257-1259.

[8] Nellensteyn F J. The constitution of asphalt[J]. Journal of Petroleum Technology, 1924, (10): 311.

[9] Yen T F. Structure of petroleum asphaltene and its significance [J]. Energy Sources, 1974, 4(4): 447-463.

[10] Pfeiffer J P, van Doormaal P M. Betrachtungen über die rhedogischen Eigenschaften von Asphaltbitumina und Arbeitshypothesen über die innere Struktur dieser Produkte[J]. Petrol Technol,1936, (22): 414

[11] Pfeiffer J P, Saal R N J. Asphaltic bitumen as colloid system[J]. The Journal of Physical Chemistry, 1940, 44(2): 139-149.

[12] Ignasiak T, Kempjones A V, Strausz O P. The molecular structure of Athabasca asphaltene. Cleavage of the carbon-sulfur bonds by radical ion electron transfer reactions[J]. Cheminform, 1977, 8(22): 312-320.

[13] Strausz O P, Mojelsky T W, Lown E M. The molecular structure of asphaltene: An unfolding story[J]. Fuel, 1992, 71(92): 1355-1363.

[14] Yen T F, Erdman J G, Pollack S S, Chem. A. Investigation of the structure of petroleum asphaltenes by X-Ray diffraction[J]. Analytical Chemistry, 1961, 33(11): 1587-1594.

[15] Dickie J P, Yen T F, Chem. A. Macrostructures of the asphaltic fractions by various instrumental methods[J]. Analytical Chemistry, 2002, 39(14): 727-734.

[16] Rodriguez G, Lucia D. Modeling of asphaltene precipitation and deposition tendency using the PC-SAFT equation of state[J]. Dissertations & Theses-Gradworks, 2008, 33(1): 110-113.

[17] Evdokimov I N, Eliseev N Y, Akhmetov B R. Assembly of asphaltene molecular aggregates as studied by near-UV/visible spectroscopy: Ⅱ. Concentration dependencies of absorptivities[J]. Journal of Petroleum Science and Engineering, 2003, 37(3): 145-152.

[18] 李英峰, 卢贵武, 孙为, 等. 石油沥青质缔合体的分子动力学研究[J]. 石油学报(石油加工), 2007, 23(4): 25-31.

[19] 秦匡宗, 郭绍辉. 石油沥青质[M]. 北京: 石油工业出版社, 2002.

[20] Haskett C E, Tartera M A. Practical solution to the problem of asphaltene deposits-Hassi Messaoud field[J]. Journal of Petroleum Technology , 1965, 17(4): 387-397.

[21] 张瑞峰, 安晓会, 刘达, 等. 原油中沥青质的危害与预防[J]. 辽宁化工, 2014, 43(8): 1048-1051.

[22] 黄俊, 丛慧阳, 肖芳. 稠油生产胶质沥青质的危害及防治[J]. 中国石油和化工标准与质量, 2013, 33(21): 271-272.

[23] Muhlbauer W K. 管道风险管理手册[M]. 2 版. 杨嘉瑜译. 北京: 中国石化出版社, 2005: 13-22.

[24] 康志江, 黄咏梅, 易斌, 等. 塔河缝洞油藏沥青质堵塞物原因分析[J]. 石油地质与工程, 2008, (6): 91-93.

[25] 李江龙, 康志江, 黄咏梅, 等. 塔河油田奥陶系油藏重质烃类堵塞物形成机理及防治方法[J]. 石油与天然气地质, 2008,(3): 369-375.

[26] 曹建宝. 塔河油田奥陶系稠油沥青质堵塞物实验研究[J]. 承德石油高等专科学校学报, 2010,(2): 39-42.

[27] Marshall A G. Milestones in fourier transform ion cyclotron resonance mass spectrometry technique development[J]. International Journal of Mass Spectrometry, 2000, 200 (1-3): 331-356.

[28] 胡秋玲, 刘颖荣, 刘泽龙, 等. 电喷雾-傅立叶变换离子回旋共振质谱分析原油中的碱性氮化物[J]. 分析化学, 2010, 38(4): 564-568.

[29] 王子军. 石油沥青质的化学和物理—Ⅳ石油沥青质溶液的胶体化学[J]. 石油沥青, 1996,(3): 36-48.

[30] 李美霞. 沥青质沉积问题文献综述[J]. 特种油气藏, 1996, 3(3): 59-63.

[31] Lian H, Lin J R, Yen T F. Peptization studies of asphaltene and solubility parameter spectra[J]. Fuel, 1994, 73(3): 423-428.

[32] León O, Rogel E, Urbina A, et al. Study of the adsorption of alkyl benzene-derived amphiphiles on asphaltene particles[J]. Langmuir, 1999, 15(22): 7653-7657.

[33] Sivaraman A, Imer D, Thomas F B. Defining SLE and VLE Conditions of Hydrocarbon Fluids Containing Wax and Asphaltenes Using Acoustic Resonance Technology[M]. New Orleans: American Institute of Chemical Engineers, 1998.

[34] 周迎梅, 王继乾, 张龙力, 等. 沥青质分散剂对沥青质的稳定及缔合的影响[J]. 燃料化学学报, 2008, (1): 65-69.

[35] 康志江, 黄咏梅, 易斌, 等. 塔河奥陶系油藏沥青质沉淀形成机理研究[J]. 特种油气藏, 2008,(6): 34-37, 96.

[36] Asomaning S. Test methods for determining asphaltene stability in crude oils[J]. Petroleum Science and Technology, 2003, 21(3): 581-590.

[37] Mclean J D, Kilpatrick P K. Effects of asphaltene solvency on stability of water-in-crude-oil emulsions[J]. Journal of Colloid and Interface Science, 1997, 189: 242-253.

[38] Chen C, Guo J, Na A, et al. Study of asphaltene dispersion and removal for high-asphaltene oil wells[J]. Petroleum Science, 2012, 9(4): 551-557.

[39] 卢贵武, 李英峰, 宋辉, 等. 石油沥青质聚沉的微观机理[J]. 石油勘探与开发, 2008, 35(1): 67-72.

[40] 安娜. 塔河油田高含沥青质油井分散解堵技术研究[D]. 北京:中国石油大学(北京), 2009.

[41] 张江伟. 哈拉哈塘油田沥青质沉积化学解堵技术研究[D]. 北京：中国石油大学(北京), 2012.

[42] Burke N E, Hobbs R E, Kashou S F. Measurement and modeling of asphaltene precipitation[J]. Journal of Petroleum Technology, 1990(11): 1440-1447.

[43] Nasser A H, Hadi B, Abu D. Modeling of crude oil asphaltenes deposition: In-depth colloidal prospective[C]//SPE 136087 prepared for SPE Production and Operations Conference and Exhibition, Tunis, 2010.

[44] 贾英. 注 CO_2 含沥青质重质原油沉积机理研究[D]. 成都: 西南石油大学, 2006.

[45] 李伟翰, 颜红侠, 王世英, 等. 近井地带解堵技术研究进展[J]. 油田化学, 2005, 22(4): 381-384.

[46] 田兴国, 李泓平, 李维安. 在电潜泵应用过程中沥青质的沉积[J]. 国外油田工程, 2001, 17(2): 18-19.

[47] Soulgani B S, Tohidi B, Rashtchian D, et al. Modeling of asphaltene precipitation in well column of Iranian crudes: Kuapl case study[C]//Canadian International Petroleum Conference(the Petroleum Society, 59th Annual Technical Meeting), Alberta, 2008.

[48] Becker H L, Thomas D C, Doddridge W R, et al. Asphaltene deposition control using chemical control agents[Z]. Petroleum Society of CIM, 1992.

[49] 赵凤兰, 鄢捷年. 沥青质沉积抑制剂和清除剂研究. 油田化学[J]. 2004, 21(4): 311-312.

[50] 刘艳升, 胡玉峰, 王海波, 等. 离子液体: 石油沥青质的新型溶剂[J]. 中国化学工程学报(英文版), 2005, 13(4): 564-566.

[51] Bianco. Tailoring hydrocarbon streams for asphaltene removal[Z]. SPE Production & Facilities, 1997.

[52] 张义祥, 张喜瑞, 郎宝山, 等. DLA 型解堵剂在曙光油田大凌河油层的应用[J]. 油田化学, 2002, 19(3): 222-223.

[53] 蒋卫东, 岳书申, 王宪花. 油层解堵剂的室内试验研究[J]. 钻采工艺, 2000, 23(4): 80-83.

[54] 钟平, 马会宁. 微生物解堵技术[J]. 油气田地面工程, 2007, 26(2): 22-23.

[55] 沈治凯, 陈兴武. 阿波罗解堵技术在桥口油田的应用[J]. 特种油气藏, 2004, 11(1): 69-71.

[56] 范秋菊, 刘平礼, 罗志峰, 等. 油井沥青质沉积控制技术的研究与应用[J]. 油田化学, 2016, 33(2): 373.

[57] 李胜彪, 张振华, 徐太宗, 等. 井筒电加热技术在稠油开采中的应用[J]. 油气田地面工程, 2005, 24(01): 29-30.

[58] Singh K, Saidu M A, Alian S S. Thermochemical in-situ heat generation technique to remove organic solid deposition: Effective tool for production enhancement and flow assurance[R]. OTC 23933, 2013: 1-14.

[59] Ibrahim H H, Idem R O. Interrelationships between asphaltene precipitation inhibitor effectiveness, asphaltenes characteristics, and precipitation behavior during n-heptane (light paraffin hydrocarbon)-induced asphaltene precipitation[J]. Energy Fuels, 2004, 18(4): 1038-1048.

[60] 李永太. 稠油胶质沥青分散解堵剂性能评价与现场应用[J]. 西安石油大学学报(自然科学版), 2010, 25(2): 5.

[61] 丁保东, 杨祖国, 许艳艳, 等. 塔河油田井筒沥青质堵塞解堵剂的研制[J]. 化工进展, 2015, (10): 3814-3818.

[62] 向晶. 稠油沥青分散剂的筛选及效果研究[J]. 精细石油化工进展, 2015, 16(1): 3.

[63] 于杰刚, 曹红英. 稠油油藏胶质沥青质分散技术[J]. 油气田地面工程, 2009, (10): 32, 33.

[64] 罗咏涛, 李本高, 秦冰. 塔河油田稠油井解堵抑堵剂研制[J]. 石油炼制与化工, 2015, (2): 1-6.

[65] Chang C L, Fogler H S. Stabilization of asphaltenes in aliphatic solvents using alkylbenzene-derived amphiphiles. 1. Effect of the chemical structure of amphiphiles on asphaltene stabilization[J]. Langmuir, 1994, 10(6): 1749-1757.

[66] 胡广杰. 塔河油田 TK305 井井筒沥青质沉积防治[J]. 油田化学, 2006, 23(1): 111-115.

[67] Chen C, Guo J, An N, et al. Study of asphaltene deposition from Tahe crude oil[J]. Petroleum Science, 2013, 10(1): 134-138.

[68] 董斌, 刘毅, 秦雪源, 等. 高压井口连续加药装置[P]: CN203239291U, 2013.

第 7 章　稠油采出液处理技术

稠油采出液处理主要包括稠油脱水技术、采出水处理技术及集输处理技术，国内各油田通过多年的研究实践，取得了较大发展，保障了稠油的安全高效处理及集输。

7.1　稠油脱水技术

7.1.1　稠油脱水技术现状

目前油田中采出的油一般都含有一定数量的水，而含水过多会给储运造成浪费，增加设备，增大耗能；油品中的水多数含有盐类，会加速设备、容器和管线的腐蚀；在石油炼制过程中，水和原油一起被加热时，水会急速汽化膨胀，压力上升，影响炼厂正常操作和产品质量，甚至会发生爆炸。因此，外输前需进行脱水，使含水量不超过 0.5%。

油田都要经历含水开发期，特别是采油速度大和采取注水强化开发的油田，无水采油期一般都较短，油井见水早，含水率增长快。油品含水不仅增加了储存、输送、炼制过程中设备的负荷，还增加了升温时的燃料消耗，甚至因为水中含盐等而引起设备和管道的结垢或腐蚀。水在油田开发过程中，几乎是“永远伴生者”，尤其是在油田开发的中后期，油井不采水，也就没有了油。所以脱水成为油田开发过程中一个不可缺少的环节，一直受到人们的重视[1]。

经过多年的反复实践，目前国内已经研究成功的原油脱水工艺技术包括以下方面：

(1) 沉降分离脱水。这是利用水重油轻的原理，在原油通过一个特定的装置时，使水下沉，油、水分开。这也是所有原油脱水的基本过程。

(2) 化学破乳脱水。即利用化学药剂，使乳化状态的油水实行分离。化学破乳是原油脱水中普遍采用的一种破乳手段，在油品脱水中被广泛利用。

(3) 电破乳脱水。用于电破乳的高强度电场，有交流电、直流电、交-直流电和脉冲供电等数种。其基本原理是通过电离的作用，促使油、水离子的分离。

(4) 润湿聚结破乳。在原油脱水和原油稳定过程中，加热有利于原油黏度的降低和提高轻质组分的挥发程度。这也就促使了油水分离。

相比于常规原油，稠油具有密度高、黏度大、胶质和沥青质含量高的特点，由于目前大多油田采用注蒸汽开采，而沥青质和胶质是一种天然乳化剂，在蒸汽热采过程中，极易吸附在油水界面上形成一层黏稠的厚膜，这层厚膜会阻止水滴的凝聚，从而形成稳定的油包水型乳状液，导致稠油脱水十分困难。这些特点使得普通破乳脱水方法的效果变差，需要在常规原油脱水技术的基础上加以改进。

7.1.2 稠油脱水技术及国内典型技术流程

为了满足外输原油含水达到《出矿原油技术条件》（SY 7513-88）的要求，各稠油油田不断进行原油脱水工艺技术的研究和生产实践，设计并推广应用了适合各自油田油品性质和油水乳状液特点的综合破乳方法以及分段原油脱水工艺。

国内外应用的稠油脱水技术相差不多，下边进行简要介绍。

(1) 重力沉降脱水工艺。重力沉降脱水工艺主要用于高含水原油进行预脱水处理的工艺技术[2]。该技术通过重力沉降原理，依靠油水互不相溶，并存在着密度差的特点，在重力和浮力相互作用下实现油水两相的分离，具有脱水率高、运行稳定等优点。现场应用主要有大罐沉降预脱水工艺、高频聚结预脱水工艺、旋流聚结预脱水工艺、管式预脱水工艺。

(2) 热化学沉降脱水。该工艺技术是将含水原油加热到一定温度，并在乳状液中加入适量的破乳剂[3]。破乳剂能够吸附在油水界面上，降低油水界面张力，从而破坏乳状液的稳定性，使得小液滴破裂，小水滴聚结，以达到油水分离的目的。热化学脱水有两个关键技术，一是破乳剂的选择，二是沉降罐的选择。两者的选择应遵循合适、高效、价廉的原则。热化学沉降脱水工艺有开式和密闭式两种流程，至于采用何种工艺流程应结合集输工艺统一考虑。

(3) 电脱水工艺。原油电脱水处理工艺是一种深度脱水工艺，它主要处理热化学沉降脱水后的低含水原油或经过三相分离器处理后的低含水原油，具有脱水速度快、净化油含水量小、破乳剂用量少、耗电量低的优点，在各油田被广泛采用[4]。原油电脱水主要有交流脱水、直流脱水两种方式。

(4) 超声波脱水。超声波脱水是通过超声波作用于性质不同的流体介质产生的位移效应来实现[5]。由于超声波在油和水中均有较好的传导性，适用于各种类型的乳状液，这克服了传统方法的不足，具有相当好的发展前景。超声波在传递过程中，产生三个物理作用：一是机械作用；二是空化作用；三是热作用。超声波破乳脱水利用以上三个物理作用：一方面在声场的作用下，乳化原油当中的“粒子”（如水滴）发生位移集聚效应和碰撞合并效应，使得小水滴有机会碰撞，生成粒径较大的水滴，并且在重力作用下实现沉降分离；另一方面，超声波的作用有利于界面膜的溶解，提高了水滴相互接触的可能性；另外，超声波还有助于油水混合物中天然乳化剂的溶解；水滴温度的升高便于水滴的沉降。

(5) 稠油掺稀脱水。在稠油中掺加稀释剂（稀油、石脑油等），有利于降低油水的相对密度差和黏度，实现稠油的降黏集输和油水的有效分离[6]。该项技术适合应用在稀油资源丰富，或是其他脱水方法不易实行的地方。掺稀脱水虽然可以提高脱水效果，但是由于稀释剂的掺入，影响了稠油和稀释剂的性质。在选择该方法时要注意到这一点。

(6) 声化学法。声化学法是把声波能量辐射到加入了适量破乳剂的原油乳状液中，使之产生一系列超声效应，如搅拌、聚结、空化、温热、负压等，从而达到破坏油水(油包水或水包油)界面膜，实现破乳脱水的目的[7]。研究人员通过对声化学法含水原油破乳脱水的实验装置、原理及方法的研究，得出了如下实验结果：声化学法可以提高原油破乳脱水率；声波与破乳剂具有很好的协同作用，可降低破乳剂用量 35%以上；声化学法可以实现室温条件下破乳脱水，且具有显著的降黏作用，黏度降低后能保持一段时间。

1. 国内典型稠油油田脱水工艺流程

1) 单家寺稠油脱水工艺流程

单家寺稠油脱水工艺流程采用井下加入了油溶性破乳剂的轻原油，进行管道破乳，进集油站一段热化学沉降脱水、二段电化学脱水，脱水后的原油含水 1%～2%，脱出的含油污水回掺井下[8]。

2) 塔河油田脱水工艺流程

塔河油田以生产稠油为主，现在建有三座联合站[9]。塔河一号联合站处理量为 200×10^4 t/a；塔河二号联合站设计处理量为 150×10^4 t/a；塔河三号联合站设计处理量为 180×10^4 t/a。其中二厂的二号联合站是一个集原油破乳、油气分离、沉降脱水、污水处理、回灌等多项功能于一体的大型联合站。在工艺上主要采用重力沉降、化学破乳和电脱水器进行原油脱水。二号联合站和三号联合站的处理流程如图 7.1 和图 7.2 所示。

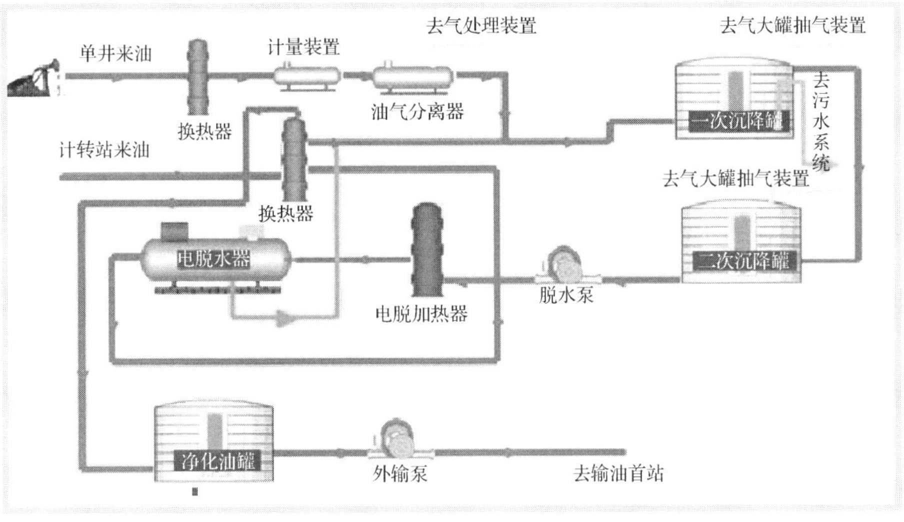

图 7.1　塔河二号联合站原油处理工艺流程

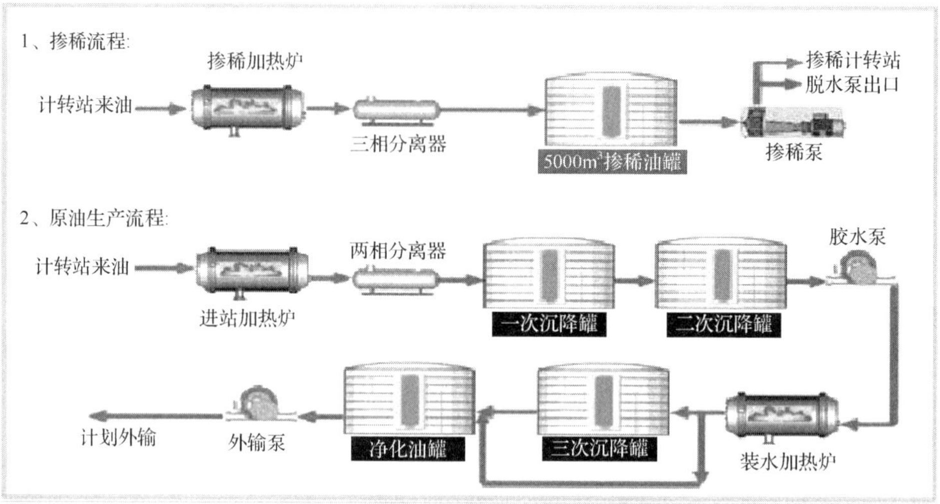

图 7.2 塔河三号联合站原油处理工艺流程

3) 辽河油田脱水流程

辽河油田生产的稠油物性差异较大，各区块根据自己的实际情况，采取了适合自己的脱水工艺[10]，主要包括以下工艺流程。

(1) 两段热化学沉降脱水工艺流程。

各小站来油一般含水率为 50%～70%，温度为 50～60 ℃，经进站计量后加热至 70 ℃左右。然后进入一段热化学沉降脱水罐，脱出游离水，原油含水率降到 30%以下。低含水油溢流至缓冲罐，经脱水泵加压、脱水炉加热后，温度达到 80～90 ℃。然后进入二段热化学沉降罐进行二段沉降脱水，合格油溢流进合格油储罐，经外输泵加压后计量外输。该流程的特点是操作简单、可靠性高，主要应用于曙光油田、高升油田、海外河油田、欢喜岭油田等集中处理站。

(2) 热化学沉降+电化学脱水两段脱水工艺流程。

该流程的关键是一段脱水的位置和二段电脱水器能否建立起稳定的电场。该流程的特点是脱水精度高，主要应用于曙光油田、兴隆台油田、小洼油田、锦州及冷家坨子里等集中处理站。

2. 国外典型稠油油田脱水工艺流程

国外稠油脱水一般采用的脱水流程有掺轻质(或轻烃)油加热电脱水、掺凝析油热化学沉降脱水、热化学脱水、稠油蒸发脱水以及稠油裂解改质等。脱水后的原油含水小于 0.2%，排放处理过的水含油量小于 5×10^{-6}。

1) 加拿大 Alberta 集中处理站的稠油脱水工艺流程

该流程中，含水原油进入脱气罐进行油气分离，然后将分离出的原油温度换热到 100 ℃左右，再进入游离水脱除罐，经处理后的原油含水 2%～5%，再加入稀释剂进入电脱水器，处理后的原油含水 0.5%。

2) 轻质油加热电脱水工艺流程

该工艺流程为进站原油含水 11%，油温 60 ℃，掺入站内循环使用的轻质油，油温达 32 ℃，相对密度为 0.72，混合油经加热升温到 71 ℃，进换热器再升温，达到 135 ℃，进入电脱水器，脱水后的原油含水 2%，油温 127 ℃，进入闪蒸塔，从塔内出来的原油含水 0.5%，油温 121 ℃，闪蒸塔回收的轻质油回掺进站原油中。

7.1.3 稠油脱水发展趋势

稠油资源丰富，在今后的能源发展中占有重要地位，但其脱水处理较为困难。国内外相关领域的专家、学者对稠油脱水机理和方法进行了大量研究，并设计了大量脱水方案及技术，研制了不同类型的破乳剂，但受稠油采出液组成的复杂性、处理条件的差异性等多种因素影响，稠油脱水仍是一大难题，有待进一步研究。

化学破乳剂在实际稠油脱水中应用较为广泛，且脱水效果较好，但对于不同的原油乳状液，由于乳状液类型、组成和物化性质不同，所需破乳剂种类也不尽相同。所以应通过大量对比实验，筛选出合适的破乳剂。此外，单独一种破乳剂作用可能得不到理想的破乳效果，可采取破乳剂复配的方式提高破乳脱水效率、减少破乳剂用量、降低外输原油含水量。

除此之外，除了常规的稠油脱水工艺，目前有学者研究设计的几种新型稠油脱水技术引起了广泛的关注，以下是几种新型稠油脱水方法。

1) 微波脱水法

微波破乳时，形成高频变化的电磁场，使极性分子高速旋转，油水界面膜的 Zeta 电位被破坏[11]。当油水分子丧失 Zeta 电位的作用后，上下运动、碰撞聚结。油水分离的同时，内相水滴因吸收更多的能量而膨胀，界面膜受压变薄。另外，界面膜中的油分子由于受热而溶解度增高，降低了界面膜的强度，使之更容易破裂。利用微波辐射的破乳率远高于传统加热的破乳率，脱水速度快，脱水效率高，无污染且节约能源，具有良好的工业化应用前景。

但微波辐射技术应用于乳状液破乳还有许多理论和技术问题尚未突破和解决，如微波破乳脱水的模型，微波与化学法耦合或协同破乳脱水的机理还不十分清楚，并且缺乏充分有力的实验证据支持现有微波辐射破乳理论。特别是对微波辐射破乳非热效应的认识还不够，还不能准确表述它的作用过程和作用机理。

2) 高频脉冲电脱水法

针对高频脉冲电场对 W/O 型原油乳状液的破乳问题，以及直流脉冲电场中乳状液的破乳问题，有关专家明确提出了液珠对外电场的响应是受电介质的松弛(或弛豫)过程控制的。在电场作用下，聚结前，液珠首先排列成链，为此，破乳电场中必须有大量的链生成，以进行聚结。这些链不能太长，否则产生传导电流，可能形成短路导致能量的泄露；同时，形成的链也不能太短。其长短恰好能使链中的粒子在电场力下聚结。脉冲脱水的效果受脉冲电场的频率和原油含水率的影响。

新研制出的高频脉冲原油电脱水供电装置与常规电脱水装置相比，高频脉冲电脱水装置在电场平稳性及处理效果方面有明显的优越性，在生产中取得了良好的效果，解决了复合驱采出液的脱水难题。

3) 生物脱水法

生物脱水法的标志是生物破乳剂的应用。其原理是：细菌胞体起到主要的破乳剂作用，在破乳过程中，非连续相的两个微粒(两个乳状液液滴或者一个乳状液液滴与一个已分层的非连续相)只要在同一个细胞表面接触、润湿并铺展，则这两个微粒在到达平衡前就会在细胞表面聚集。由于细胞尺寸一般要比聚合物等乳化剂的尺寸大若干数量级，加上其相对较高的表面活性，液滴能较快地润湿、铺展，使两个液滴凝聚并排液。

生物破乳剂是一种环境友好型的高效破乳剂，有可能逐渐取代化学剂。该法具有药剂使用量低、脱水速度快、脱水率高、脱出水水质好、油水界面清、运行费用低等优点。

随着三次采油与稠油开采的进行，原油所形成的乳化液越来越稳定，原油质量不断下降，破乳脱水工作越来越困难，迫切需要高效的脱水方法。随着人们对环境的不断关注，迫切需要不污染环境或者对环境污染小的破乳脱水方法。

化学破乳剂与新型脱水方法联合使用，是目前解决稠油脱水难、减小环境污染的研发趋势。化学破乳剂是针对原油的特性进行破乳脱水，针对性极强，但是环氧乙烷、环氧丙烷的嵌段聚醚类破乳剂，其脱水能力已经不再令人满意，迫切需要新型的高效破乳剂，有代表性的是丙烯酸酯类破乳剂，其对环境的污染很小，非聚醚类破乳剂是化学破乳剂的研发趋势。新型脱水方法包括超声波脱水法、微波脱水法、生物破乳剂脱水法和高频脉冲电脱水法。新型脱水方法对环境无污染或者污染程度小，并且也有较高的脱水效率，相信随着研究的不断进行，会形成较完善的工艺过程。

7.2 稠油采出水处理技术

开采稠油常采用蒸汽吞吐或蒸汽驱方式，个别地区也有用常规注水方式进行开采。从开采的含水稠油中分离出的含油污水常称为稠油污水，或稠油采出水[12]。

稠油污水与稀油污水相比，具有以下特征[13]：①稠油污水的油水密度差小。稀油即低密度原油的密度在 880 kg/m^3 以下，通常约为 840 kg/m^3，而稠油平均密度为900 kg/m^3，一些特超稠油的密度在990 kg/m^{3}以上，其原油的微粒有时可长期悬浮在水中；②稠油污水具有更多的杂质，除自身的胶质沥青质外尚携带较多的泥沙，在开发过程中又往往加入各种降黏剂，使稠油污水的成分更复杂；③稠油污水中的胶质和沥青质具有天然乳化性质，易形成以微小的油粒为中心的水包油型乳状液，给稠油污水的破乳增加困难；④稠油污水具有较大的黏滞性，特别是在水温低时更显著；⑤稠油污水具有较高的温度，在开发过程中为降低原油黏度往往将温度提高到70～80 ℃，而稀油的输送温度在50 ℃左右。

在不同的区块，稠油污水的成分千差万别，但是不论在什么情况下，稠油污水都是非常复杂的。一般来讲，稠油污水都是由无机化合物和有机化合物两大部分组成。无机化合物主要包括 Na^+、K^+、Ca^{2+}、Mg^{2+}、Sr^{2+}、Fe^{2+}、SiO_2、Li^+、Mn^{2+}、NH_3、HCO_3^-、Cl^-、Br^-、NO_3^-、PO_4^{3-}、SO_4^{2-}、S^{2-}等；有机化合物主要包括油以及各类化学药剂。根据稠油污水的出路不同，处理的要求也不同。例如，稠油污水回用于热采锅炉，其去除的主要目标就是油、悬浮物、硬度、二氧化硅和TDS；稠油污水回注，其去除的主要目标就是油和悬浮物；稠油污水外排，其去除的主要目标就是COD，但所有指标都要达到国家排放标准。

7.2.1 稠油采出水处理技术原理与方法

稠油密度高、黏度大、胶质和沥青质含量高，造成原油与水的密度差异小；胶质和沥青质具有天然乳化性质，给水中油珠凝聚增加困难；从水中分离出的原油黏度高、流动性差，给原油回收造成困难。因此稠油污水的处理是比较困难的，目前油田采出水中油的处理主要是根据Stocks公式进行设计的，油珠上浮速度与油水密度差成正比，与油珠直径平方成正比，而与水的黏度成反比。因此稠油污水处理难易程度还与生产过程中对油珠分布状况的改变以及对油、水密度、黏度的改变等因素有密切的关系。

目前国内外对稠油污水合理处置的方法有三种：一是将其做深度处理，回用于注汽锅炉；二是在除油工艺的基础上，增加生化处理，达标排放；三是将其外输至邻近稀油区，处理合格后回注[14-16]。

1) 回用于注汽锅炉

把稠油污水进行深度处理，使水质达到高压蒸汽锅炉给水标准，作为供给注汽锅炉用水。此方法充分利用稠油污水水源和水温，防止对水体的污染。在美国、加拿大、德国等一些国家已采用这种处理方式。加拿大利用蒸汽驱的方式开采稠油，每开采1 m^{3}稠油将产生2～20 m^{3}稠油污水。经过一定的处理后稠油污水通常回注到深井层进行永久处理。Somani等认为，在水资源丰富的地区和深井回注量很大的条件下，稠油污水的深井回注在经济和环境方面都是可以接受的。但在许多稠油开采地区，这些条件往往不具备。比如在Alberta，出于对水资源的保护，不得不限制地下水的开采，法律规定油田每天允许开采的地下水仅为 1350 m^3。因此稠油污水处理后回用于注汽锅炉就变得越来越迫切。由于蒸汽开采需要大量的质量好的水，因此将稠油污水回用至少在环保和能耗方面具有三大明显的优势：①减少清水资源的消耗；②减少深井回注处理的污水量；③回收热能。

2)达标外排

根据《石油化学工业污染物排放标准》(GB 31571—2015)，对石油开发工业废水中有毒有害物质和一般有害物质最高容许排放浓度作了规定。标准还规定，当地方执行本标准，不适用于当地特定环境(如集中生活水源、经济渔业区等)时，可以按国家有关规定执行地方污染物排放标准。标准还对排放水量作了限制，在新开发区，其最高容许排放量不得超过总废水量的 25%。20 世纪 70 年代环境法规禁止油田污水外排，其焦点主要是油脂指标不达标，而当时的标准处理技术是重力撇油和重力沉降。自那时起，环境法规对油田污水的排放标准和处理技术的发展影响很大，而不是根据科学评价油田污水对环境的潜在影响。在过去油脂指标是人们对环境关注的焦点，那么处理技术就集中在从水中去除更多的油。现在其他指标也变得越来越重要，如毒性、放射性和处理药剂等。1991 年 4 月美国 EPA 规定在Ⅵ类地区，在油田污水排放指标中增加了水体毒性限值。

3)开发注水或回灌废地层

当热采区附近其他油田需要注水水源时，将稠油污水处理达到注水水质标准即可回注。但是必须作好注水区水量平衡计算，若采出水量大于回注水量时，还需对多余水量安排别的出路。例如，胜利油田单家寺稠油脱出的含油污水送往 31 km 外的滨二首站进行污水处理，将处理合格的采出水注入油层，多余污水需送往滨四区注入废地层。然而由于多种原因，回注往往行不通，这些原因[17,18]主要包括：①稠油污水与地层水之间的化学配伍性差；②地层可供大量污水注入的空隙体积小；③注入水有可能串入清水层；④回注地层的清水资源缺乏。

总之，稠油污水出路不同，要求达到的水质标准也不一样，所以处理流程、处理方法也不相同。回用于注汽锅炉，主要是去除水中的杂质(油和悬浮物、硬度、二氧化硅等)，保持水质稳定，达到外排标准，主要是去除水中的有害物质，去除妨碍水生生物生长的物质，随着稠油污水量的增加，注汽锅炉或注水量没有太大的增加，所以越来越多的污水必须外排，因此外排只是回用方法的补充和完善。而注水或回灌废地层是以满足油田生产和环境保护为目的而采取的应急措施，绝非长久之计。

而目前常规采出水处理方法分为 4 种：

1)物理法

物理法的重点是去除采出水中的大部分油类和固体悬浮物等。物理法主要包括重力分离、离心分离、粗粒化、过滤分离、膜分离等方法[19]。

(1) 重力分离技术：依靠油水密度差进行重力分离是油田废水治理的关键。从油水分离的试验结果看，沉淀时间越长，从水中分离浮油的效果越好。自然沉降除油罐、重力沉降罐、隔油池作为含油废水治理的基本手段，已被各油田广泛使用。

(2) 离心分离技术：使装有污水的容器或容器内的污水高速旋转，形成离心力场，利用不同液体之间的密度差产生不同的离心力作用，密度大的受到较大离心力作用被甩向外侧，密度小的则停留在内侧，各自通过不同的出口排出，达到分离污染物的目的。含油污水经离心分离后，油集中在中心部位，而水则集中在靠外侧的器壁上。按照离心力产生的方式，离心分离可分为水力旋流分离器和离心机。其中水力旋流分离器，由于具有体积小、质量轻、分离性能好、运行安全可靠等优点，而备受重视。目前在世界各油田，如中东、非洲、西欧、美洲等地区的海上和陆地油田都有应用。我国引进和自行研制的水力旋流分离器，在油田污水处理上也取得了良好的效果。

(3) 粗粒化：指含油污水通过一个装有填充物的装置时，油珠粒径由小变大的过程。所用的填充材料称为粗粒化材料。目前常用的粗粒化材料有石英砂、无烟煤、蛇纹石、陶粒、树脂等材料。经粗粒化的污水，其含油量与污油性质并没有发生变化，只是油珠粒径变大，更容易用重力分离法将油去除。

(4) 过滤器分离技术：含油污水通过粒状滤料床层时，利用阻力截留、重力沉降、接触絮凝三方面的作用，将悬浮物和油分截留在滤料的表面和内部空隙中。过滤器是常见的过滤设备，有压力式和重力式两种，目前我国油田普遍采用的是压力式，有石英砂过滤器、核桃壳过滤器、双层滤料过滤器、多层滤料过滤器等。近年来，随着纤维材料的发展，以纤维材料为滤料发展起来的深床高精度纤维球过滤器，因其具有纤维细密、过滤时可形成上大下小的理想滤料空隙分布、纳污能力大、反洗滤料不流失等优点，发展迅速。

(5) 膜分离技术；该技术被认为是“21 世纪的水处理技术”，是一大类技术的总称，主要包括微滤、超滤、纳滤和反渗透等。这些膜分离产品均是利用特殊制造的多孔材料的拦截能力，以物理截留的方式去除水中一定颗粒大小的杂质。特别是超滤，已经在除油的相关研究中取得了一定的进展，逐渐从实验室走向实际应用阶段。

2) 化学法

化学法主要用于处理采出水中不能单独用物理法或生物法去除的一部分胶体和溶解性物质，特别是含油污水中的乳化油，包括混凝沉淀、化学转化和中和法。①混凝沉淀法是借助混凝剂对胶体粒子的静电中和、吸附、架桥等作用使胶体粒子脱稳，在絮凝剂的作用下，发生絮凝沉淀以去除污水中的悬浮物和不溶性污染物。目前采用的混凝剂主要有铝盐类、铁盐类、聚丙烯酰胺(PAM)类、接枝淀粉类等。②化学氧化是转化污水中污染物的有效方法，能将污水中呈溶解状态的无机物和有机物转化为微毒、无毒物质或转化成容易与水分离的形态。该法分为化学氧化法、电解氧化法和光化学催化氧化法 3 类。化学氧化法是指利用强氧化剂氧化分解废水中油和 COD 等污染物质以达到净化废水的一种方法。电解氧化法是指在污水中插上电极，通以一定的直流电，废水中的油和 COD 等污染物在阳极发生电氧化作用或与电解产生的氧化性物质发生化学氧化还原作用，以达到净化污水的一种方法。光化学催化氧化法是指以半导体材料利用太阳光能或人造光能(如紫外灯、日光灯等)使废水中的油和 COD 等污染物质降解以达到净化废水的一种方法。目前常用的处理含油污水的方法包括超临界水氧化、湿式空气氧化、臭氧氧化、TiO_2 电极氧化、Fenton 试剂氧化等[20]。

3) 物理化学法

油田污水物化处理法通常包括气浮法和吸附法两种。气浮法是将空气以微小气泡形式注入水中，使微小气泡与在水中悬浮的油粒黏附，因其密度小于水而上浮，形成浮渣层从水中分离。常投加浮选剂提高浮选效果，浮选剂一方面具有破乳作用和起泡作用，另一方面还有吸附架桥作用，可以使胶体粒子聚集随气泡一起上浮。吸附法主要是利用固体吸附剂去除污水中多种污染物。根据固体表面吸附力的不同，吸附可分为表面吸附、离子交换吸附和专属吸附 3 种类型。

油田采出水处理中的吸附主要是利用亲油材料来吸附水中的油。常用的吸附材料是活性炭，由于其吸附容量有限，且成本高，再生困难，使用受到一定的限制，故一般只用于含油污水的深度处理。因此，近年来开展了寻求新的吸油剂方面的研究，研究主要集中在两点：一是把具有吸油性的无机填充剂与交联聚合物相结合，提高吸附容量；二是提高吸油材料的亲水性，改善其对油的吸附性能[21]。

4) 生物法

生物法是利用微生物的生化作用，将复杂的有机物分解为简单的物质，将有毒的物质转化为无毒物质，从而使污水得以净化[22]。根据氧气的供应与否，将生物法分成好氧生物处理和厌氧生物处理，好氧生物处理是在水中有充分的溶解氧的情况下，利用好氧微生物的活动，将污水中的有机物分解为 CO_2、H_2O、NH_3 等；厌氧生物处理是在反应器中稳定的保持足够的厌氧生物，使污水中的有机物降解为 CH_4、CO_2、H_2O 等。生物法较物理或化学方法成本低，投资少，效率高，无二次污染，广泛为各国所采用。油田污水可生化性较差，且含有难降解的有机物，因此，目前国内外普遍采用 A/O 法、接触氧化、曝气生物滤池(BAF)、SBR、UASB 等处理油田污水。

7.2.2 稠油采出水处理药剂

油田采出水要达到回注条件，需进行回注水处理，油田采出水处理主要包括水质净化和水质稳定两方面。

1. 水质净化剂

混凝剂、絮凝剂的主要作用是去除水中悬浮固体颗粒。在工程中，常把“混凝”分为“凝聚”和“絮凝”两个阶段。作用原理包括压缩双电层、吸附电中和、吸附架桥、沉淀物的卷扫或网捕。其中絮凝是混凝沉降的核心，油田常用的絮凝剂可分为无机、有机、微生物和复合絮凝剂。

1) 无机絮凝剂

无机絮凝剂主要包括无机低分子絮凝剂和无机高分子絮凝剂[22]。目前应用和研究较多的是无机高分子絮凝剂，主要有聚铁类无机高分子絮凝剂和聚铝类无机高分子絮凝剂。无机高分子絮凝剂中使用较多的是聚合硫酸铁(PSS)和聚合氯化铝(PAC)。聚合硫酸铁具有絮凝能力强、沉降快、使用范围广、对金属设备腐蚀性小及二次污染小等优点，但产生的污泥量较大、生产工艺复杂、成本较高；聚合氯化铝处理含油污水时，其絮凝效果明显优于其他铝盐，通常也比聚铁类絮凝剂好，主要表现为投量较少且产生的污泥量小，缺点则是絮凝沉降速度较慢、易造成二次污染。

2) 有机高分子絮凝剂

有机高分子絮凝剂也称为聚电解质，主要包括人工合成类和天然聚合物改性类两种。有机高分子絮凝剂与无机絮凝剂相比，具有用量少、受盐类及环境条件影响小、污泥量小、避免 Al^{3+}和 Fe^{3+}在溶液中的残留等优点。但缺点是有些有机高分子絮凝剂的水解、降解产物有毒，生产成本较高。所以，现多以有机高分子絮凝剂与无机高分子絮凝剂配合使用或者添加无机盐与污染物电荷中和，来促进有机高分子絮凝剂的作用。我国近十年来在改性淀粉絮凝剂研究方面取得了一定的进展，通过淀粉官能团的化学转化和接枝共聚反应，开发出了一系列无毒、低成本而又具有良好絮凝效果的淀粉絮凝剂并开始应用于高矿化度含油废水的处理，并取得了良好的效果[23]。

3) 微生物絮凝剂

微生物絮凝剂是一种无毒的生物高分子化合物，包括机能蛋白质或机能多糖类物质，具有生物降解的独特性质[24]。与其他絮凝剂相比，其优点是易于固液分离、形成沉淀物少、易被微生物降解、无毒无害、无二次污染、适应性强、可除浊脱色。况金蓉和龚文琪[25]从污泥中筛选出菌株 BF-3 处理石化废水，结果表明，絮凝效果优于 PAC、HPAM，浊度去除率达 90.1%。目前，微生物絮凝剂研制的关键问题是成本过高，各种絮凝剂产生菌的培养大都是在实验室中以葡萄糖、果糖等作为有机碳源，以酵母浸出汁、酪蛋白氨基酸等作为有机氮源。因此，研制出低成本的培养源，是微生物絮凝剂广泛应用的瓶颈问题。

4)复合絮凝剂

将不同的絮凝剂复合或复配使用，这样能更好地发挥不同类型和不同结构絮凝剂的长处。一般采取将无机絮凝剂相互复合、有机絮凝剂相互复合、有机和无机絮凝剂复合等。以铝盐、淀粉为主要成分，无水乙醇作反应溶剂，用 NaOH 将淀粉改性，制得经济、高效、生态安全性高的复合高效絮凝剂，不仅适用性广，且对环境无污染。

2. 水质改性剂

油田采出水中含有各种盐类，成垢后附着在设备表面，降低设备运行效率，同时产生垢下腐蚀危害，为了消除或减少这些危害，把水中成垢的硬度成分，如 Ca^{2+}、Mg^{2+}还有其他高价离子予以去除，因此，要进行水的软化处理。水质改性的原理是通过调整污水的 pH，使污水的 pH 由弱酸性改变为弱碱性，使 HCO_3^-不断离解为 CO_3^{2-}和 H^+，大量的 CO_3^{2-}和 Ca^{2+}反应生成 $CaCO_3$ 沉淀，Fe^{3+}生成 $Fe(OH)_3$ 沉淀，利用絮凝剂的网捕作用，与系统中的悬浮固体等杂质一同快速沉降，从系统中排出。改性剂的加入降低了水中成垢离子浓度，做到地下结垢在地面上生成。抑制了注入过程中对油藏地层的伤害。由于单一碱剂在减轻腐蚀、净水效果等方面效果有所差异，所以根据单一碱剂的优缺点将碱剂复配可以得到更好的效果。

3. 水质稳定剂

1)缓蚀剂

油田采出水水质复杂，具有较高的矿化度和温度，含有 H_2S 和 CO_2 等腐蚀性气体，有微生物生长、有污油、易结垢等特点，所以腐蚀非常严重。因此为减少注水系统腐蚀，需用缓蚀剂来控制腐蚀。缓蚀剂的作用机理是通过在金属表面上吸附成膜，使金属与腐蚀介质隔离，起到抑制腐蚀的目的，通常用缓蚀率来表述缓蚀效果。油田水处理系统用缓蚀剂主要有氧化型、沉淀型、吸附型和复合型。

(1)氧化型缓蚀剂。

氧化型缓蚀剂是使金属表面生成一层致密且与金属表面牢固结合的氧化膜，或与金属离子生成难溶的盐，阻止金属离子进入溶液，抑制腐蚀。早期的氧化型缓蚀剂有铬酸盐($NaCrO_2$、$K_2Cr_2O_7$)、亚硝酸盐($NaNO_2$)等。国外对钨系水处理剂的开发大多采用磷-钨杂晶盐水处理剂，它特别适合在含高氯根水中使用，对碳钢缓蚀率可达 91.9%，而相同条件下磷系缓蚀率只能达到 56.4%。国内已开发的无磷钨系缓蚀阻垢剂，缓蚀率大于 94%，阻垢率达到 89.64%，性能优良。故该无磷钨系水处理剂是一种结合我国资源的有发展前途的无磷新型绿色水处理剂[26]。

(2) 沉淀型缓蚀剂。

沉淀型缓蚀剂是与腐蚀环境中的某些组分反应，在金属表面形成一层沉淀膜，从而阻止金属的腐蚀。沉淀型缓蚀剂的研究应用是最为广泛的一类，尤其是含磷缓蚀剂的研究应用代表了当今缓蚀剂的发展方向[27]。常用的无机沉淀型缓蚀剂有聚磷酸盐类，如六偏磷酸钠、硼酸盐类如偏硼酸钠等。现已开发出有机沉淀型缓蚀剂，如氨基叉二膦酸(ATMP)、乙二胺四甲叉膦酸(EDTMP)等一系列产品；膦酰基羧酸(POCA)类缓蚀剂含磷量低，兼具有机磷酸和聚合物的性能，具有无毒、无污染、用量少、不易水解以及在高温、高 pH 下稳定性好和一定的阻垢性特点而逐步受到重视。

(3) 吸附型缓蚀剂。

吸附型缓蚀剂分子都有极性基团和非极性基团，加入腐蚀介质中的极性基团吸附在金属表面上，非极性基团则向外定向排列，形成憎水膜，使金属与腐蚀介质分开。常用的吸附型缓蚀剂主要有有机胺类、磺酸盐、脂肪酸类和木质素等。磺酰胺化合物多用于高氯离子水质的处理；多氨基羟基化合物可作为酸洗缓蚀剂，缓蚀率高达 98%。

(4) 复合缓蚀剂。

近年来，为了弥补单一膜型缓蚀剂的缺陷，获得好的缓蚀效果，利用协同效应原理，国内外已广泛采用复合水处理缓蚀剂来控制设备的腐蚀[28]。其中全有机配方复合缓蚀剂由于无毒、无污染，没有聚磷的水解问题，无磷酸钙垢的危险，适用于高 pH、高硬度和高浓缩倍率的水质，因而得到了广泛的应用。

2) 杀菌剂

微生物腐蚀是一种特殊类型的腐蚀，它是由于微生物直接或间接地参加腐蚀过程所引起的金属毁坏作用。微生物腐蚀是一种局部腐蚀，其腐蚀产物、菌体及代谢物极易成垢，造成地层堵塞，损害油层渗透率，降低设备传热效率，对生产极为不利，其危害是极其严重的。油田采出水中含有微生物主要有硫酸盐还原菌(SRB)、腐生菌、铁细菌等，其中硫酸还原菌对腐蚀影响最大。油田水处理中用杀菌剂主要分为氧化型和非氧化型。

(1) 氧化型杀菌剂。

氧化型杀菌剂是具有强烈氧化性的杀生药剂，通常是一种强氧化剂，对水中微生物作用很强，它借助氧化作用杀死微生物，氧化型杀菌剂中应用最广泛的是氯及其制品，包括氯气、臭氧、次氯酸钠等。近年来，二氧化氯和氯胺的应用有所增加，臭氧和溴化物的应用也值得重视。有机溴化物杀菌剂应用表明，具有低剂量、快速、高效、广谱和低毒等特点，是新一代杀菌剂[29]。

(2) 非氧化型杀菌剂。

非氧化型杀菌剂是不以氧化作用杀死微生物，而是以致毒剂施用于微生物的特殊部位导致微生物死亡，因而非氧化型杀菌剂不受水中还原物质的影响。二硫氰基甲烷和戊二醛是两类常用的非氧化型杀菌剂，季膦盐类、有机胍类、异噻唑啉酮等是新型油田用杀菌剂，具有广谱高效、稳定性好、低毒、对硫化物稳定等特点。采出水中悬浮固体和油表面带负电荷，阳离子型杀菌剂投加在自来水，大部分杀菌剂与悬浮固体和油表面的负电荷发生电中和反应，使得杀菌剂被悬浮固体和油消耗。因此，杀菌剂需要投加在水净化处理后，在提高杀菌效率的同时，也降低杀菌剂的投加量。

3) 阻垢剂

油田采出水中常见的垢型有四种：$CaCO_3$、$CaSO_4$、$BaSO_4$、$SrSO_4$。一般均采用加阻垢剂的方法来抑制垢的生成。阻垢剂主要通过螯合金属，吸附分散微晶和晶格畸变作用，从而阻止水中致垢盐类在设备表面沉积。目前油田常用防垢剂主要有三类：有机磷酸及其盐类、无机磷酸盐类和聚合物。

(1) 有机磷酸及其盐类。

这类阻垢剂主要有二乙基三胺五甲叉膦酸(DETPMP)、羟基乙叉二膦酸钠(HEDP)、氨基三甲叉膦酸(ATMP)等。有机磷酸及其盐类阻垢剂有以下优点：一是稳定性好，不易水解，耐高温，在使用中不会因水解生成正磷酸而导致菌藻过度繁殖；二是作用效果好，只需用浓度为每升几毫克的有机膦酸就可以阻止浓度为每升几百毫克的碳酸钙发生沉淀[30]；三是它还与其他药剂有良好的协同效应。常见的有机膦酸盐类如氨基三甲叉膦酸(ATMP)、二乙基三胺五甲叉膦酸(DETPMP)等具有较好的阻碳酸钙垢的效果和对碳钢的缓蚀性能。

(2) 无机磷酸盐。

无机磷酸盐类阻垢剂有磷酸三钠(Na_3PO_4)、焦磷酸四钠($Na_4P_2O_7$)、六偏磷酸钠($(NaPO_3)_6$)、三聚磷酸钠($Na_5P_3O_{10}$)等。无机磷酸盐有以下特点：一是药剂价格低，防 $CaCO_3$ 垢较有效，但对于其他垢型效果不佳。二是易于水解产生正磷酸盐，与 Ca^{2+} 反应生成不溶解的磷酸钙；三是随水温的升高，水解速度加快，最高使用温度为 80℃。所以综合考虑无机磷酸盐不如有机磷酸盐的阻垢效果好，目前油田应用较少。

(3) 聚合物。

聚合物包括聚羧酸和含磷聚合物两类，聚羧酸类阻垢剂可分为丙烯酸类、马来酸类、马来酸/丙烯酸类、磺酸类和含磷类聚合物阻垢剂等。目前国内主要使用的丙烯酸类共聚物是丙烯酸与许多单体共聚生成的具有不同性能的共聚物。吴雁和杨旭[31]以丙烯酸-烯丙基磺酸钠（AA-SAS）为原料，合成了丙烯酸-烯丙基磺酸钠（AA-SAS）二元共聚水溶性固体阻垢剂，通过研究，发现 AA-SAS 是一种性能优异的阻垢剂。含磷共聚物是由无机单体次磷酸与其他有机单体如丙烯酸（AA）、马来酸（MA）、含磺酸基单体等共聚而成的聚合物，一类称为膦酸亚基聚羧酸、膦基聚羧酸或聚膦基羧酸（OCA）；另一类称为膦酰基羧酸（POCA），其特点是将羧基与膦酸基结合于同一分子中，由于其分子上同时有—PO(OH)和—COOH，因而具有较好的阻垢和缓蚀能力，主要对碳酸钙垢有效，其复合配方对硫酸钙垢、磷酸钙垢以及分散黏泥和氧化铁也有协同效果。今后阻垢剂发展的主要方向是研究无磷环保型复合缓蚀阻垢剂，特别是高聚物阻垢剂的研究[32]。

4）除氧剂

溶解氧对油田水的腐蚀和堵塞都有明显的影响，它不仅直接影响水对金属的腐蚀，而且水中存在溶解的铁，氧的存在会使不溶的铁的氧化物沉淀，从而造成堵塞。除氧一般采用化学方法，将化学药剂加入水中，与氧反应生成无腐蚀的产物。油田应用的除氧剂主要有亚硫酸钠、联胺、铁屑、有机除氧剂等。

（1）亚硫酸钠。

亚硫酸盐是油田最常用的除氧剂，价格低，运输方便。缺点是反应慢，需要加催化剂。其防腐作用机理是亚硫酸盐的加入增加了系统的还原性气氛，使钢的电极电位剧烈负移，进而抑制了腐蚀阴极的过程。亚硫酸盐的防腐效果取决于亚硫酸盐是否提供足够的还原性气氛和还原性气氛的保持，这种防腐作用机理称为外加还原性气氛机理。

（2）联胺。

联胺（N_2H_4）遇水结合成稳定的水合肼（$N_2H_4 \cdot H_2O$）。联胺与水中的氧反应生成水与氮气，不增加水的含盐量。联胺主要用于热力除氧后的辅助措施，水温越高，反应速度越快。联胺必须在碱性水中才呈现强还原性，所以除氧水要维持一定的 pH。

（3）铁屑。

将水通过普通的碳素钢的钢屑层，水中的溶解氧与具有强烈活性表面的钢屑起化学作用，金属屑被水氧化，水中溶解氧被除去。由于金属屑的展开表面积较大，能与氧气有效地反应，从而达到充分地除氧。

（4）有机除氧剂。

有机除氧剂主要有肟类化合物、羟胺类化合物、异抗坏血酸及其钠盐、四取代苯二胺、碳酰肼等。有机除氧剂的除氧效率及钝化性能都优于其他除氧剂，并且有机除氧剂大都复配使用，不仅提高了其除氧缓蚀效果，用量还减少，但是这些有机除氧剂或因价格昂贵，或因现场应用资料太少，未得到普遍推广。

5) 除铁剂

了解 Fe^{2+}在水中的存在规律，得到在水中有溶氧存在的条件下，Fe^{2+}在水中发生一系列复杂的化学变化，造成水中悬浮物增多，阻塞管道，并且加重腐蚀。除铁剂主要有沉淀除铁剂和氧化除铁剂。

(1) 沉淀除铁剂。

加石灰后水中产生碳酸铁，并从水中沉淀出来，然后由过滤法直接去除，pH在 8.0～8.5 范围内就可以发生反应，但要求水中没有氧气，所以要求一个密闭的压力混合反应器和压力滤池系统。

(2) 氧化除铁剂。

水中的亚铁离子与溶解氧发生氧化还原反应，生成高价铁，高价铁再与水中的氢氧根离子反应生成氢氧化铁沉淀。常用氧化剂主要有臭氧、氯气和 $KMnO_4$。

6) 助剂

在油田水处理中为了达到防腐、防垢和杀菌的目的，不仅需要加入上述起主要作用的药剂，而且还要加入一些起间接作用的辅助型药剂[33]。油田水处理助剂可根据不同的作用分为许多类，其中清洗剂、消泡剂和凝聚剂是几个最常见的助剂类型。助剂种类虽多，但是从化学组成上看，都属于表面活性剂。如清洗剂硫化琥珀酸 2-乙基己酯钠属于阴离子表面活性剂，消泡剂乙二醇硬脂酸脂和聚丙二醇硬脂酸脂属于非离子表面活性剂，凝聚剂聚丙烯酰胺属于高分子表面活性剂。水处理助剂是水质稳定剂的重要组成部分，也是水处理工艺中一个不可缺少的环节，它所起的作用是不容忽视的。

7.2.3 稠油采出水处理发展趋势

针对稠油污水黏度大、油水密度差小、乳化严重、水温高、水质水量变化大、处理难度大的特点，高效净水药剂的研制和开发是稠油污水深度处理的基础和关键。强化前段除油效果，减轻后段过滤系统的压力，使整个工艺技术合理、紧凑和高效；同时必须充分考虑污水的均质均量，避免来水对整个工艺流程造成冲击。基于稠油污水的多变性和复杂性，未来稠油污水处理应充分考虑和研究以下几个方面[34]：

(1) 强化调节池的功能。稠油污水油水密度差小以及水质水量变化较大，因此强化调节池的功能显得非常重要，可以在调节池中布置曝气装置，对稠油污水进行预曝气，这将有利于提高油水密度差，有利于浮油的去除，有利于水质的稳定，有利于去除稠油污水中挥发性的有机物。

(2) 加强高效净水药剂的研制和开发。由于稠油污水乳化严重，为使油、水分离，破乳是先决条件。因此高效净水药剂的研制和开发是稠油污水深度处理的基础和关键，为使高效净水药剂发挥其高效的破乳功能，应通过实验来确定最佳投药量、加药点、搅拌方式及反应时间等。

(3) 选择适合稠油污水处理的装置。为强化稠油污水处理效果，工艺流程中必须采用高效的油水分离设备，如斜板隔油和溶气气浮等设备。但它们也必须在投加高效的净水药剂以及保持良好的水力条件下方能发挥预期的作用。

(4) 稠油污水处理流程与原油脱水工艺应统筹考虑。原油脱水的水质对稠油污水处理效果的影响很大。原油脱水用的破乳剂与污水处理所采用的药剂应有良好的配伍性。另外应保证脱水中油含量的稳定性。

(5) 稠油污水处理工艺流程应紧凑、合理、高效及耐冲击。由于稠油污水水质水量变化较大，因此高效、紧凑、合理及耐冲击的工艺流程就显得极为重要。

7.3 稠油输送技术

当今社会对能源的需求量越来越大，稠油的开采量随之增加，因此对稠油的管输技术也提出了更高的要求。随着各国稠油开采工业的发展，其开采、输运技术的不断提升，国内外大批学者也纷纷根据稠油的特性和技术难题，致力于研究经济、可靠的稠油输送方法。目前，国内外较普遍的稠油输送方法主要包括加热输送法、掺稀输送法、乳化降黏输送法、低黏液水环输送法、改质降黏输送法等[35,36]。

7.3.1 加热输送法

稠油(尤其是超稠油、特超稠油)黏度受温度变化的影响比常规原油更加敏感，稠油加热输送方法[37]就是依据原油的黏度随温度升高而降低的原理，通过加热升温，降低其黏度，从而减少流动阻力。

根据工艺流程和作用机理的不同，加热输送又可分为热处理输送[38]和预加热输送[39]。热处理输送是在管输之前，将稠油加热到一定的温度，随后在静态下以固定速度冷却到输送温度或在输油管内慢流速动态冷却。热处理是否成功的关键是加热温度和冷却速度的控制。预加热输送利用稠油的黏度随温度的升高而急剧下降的原理，通过电加热软带、沿途设置水套加热站和热流体预热管道并对管道进行热绝缘保温等措施，保证在运输过程中，稠油处于较高的温度状态，具有较低的黏度和压力损失。从而提高其流动性，有效降低管输摩阻损失。

目前广泛应用于油田集输的加热方法有加热炉加热、电伴热、蒸汽伴热等[40]。其中，加热炉又分为燃油和燃气两种，燃油加热炉所需辅助设备较多，管理不方便。燃气加热只有在油田天然气充足的情况下才可以考虑。应用加热炉加热时，由于加热温度高(某些油田输送温度高达 110 ℃)，因而燃料消耗量较大，占输量1%以上的原油被烧掉和损耗，经济损失大。近些年来，电伴热法应用越来越广泛，如胜利、辽河、河南等油田。

加热输送是目前国内外稠油输送的主要方法，其优点是[40,41]：①工艺成熟、技术可靠；②加热能有效地降低稠油的黏度，从而有效地减小管路摩阻损失。其缺点是[38,41]：①管线温度降低至环境温度时，会发生凝管事故；②能耗高，占输量 1%以上的原油被损耗掉。因此，应减少或取代加热输送方式，但属蒸汽吞吐开采的稠油，从井口出来的温度就高达 130 ℃，这样就应结合热采进行输送。

7.3.2 掺稀输送法

稠油掺稀输送法[42,43]是在稠油进到管道前加入一些低黏液态碳氢化合物(轻质原油、凝析油或者蒸馏产品)，其作用机理是有机溶剂的相似相溶性。稠油是一种由可溶沥青粒子组成的胶体，沥青粒子相互缠结在由软沥青组成的溶剂中，导致稠油黏度极高。掺入稀油减小了沥青的质量分数，增加了稠油在稀油中的溶解量，减弱了可溶沥青粒子相互缠结的程度，从而降低了稠油黏度[40]。

稀释降黏方法已在加拿大、美国、委内瑞拉和中国得到了广泛应用。委内瑞拉东部地区的 Meneven 公司掺稀释剂、加拿大赫斯基公司和苏联俄罗斯油田采用掺凝析油降黏输送稠油；1986 年掺稀油输送在胜利单家寺油田开始推广应用[44]。目前，辽河、胜利、河南等国内油田，对距离较远的且附近有稀油油源的接转站，采用掺稀油降黏输送。

掺稀输送法基本上可以实现稠油不加热输送，其优点有[45,46]：①稠油在常规的原油输送管道中进行输送，停输以后稠油也不会发生凝固现象；②稀释剂还可回收再次利用，经济效益较好。缺点是[38,47]：①必须保证稀释剂的来源，并且建立专门的管线把稀释剂输送到油田；②掺入稀释剂后，稠油的油品会发生改变。③增加了输送负荷。

7.3.3 乳化降黏输送法

乳化降黏[48]也称为加药降黏，主要用于含水率较高的原油，在原油乳状液中加入适当的水以及匹配的水包油型乳化剂，通过一定的温度和机械搅拌，原油以小油滴的形式分散在水中，从而将稠油与管壁间的摩擦和稠油间的内摩擦，转变为水与管壁的摩擦和水与水之间的摩擦，这样既可以使整个输送体系的流动阻力大幅度降低，又节约了稠油开采、输送的动力能耗。

苏联在科什塔尔-亚利米卡尔管线实行乳化降黏输送工艺；委内瑞拉在奥里诺科重质原油中加入 30%(体积分数)的水及少量乳化剂，配制出 Orimulsion(奥里乳化油)水包油型乳状液，50℃的原油黏度由 4000～6000 mPa·s 降为 300～500 mPa·s，可以稳定储存一年以上。

选择一种合适的乳化剂[49]，即生成的乳状液既要有足够的稳定性以便于管输，同时在适当条件下又要具有一定的不稳定性，便于进行破乳脱水。

乳化降黏法的优点是[50]，掺入的表面活性剂价格低，可降低采油成本。缺点是[42,51]：①乳化降黏过程中需要加入大量的水，对设备的腐蚀性很高；②对不同地区，不同物性的稠油要选择不同的乳化剂，同时还要解决乳化液的成型、稳定、流变性及破乳脱水等问题；③当乳状液输送到终端，又需要对稠油乳状液进行破乳、污水处理等后续处理，工艺难度和成本都有所增加。

7.3.4　低黏液水环输送法

稠油管输时，原油与管壁间的摩擦以及管壁附近油层间的相互剪切是摩阻的主要组成部分。水环输送[49]就是通过降低这部分摩阻来提高管输能力的。低黏液水环输送原理是在原油中加入一些与原油不相容的低黏度液体(一般是水)，形成环流状。水贴合管道流动，原油在中间形成油芯，能有效减低与管壁之间的阻力[52]。

委内瑞拉在长1 km、直径203 mm的输油管线上，进行了核心环状流试验，研究表明，用1%的水即可形成一层很薄的水膜，并保证油流运行平稳；该系统力梯度较低的最佳含水量为8%～12%，其油水界面为波状。稠油液环输送法的最大不足在于长输过程中，由于过泵剪切，中心油流稳定性容易丧失。中心油流的稳定性与管径、坡度、增压站或往复泵站等因素都有关；当液环流一旦突然停输或扰动，中心流与外层流将相互混合，很难再启动。尽管该技术在美国与委内瑞拉的短距离输油管道中成功应用过，但目前仍未达到推广应用水平。

低黏液水环输送法的优点有[51]：①输油温度较低，容易实现稠油的常温输送；②油水不乳化，易分离；③不需加热和保温，额外投资少。缺点是环状流稳定性比较差，输送过程中表观流速太大时易形成混合相[11]。

7.3.5　改质降黏输送法

改质降黏输送法的原理是通过加氢或脱碳的方法将大分子烃分解成小分子烃从而达到降黏的效果。除碳过程一般通过热加工和催化加工来实现，热加工分为减黏裂化、焦化等，催化加工以催化裂化为代表。加氢过程分为加氢热裂化和加氢催化裂化。

近年来，国外油田通过建立一套稠油改质的装置使稠油的大分子裂化、减黏，便于输送[52]。法国油田采用加氢降黏裂化法，即通过对油田进行加压加氢处理，降低原油黏度再使用管线输送，并在下游炼油厂使用普通方法进行加工；日本学者通过采用“全部重油残渣改质精炼法(CHERRYP)”生产轻质的燃料油、炼钢用焦和城市煤气。该工艺通过采用热裂化和重整工艺的方法来加工减压渣油，从而将已有的延迟焦化和降黏裂化的方法取而代之。同时在进料时将掺入的煤粉作为载焦体，促使过程流化，防止设备和管路在热裂化的过程中结焦。我国辽河油田也采取该公司的这种方法来降低原油凝固点(可从 57.5 ℃将至−2.5～−10.5 ℃)，从而解决高含蜡、高凝固点原油的降黏集输问题。

改质降黏输送法的优点是：①改质后的原油黏度低，品质好；②改质时产生的副产品可以利用。虽然改质降黏输送法的前景很好，但缺点是成本太高[52]。

7.3.6 稠油减阻输送法

油溶性减阻剂主要运用在流体减阻中降低管道摩阻损失，多数减阻剂是以流状链或长直链少侧链的高分子聚合物[53]，常规的工业用聚合物减阻剂是均聚物或烯烃的共聚物，用于超深稠油、特稠油、稠油运输效果较差。Milligan 提出采用丙烯酸盐为基础，由乳液聚合反应产生的悬浮胶乳组成的减阻聚合物，效果显著。根据减阻剂的作用机理、分子结构的差异，油品管道减阻剂可分为三类：高分子减阻剂、表面活性剂减阻剂、缔合型高分子减阻剂。

2001 年 EP 系列减阻剂成功研发并批量生产，由于价格低廉、减阻效果明显，因此广泛运用于国内多条原油和成品油的管道运输线：库鄯线(库尔勒—库鄯)、湛茂线(湛江—茂名)、兰成渝线(兰州—成都—重庆)、旅大线(旅顺—大连)等[54]。随着 EP 系列减阻剂的推广，在 2002 年还成功销售到国外市场，英国、伊朗、苏丹先后引用 EP 系列减阻剂 3000 多立方米。至 2008 年底，EP 系列减阻剂累计创造经济效益 3.1 亿元。

7.3.7 发展趋势

要选择一种最佳的稠油输送方案需要考虑很多因素，除了最重要的经济因素以外，管线长度、气候条件、现有设备、水处理的能力、电力供应情况、地形情况、稠油种类、环境条件等各类因素都必须考虑在内。一般来说，在决定使用哪种方案前，都需要进行全面的经济效益分析和社会效益分析，考虑其原始投资、操作运行费用、社会环境费用等，最终选择确定一种最经济、最合理的稠油输送方法。

由于稠油黏度高、流动性差，其开采与集输等生产环节都比普通原油难度大。目前，石油工业界在稠油输送工艺方面，大多是从提高管道运行安全性、节能降耗的角度出发，进行新技术、组合工艺的研究。目前，国外原油管道输送工艺也正朝着多元化、新型化及组合工艺的方向发展。

CO_2 的临界点为 7.38 mPa·s，31.4 ℃，在临界点以上 CO_2 处于超临界状态，此时它的黏度和扩散系数与气体接近，但是密度却与液体接近，可以很好地溶解在稠油中。CO_2 溶解在稠油中，对稠油内部的空间网络结构造成一定破坏，并且

由于 CO_2 分子进入稠油分子间空隙，减弱了稠油分子间作用力，从而可以大幅度降低稠油的黏度，进而减小管路摩阻损失，降低输送能耗。因此，可以将超临界 CO_2 视作一种降黏剂，与稠油混合以实现稠油长距离输送。与传统的稠油输送技术相比，超临界 CO_2 稠油降黏输送有诸多优点，①CO_2 来源广泛，成本较低；②对温度没有太高的要求，利于实现稠油低温输送；③便于在稠油中分离，对稠油的性质不会产生很大的影响等。总之，超临界 CO_2 稠油降黏输送技术是一项创新的技术，有巨大的发展空间和优越性。

参考文献

[1] 苗承武, 陈泽芳, 梁月霞. 我国稠油地面建设技术水平及发展方向[J]. 石油规划设计, 1994, (1): 19-22.

[2] 郭爽. 稠油低温预脱水工艺[J]. 化工管理, 2017, (31): 164-164.

[3] 娄世松, 周伟. 胜利原油脱水技术研究[J]. 石油化工腐蚀与防护, 2006, 23(1): 8-12.

[4] 武本成. 辽河超稠油电化学脱水实验研究[J]. 石油化工高等学校学报, 2004, 17(1): 46-51.

[5] 王鸿膺, 冯桦, 雷强. 稠油超声波脱水实验研究[J]. 石油规划设计, 2005, 16(2): 23-25.

[6] 谢明政, 娄文钦, 蒋余巍,等. 超稠油掺稀油采出液脱水工艺技术[J]. 油气田地面工程, 2005, 24(8): 21.

[7] Singh B P. Ultrasonication for breaking water in oil emulsions[J]. Proceeding of the Indian National Sciences Academy, Part A, 1992, 58(3): 181-194.

[8] 刘华印. 石油地面工程技术进展[M]. 北京: 北京化学工业出版社, 2000.

[9] 金拥军, 郑军. 塔河油田三号联合站稀油脱水技术实验[J]. 油气田地面工程, 2015, (3):22-23.

[10] 李海荣. 曙一区超稠油地面集输工艺[J]. 石油规划设计, 2004, 9: 23-25.

[11] 刘宏魏, 高秀军, 郭丽梅, 等. 新型原油脱水方法[J]. 油气田地面工程, 2007, (3): 32-33.

[12] 王志刚, 曹纪绒, 武萍. 稠油污水处理技术的应用及效果[J]. 油气田环境保护, 2009, 19(S1): 29-31, 84.

[13] 潘红磊. 辽河油田采油污水处理技术研究[D]. 北京: 中国地质大学（北京）, 2003.

[14] 祁佩时, 李立君, 刘云芝, 等. 聚硅硫酸铁絮凝性能研究及在稠油污水处理中的应用[J]. 中国矿业大学学报, 2009, 38(6): 878-883.

[15] 赵林, 陈英毅, 李玉娇, 等. 用于稠油污水处理的高效反相破乳剂的合成[J]. 工业水处理, 2007, (6): 61-63.

[16] 唐丽, 郑志刚. 稠油污水处理系统改造与絮凝剂筛选试验研究[J]. 承德石油高等专科学校学报, 2007, (3): 4-10.

[17] 王爱军, 谢宏强, 付蕾, 等. 百重 7 稠油污水处理新技术[J]. 新疆石油科技, 2006, (3): 47-51.

[18] 刘新红, 张清军, 赵俊宇, 等. 稠油污水处理系统生物增强技术研究与应用[J]. 中外能源, 2007, (5): 104-106.

[19] 陈国华. 水体油污治理[M]. 北京: 化学工业出版社, 2002.

[20] 赵丽红, 聂飞. 水处理高级氧化技术研究进展[J]. 科学技术与工程, 2019, 19(10):6-14.

[21] 许怡, 杜国勇, 赵立志. 生物法处理废水的现状与展望[J]. 环境技术, 2004, 22(6):40-43.

[22] 张锁兵, 马自俊, 丁唯, 等. 油田采油污水处理用絮凝剂研究进展(一)[J]. 内蒙古石油化工, 2010, 36(6): 83-85.

[23] 李淑红, 俞敦义, 罗逸, 等. 淀粉改性絮凝剂的制备及其在高矿化度油田水处理中的应用[J]. 水处理技术, 2002, 28(4): 220-223.

[24] 邱忠平, 杨立中. 微生物絮凝剂产生菌的筛选及其所产絮凝剂的特性研究[J]. 学术动态:成都, 2007, (2):16-18.

[25] 况金蓉, 龚文琪. 微生物絮凝剂在石化废水处理中应用[J]. 武汉理工大学学报, 2002, (8): 37-40.

[26] Richard M G. Corrosion inhibitor compositions[P]: 6448411, 2002.
[27] 郑逸云, 周柏青, 李芹. 水处理缓蚀剂应用现状与发展[J]. 腐蚀科学与防护技术, 2004, 16(2): 101-104.
[28] Jr S W D, Derby R, Bussche G T V D. Inhibitor types[J]. Materials Performance, 1981, 20(12): 47-51.
[29] 李本高, 祁鲁梁, 李永存. 石化工业水处理技术进展[M]. 北京: 中国石化出版社, 1999.
[30] 葛胜祥, 尹先清. 油田水处理药剂研究进展[J]. 内蒙古石油化工, 2007, 12: 154-156.
[31] 吴雁, 杨旭. 水溶性固体阻垢剂的合成及阻垢性能研究[J]. 西南石油学院学报, 2004, 26(2): 54-56.
[32] 李凡修, 辛焰, 陈武. 共聚物类阻垢剂的研制进展[J]. 工业水处理, 2000, 20(3): 7-10.
[33] Muga H E, Mihelcic J R. Sustainability of waster treatment technologies[J]. Environmental Management, 2008, 88(3): 437-447.
[34] 张家烨, 于兴河. 稠油开发技术进展及未来展望[J]. 内蒙古石油化工, 2019(5):77-82.
[35] 尹娇. 对稠油掺水输送的研究[D]. 成都: 西南石油大学, 2014.
[36] 朱梦影, 陈磊.稠油输送技术研究进展[J]. 当代化工, 2014, (10):2046-2048.
[37] 伍东林, 刘亚江. 辽河油田稠油集输技术现状及发展方向[J]. 油气运输, 2005, 24(6): 13-15.
[38] 江涛. 注超临界 CO_2 稠油输送稠油输送工艺技术研究[D]. 北京: 中国石油大学(北京), 2009.
[39] 周配配. 原油资源合理开发利用水平评价指标体系研究[J]. 化工管理, 2018, (7): 163.
[40] 郭劲松, 田万军. 相变加热炉在稠油管道上的应用[J]. 管道技术与设备 2011, (6):41-42.
[41] 黄稚. 辽河油田稠油集肤效应加热输送研究与应用[J]. 石油管材与仪器, 2014, 28(4): 73-75.
[42] 孙建刚, 赵文峰, 李庆杰.风城超稠油外输管道掺稀输送工艺[J]. 油气储运, 2014, 34(6): 662-664.
[43] 王鸿膺, 寇杰, 张传农. 河口稠油掺水降黏试验研究[J]. 油气储运, 2005, 24(3): 35-38.
[44] 刘玉丽. 海上稠油油田海底管输技术方案研究[D]. 大庆: 大庆石油学院, 2008.
[45] 雷西娟, 王鸿膺. 稠油降黏输送方法[J]. 油气田地面工程, 2002, 21(5): 37-38.
[46] 吴本芳, 沈本贤, 杨允明, 等. 辽河超稠油乳化降黏研究[J]. 油田化学, 2003, 20(4): 377-379.
[47] 谢慧专, 刘淑霞. 稠油开采用耐高温乳化降黏剂[J]. 精细石油化工, 1994, (3): 32-35.
[48] 刘文胜, 郭东旭. 稠油输送技术及方法[J]. 石油科技论坛, 2008, (2): 53-57.
[49] 刘天佑. 黏稠油水环输送现场应用试验[J]. 油气储运, 1991, 10(1): 32-40.
[50] 崔桂胜. 稠油乳化降粘方法与机理研究[D]. 青岛: 中国石油大学(华东), 2009.
[51] 孙为民. 稠油管输技术综述[J]. 油气田地面工程, 2003, 22(5): 23-24.
[52] 彭旭. 稠油催化改质降黏实验研究 [J]. 重庆科技学院学报(自然科学版), 2014, 16(5): 20-23.
[53] 韩涛. 稠油用降黏型减阻聚合物的合成及性能研究[D]. 济南: 山东大学, 2011.
[54] 张新宇, 丁慧. 管输稠油及特稠油技术选择的研究进展[J]. 化工设计通讯, 2017, 43(2): 117-118.